计算机建筑应用系列

AutoCAD 2011 中文版
建筑设计十日通

张日晶　王　玮　等编著

中国建筑工业出版社

图书在版编目（CIP）数据

AutoCAD 2011 中文版建筑设计十日通/张日晶，王玮
等编著. 北京：中国建筑工业出版社，2011.1
（计算机建筑应用系列）
ISBN 978-7-112-12683-5

Ⅰ.①A… Ⅱ.①张…②王… Ⅲ.①建筑设计-计算
机辅助设计-应用软件，AutoCAD 2011 Ⅳ.①TU201.4

中国版本图书馆 CIP 数据核字（2010）第 229280 号

本书根据 2010 年颁布的建筑制图新标准编写，主要讲解利用 AutoCAD 2011 中文版绘制各种各样的建筑平面施工图的实例与技巧。

全书共分两篇 18 章，其中第一篇为基础知识篇，介绍必要的基本操作方法和技巧。包括：AutoCAD 2011 入门；二维绘图命令；辅助绘图工具；编辑命令；文字与表格；尺寸标注；模块化绘图；布图与输出等知识。第二篇为建筑图样实例篇，详细讲解建筑设计中各种图形的设计方法。包括：建筑设计基本理论；建筑总平面图绘制；低层商住楼建筑平面图绘制；别墅建筑平面图绘制；低层商住楼建筑立面图绘制；别墅建筑立面图绘制；建筑剖面图绘制；建筑详图绘制；建筑室内设计图绘制；某低层商住楼建筑施工图完整设计实例等知识。各章之间紧密联系，前后呼应。

本书面向初、中级用户以及对建筑制图比较了解的技术人员编写，旨在帮助读者用较短的时间快速熟练地掌握使用 AutoCAD 2011 中文版绘制各种各样建筑实例的应用技巧，并提高建筑制图的设计质量。

为了方便广大读者更加形象直观地学习此书，随书配赠多媒体光盘，包含全书实例操作过程作者配音录屏 AVI 文件和实例源文件。

* * *

责任编辑：郭 栋 万 李
责任设计：赵明霞
责任校对：陈晶晶 王雪竹

计算机建筑应用系列
AutoCAD 2011 中文版建筑设计十日通
张日晶 王 玮等编著
*
中国建筑工业出版社出版、发行（北京西郊百万庄）
各地新华书店、建筑书店经销
霸州市顺浩图文科技发展有限公司制版
北京市书林印刷有限公司印刷

开本：787×1092 毫米 1/16 印张：39¾ 字数：968 千字
2011 年 8 月第一版 2011 年 8 月第一次印刷
定价：98.00 元（含光盘）
ISBN 978-7-112-12683-5
（19960）

版权所有 翻印必究
如有印装质量问题，可寄本社退换
（邮政编码 100037）

前　　言

建筑设计是指建筑物在建造之前，设计者按照建设任务，把施工过程和使用过程中所存在的或可能发生的问题，事先作好通盘的设想，拟定好解决这些问题的办法、方案，用图纸和文件表达出来。建筑设计是为人类建立生活环境的综合艺术和科学，是一门涵盖极广的专业。建筑设计一般从总体说由三大阶段构成，即方案设计、初步设计和施工图设计。方案设计主要是构思建筑的总体布局，包括各个功能空间的设计、高度、层高、外观造型等内容；初步设计是对方案设计的进一步细化，确定建筑的具体尺度和大小，包括建筑平面图、建筑剖面图和建筑立面图等；施工图设计则是将建筑构思变成图纸的重要阶段，是建造建筑的主要依据，除包括建筑平面图、建筑剖面图和建筑立面图等外，还包括各个建筑大样图、建筑构造节点图以及其他专业设计图纸，如结构施工图、电气设备施工图、暖通空调设备施工图等。

在国内，AutoCAD 软件在建筑设计中的应用是最广泛的，掌握好该软件，是每个建筑学子必不可少的技能。AutoCAD 不仅具有强大的二维平面绘图功能，而且具有出色的、灵活可靠的三维建模功能，是进行建筑设计最为有力的工具与途径之一。使用 AutoCAD 绘图，不仅可以利用人机交互界面实时地进行修改，快速地把各人的意见反映到设计中去，而且可以感受修改后的效果，从多个角度任意进行观察，是建筑设计的得力工具。

一、本书特色

市面上的 AutoCAD 建筑设计学习书籍比较多，但读者要挑选一本自己中意的书却很困难，真是"乱花渐欲迷人眼"。那么，本书为什么能够在您"众里寻她千百度"之际，于"灯火阑珊"中"蓦然回首"呢？那是因为本书有以下 5 大特色。

- 作者权威

本书作者有多年的计算机辅助建筑设计领域工作经验和教学经验。本书是作者总结多年的设计经验以及教学的心得体会，历时多年精心编著，力求全面细致地展现出 AutoCAD 2011 在建筑设计应用领域的各种功能和使用方法。

- 实例专业

本书中引用的实例都来自建筑设计工程实践，实例典型，真实实用。这些实例经过作者精心提炼和改编，不仅保证了读者能够学好知识点，更重要的是能帮助读者掌握实际的操作技能。

- 提升技能

本书从全面提升建筑设计与 AutoCAD 应用能力的角度出发，结合具体的案例来讲解如何利用 AutoCAD 2011 进行建筑设计，真正让读者懂得计算机辅助建筑设计，从而独立地完成各种建筑设计。

● 内容全面

本书在有限的篇幅内，包罗了 AutoCAD 常用的功能以及常见的建筑设计类型讲解，涵盖了 AutoCAD 绘图基础知识、建筑设计基础技能、综合建筑设计等知识。"秀才不出屋，能知天下事"。读者只要有本书在手，AutoCAD 建筑设计知识全精通。本书不仅有透彻的讲解，还有非常典型的工程实例。通过实例的演练，能够帮助读者找到一条学习 AutoCAD 建筑设计的捷径。

● 知行合一

结合典型的园林设计实例详细讲解 AutoCAD 2011 建筑设计知识要点，让读者在学习案例的过程中潜移默化地掌握 AutoCAD 2011 软件操作技巧，同时培养工程设计实践能力。

二、本书组织结构和主要内容

本书以最新的 AutoCAD 2011 版本为演示平台，全面介绍 AutoCAD 建筑设计从基础到实例的全部知识，帮助读者从入门走向精通。全书分为 2 篇共 18 章。

1. 基础知识篇——介绍必要的基本操作方法和技巧

第 1 章主要介绍 AutoCAD 2011 入门。

第 2 章主要介绍二维绘图命令。

第 3 章主要介绍辅助绘图工具。

第 4 章主要介绍编辑命令。

第 5 章主要介绍文字与表格。

第 6 章主要介绍尺寸标注。

第 7 章主要介绍模块化绘图。

第 8 章主要介绍布图与输出。

2. 建筑图样实例篇——详细讲解建筑设计中各种图形的绘制方法

第 9 章主要介绍建筑设计基本理论。

第 10 章主要介绍建筑总平面图绘制。

第 11 章主要介绍低层商住楼建筑平面图绘制。

第 12 章主要介绍别墅建筑平面图绘制。

第 13 章主要介绍低层商住楼建筑立面图绘制。

第 14 章主要介绍别墅建筑立面图绘制。

第 15 章主要介绍建筑剖面图绘制。

第 16 章主要介绍建筑详图绘制。

第 17 章主要介绍建筑室内设计图绘制。

第 18 章主要介绍某低层商住楼建筑施工图完整设计实例。

三、本书源文件

本书所有实例操作需要的原始文件和结果文件，以及上机实验实例的原始文件和结果文件，都在随书光盘的"源文件"目录下，读者可以复制到计算机硬盘下参考和使用。

四、光盘使用说明

本书除利用传统的纸面讲解外，随书配送了多媒体学习光盘。光盘中包含所有实例的素材源文件，并制作了全程实例动画 AVI 文件。为了增强教学的效果，更进一步方便读者的学习，作者亲自对实例动画进行了配音讲解。利用作者精心设计的多媒体界面，读者可以随心所欲地像看电影一样轻松愉悦地学习本书。

光盘中有两个重要的目录希望读者关注："源文件"目录下是本书所有实例操作需要的原始文件和结果文件，以及上机实验实例的原始文件和结果文件；"动画演示"目录下是本书所有实例的操作过程视频 AVI 文件，总共时长 23 小时左右。

如果读者对本书提供的多媒体界面不习惯，也可以打开该文件夹，选用自己喜欢的播放器进行播放。

五、致谢

本书由张日晶、王玮主编。王玉秋、张俊生、王佩楷、袁涛、陈树勇、史青录、李鹏、周广芬、王宏、周冰、李瑞、贾若芹、郑晗、董伟、王敏、康士廷、王渊峰、闫军、武燕京、路纯红、王兵学、熊慧、王艳池、陈丽芹、王培合、胡仁喜、刘昌丽、董荣荣、王义发、阳平华、李世强、郑长松、孟清华、王文平、李广荣、夏德伟、左昉、甘勤涛、杨雪静、许洪、谷德桥参与了部分章节的编写，在此一并表示感谢。本书的编写和出版得到了很多朋友的大力支持，值此图书出版发行之际，向他们表示衷心的感谢。

由于时间仓促，加上编者水平有限，书中不足之处在所难免，望广大读者发送邮件到 win760520@126.com 批评指正，编者将不胜感激。

目　　录

第一篇　基础知识篇

第1章　AutoCAD 2011 入门 ... 2
1.1 操作界面 ... 2
　1.1.1 界面风格 ... 2
　1.1.2 绘图区 ... 2
　1.1.3 菜单栏 ... 3
　1.1.4 工具栏 ... 5
　1.1.5 命令行窗口 ... 7
　1.1.6 布局标签 ... 8
　1.1.7 状态栏 ... 8
　1.1.8 状态托盘 ... 9
　1.1.9 滚动条 ... 9
　1.1.10 快速访问工具栏和交互信息工具栏 ... 9
　1.1.11 功能区 ... 11
1.2 配置绘图系统 ... 11
　1.2.1 显示配置 ... 11
　1.2.2 系统配置 ... 11
1.3 设置绘图环境 ... 12
　1.3.1 图形单位设置 ... 12
　1.3.2 图形边界设置 ... 13
1.4 基本操作命令 ... 14
　1.4.1 命令输入方式 ... 14
　1.4.2 命令的重复、撤销、重做 ... 15
　1.4.3 透明命令 ... 16
　1.4.4 按键定义 ... 16
　1.4.5 命令执行方式 ... 16
　1.4.6 坐标系统与数据的输入方法 ... 17
1.5 图形的缩放 ... 18
　1.5.1 实时缩放 ... 18
　1.5.2 放大和缩小 ... 19
　1.5.3 动态缩放 ... 20
　1.5.4 快速缩放 ... 22
1.6 图形的平移 ... 22
　1.6.1 实时平移 ... 22

1.6.2　定点平移和方向平移 ··· 23
1.7　文件管理 ··· 23
　　1.7.1　新建文件 ··· 24
　　1.7.2　打开文件 ··· 24
　　1.7.3　保存文件 ··· 26
　　1.7.4　另存文件 ··· 26
　　1.7.5　退出 ··· 27
1.8　上机实验 ··· 27

第2章　二维绘图命令

2.1　直线类 ·· 29
　　2.1.1　绘制直线段 ·· 29
　　2.1.2　绘制射线 ··· 30
　　2.1.3　绘制构造线 ·· 30
　　2.1.4　实例——标高符号 ···································· 31
2.2　圆类图形 ··· 32
　　2.2.1　绘制圆 ·· 32
　　2.2.2　实例——圆餐桌 ······································· 33
　　2.2.3　绘制圆弧 ··· 33
　　2.2.4　实例——椅子 ·· 34
　　2.2.5　绘制圆环 ··· 35
　　2.2.6　绘制椭圆与椭圆弧 ····································· 36
　　2.2.7　实例——洗脸盆 ······································· 37
2.3　平面图形 ··· 39
　　2.3.1　绘制矩形 ··· 39
　　2.3.2　实例——办公桌 ······································· 41
　　2.3.3　绘制正多边形 ··· 41
　　2.3.4　实例——石雕造型 ···································· 42
2.4　点 ·· 44
　　2.4.1　绘制点 ·· 44
　　2.4.2　绘制等分点 ·· 45
　　2.4.3　绘制测量点 ·· 46
　　2.4.4　实例——楼梯 ·· 46
2.5　多段线 ·· 47
　　2.5.1　绘制多段线 ·· 48
　　2.5.2　编辑多段线 ·· 48
　　2.5.3　实例——鼠标 ·· 50
2.6　样条曲线 ··· 52
　　2.6.1　绘制样条曲线 ··· 52
　　2.6.2　编辑样条曲线 ··· 53
　　2.6.3　实例——雨伞 ·· 53
2.7　多线 ··· 56
　　2.7.1　绘制多线 ··· 56

- 2.7.2 定义多线样式 ... 57
- 2.7.3 编辑多线 ... 57
- 2.7.4 实例——墙体 ... 58
- 2.8 图案填充 ... 61
  - 2.8.1 基本概念 ... 61
  - 2.8.2 图案填充的操作 ... 62
  - 2.8.3 编辑填充的图案 ... 67
  - 2.8.4 实例——小房子 ... 67
- 2.9 上机实验 ... 75

第3章 辅助绘图工具

- 3.1 精确定位工具 ... 77
  - 3.1.1 正交模式 ... 77
  - 3.1.2 栅格工具 ... 78
  - 3.1.3 捕捉工具 ... 79
- 3.2 对象捕捉 ... 80
  - 3.2.1 特殊位置点捕捉 ... 80
  - 3.2.2 对象捕捉设置 ... 81
  - 3.2.3 基点捕捉 ... 82
  - 3.2.4 实例——按基点绘制线段 ... 83
  - 3.2.5 点过滤器捕捉 ... 83
  - 3.2.6 实例——通过过滤器绘制线段 ... 83
- 3.3 对象追踪 ... 84
  - 3.3.1 自动追踪 ... 84
  - 3.3.2 实例——特殊位置线段的绘制 ... 86
  - 3.3.3 临时追踪 ... 86
  - 3.3.4 实例——通过临时追踪绘制线段 ... 87
- 3.4 设置图层 ... 87
  - 3.4.1 利用对话框设置图层 ... 87
  - 3.4.2 利用工具栏设置图层 ... 91
- 3.5 设置颜色 ... 92
  - 3.5.1 "索引颜色"标签 ... 92
  - 3.5.2 "真彩色"标签 ... 93
  - 3.5.3 "配色系统"标签 ... 93
- 3.6 图层的线型 ... 94
  - 3.6.1 在"图层特性管理器"对话框中设置线型 ... 95
  - 3.6.2 直接设置线型 ... 95
  - 3.6.3 实例——三环旗 ... 95
- 3.7 对象约束 ... 99
  - 3.7.1 几何约束 ... 100
  - 3.7.2 实例——绘制相切及同心的圆 ... 101
  - 3.7.3 尺寸约束 ... 103
  - 3.7.4 实例——利用尺寸驱动更改椅子扶手长度 ... 104

		3.7.5 自动约束	105
		3.7.6 实例——约束控制未封闭三角形	106
	3.8	上机实验	107

第4章 编辑命令   109
- 4.1 选择对象   109
  - 4.1.1 构造选择集   109
  - 4.1.2 快速选择   113
  - 4.1.3 构造对象组   114
- 4.2 复制类命令   114
  - 4.2.1 复制命令   114
  - 4.2.2 实例——办公桌一   115
  - 4.2.3 镜像命令   116
  - 4.2.4 实例——办公桌二   117
  - 4.2.5 偏移命令   118
  - 4.2.6 实例——门   119
  - 4.2.7 阵列命令   120
  - 4.2.8 实例——紫荆花   122
- 4.3 改变位置类命令   122
  - 4.3.1 移动命令   123
  - 4.3.2 旋转命令   123
  - 4.3.3 实例——电脑   124
  - 4.3.4 缩放命令   126
  - 4.3.5 实例——客厅沙发茶几   127
- 4.4 删除及恢复类命令   131
  - 4.4.1 删除命令   131
  - 4.4.2 恢复命令   132
  - 4.4.3 清除命令   132
- 4.5 改变几何特性类命令   132
  - 4.5.1 剪切命令   132
  - 4.5.2 实例——落地灯   134
  - 4.5.3 延伸命令   135
  - 4.5.4 实例——沙发   137
  - 4.5.5 拉伸命令   139
  - 4.5.6 实例——门把手   139
  - 4.5.7 拉长命令   142
  - 4.5.8 实例——挂钟   142
  - 4.5.9 圆角命令   143
  - 4.5.10 实例——坐便器   144
  - 4.5.11 倒角命令   145
  - 4.5.12 实例——洗菜盆   148
  - 4.5.13 打断命令   149
  - 4.5.14 打断于点   150

目录

    4.5.15 分解命令 ··· 150
    4.5.16 合并命令 ··· 150
 4.6 对象编辑 ··· 151
    4.6.1 钳夹功能 ··· 151
    4.6.2 修改对象属性 ··· 152
    4.6.3 特性匹配 ··· 152
    4.6.4 实例——花朵 ··· 153
 4.7 综合实例 ··· 154
    4.7.1 实例——办公座椅 ··· 154
    4.7.2 实例——石栏杆 ··· 159
    4.7.3 实例——吧台 ··· 161
    4.7.4 实例——转角沙发 ··· 164
 4.8 上机实验 ··· 165

第5章 文字与表格 ··· 168
 5.1 文本样式 ··· 168
 5.2 文本标注 ··· 170
    5.2.1 单行文本标注 ··· 171
    5.2.2 多行文本标注 ··· 173
    5.2.3 实例——小区花园种植说明标注 ··· 178
 5.3 文本编辑 ··· 180
 5.4 表格 ··· 180
    5.4.1 定义表格样式 ··· 180
    5.4.2 创建表格 ··· 183
    5.4.3 表格文字编辑 ··· 185
    5.4.4 实例——小区园林设计植物明细表 ··· 185
 5.5 综合实例——绘制建筑设计A3图纸样板图形 ··· 187
 5.6 上机实验 ··· 195

第6章 尺寸标注 ··· 197
 6.1 尺寸样式 ··· 197
    6.1.1 新建或修改尺寸样式 ··· 197
    6.1.2 线 ··· 199
    6.1.3 符号和箭头 ··· 201
    6.1.4 文本 ··· 203
 6.2 标注尺寸 ··· 205
    6.2.1 线性标注 ··· 205
    6.2.2 对齐标注 ··· 206
    6.2.3 基线标注 ··· 206
    6.2.4 连续标注 ··· 207
    6.2.5 半径标注 ··· 207
    6.2.6 标注打断 ··· 208
 6.3 引线标注 ··· 208

6.3.1 利用 LEADER 命令进行引线标注 ····· 209
6.3.2 利用 QLEADER 命令进行引线标注 ····· 210
6.4 编辑尺寸标注 ····· 211
6.4.1 尺寸编辑 ····· 211
6.4.2 利用 DIMTEDIT 命令编辑尺寸标注 ····· 212
6.4.3 实例——标注建筑平面图尺寸 ····· 213
6.4.4 尺寸检验 ····· 217
6.5 上机实验 ····· 219

第7章 模块化绘图 ····· 221
7.1 图块的操作 ····· 221
7.1.1 定义图块 ····· 221
7.1.2 图块的存盘 ····· 222
7.1.3 图块的插入 ····· 223
7.1.4 动态块 ····· 225
7.1.5 实例——绘制指北针图块 ····· 229
7.2 图块的属性 ····· 230
7.2.1 定义图块属性 ····· 231
7.2.2 修改属性的定义 ····· 232
7.2.3 图块属性编辑 ····· 232
7.2.4 实例——标注标高符号 ····· 234
7.3 设计中心 ····· 235
7.3.1 启动设计中心 ····· 235
7.3.2 显示图形信息 ····· 236
7.3.3 查找内容 ····· 238
7.3.4 插入图块 ····· 238
7.3.5 图形复制 ····· 239
7.3.6 实例——绘制室内设计布局图 ····· 239
7.4 工具选项板 ····· 241
7.4.1 打开工具选项板 ····· 242
7.4.2 工具选项板的显示控制 ····· 242
7.4.3 新建工具选项板 ····· 242
7.4.4 向工具选项板添加内容 ····· 244
7.5 实例——运用工具选项板绘制居室室内平面图 ····· 244
7.6 查询工具 ····· 247
7.6.1 距离查询 ····· 247
7.6.2 面积查询 ····· 247
7.7 上机实验 ····· 248

第8章 布图与输出 ····· 249
8.1 概述 ····· 249
8.2 工作空间和布局 ····· 249
8.2.1 工作空间 ····· 249

8.2.2 布局功能 250
　　8.2.3 布局操作的一般步骤 256
8.3 实例——别墅图纸布局 259
　　8.3.1 准备好模型空间的图形 259
　　8.3.2 创建布局、设置页面 259
　　8.3.3 插入图框、创建视口图层 259
　　8.3.4 视口创建及设置 260
　　8.3.5 其他图纸布图 263
8.4 打印输出 268
　　8.4.1 打印样式设置 268
　　8.4.2 设置绘图仪 274
　　8.4.3 打印输出 274
8.5 上机实验 280

第二篇　建筑图样实例篇

第9章　建筑设计基本理论 282
9.1 建筑设计基本理论 282
　　9.1.1 建筑设计概述 282
　　9.1.2 建筑设计特点 283
9.2 建筑设计基本方法 287
　　9.2.1 手工绘制建筑图 287
　　9.2.2 计算机绘制建筑图 288
　　9.2.3 CAD技术在建筑设计中的应用简介 288
9.3 建筑制图基本知识 291
　　9.3.1 建筑制图概述 291
　　9.3.2 建筑制图的要求及规范 292
　　9.3.3 建筑制图的内容及编排顺序 301
9.4 建筑制图常见错误辨析 301

第10章　建筑总平面图绘制 304
10.1 建筑总平面图绘制概述 304
　　10.1.1 总平面图绘制概述 304
　　10.1.2 建筑总平面图中的图例说明 305
　　10.1.3 详解阅读建筑总平面图 305
　　10.1.4 标高投影知识 306
　　10.1.5 建筑总平面图绘制步骤 306
10.2 地形图的处理及应用 307
　　10.2.1 地形图识读 307
　　10.2.2 地形图的插入及处理 310
　　10.2.3 地形图应用操作举例 314
10.3 某低层商住楼总平面图绘制 317
　　10.3.1 设置绘图参数 317

  10.3.2 建筑物布置 ……………………………………………………………… 317
  10.3.3 场地道路、绿地等布置 ………………………………………………… 319
  10.3.4 各种标注 ………………………………………………………………… 321
 10.4 某办公楼总平面设计 ……………………………………………………………… 327
  10.4.1 单位及图层设置说明 …………………………………………………… 327
  10.4.2 建筑物布置 ……………………………………………………………… 327
  10.4.3 场地道路、广场、停车场、出入口、绿地等布置 …………………… 330
  10.4.4 尺寸、标高和坐标标注 ………………………………………………… 336
  10.4.5 文字标注 ………………………………………………………………… 342
  10.4.6 统计表格制作 …………………………………………………………… 342
  10.4.7 图名、图例及布图 ……………………………………………………… 347
 10.5 上机实验 …………………………………………………………………………… 350

第11章 低层商住楼建筑平面图绘制 ……………………………………………………… 352
 11.1 建筑平面图绘制概述 ……………………………………………………………… 352
  11.1.1 建筑平面图概述 ………………………………………………………… 353
  11.1.2 建筑平面图的图示要点 ………………………………………………… 353
  11.1.3 建筑平面图的图示内容 ………………………………………………… 353
  11.1.4 建筑平面图绘制的一般步骤 …………………………………………… 353
 11.2 某低层商住楼平面图绘制 ………………………………………………………… 354
  11.2.1 绘制一层平面图 ………………………………………………………… 354
  11.2.2 绘制二层平面图 ………………………………………………………… 358
  11.2.3 绘制标准层平面图 ……………………………………………………… 362
  11.2.4 绘制隔热层平面图 ……………………………………………………… 366
  11.2.5 绘制屋顶平面图 ………………………………………………………… 370
 11.3 上机实验 …………………………………………………………………………… 374

第12章 别墅建筑平面图绘制 ……………………………………………………………… 384
 12.1 别墅首层平面图的绘制 …………………………………………………………… 384
  12.1.1 设置绘图环境 …………………………………………………………… 384
  12.1.2 绘制建筑轴线 …………………………………………………………… 386
  12.1.3 绘制墙体 ………………………………………………………………… 390
  12.1.4 绘制门窗 ………………………………………………………………… 394
  12.1.5 绘制楼梯和台阶 ………………………………………………………… 401
  12.1.6 绘制家具 ………………………………………………………………… 405
  12.1.7 平面标注 ………………………………………………………………… 408
  12.1.8 绘制指北针和剖切符号 ………………………………………………… 413
 12.2 别墅二层平面图的绘制 …………………………………………………………… 416
  12.2.1 设置绘图环境 …………………………………………………………… 416
  12.2.2 修整墙体和门窗 ………………………………………………………… 418
  12.2.3 绘制阳台和露台 ………………………………………………………… 418
  12.2.4 绘制楼梯 ………………………………………………………………… 420
  12.2.5 绘制雨篷 ………………………………………………………………… 421
  12.2.6 绘制家具 ………………………………………………………………… 422

12.2.7 平面标注 422
12.3 屋顶平面图的绘制 423
　12.3.1 设置绘图环境 424
　12.3.2 绘制屋顶平面 424
　12.3.3 尺寸标注与标高 427
12.4 上机实验 428

第 13 章 低层商住楼建筑立面图绘制 434
13.1 建筑立面图绘制基础 434
　13.1.1 建筑立面图的概念及图示内容 434
　13.1.2 建筑立面图的命名方式 434
　13.1.3 建筑立面图绘制的一般步骤 435
13.2 某低层商住楼立面图绘制 435
　13.2.1 南立面图绘制 435
　13.2.2 北立面图绘制 442
　13.2.3 西立面图绘制 447
　13.2.4 东立面图绘制 450
13.3 上机实验 451

第 14 章 别墅建筑立面图绘制 456
14.1 建筑立面图设计概述 456
14.2 别墅南立面图的绘制 457
　14.2.1 绘图准备 458
　14.2.2 绘制基准线 460
　14.2.3 绘制屋顶立面 461
　14.2.4 绘制台基与台阶 464
　14.2.5 绘制立柱与栏杆 465
　14.2.6 绘制门窗 469
　14.2.7 完善细节 471
　14.2.8 材料做法和标高标注 474
　14.2.9 图形整理 476
14.3 别墅西立面图的绘制 476
　14.3.1 绘图准备 477
　14.3.2 绘制基准线 478
　14.3.3 绘制台基和立柱 479
　14.3.4 绘制雨篷、台阶与露台 480
　14.3.5 绘制门窗 483
　14.3.6 完善细节 484
　14.3.7 材料做法和标高标注 484
　14.3.8 图形整理 486
14.4 别墅东立面图和北立面图的绘制 486
14.5 上机实验 487

第15章 建筑剖面图绘制 490
15.1 建筑剖面图绘制概述 490
15.1.1 建筑剖面图的概念及图示内容 490
15.1.2 剖切位置及投射方向的选择 491
15.1.3 建筑剖面图绘制的一般步骤 491
15.2 某低层商住楼剖面图绘制 491
15.2.1 1-1 剖面图绘制 491
15.2.2 2-2 剖面图绘制 499
15.3 某别墅 1-1 剖面图绘制 507
15.3.1 设置绘图环境 508
15.3.2 绘制楼板与墙体 509
15.3.3 绘制屋顶和阳台 511
15.3.4 绘制楼梯 513
15.3.5 绘制门窗 515
15.3.6 绘制室外地坪层 516
15.3.7 填充被剖切的梁、板和墙体 516
15.3.8 绘制剖面图中可见部分 517
15.3.9 剖面标注 518
15.4 上机实验 519

第16章 建筑详图绘制 522
16.1 建筑详图绘制概述 522
16.1.1 建筑详图的概念 522
16.1.2 建筑详图的图示内容 522
16.1.3 建筑详图的特点 523
16.1.4 建筑详图的具体识别分析 524
16.1.5 建筑详图绘制的一般步骤 527
16.2 某别墅建筑详图绘制 527
16.2.1 外墙身详图绘制 527
16.2.2 卫生间放大图 534
16.2.3 装饰柱详图 537
16.2.4 栏杆详图 540
16.3 某低层商住楼详图绘制 543
16.3.1 卫生间放大图 543
16.3.2 门窗详图 544
16.3.3 建筑台阶详图绘制 545
16.3.4 建筑构造节点详图绘制 548
16.4 上机实验 550

第17章 建筑室内设计图绘制 556
17.1 室内设计基本知识 556
17.1.1 室内设计概述 556
17.1.2 室内设计中的几个要素 557
17.2 客厅平面图的绘制 560

- 17.2.1 设置绘图环境 ... 561
- 17.2.2 绘制家具 ... 561
- 17.2.3 室内平面标注 ... 561
- 17.3 客厅立面图 A 的绘制 ... 562
  - 17.3.1 设置绘图环境 ... 564
  - 17.3.2 绘制地面、楼板与墙体 ... 564
  - 17.3.3 绘制文化墙 ... 565
  - 17.3.4 绘制家具 ... 566
  - 17.3.5 室内立面标注 ... 568
- 17.4 客厅立面图 B 的绘制 ... 569
  - 17.4.1 设置绘图环境 ... 570
  - 17.4.2 绘制地坪、楼板与墙体 ... 570
  - 17.4.3 绘制家具 ... 572
  - 17.4.4 绘制墙面装饰 ... 573
  - 17.4.5 立面标注 ... 575
- 17.5 别墅首层地坪图的绘制 ... 577
  - 17.5.1 设置绘图环境 ... 579
  - 17.5.2 补充平面元素 ... 580
  - 17.5.3 绘制地板 ... 580
  - 17.5.4 尺寸标注与文字说明 ... 581
- 17.6 别墅首层顶棚平面图的绘制 ... 583
  - 17.6.1 设置绘图环境 ... 583
  - 17.6.2 补绘平面轮廓 ... 584
  - 17.6.3 绘制吊顶 ... 585
  - 17.6.4 绘制入口雨篷顶棚 ... 586
  - 17.6.5 绘制灯具 ... 587
  - 17.6.6 尺寸标注与文字说明 ... 588
- 17.7 上机实验 ... 591

第 18 章 某低层商住楼建筑施工图完整设计实例 ... 593
- 18.1 概述 ... 595
  - 18.1.1 工程概况 ... 595
  - 18.1.2 施工图概况 ... 595
- 18.2 建筑施工图封面、目录的制作 ... 596
  - 18.2.1 封面 ... 596
  - 18.2.2 目录 ... 596
- 18.3 施工图设计说明 ... 596
- 18.4 平面图 ... 597
- 18.5 立面图和剖面图 ... 600
- 18.6 结构施工图 ... 602
- 18.7 上机实验 ... 603 ... 612

CHAPTER

基础知识篇

本篇主要介绍建筑设计的一些基础知识，包括 AutoCAD 入门和建筑理论等知识。

本篇交代了 AutoCAD 应用于建筑设计的一些基本功能，为后面的具体设计作准备。

第一篇

第1章 AutoCAD 2011 入门

在本章中，我们开始循序渐进地学习有关 AutoCAD 2011 绘图的基本知识。了解如何设置图形的系统参数、样板图，掌握建立新的图形文件、打开已有文件的方法等。本章主要内容包括：绘图环境设置，工作界面，绘图系统配置，文件管理等。

学习要点

操作界面
基本操作命令
配置绘图系统
图形的缩放
图形的平移
文件管理

1.1 操作界面

AutoCAD 的操作界面是 AutoCAD 显示、编辑图形的区域，一个完整的 AutoCAD 2011 中文版的操作界面如图 1-1 所示，其中包括标题栏、绘图区、十字光标、菜单栏、工具栏、坐标系图标、命令行窗口、状态栏、布局标签和滚动条等。

1.1.1 界面风格

界面风格是由分组组织的菜单、工具栏、选项板和功能区控制面板组成的集合，使用户可以在专门的、面向任务的绘图环境中工作。

使用时，只会显示与任务相关的菜单、工具栏和选项板。此外，工作空间还可以自动显示功能区，即带有特定任务的控制面板的特殊选项板。

具体的转换方法是：单击界面左上角的"切换工作空间"按钮，打开"工作空间"选择菜单，从中选择"AutoCAD 经典"选项，如图 1-2 所示，系统转换到 AutoCAD 经典界面，如图 1-1 所示。

将操作界面切换为其他界面，如图 1-3、图 1-4 所示。在 AutoCAD2011 中常用界面为经典界面，所以其他不常用界面在此不作详细介绍。

1.1.2 绘图区

绘图区是指在标题栏下方的大片空白区域，它是用户使用 AutoCAD 2011 绘制图形的

1.1 操作界面

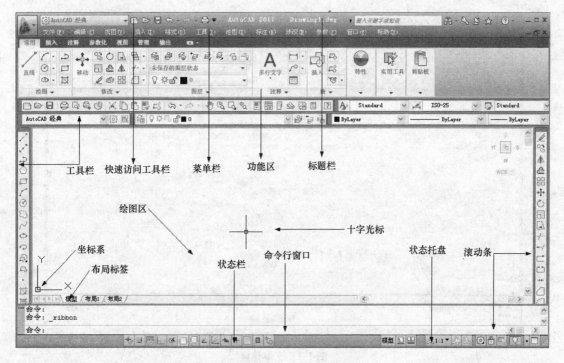

图 1-1 AutoCAD 经典界面

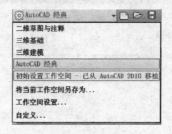

图 1-2 切换风格界面

区域，用户完成一幅设计图形的主要工作都是在绘图区中完成的。

在绘图区中，还有一个作用类似光标的十字线，其交点反映了光标在当前坐标系中的位置。在 AutoCAD 2011 中，将该十字线称为十字光标，AutoCAD 通过十字光标显示点的当前位置。十字线的方向与当前用户坐标系的 X 轴、Y 轴方向平行，十字线的长度系统预设为屏幕大小的 5%，如图 1-1 所示。

1.1.3 菜单栏

在 AutoCAD 2011 操作界面中的标题栏的下方，是 AutoCAD 2011 的菜单栏。同其他 Windows 程序一样，AutoCAD 2011 的菜单也是下拉式的，并在菜单中包含子菜单。AutoCAD 2011 的菜单栏中包含 12 个菜单："文件"、"编辑"、"视图"、"插入"、"格式"、"工具"、"绘图"、"标注"、"修改"、"参数"、"窗口"和"帮助"。这些菜单几乎包含了 AutoCAD 2011 的所有绘图命令，后面的章节将围绕这些菜单展开论述，这里不再赘述。一般来讲，AutoCAD 2011 下拉菜单中的命令有以下 3 种。

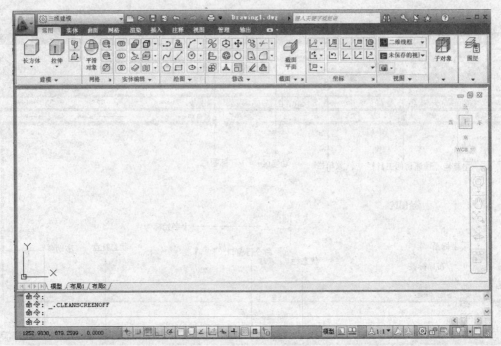

图 1-3 三维建模

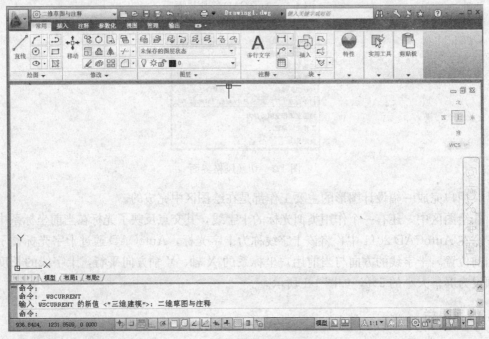

图 1-4 二维草图与注释

1. 带有小三角形的菜单命令

这种类型的命令后面带有子菜单。例如，单击菜单栏中的"绘图"菜单，将光标指向其下拉菜单中的"圆"命令，屏幕上就会进一步下拉出"圆"子菜单中所包含的命令，如图 1-5 所示。

2. 打开对话框的菜单命令

这种类型的命令，后面带有省略号。例如，单击菜单栏中的"格式"菜单，单击其下拉菜单中的"文字样式（S）…"命令，如图 1-6 所示。屏幕上就会打开对应的"文字样式"对话框，如图 1-7 所示。

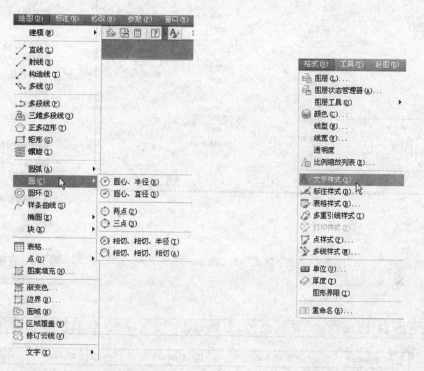

图 1-5　带有小三角形的菜单命令　　图 1-6　激活打开对话框的菜单命令

3. 直接操作的菜单命令

这种类型的命令将直接进行相应的绘图或其他操作。例如，选择"视图"菜单中的"重画"命令，如图 1-8 所示，系统将直接对屏幕上的图形进行重画。

1.1.4　工具栏

工具栏是一组图标型工具的集合，把光标移动到某个图标上，稍停片刻便在该图标的一侧显示相应的工具提示，同时在状态栏中，显示对应的说明和命令名。此时，单击图标也可以启动相应命令。

在默认情况下，可以见到绘图区顶部的"标准"、"样式"、"特性"以及"图层"工具栏（如图 1-9 所示），位于绘图区左侧的"绘图"工具栏和位于绘图区右侧的"修改"以及"绘图次序"工具栏（如图 1-10 所示）。

将光标放在任一工具栏的非标题区，右击，系统会自动打开单独的工具栏标签，如图 1-11 所示。单击某一个未在界面上显示的工具栏，系统便自动打开该工具栏；反之，关闭该工具栏。用鼠标可以拖动"浮动"工具栏到图形区边界，使它变为"固定"工具栏，

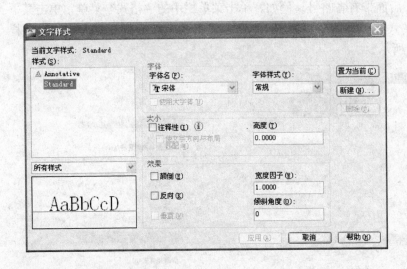

图 1-7 "文字样式"对话框 　　　　图 1-8 直接操作的菜单命令

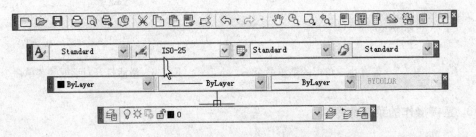

图 1-9 "标准"、"样式"、"特性"和"图层"工具栏

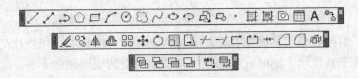

图 1-10 "绘图"、"修改"和"绘图次序"工具栏

此时该工具栏标题隐藏。也可以把"固定"工具栏拖出，使它成为"浮动"工具栏，如图 1-12 所示。

有些图标的右下角带有一个小三角，按住鼠标左键，则会打开相应的工具栏，用鼠标拖动图标到某一图标上，然后释放鼠标，该图标就变为当前图标。单击当前图标，执行相应命令（如图 1-13 所示）。

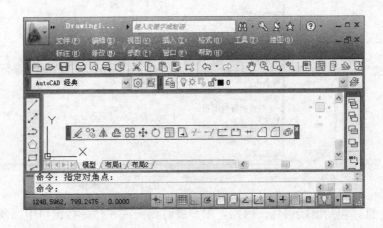

图 1-11　单独的工具栏标签　　　　图 1-12　"浮动"工具栏

1.1.5　命令行窗口

命令行窗口是输入命令名和显示命令提示的区域，默认的命令行窗口在绘图区下方，是若干文本行，如图 1-14 所示。对命令行窗口，有以下几点需要说明：

（1）移动拆分条，可以扩大或缩小命令行窗口。

（2）可以拖动命令行窗口，将其布置在屏幕上的其他位置。默认的命令行窗口在绘图区的下方。

（3）对当前命令行窗口中输入的内容，可以按 F2 键，用文本编辑的方法进行编辑，如图 1-14 所示。AutoCAD 文本窗口和命令行窗口相似，它可以显示当前 AutoCAD 进程中的命令的输入和执行过程，在执行 AutoCAD 的某些命令时，它会自动切换到文本窗口，列出有关信息。

（4）AutoCAD 通过命令行窗口，反馈各种信

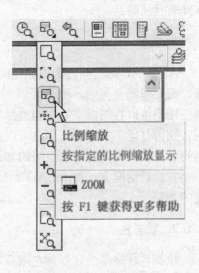

图 1-13　下拉工具栏

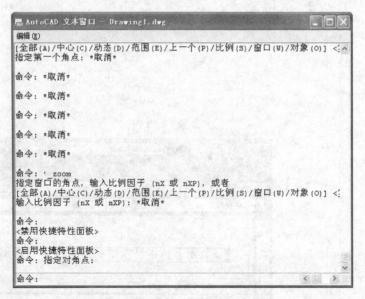

图 1-14 文本窗口

息,包括出错信息。因此,用户要时刻关注在命令行窗口中出现的信息。

1.1.6 布局标签

AutoCAD 2011 系统默认设定一个模型空间布局标签和"布局 1"、"布局 2"两个图纸空间布局标签。在这里,有两个概念需要解释一下。

1. 布局

布局是系统为绘图设置的一种环境,包括图纸大小,尺寸单位,角度设定,数值精确度等,在系统预设的 3 个标签中,这些环境变量都按默认设置。用户根据实际需要改变这些变量的值,也可以根据需要设置符合自己要求的新标签,具体方法在以后章节中介绍,在此暂且从略。

2. 模型

AutoCAD 的空间分为模型空间和图纸空间两种。模型空间指的是我们通常绘图的环境,而在图纸空间中,用户可以创建叫做"浮动视口"的区域,以不同视图显示所绘图形。用户可以在图纸空间中调整浮动视口并决定所包含视图的缩放比例。如果选择图纸空间,则可打印多个视图,用户可以打印任意布局的视图。在以后章节中我们将专门详细地讲解有关模型空间与图纸空间的知识,请注意学习体会。

在默认情况下,AutoCAD 2011 系统打开模型空间,用户可以通过单击来选择自己需要的布局。

1.1.7 状态栏

状态栏在屏幕的底部,左端显示绘图区中光标定位点的坐标 x、y、z,在右侧依次有"捕捉模式"、"栅格模式"、"正交模式"、"极轴追踪"、"对象捕捉"、"对象捕捉追踪"、

"允许/禁止动态 UCS"、"动态输入"和"显示/隐藏线宽"、"快捷特征"10 个功能开关按钮。如图 1-1 所示。左键单击这些开关按钮，可以实现这些功能的打开与关闭。这些开关按钮的功能与使用方法将在第 4 章详细介绍，在此从略。

1.1.8 状态托盘

状态托盘包括一些常见的显示工具和注释工具，包括模型空间与布局空间转换工具，如图 1-15 所示，通过这些按钮可以控制图形或绘图区的状态。

(1) 模型与布局空间转换按钮：在模型空间与布局空间之间进行转换。

(2) 快速查看布局按钮：快速查看当前图形在布局空间的布局。

(3) 快速查看图形按钮：快速查看当前图形在模型空间的图形位置。

(4) 注释比例按钮：左键单击注释比例右下角小三角符号弹出注释比例列表，如图1-16所示，可以根据需要选择适当的注释比例。

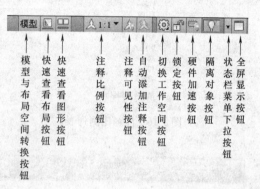

图 1-15　状态托盘工具

(5) 注释可见性按钮：当图标高亮显示时表示显示所有比例的注释性对象；当图标变暗时，表示仅显示当前比例的注释性对象。

(6) 自动添加注释按钮：注释比例更改时，自动将比例添加到注释对象。

(7) 切换工作空间按钮：进行工作空间转换。

(8) 锁定按钮：控制是否锁定工具栏或绘图区在操作界面中的位置。

(9) 硬件加速按钮：设定图形卡的驱动程序以及设置硬件加速的选项。

(10) 隔离对象按钮：当选择隔离对象时，在当前视图中显示选定对象，所有其他对象都暂时隐藏；当选择隐藏对象时，在当前视图中暂时隐藏选定对象，所有其他对象都可见。

(11) 状态栏菜单下拉按钮：单击该下拉按钮，如图 1-17 所示，可以选择打开或锁定相关选项位置。

(12) 全屏显示按钮：该选项可以清除 Windows 窗口中的标题栏、工具栏和选项板等界面元素，使 AutoCAD 的绘图窗口全屏显示，如图 1-18 所示。

1.1.9 滚动条

在 AutoCAD 的绘图窗口中，在窗口的下方和右侧还提供了用来浏览图形的水平和竖直方向的滚动条。在滚动条中单击鼠标或拖动滚动条中的滚动块，用户可以在绘图窗口中按水平或竖直两个方向浏览图形。

1.1.10 快速访问工具栏和交互信息工具栏

1. 快速访问工具栏

该工具栏包括"新建"、"打开"、"保存"、"放弃"、"重做"和"打印"等几个最常用

图 1-16　注释比例列表　　　　　图 1-17　工具栏/窗口位置锁右键菜单

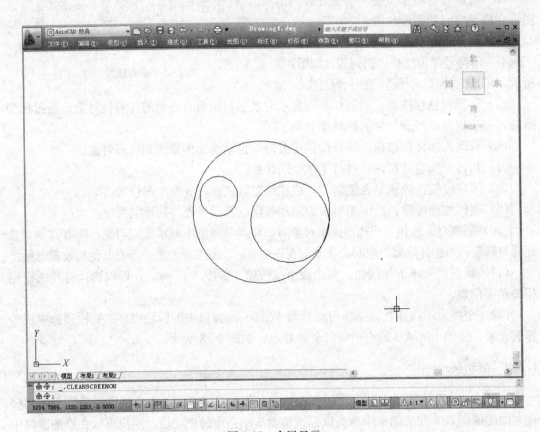

图 1-18　全屏显示

的工具。用户也可以单击本工具栏后面的下拉按钮设置需要的常用工具。

2. 交互信息工具栏

该工具栏包括"搜索"、"速博应用中心"、"通讯中心"、"收藏夹"和"帮助"等几个常用的数据交互访问工具。

1.1.11 功能区

包括"常用"、"插入"、"注释"、"参数化"、"视图"、"管理"和"输出"8个功能区，每个功能区集成了相关的操作工具，方便了用户的使用。用户可以单击功能区选项后面的 按钮控制功能的展开与收缩。

打开或关闭功能区的操作方式如下：
命令行：RIBBON（或 RIBBONCLOSE）
菜单：工具→选项板→功能区

1.2 配置绘图系统

由于每台计算机所使用的显示器、输入设备和输出设备的类型不同，用户喜好的风格及计算机的目录设置也是不同的，所以每台计算机都是独特的。一般来讲，使用 AutoCAD 2011 的默认配置就可以绘图，但为了使用用户的定点设备或打印机，以及为提高绘图的效率，AutoCAD 推荐用户在开始作图前先进行必要的配置。

【执行方式】

命令行：PREFERENCES
菜单：工具→选项
右键菜单：选项（单击鼠标右键，系统打开右键菜单，其中包括一些最常用的命令，如图1-19所示。）

【操作步骤】

执行上述命令后，打开"选项"对话框。用户可以在该对话框中选择有关选项，对系统进行配置。下面只就其中几个主要的选项卡作出说明，其他配置选项，在后面用到时再作具体说明。

1.2.1 显示配置

在"选项"对话框中的第二个选项卡为"显示"，该选项卡控制 AutoCAD 窗口的外观。该选项卡设定屏幕菜单、滚动条显示与否、固定命令行窗口中文字行数、AutoCAD 2011 的版面布局设置、各实体的显示分辨率以及 AutoCAD 运行时的其他各项性能参数的设定等。前面已经讲述了屏幕菜单设定、屏幕颜色、光标大小等知识，其余有关选项的设置读者可自己参照"帮助"文件学习。

在设置实体显示分辨率时，请务必记住：显示质量越高，即分辨率越高，计算机计算的时间越长，千万不要将其设置得太高。显示质量设定在一个合理的程度上是很重要的。

1.2.2 系统配置

在"选项"对话框中的第五个选项卡为"系统"，如图1-20所示。该选项卡用来设置 AutoCAD 系统的有关特性。

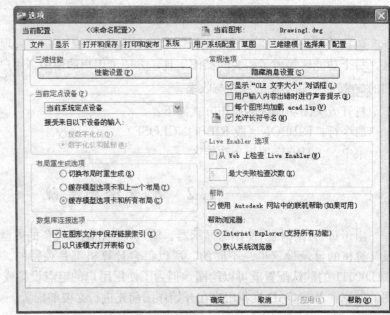

图 1-19 "选项"右键菜单　　　　图 1-20 "系统"选项卡

1.3 设置绘图环境

在 AutoCAD 中，可以利用相关命令对图形单位和图形边界以及工作条件进行具体设置。

1.3.1 图形单位设置

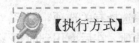

命令行：DDUNITS（或 UNITS）
菜单：格式→图形单位

执行上述命令后，打开"图形单位"对话框，如图 1-21 所示。该对话框用于定义单位和角度格式。

1．"长度"与"角度"选项组

指定测量的长度与角度当前单位及当前单位的精度。

2．"插入时的缩放单位"下拉列表框

控制使用工具选项板（例如 DesignCenter 或 i-drop）拖入当前图形的块的测量单位。

如果块或图形创建时使用的单位与该选项指定的单位不同，则在插入这些块或图形时，将对其按比例缩放。插入比例是源块或图形使用的单位与目标图形使用的单位之比。如果插入块时不按指定单位缩放，请选择"无单位"。

3. "方向控制"按钮

单击该按钮，系统显示"方向控制"对话框，如图1-22所示。可以在该对话框中进行方向控制设置。

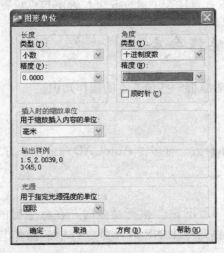 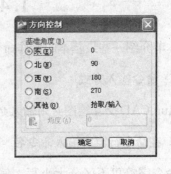

图1-21 "图形单位"对话框　　　　　图1-22 "方向控制"对话框

1.3.2 图形边界设置

【执行方式】

命令行：LIMITS
菜单：格式→图形范围

【操作步骤】

命令：LIMITS✓
重新设置模型空间界限：
指定左下角点或[开(ON)/关(OFF)]<0.0000,0.0000>：✓（输入图形边界左下角的坐标后回车）
指定右上角点<12.0000,9.0000>：✓（输入图形边界右上角的坐标后回车）

【选项说明】

1. 开（ON）

使绘图边界有效。系统在绘图边界以外拾取的点视为无效。

2. 关（OFF）

使绘图边界无效。用户可以在绘图边界以外拾取点或实体。

3. 动态输入角点坐标

图 1-23 动态输入

它可以直接在屏幕上输入角点坐标，输入了横坐标值后，按下","键，接着输入纵坐标值，如图 1-23 所示。也可以按光标位置直接按下鼠标左键，确定角点位置。

1.4 基本操作命令

本节介绍一些最基本的操作命令，引导读者掌握一些最基本的操作知识。

1.4.1 命令输入方式

AutoCAD 交互绘图必须输入必要的指令和参数。有多种 AutoCAD 命令输入方式：

1. 在命令行窗口输入命令名

命令字符可不区分大小写。例如，命令：LINE✓。执行命令时，在命令行的提示中经常会出现命令选项。例如，输入绘制直线命令 LINE 后，命令行中的操作与提示如下：

命令：LINE✓
指定第一点：（在屏幕上指定一点或输入一个点的坐标）
指定下一点或 [放弃(U)]：

选项中不带括号的提示为默认选项，因此，可以直接输入直线段的起点坐标或在屏幕上指定一点。如果要选择其他选项，则应该首先输入该选项的标识字符，如"放弃"选项的标识字符为"U"，然后按系统提示输入数据即可。在命令选项的后面，有时候还带有尖括号，尖括号内的数值为默认数值。

2. 在命令行窗口输入命令缩写字

如 L（Line）、C（Circle）、A（Arc）、Z（Zoom）、R（Redraw）、M（More）、CO（Copy）、PL（Pline）、E（Erase）等。

3. 菜单输入

选取"绘图"菜单中的"直线"选项。
选取该选项后，在状态栏中可以看到对应的命令说明及命令名，如图 1-24 所示。

4. 选取工具栏中的对应图标

选取该图标后，在状态栏中也可以看到对应的命令说明及命令名，如图 1-25 所示。

1.4 基本操作命令

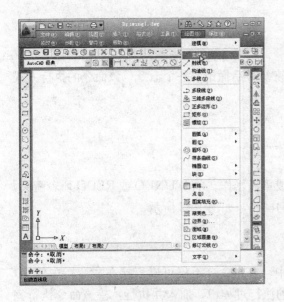

图 1-24 菜单输入方式

图 1-25 工具栏输入方式

5. 在命令行打开右键快捷菜单

如果在前面刚使用过要输入的命令，则可以在命令行打开右键快捷菜单，在"近期使用的命令"子菜单中选择需要的命令，如图 1-26 所示。"近期使用的命令"子菜单中储存最近使用过的 6 个命令，如果经常重复使用某个 6 次操作以内的命令，这种方法就比较快速、简捷。

6. 在绘图区右击

图 1-26 命令行右键快捷菜单

如果用户要重复使用上次使用的命令，可以直接在绘图区右击，系统立即重复执行上次使用的命令，这种方法适用于重复执行某个命令。

1.4.2 命令的重复、撤销、重做

1. 命令的重复

在命令行窗口中，按 Enter 键可重复调用上一次使用的命令，不管上一次使用的命令是完成了还是被取消了。

2. 命令的撤销

在命令执行过程中的任何时刻都可以取消和终止命令的执行。该命令的执行方式有如下 3 种：

命令行：UNDO

菜单："编辑"→"放弃"

快捷键：Esc

3. 命令的重做

已被撤销的命令还可以恢复重做。可以恢复最后撤销的一个命令。该命令的执行方式如下：

命令行：REDO

菜单："编辑"→"重做"

快捷键：Ctrl＋Y

AutoCAD 2011 可以一次执行多重放弃或重做操作。单击 UNDO 或 REDO 列表箭头，可以选择要放弃或重做的操作，如图 1-27 所示。

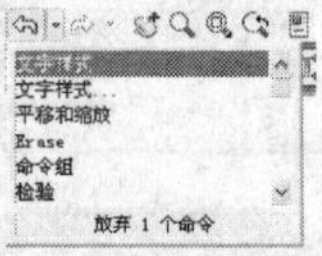

图 1-27　多重放弃或重做

1.4.3　透明命令

在 AutoCAD 2011 中，有些命令不仅可以直接在命令行中使用，而且还可以在其他命令的执行过程中，插入并执行，待该命令执行完毕后，系统继续执行原命令，这种命令称为透明命令。透明命令一般多为修改图形设置或打开辅助绘图工具的命令。

上述 3 种命令的执行方式同样适用于透明命令的执行。命令行中的操作与提示如下：

命令：ARC↙

指定圆弧的起点或 [圆心(C)]：'ZOOM↙（透明使用显示缩放命令 ZOOM）

（执行 ZOOM 命令）

＞＞按 Esc 或 Enter 键退出，或单击右键显示快捷菜单。

正在恢复执行 ARC 命令。

指定圆弧的起点或 [圆心(C)]：（继续执行原命令）

1.4.4　按键定义

在 AutoCAD 2011 中，除了可以通过在命令行窗口中输入命令、单击工具栏图标或单击菜单项来完成外，还可以使用键盘上的一组功能键或快捷键，通过这些功能键或快捷键，可以快速实现指定功能，如按 F1 键，系统会调用 AutoCAD "帮助"对话框。

系统使用 AutoCAD 传统标准（Windows 之前）或 Microsoft Windows 标准解释快捷键。有些功能键或快捷键在 AutoCAD 的菜单中已经指出，如"粘贴"的快捷键为 Ctrl＋V，只要用户在使用的过程中多加留意，就会熟练掌握这些快捷键。快捷键的定义见菜单命令后面的说明，如"粘贴（P）Ctrl＋V"。

1.4.5　命令执行方式

有的命令有两种执行方式，通过对话框或通过命令行来执行命令。如指定使用命令行方式，可以在命令名前加半字线来表示，如"-LAYER"表示用命令行方式执行"图层"

命令。而如果在命令行输入"LAYER",系统则会自动打开"图层"对话框。

另外,有些命令同时存在命令行、菜单和工具栏 3 种执行方式,这时如果选择菜单或工具栏方式,命令行会显示该命令,并在前面加一下划线,如通过菜单或工具栏方式执行"直线"命令时,命令行会显示"_ LINE",命令的执行过程与结果与命令行方式相同。

1.4.6 坐标系统与数据的输入方法

1. 坐标系

AutoCAD 采用两种坐标系:世界坐标系(WCS)与用户坐标系(UCS)。用户刚进入 AutoCAD 操作界面时的坐标系统就是世界坐标系,是固定的坐标系统。世界坐标系也是坐标系统中的基准,在多数情况下,绘制图形都是在这个坐标系统下进行的。

【执行方式】

命令行:UCS
菜单:"工具"→"新建 UCS"

AutoCAD 有两种视图显示方式:模型空间和图纸空间。模型空间是指单一视图显示法,我们通常使用的都是这种显示方式;图纸空间是指在绘图区域创建图形的多视图。用户可以对其中每一个视图进行单独操作。在默认情况下,当前 UCS 与 WCS 重合。图 1-28(a)为模型空间下的 UCS 坐标系图标,通常放在绘图区左下角处;如当前 UCS 和 WCS 重合,则出现一个 W 字,如图 1-28(b)所示;也可以把它放在当前 UCS 的实际坐标原点位置,此时出现一个十字,如图 1-28(c)所示。图 1-28(d)为图纸空间下的坐标系图标。

    (a)   (b)   (c)   (d)

图 1-28　坐标系图标

2. 数据输入方法

在 AutoCAD 2011 中,点的坐标可以用直角坐标、极坐标、球面坐标和柱面坐标表示,每一种坐标又分别具有两种坐标输入方式:绝对坐标和相对坐标。在点的坐标表示法中,直角坐标和极坐标最为常用,下面主要介绍一下它们的输入方法。

(1)直角坐标法:用点的 X、Y 坐标值表示的坐标。

在命令行中的输入点的坐标提示下,输入"15,18",则表示输入了一个 X、Y 的坐标值分别为 15、18 的点,此为绝对坐标输入方式,表示该点的坐标是相对于当前坐标原点的坐标值,如图 1-29(a)所示。如果输入"@10,20",则为相对坐标输入方式,表

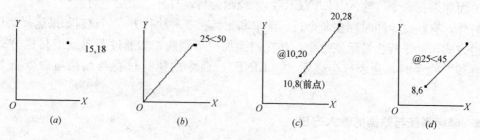

图 1-29 数据输入方法

示该点的坐标是相对于前一点的坐标值,如图 1-29(c)所示。

(2)极坐标法:用长度和角度表示的坐标,只能用来表示二维点的坐标。

在绝对坐标输入方式下,表示为:"长度<角度",如"25<50",其中长度表示该点到坐标原点的距离,角度为该点至原点的连线与 X 轴正向的夹角,如图 1-29(b)所示。

在相对坐标输入方式下,表示为:"@长度<角度",如"@25<45",其中长度表示该点到前一点的距离,角度为该点至前一点的连线与 X 轴正向的夹角,如图 1-29(d)所示。

3. 动态数据输入

单击状态栏上的 DYN 按钮,系统打开动态输入功能,可以在屏幕上动态地输入某些参数数据,例如,绘制直线时,在光标附近,会动态地显示"指定第一点"及其后面的坐标框,坐标框中当前显示的是光标所在位置,可以重新输入数据,两个数据之间以逗号隔开,如图 1-30 所示。指定第一点后,系统动态显示直线的角度,同时要求输入线段的长度值,如图 1-31 所示,其输入效果与"@长度<角度"的方式相同。

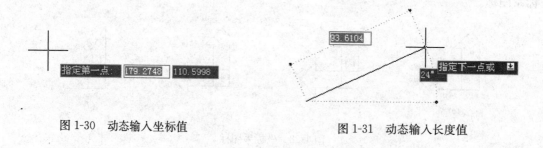

图 1-30 动态输入坐标值　　　　　图 1-31 动态输入长度值

1.5 图形的缩放

改变视图的最一般的方法就是利用缩放和平移命令。用它们可以在绘图区域放大或缩小图形显示,或者改变图形的观察位置。

1.5.1 实时缩放

利用实时缩放,用户就可以通过垂直向上或向下移动光标来放大或缩小图形。利用实时平移(见第 1.6.1 节),用户就可以通过单击和移动光标来重新放置图形。

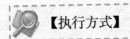【执行方式】

命令行：ZOOM
菜单："视图"→"缩放"→"实时"
工具栏："标准"→"实时缩放"

【操作步骤】

按住选择钮垂直向上或向下移动光标。从图形的中点向顶端垂直地移动光标就可以放大图形一倍，向底部垂直地移动光标就可以缩小图形二分之一。

1.5.2 放大和缩小

放大和缩小是两个基本缩放命令。放大图形则能观察到图形的细节，称之为"放大"；缩小图形则能看到大部分的图形，称之为"缩小"。如图 1-32 所示。

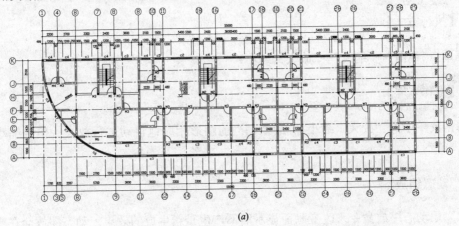

(a)

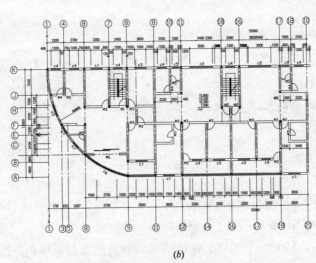

(b)

图 1-32 缩放视图
(a) 原图；(b) 放大

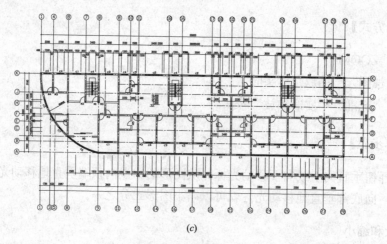

(c)

图1-32 缩放视图(续)
(c) 缩小

【执行方式】

菜单:"视图"→"缩放"→"放大(缩小)"

【操作步骤】

单击菜单中的"放大(缩小)"命令,当前图形相应地自动进行放大一倍或缩小二分之一。

1.5.3 动态缩放

可以用动态缩放命令来改变画面显示而不产生重新生成的效果。动态缩放会在当前视区中显示图形的全部。

【执行方式】

命令行:ZOOM

菜单:"视图"→"缩放"→"动态"

【操作步骤】

命令:ZOOM↙

指定窗口角点,输入比例因子(nX 或 nXP),或[全部(A)/中心点(C)/动态(D)/范围(E)/上一个(P)/比例(S)/窗口(W)]<实时>:D

执行上述命令后,打开一个图框。选取动态缩放前的画面呈绿色点线。如果动态缩放后的图形显示范围与选取动态缩放前的图形显示范围相同,则此框与白线重合而不可见。重合区域的四周有一个蓝色虚线框,用以标记虚拟屏幕。

这时，如果视框中有一个"×"出现，如图1-33（a）所示，就可以通过拖动线框把它平移到另外一个区域。如果要放大图形到不同的放大倍数，按下选择钮，"×"就会变

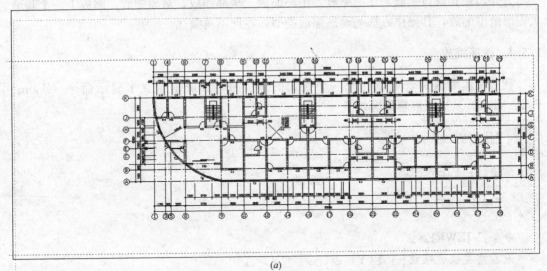

(a)

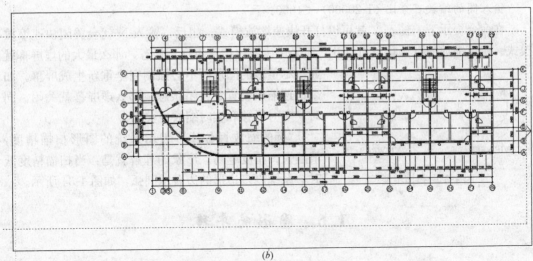

(b)

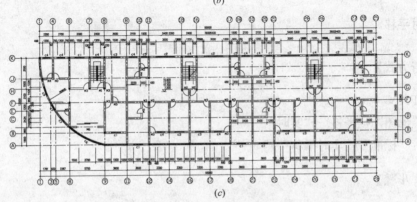

(c)

图1-33 动态缩放
(a) 带"×"的视框；(b) 带箭头的视框；(c) 缩放后的图形

成一个箭头,如图1-33(b)所示。这时,左右拖动边界线就可以重新确定视区的大小。缩放后的图形如图1-33(c)所示。

另外,还有窗口缩放、比例缩放、中心缩放、全部缩放、对象缩放、缩放上一个和最大图形范围缩放,其操作方法与动态缩放类似,在此不再赘述。

1.5.4 快速缩放

利用快速缩放命令可以打开一个很大的虚屏幕,虚屏幕定义了显示命令(Zoom、Pan、View)及更新屏幕的区域。

【执行方式】

命令行:VIEWRES

【操作步骤】

命令:VIEWRES✓

是否需要快速缩放?[是(Y)/否(N)]<Y>:✓

输入圆的缩放百分比(1-20000)<1000>:

在命令提示下,输入Y就可以打开快速缩放模式;相反,输入N就会关闭快速缩放模式。快速缩放的默认状态为打开。如果快速缩放设置为打开状态,那么最大的虚屏幕就显示尽量多的图形而不必强制完全重新生成屏幕。如果快速缩放设置为关闭状态,那么虚屏幕就关闭,同时,实时平移和实时缩放也关闭。

"圆的缩放百分比"表示系统的图形扫描精度,值越大,精度越高。形象的理解就是:当扫描精度低时,系统以多边形的边表示圆弧,如图1-34所示。

VIEWRES=500   VIEWRES=15

图1-34 扫描精度

1.6 图形的平移

1.6.1 实时平移

【执行方式】

命令:PAN
菜单:"视图"→"平移"→"实时"
工具栏:"标准"→"实时平移"

【操作步骤】

执行上述命令后,按下选择钮,然后通过移动手形光标就可以平移图形了。当手形光标移动到图形的边沿时,光标就会呈一个三角形显示。

另外，系统为显示控制命令设置了一个右键快捷菜单，如图 1-35 所示。在该菜单中，用户可以在显示控制命令执行的过程中，透明地进行切换。

1.6.2 定点平移和方向平移

除了最常用的实时平移外，也常用到定点平移。

【执行方式】

命令行：-PAN

菜单："视图"→"平移"→"点"（如图 1-36 所示）

【操作步骤】

命令：-PAN↙
指定基点或位移：（指定基点位置或输入位移值）
指定第二点：（指定第二点确定位移和方向）

执行上述命令后，当前图形按指定的位移和方向进行平移。另外，在"平移"子菜单中，还有"左"、"右"、"上"、"下"四个平移命令，如图 1-36 所示。选择这些命令后，图形就会按指定的方向平移一定的距离。

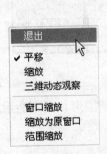

图 1-35　右键快捷菜单　　　　　图 1-36　"平移"子菜单

1.7　文件管理

本节将介绍有关文件管理的一些基本操作方法，包括新建文件、打开已有文件、保存文件、删除文件等，这些都是进行 AutoCAD 2011 操作的最基础的知识。

1.7.1 新建文件

【执行方式】

命令行：NEW 或 QNEW
菜单："文件"→"新建"
工具栏："标准"→"新建"

【操作步骤】

当执行 NEW 时，打开如图 1-37 所示的"选择样板"对话框。

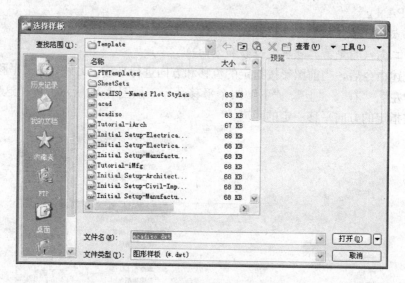

图 1-37 "选择样板"对话框

当执行 QNEW 时，系统立即从所选的图形样板中创建新图形，而不显示任何对话框或提示。

在执行快速创建图形功能前，必须进行如下设置：

（1）将 FILEDIA 系统变量设置为 1；将 STARTUP 系统变量设置为 0。

（2）从"工具"→"选项"菜单中选择默认图形样板文件。具体方法是：在"文件"选项卡中，单击标记为"样板设置"的节点下的"快速新建的默认样板文件名"分节点，如图 1-38 所示。单击"浏览"按钮，打开"选择文件"对话框，然后选择需要的样板文件。

1.7.2 打开文件

【执行方式】

命令行：OPEN
菜单："文件"→"打开"

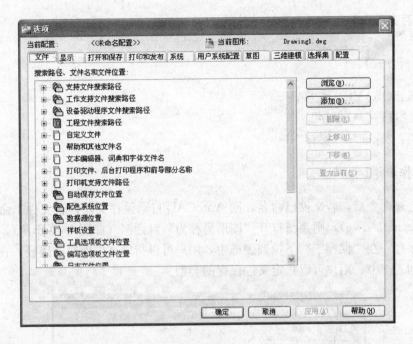

图 1-38 "选项"对话框的"文件"选项卡

工具栏:"标准"→"打开"

【操作步骤】

执行上述命令后,打开"选择文件"对话框(如图 1-39 所示),在"文件类型"下拉列表框中,用户可选 *.dwg 文件、*.dwt 文件、*.dxf 文件和 *.dws 文件。*.dws 文件是包含标准图层、标注样式、线型和文字样式的样板文件。*.dxf 文件是用文本形式存储的图形文件,能够被其他程序读取,许多第三方应用软件都支持 *.dxf 格式的文件。

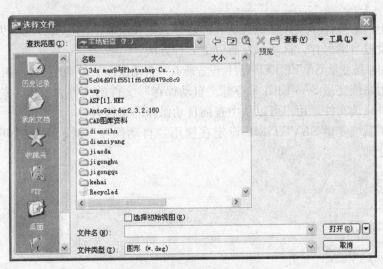

图 1-39 "选择文件"对话框

1.7.3 保存文件

命令名：QSAVE（或 SAVE）
菜单："文件"→"保存"
工具栏："标准"→"保存"

执行上述命令后，若文件已命名，则 AutoCAD 自动保存文件；若文件未命名（即为默认名 drawing1.dwg），则系统打开"图形另存为"对话框（如图 1-40 所示），用户可以进行命名保存。在"保存于"下拉列表框中，用户可以指定文件保存的路径；在"文件类型"下拉列表框中，用户可以指定文件保存的类型。

图 1-40 "图形另存为"对话框

为了防止因意外操作或计算机系统故障而导致正在绘制的图形文件的丢失，可以对当前图形文件设置自动保存，自动保存有以下 3 种方法：

（1）利用系统变量 SAVEFILEPATH 设置所有"自动保存"文件的位置，如：C:\HU\。
（2）利用系统变量 SAVEFILE 存储"自动保存"文件的文件名。该系统变量储存的文件名文件是只读文件，用户可以从中查询自动保存的文件名。
（3）利用系统变量 SAVETIME 设定在使用"自动保存"时，多长时间保存一次图形，单位是分钟。

1.7.4 另存文件

命令行：SAVEAS
菜单："文件"→"另存为"

【操作步骤】

执行上述命令后,打开"图形另存为"对话框(如图 1-40 所示),AutoCAD 用另存名称保存,并把当前图形更名。

1.7.5 退出

【执行方式】

命令行:QUIT 或 EXIT
菜单:"文件"→"退出"
按钮:AutoCAD 操作界面右上角的"关闭"按钮

【操作步骤】

命令:QUIT✓(或 EXIT✓)

执行上述命令后,若用户对图形所作的修改尚未保存,则会出现图 1-41 所示的系统警告对话框。单击"是"按钮,则系统将保存文件,然后退出;单击"否"按钮,则系统将不保存文件。若用户对图形所作的修改已经保存,则直接退出。

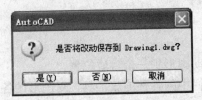

图 1-41 系统警告对话框

1.8 上机实验

【实验 1】 熟悉 AutoCAD 2011 的操作界面

1. 目的要求

通过对绘图界面进行基本操作,熟悉 AutoCAD 2011 环境。

2. 操作提示

(1) 运行 AutoCAD 2011,进入 AutoCAD 2011 的操作界面。
(2) 调整操作界面的大小。
(3) 移动、打开、关闭工具栏。
(4) 设置绘图窗口的颜色和十字光标的大小。
(5) 利用下拉菜单和工具栏按钮随意绘制图形。

【实验 2】 管理图形文件

1. 目的要求

通过基本图形文件管理操作,熟悉 AutoCAD 2011 图形管理相关命令。

2. 操作提示

(1) 执行"文件"→"打开"命令,打开"选择文件"对话框。
(2) 搜索选择一个图形文件。
(3) 添加简单图形。
(4) 执行"文件"→"另存为"命令,将图形赋名存盘。

【实例 3】 用缩放工具查看地柜图的细节

1. 目的要求

本实验给出的地柜图形相对比较复杂,为了绘制或查看地柜图形的局部或整体,需要用到图形显示工具。通过本实验的练习,要求读者熟练掌握各种缩放工具的使用方法与技巧。

2. 操作提示

(1) 利用平移工具,移动图形到一个合适位置。
(2) 利用"缩放"工具栏中的各种缩放工具,对图形的各个局部进行缩放。

第 2 章 二维绘图命令

二维图形是指在二维平面空间绘制的图形,主要由一些图形元素组成,如点、直线、圆弧、圆、椭圆、矩形、多边形、多段线、样条曲线、多线等几何元素。AutoCAD 提供了大量的绘图工具,可以帮助用户完成二维图形的绘制。本章主要内容包括:直线,圆和圆弧,椭圆和椭圆弧,平面图形,点,多段线,样条曲线,多线和图案填充等。

学习要点

直线类
圆类图形
平面图形
点
多段线
样条曲线
多线
图案填充

2.1 直 线 类

直线类命令包括直线、射线和构造线等命令。这几个命令是 AutoCAD 中最简单的绘图命令。

2.1.1 绘制直线段

【执行方式】

命令行:LINE
菜单:"绘图"→"直线"
工具栏:"绘图"→"直线"

【操作步骤】

命令:LINE↙
指定第一点:(输入直线段的起点,用鼠标指定点或者给定点的坐标)
指定下一点或 [放弃(U)]:(输入直线段的端点,也可以用鼠标指定一定角度后,直接

输入直线段的长度)

指定下一点或 [放弃(U)]:(输入下一直线段的端点。输入选项 U 表示放弃前面的输入;右击或按 Enter 键,结束命令)

指定下一点或 [闭合(C)/放弃(U)]:(输入下一直线段的端点,或输入选项 C 使图形闭合,结束命令)

【选项说明】

(1) 若按 Enter 键响应"指定第一点"的提示,则系统会把上次绘线(或弧)的终点作为本次操作的起始点。特别地,若上次操作为绘制圆弧,按 Enter 键响应后,绘出通过圆弧终点且与该圆弧相切的直线段,该线段的长度由鼠标在屏幕上指定的一点与切点之间线段的长度确定。

(2) 在"指定下一点"的提示下,用户可以指定多个端点,从而绘出多条直线段。但是,每一条直线段都是一个独立的对象,可以进行单独地编辑操作。

(3) 绘制两条以上的直线段后,若用选项"C"响应"指定下一点"的提示,系统会自动链接起始点和最后一个端点,从而绘出封闭的图形。

(4) 若用选项"U"响应提示,则会擦除最近一次绘制的直线段。

(5) 若设置正交方式(单击状态栏上的"正交"按钮),则只能绘制水平直线段或垂直直线段。

(6) 若设置动态数据输入方式(单击状态栏上的 DYN 按钮),则可以动态输入坐标或长度值。下面的命令同样可以设置动态数据输入方式,效果与非动态数据输入方式类似。除了特别需要(以后不再强调),否则只按非动态数据输入方式输入相关数据。

2.1.2 绘制射线

【执行方式】

命令行:RAY
菜单:"绘图"→"射线"

【操作步骤】

命令:RAY↙
指定起点:(给出起点)
指定通过点:(给出通过点,绘制出射线)
指定通过点:(过起点绘制出另一射线,按 Enter 键,结束命令)

2.1.3 绘制构造线

【执行方式】

命令行:XLINE

菜单："绘图"→"构造线"

工具栏："绘图"→"构造线"

【操作步骤】

命令:XLINE↙

指定点或 [水平(H)/垂直(V)/角度(A)/二等分(B)/偏移(O)]:(给出点)

指定通过点:(给定通过点2,画一条双向的无限长直线)

指定通过点:(继续给点,继续画线,按Enter键,结束命令)

【选项说明】

(1) 执行选项中有"点"、"水平"、"垂直"、"角度"、"二等分"和"偏移"6种方式绘制构造线。

(2) 这种线可以模拟手工绘图中的辅助绘图线。用特殊的线型显示,在绘图输出时,可不作输出。常用于辅助绘图。

2.1.4 实例——标高符号

绘制如图2-1所示的标高符号。

【绘制步骤】

> **实讲实训**
> **多媒体演示**
>
> 多媒体演示参见配套光盘中的\\视频\第2章\标高符号.avi。

命令:_line↙

指定第一点:100,100↙(1点)

指定下一点或 [放弃(U)]:@40,-135↙

指定下一点或 [放弃(U)]:u↙(输入错误,取消上次操作)

指定下一点或 [放弃(U)]:@40<-135↙(2点,也可以按下状态栏上"DYN"按钮,在鼠标位置为135°时,动态输入40,如图2-2所示,下同)

指定下一点或 [放弃(U)]:@40<135↙(3点,相对极坐标数值输入方法,此方法便于控制线段长度)

指定下一点或 [闭合(C)/放弃(U)]:@180,0↙(4点,相对直角坐标数值输入方法,此方法便于控制坐标点之间正交距离)

指定下一点或 [闭合(C)/放弃(U)]:↙(回车结束直线命令)

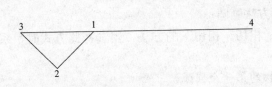

图2-1 直线图形

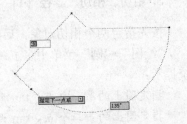

图2-2 动态输入

> **说明**
> 一般每个命令有 3 种执行方式，这里只给出了命令行执行方式，其他两种执行方式的操作方法与命令行执行方式相同。

2.2 圆类图形

圆类命令主要包括"圆"、"圆弧"、"椭圆"、"椭圆弧"以及"圆环"等命令，这几个命令是 AutoCAD 中最简单的圆类命令。

2.2.1 绘制圆

【执行方式】

命令行：CIRCLE
菜单："绘图"→"圆"
工具栏："绘图"→"圆"

【操作步骤】

命令：CIRCLE↙
指定圆的圆心或［三点(3P)/两点(2P)/相切、相切、半径(T)］:(指定圆心)
指定圆的半径或［直径(D)］:(直接输入半径数值或用鼠标指定半径长度)
指定圆的直径 <默认值>:(输入直径数值或用鼠标指定直径长度)

【选项说明】

1. 三点（3P）

用指定圆周上三点的方法画圆。

2. 两点（2P）

按指定直径的两端点的方法画圆。

3. 相切、相切、半径（T）

按先指定两个相切对象，后给出半径的方法画圆。
"绘图"→"圆"菜单中多了一种"相切、相切、相切"的方法，当选择此方式时，系统提示：
指定圆上的第一个点：_tan 到:(指定相切的第一个圆弧)
指定圆上的第二个点：_tan 到:(指定相切的第二个圆弧)
指定圆上的第三个点：_tan 到:(指定相切的第三个圆弧)

2.2.2 实例——圆餐桌

【绘制步骤】

(1) 设置绘图环境。选取菜单栏中的"格式"→"图形界限"命令,设置图幅界限:297×210。

(2) 单击"绘图"工具栏中的"圆"按钮 ⊙,绘制圆。命令行中的操作与提示如下:

命令:CIRCLE✓

指定圆的圆心或 [三点(3P)/两点(2P)/相切、相切、半径(T)]:100,100✓

指定圆的半径或 [直径(D)]:50✓

绘制结果如图 2-3 所示。

重复"圆"命令,以(100,100)为圆心,绘制半径为 40 的圆。结果如图 2-4 所示。

> 实讲实训
> 多媒体演示
>
> 多媒体演示参见配套光盘中的\\视频\第 2 章\圆餐桌.avi。

图 2-3 绘制圆　　　　图 2-4 圆餐桌

(3) 单击"快速访问"工具栏中的"保存"按钮 💾,保存图形。命令行中的操作与提示如下:

命令:SAVEAS✓(将绘制完成的图形以"圆餐桌.dwg"为文件名保存在指定的路径中)

2.2.3 绘制圆弧

【执行方式】

命令行:ARC(缩写名:A)

菜单:"绘图"→"弧"

工具栏:"绘图"→"圆弧" ⌒

【操作步骤】

命令:ARC✓

指定圆弧的起点或 [圆心(C)]:(指定起点)

指定圆弧的第二点或 [圆心(C)/端点(E)]:(指定第二点)

指定圆弧的端点:(指定端点)

【选项说明】

(1) 用命令行方式绘制圆弧时,可以根据系统提示单击不同的选项,具体功能和单击菜单栏中的"绘图"→"圆弧"中子菜单提供的 11 种方式相似。这 11 种方式绘制的圆弧分别如图 2-5（a）～(k) 所示。

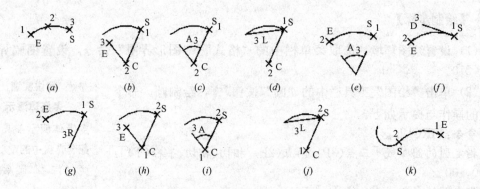

图 2-5　11 种圆弧绘制方法

(2) 需要强调的是"继续"方式，绘制的圆弧与上一线段或圆弧相切，继续画圆弧段，因此提供端点即可。

2.2.4　实例——椅子

绘制如图 2-6 所示的椅子。

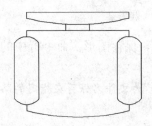

图 2-6　椅子图案

> **实讲实训**
> **多媒体演示**
>
> 多媒体演示参见配套光盘中的\\视频\第 2 章\椅子.avi。

【绘制步骤】

(1) 单击"绘图"工具栏中的"直线"按钮，绘制初步轮廓结果如图 2-7 所示。

(2) 单击"绘图"工具栏中的"圆弧"按钮 和"直线"按钮，完成绘制。命令行中的操作与提示如下：

命令:ARC↙

指定圆弧的起点或 [圆心(C)]:(用鼠标指定左上方竖线段端点 1,如图 2-7 所示)

指定圆弧的第二点或 [圆心(C)/端点(E)]:(用鼠标在上方两竖线段正中间指定一点 2)

指定圆弧的端点:(用鼠标指定右上方竖线段端点 3)

命令:LINE↙

指定第一点:(用鼠标在刚才绘制圆弧上指定一点)

指定下一点或 [放弃(U)]:(在垂直方向上用鼠标在中间水平线段上指定一点)

指定下一点或 [放弃(U)]:

同样方法圆弧上指定一点为起点向下绘制另一条竖线段。再以图2-7中1、3两点下面的水平线段的端点为起点各向下适当距离绘制两条竖直线段，如图2-8所示。命令行中的操作与提示如下：

命令：ARC✓

指定圆弧的起点或［圆心(C)］：(用鼠标指定左边第一条竖线段上端点4,如图2-8所示)

指定圆弧的第二点或［圆心(C)/端点(E)］：(用上面刚绘制的竖线段上端点5)

指定圆弧的端点：(用鼠标指定左下方第二条竖线段上端点6)

同样方法绘制扶手位置另外三段圆弧。

命令：LINE✓

指定第一点：(用鼠标在刚才绘制圆弧正中间指定一点)

指定下一点或［放弃(U)］：(在垂直方向上用鼠标指定一点)

指定下一点或［放弃(U)］：

同样方法绘制另一条竖线段。

命令：ARC✓

指定圆弧的起点或［圆心(C)］：(用鼠标指定刚才绘制线段的下端点)

指定圆弧的第二个点或［圆心(C)/端点(E)］：E✓

指定圆弧的端点：(用鼠标指定刚才绘制另一线段的下端点)

指定圆弧的圆心或［角度(A)/方向(D)/半径(R)］：D✓

指定圆弧的起点切向：(用鼠标指定圆弧起点切向)

绘制结果如图2-6所示。

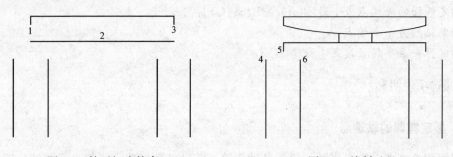

图2-7 椅子初步轮廓　　　　　　　　图2-8 绘制过程

2.2.5 绘制圆环

【执行方式】

命令行：DONUT

菜单："绘图"→"圆环"

【操作步骤】

命令：DONUT✓

指定圆环的内径　＜默认值＞：(指定圆环内径)

指定圆环的外径 ＜默认值＞：(指定圆环外径)
指定圆环的中心点或 ＜退出＞：(指定圆环的中心点)
指定圆环的中心点或 ＜退出＞：(继续指定圆环的中心点,则继续绘制具有相同内外径的圆环。按 Enter 键空格键或右击,结束命令)

【选项说明】

（1）若指定内径为零,则画出实心填充圆。
（2）用命令 FILL 可以控制圆环是否填充。
命令：FILL✓
输入模式 [开(ON)/关(OFF)] ＜开＞：(选择 ON 表示填充,选择 OFF 表示不填充)

2.2.6 绘制椭圆与椭圆弧

【执行方式】

命令行：ELLIPSE
菜单："绘图"→"椭圆"→"圆弧"
工具栏："绘图"→"椭圆" 或"绘图"→"椭圆弧"

【操作步骤】

命令：ELLIPSE✓
指定椭圆的轴端点或 [圆弧(A)/中心点(C)]：
指定轴的另一个端点：
指定另一条半轴长度或 [旋转(R)]：

【选项说明】

1. 指定椭圆的轴端点

根据两个端点,定义椭圆的第一条轴。第一条轴的角度确定了整个椭圆的角度。第一条轴既可以定义为椭圆的长轴,也可以定义为椭圆的短轴。

2. 旋转（R）

通过绕第一条轴旋转圆来创建椭圆。相当于将一个圆绕椭圆轴翻转一个角度后的投影视图。

3. 中心点（C）

通过指定的中心点创建椭圆。

4. 椭圆弧（A）

该选项用于创建一段椭圆弧。与"工具栏：绘制→椭圆弧"功能相同。其中第一条轴

的角度确定了椭圆弧的角度。第一条轴既可以定义为椭圆弧长轴,也可以定义为椭圆弧短轴。选择该项,系统继续提示:

指定椭圆弧的轴端点或 [中心点(C)]:(指定端点或输入 C)
指定轴的另一个端点:(指定另一端点)
指定另一条半轴长度或 [旋转(R)]:(指定另一条半轴长度或输入 R)
指定起始角度或 [参数(P)]:(指定起始角度或输入 P)
指定终止角度或 [参数(P)/包含角度(I)]:

其中各选项含义如下:

(1) 角度:指定椭圆弧端点的两种方式之一,光标与椭圆中心点连线的夹角为椭圆弧端点位置的角度。

(2) 参数(P):指定椭圆弧端点的另一种方式,该方式同样是指定椭圆弧端点的角度,通过以下矢量参数方程式创建椭圆弧:

$$p(u)=c+a \cdot \cos(u)+b \cdot \sin(u)$$

其中 c 是椭圆的中心点,a 和 b 分别是椭圆的长轴和短轴,u 为光标与椭圆中心点连线的夹角。

(3) 包含角度(I):定义从起始角度开始的包含角度。

2.2.7 实例——洗脸盆

绘制如图 2-9 所示的洗脸盆。

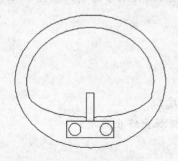

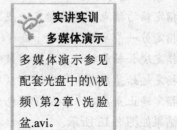

实讲实训
多媒体演示

多媒体演示参见配套光盘中的\\视频\第 2 章\洗脸盆.avi。

图 2-9 洗脸盆图形

(1) 单击"绘图"工具栏中的"直线"按钮 ,绘制水龙头图形,方法同上。结果如图 2-10 所示。

(2) 单击"绘图"工具栏中的"圆"按钮 ,绘制两个水龙头旋钮。命令行中的操作与提示如下:

命令:_circle✓
指定圆的圆心或 [三点(3P)/两点(2P)/相切、相切、半径(T)]:(指定中心)
指定圆的半径或 [直径(D)]:(指定半径)✓
用同样方法绘制另一个圆。结果如图 2-11 所示。

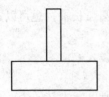
图 2-10 绘制水龙头

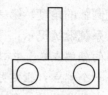
图 2-11 绘制旋钮

(3) 单击"绘图"工具栏中的"椭圆"按钮 ⬭，绘制脸盆外沿，命令行中的操作与提示如下：

命令：_ellipse↙

指定椭圆的轴端点或［圆弧(A)/中心点(C)］：(用鼠标指定椭圆轴端点)

指定轴的另一个端点：(用鼠标指定另一端点)

指定另一条半轴长度或［旋转(R)］：(用鼠标在屏幕上拉出另一半轴长度)

结果如图 2-12 所示。

(4) 单击"绘图"工具栏中的"椭圆弧"按钮 ⬬，绘制脸盆部分内沿，命令行中的操作与提示如下：

命令：_ellipse↙（选择工具栏或绘图菜单中的椭圆弧命令）

指定椭圆的轴端点或［圆弧(A)/中心点(C)］：_a↙

指定椭圆弧的轴端点或［中心点(C)］：C↙

指定椭圆弧的中心点：(单击状态栏"对象捕捉"按钮，捕捉刚才绘制的椭圆中心点，关于"捕捉"，后面进行介绍)

指定轴的端点：(适当指定一点)

指定另一条半轴长度或［旋转(R)］：R↙

指定绕长轴旋转的角度：(用鼠标指定椭圆轴端点)

指定起始角度或［参数(P)］：(用鼠标拉出起始角度)

指定终止角度或［参数(P)/包含角度(I)］：(用鼠标拉出终止角度)

结果如图 2-13 所示。

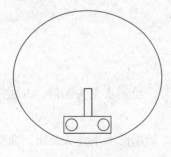
图 2-12 绘制脸盆外沿

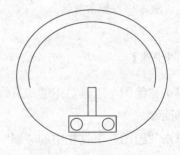
图 2-13 绘制脸盆部分内沿

(5) 单击"绘图"工具栏中的"圆弧"按钮 ⌒，绘制脸盆其他部分内沿，命令行中的操作与提示如下：

命令：_arc↙

指定圆弧的起点或［圆心(C)］:(捕捉椭圆弧端点)
指定圆弧的第二个点或［圆心(C)/端点(E)］:(指定第二点)
指定圆弧的端点:(捕捉水龙头上一点)

(6) 用相同方法绘制另一圆弧,最终结果如图 2-9 所示。

2.3 平面图形

2.3.1 绘制矩形

【执行方式】

命令行：RECTANG（缩写名：REC）
菜单："绘图"→"矩形"
工具栏："绘图"→"矩形"

【操作步骤】

命令:RECTANG↙
指定第一个角点或［倒角(C)/标高(E)/圆角(F)/厚度(T)/宽度(W)］:
指定另一个角点或［面积(A)/尺寸(D)/旋转(R)］:

【选项说明】

1. 第一个角点

通过指定两个角点来确定矩形,如图 2-14（a）所示。

2. 倒角（C）

指定倒角距离,绘制带倒角的矩形［如图 2-14（b）所示］,每一个角点的逆时针和顺时针方向的倒角可以相同,也可以不同,其中第一个倒角距离是指角点逆时针方向的倒角距离,第二个倒角距离是指角点顺时针方向的倒角距离。

3. 标高（E）

指定矩形标高（Z 坐标）,即把矩形画在标高为 Z,和 XOY 坐标面平行的平面上,并作为后续矩形的标高值。

4. 圆角（F）

指定圆角半径,绘制带圆角的矩形,如图 2-14（c）所示。

5. 厚度（T）

指定矩形的厚度,如图 2-14（d）所示。

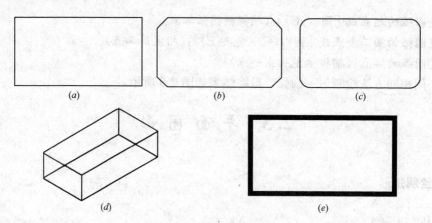

图 2-14 绘制矩形

6. 宽度（W）

指定线宽，如图 2-14（e）所示。

7. 尺寸（D）

使用长和宽创建矩形。第二个指定点将矩形定位在与第一角点相关的四个位置之一内。

8. 面积（A）

通过指定面积和长或宽来创建矩形。选择该项，系统提示：
输入以当前单位计算的矩形面积 <20.0000>：（输入面积值）
计算矩形标注时依据［长度（L）/宽度（W）］<长度>：（按 Enter 键或输入 W）
输入矩形长度 <4.0000>：（指定长度或宽度）

指定长度或宽度后，系统自动计算出另一个维度后绘制出矩形。如果矩形被倒角或圆角，则在长度或宽度计算中，会考虑此设置。如图 2-15（a）所示。

图 2-15 按面积或指定旋转角度绘制矩形
（a）按面积绘制矩形；（b）按指定旋转角度创建矩形

9. 旋转（R）

旋转所绘制矩形的角度。选择该项，系统提示：

指定旋转角度或［拾取点(P)］<135>：（指定角度）
指定另一个角点或［面积(A)/尺寸(D)/旋转(R)］:（指定另一个角点或选择其他选项）
指定旋转角度后，系统按指定旋转角度创建矩形，如图2-15（b）所示。

2.3.2 实例——办公桌

绘制如图2-16所示的办公桌。

**实讲实训
多媒体演示**

多媒体演示参见配套光盘中的\\视频\第2章\办公桌.avi。

图2-16 办公桌

（1）单击"绘图"工具栏中的"直线"按钮，绘制外轮廓线，命令行中的操作与提示如下：

命令：LINE↙
指定第一点：0,0↙
指定下一点或［放弃(U)］：@150,0↙
指定下一点或［放弃(U)］：@0,70↙
指定下一点或［闭合(C)/放弃(U)］：@-150,0↙
指定下一点或［闭合(C)/放弃(U)］：c↙
结果如图2-17所示。

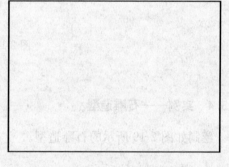

图2-17 绘制轮廓线

（2）单击"绘图"工具栏中的"矩形"按钮，绘制内轮廓线，命令行中的操作与提示如下：

命令：RECTANG↙
指定第一个角点或［倒角(C)/标高(E)/圆角(F)/厚度(T)/宽度(W)］:2,2↙
指定另一个角点或［面积(A)/尺寸(D)/旋转(R)］:@146,146↙
最终结果如图2-16所示。

2.3.3 绘制正多边形

【执行方式】

命令行：POLYGON
菜单："绘图"→"正多边形"

工具栏："绘图"→"正多边形"

【操作步骤】

命令：POLYGON↙

输入侧边数 <4>：（指定多边形的边数，默认值为 4）↙

指定正多边形的中心点或 [边(E)]：（指定中心点）

输入选项 [内接于圆(I)/外切于圆(C)] <I>：（指定是内接于圆或外切于圆，I 表示内接于圆如图 2-18(a)所示，C 表示外切于圆如图 2-18(b)所示）

指定圆的半径：（指定外接圆或内切圆的半径）

【选项说明】

如果选择"边"选项，则只要指定多边形的一条边，系统就会按逆时针方向创建该正多边形，如图 2-18（c）所示。

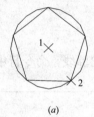 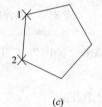

(a)　　　　　　　　　　(b)　　　　　　　　　　(c)

图 2-18　画正多边形

2.3.4　实例——石雕造型

绘制如图 2-19 所示的石雕造型。

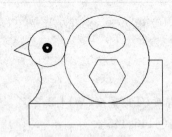

图 2-19　石雕造型

> 实讲实训
> 多媒体演示
>
> 多媒体演示参见配套光盘中的\\视频\第2章\石雕造型.avi。

【绘制步骤】

（1）单击"绘图"工具栏中的"圆"按钮和选择菜单栏中的"绘图"→"圆环"命令，绘制左边的小圆及圆环。命令行中的操作与提示如下：

命令：CIRCLE↙

指定圆的圆心或[三点(3P)/两点(2P)/相切、相切、半径(T)]:230,210↙（输入圆心的X,Y坐标值）

指定圆的半径或[直径(D)]:30↙（输入圆的半径）

命令:DONUT↙

指定圆环的内径<10.0000>:5↙（圆环内径）

指定圆环的外径<20.0000>:15↙（圆环外径）

指定圆环的中心点<退出>:230,210↙（圆环中心坐标值）

指定圆环的中心点<退出>:↙（退出）

(2) 单击"绘图"工具栏中的"矩形"按钮 ▭，绘制下边的一个矩形。命令行中的操作与提示如下：

命令:RECTANG↙

指定第一个角点或[倒角(C)/标高(E)/圆角(F)/厚度(T)/宽度(W)]:200,122↙（矩形左上角点坐标值）

指定另一个角点:420,88↙（矩形右上角点的坐标值）

(3) 单击"绘图"工具栏中的"圆"按钮 ⊙、"椭圆"按钮 ⬭ 和"正多边形"按钮 ⬠，绘制右边的大圆、小椭圆及正六边形。命令行中的操作与提示如下：

命令:CIRCLE↙

指定圆的圆心或[三点(3P)/两点(2P)/相切、相切、半径(T)]:T↙（用指定两个相切对象及给出圆的半径的方式画圆）

在对象上指定一点作圆的第一条切线:（用鼠标在1点附近选取小圆,如图2-20所示）

在对象上指定一点作圆的第二条切线:（用鼠标在2点附近选取矩形,如图2-20所示）

指定圆的半径:<30.0000>:70↙

命令:ELLIPSE↙

指定椭圆的轴端点或[圆弧(A)/中心点(C)]:C↙（用指定椭圆圆心的方式画椭圆）

指定椭圆的中心点:330,222↙（椭圆中心点的坐标值）

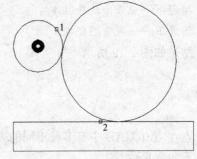

图2-20 步骤图

指定轴的端点:360,222↙（椭圆长轴的右端点的坐标值）

指定到其他轴的距离或[旋转(R)]:20↙（椭圆短轴的长度）

命令:POLYGON↙（或单击下拉菜单"绘图"→"正多边形",或者单击工具栏命令图标 ⬠,下同）

输入边的数目<4>:6↙（正多边形的边数）

指定多边形的中心点或[边(E)]:330,165↙（正六边形的中心点的坐标值）

输入选项[内接于圆(I)/外切于圆(C)]<I>:↙（用内接于圆的方式画正六边形）

指定圆的半径:30↙（正六边形内接圆的半径）

(4) 单击"绘图"工具栏中的"直线"按钮 ╱ 和"圆弧"按钮 ⌒，绘制左边的折

线和圆弧。命令行中的操作与提示如下:

命令:LINE↙

指定第一点:202,221↙

指定下一点或[放弃(U)]:@30<-150↙ (用相对极坐标值给定下一点的坐标值)

指定下一点或[放弃(U)]:@30<-20↙ (用相对极坐标值给定下一点的坐标值)

指定下一点或[闭合(C)/放弃(U)]:↙

命令:ARC↙

指定圆弧的起点或[圆心(CE)]:200,122↙ (给出圆弧的起点坐标值)

指定圆弧的第二点或[圆心(CE)/端点(EN)]:EN↙ (用给出圆弧端点的方式画圆弧)

指定圆弧的端点:210,188↙ (给出圆弧端点的坐标值)

指定圆弧的圆心或[角度(A)/方向(D)/半径(R)]:R↙(用给出圆弧半径的方式画圆弧)

指定圆弧半径:45↙ (圆弧半径值)

(5) 单击"绘图"工具栏中的"直线"按钮，绘制右边折线。命令行中的操作与提示如下:

命令:LINE↙

指定第一点:420,122↙

指定下一点或[放弃(U)]:@68<90↙

指定下一点或[放弃(U)]:@23<180↙

指定下一点或[闭合(C)/放弃(U)]:↙

结果如图2-19所示。

2.4 点

点在AutoCAD中有多种不同的表示方式，用户可以根据需要进行设置。也可以设置等分点和测量点。

2.4.1 绘制点

命令行:POINT

菜单:"绘图"→"点"→"单点或多点"

工具栏:"绘图"→"点" ·

命令:POINT↙

当前点模式: PDMODE=0 PDSIZE=0.0000

指定点：（指定点所在的位置）

【选项说明】

（1）通过菜单方法进行操作时（如图 2-21 所示），"单点"命令表示只输入一个点，"多点"命令表示可输入多个点。

（2）可以单击状态栏中的"对象捕捉"开关按钮，设置点的捕捉模式，帮助用户拾取点。

（3）点在图形中的表示样式，共有 20 种。可通过命令 DDPTYPE 或拾取菜单：格式→点样式，打开"点样式"对话框来设置点样式，如图 2-22 所示。

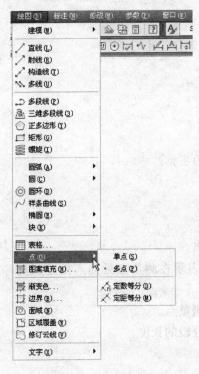
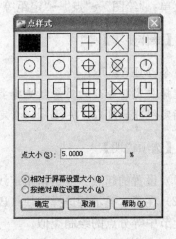

图 2-21 "点"子菜单　　　　　图 2-22 "点样式"对话框

2.4.2 绘制等分点

【执行方式】

命令行：DIVIDE（缩写名：DIV）
菜单："绘图"→"点"→"定数等分"

【操作步骤】

命令：DIVIDE✓
选择要定数等分的对象：（选择要等分的实体）

输入线段数目或［块(B)］:（指定实体的等分数）

【选项说明】

(1) 等分数范围 2~32767。

(2) 在等分点处，按当前的点样式设置画出等分点。

(3) 在第二提示行选择"块（B）"选项时，表示在等分点处插入指定的块（BLOCK）。

2.4.3 绘制测量点

【执行方式】

命令行：MEASURE（缩写名：ME）

菜单："绘图"→"点"→"定距等分"

【操作步骤】

命令:MEASURE✓

选择要定距等分的对象:（选择要设置测量点的实体）

指定线段长度或［块(B)］:（指定分段长度）

【选项说明】

(1) 设置的起点一般是指指定线段的绘制起点。

(2) 在第二提示行选择"块（B）"选项时，表示在测量点处插入指定的块，后续操作与上节中等分点的绘制类似。

(3) 在测量点处，按当前的点样式设置画出测量点。

(4) 最后一个测量段的长度不一定等于指定分段的长度。

2.4.4 实例——楼梯

绘制如图 2-23 所示的石雕造型。

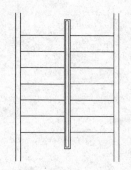

图 2-23　绘制楼梯

 实讲实训　多媒体演示

多媒体演示参见配套光盘中的\\视频\第2章\楼梯.avi。

2.5 多段线

【绘制步骤】

(1) 单击"绘图"工具栏中的"直线"按钮 ∕，绘制墙体与扶手，如图 2-24 所示。

(2) 选择菜单栏中的"格式"→"点样式"命令，在打开的"点样式"对话框中选择"X"样式。

(3) 选择菜单栏中的"绘图"→"点"→"定数等分"命令，将左边扶手的外面线段为 8 等分，如图 2-25 所示。

图 2-24　绘制墙体与扶手　　　　　图 2-25　绘制等分点

(4) 单击"绘图"工具栏中的"直线"按钮 ∕。分别以等分点为起点，左边墙体上的点为终点绘制水平线段，如图 2-26 所示。

(5) 单击"修改"工具栏中的"删除"按钮 ✐，删除绘制的等分点，如图 2-27 所示。

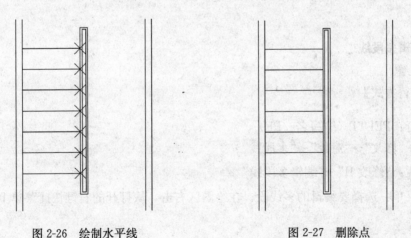

图 2-26　绘制水平线　　　　　图 2-27　删除点

(6) 相同方法绘制另一侧楼梯，最终结果如图 2-23 所示。

2.5　多　段　线

多段线是一种由线段和圆弧组合而成的不同线宽的多线。这种线由于其组合形式的多样和线宽的不同,弥补了直线或圆弧功能的不足,适合绘制各种复杂的图形轮廓,因而得到了广泛的应用。

2.5.1 绘制多段线

【执行方式】

命令行:PLINE(缩写名:PL)
菜单:"绘图"→"多段线"
工具栏:"绘图"→"多段线"

【操作步骤】

命令:PLINE✓
指定起点:(指定多段线的起点)
当前线宽为 0.0000
指定下一个点或[圆弧(A)/半宽(H)/长度(L)/放弃(U)/宽度(W)]:(指定多段线的下一点)

【选项说明】

多段线主要由不同长度的连续的线段或圆弧组成,如果在上述提示中选"圆弧"命令,则命令行提示:
[角度(A)/圆心(CE)/方向(D)/半宽(H)/直线(L)/半径(R)/第二个点(S)/放弃(U)/宽度(W)]:

2.5.2 编辑多段线

【执行方式】

命令行:PEDIT(缩写名:PE)
菜单:"修改"→"对象"→"多段线"
工具栏:"修改 II"→"编辑多段线"
快捷菜单:选择要编辑的多线段,在绘图区右击,从打开的右键快捷菜单上选择"多段线编辑"。

【操作步骤】

命令:PEDIT✓
选择多段线或[多条(M)]:(选择一条要编辑的多段线)
输入选项[闭合(C)/合并(J)/宽度(W)/编辑顶点(E)/拟合(F)/样条曲线(S)/非曲线化(D)/线型生成(L)/反转(R)/放弃(U)]:

2.5 多段线

【选项说明】

1. 合并（J）

在开放的多段线的尾端点添加直线、圆弧或多段线和从曲线拟合多段线中删除曲线拟合。对于要合并多段线的对象，除非第一个 PEDIT 提示下使用"多个"选项；否则，它们的端点必须重合。在这种情况下，如果模糊距离设置得足以包括端点，则可以将不相接的多段线合并。如图 2-28 所示。

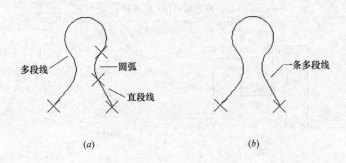

图 2-28　合并多段线
(a) 合并前；(b) 合并后

2. 宽度（W）

修改整条多段线的线宽，使其具有同一线宽。如图 2-29 所示。

3. 编辑顶点（E）

选择该项后，在多段线起点处出现一个斜的十字叉"×"，它为当前顶点的标记，并在命令行出现进行后续操作的提示：

［下一个(N)/上一个(P)/打断(B)/插入(I)/移动(M)/重生成(R)/拉直(S)/切向(T)/宽度(W)/退出(X)]＜N＞：

这些选项允许用户进行移动、插入顶点和修改任意两点间的线的线宽等操作。

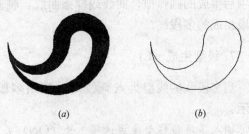

图 2-29　修改整条多段线的线宽
(a) 修改前；(b) 修改后

4. 拟合（F）

从指定的多段线生成由光滑圆弧连接而成的圆弧拟合曲线，该曲线经过多段线的各顶点。如图 2-30 所示。

5. 样条曲线（S）

以指定的多段线的各顶点作为控制点生成 B 样条曲线。如图 2-31 所示。

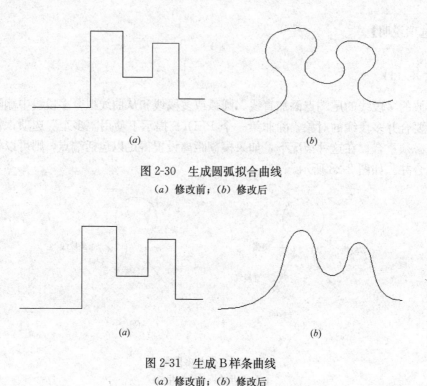

图 2-30　生成圆弧拟合曲线
(a) 修改前；(b) 修改后

图 2-31　生成 B 样条曲线
(a) 修改前；(b) 修改后

6. 非曲线化 (D)

用直线代替指定的多段线中的圆弧。对于选择"拟合 (F)"选项或"样条曲线 (S)"选项后生成的圆弧拟合曲线或样条曲线，删去其生成曲线时新插入的顶点，则恢复成由直线段组成的多段线。

7. 线型生成 (L)

当多段线的线型为点画线时，控制多段线的线型生成方式开关。选择此项，系统提示：

输入多段线线型生成选项 [开 (ON)/关 (OFF)] <关>：

选择 ON 时，将在每个顶点处允许以短画开始或结束生成线型，选择 OFF 时，将在每个顶点处允许以长画开始或结束生成线型。"线型生成"不能用于包含带变宽的线段的多段线。如图 2-32 所示。

8. 反转多段线顶点的顺序

使用此选项可反转使用包含文字线型的对象的方向。例如，根据多段线的创建方向，线型中的文字可能会倒置显示。

2.5.3　实例——鼠标

绘制如图 2-33 所示的鼠标。

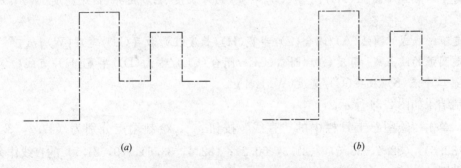

图 2-32 控制多段线的线型（线型为点画线时）
(a) 关；(b) 开

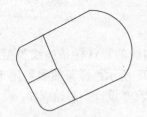

图 2-33 鼠标

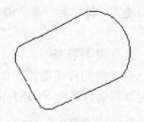

图 2-34 绘制鼠标轮廓

> 实讲实训
> 多媒体演示
>
> 多媒体演示参见配套光盘中的\\视频\第 2 章\鼠标.avi。

【绘制步骤】

(1) 单击"绘图"工具栏中的"多段线"按钮，绘制鼠标轮廓线。命令行中的操作与提示如下：

命令：_pline ↙
指定起点：2.5,50 ↙
当前线宽为 0.0000
指定下一个点或 [圆弧(A)/半宽(H)/长度(L)/放弃(U)/宽度(W)]：59,80 ↙
指定下一点或 [圆弧(A)/闭合(C)/半宽(H)/长度(L)/放弃(U)/宽度(W)]：a ↙
指定圆弧的端点或 [角度(A)/圆心(CE)/闭合(CL)/方向(D)/半宽(H)/直线(L)/半径(R)/第二个点(S)/放弃(U)/宽度(W)]：s ↙
指定圆弧上的第二个点：89.5,62 ↙
指定圆弧的端点：86.6,26.7 ↙
指定圆弧的端点或 [角度(A)/圆心(CE)/闭合(CL)/方向(D)/半宽(H)/直线(L)/半径(R)/第二个点(S)/放弃(U)/宽度(W)]：l ↙
指定下一点或 [圆弧(A)/闭合(C)/半宽(H)/长度(L)/放弃(U)/宽度(W)]：29,0 ↙
指定下一点或 [圆弧(A)/闭合(C)/半宽(H)/长度(L)/放弃(U)/宽度(W)]：a ↙
指定圆弧的端点或 [角度(A)/圆心(CE)/闭合(CL)/方向(D)/半宽(H)/直线(L)/半径(R)/第二个点(S)/放弃(U)/宽度(W)]：18,5.3 ↙
指定圆弧的端点或 [角度(A)/圆心(CE)/闭合(CL)/方向(D)/半宽(H)/直线(L)/半径(R)/第二个点(S)/放弃(U)/宽度(W)]：l ↙

指定下一点或[圆弧(A)/闭合(C)/半宽(H)/长度(L)/放弃(U)/宽度(W)]:2.5,34.6↙

指定下一点或[圆弧(A)/闭合(C)/半宽(H)/长度(L)/放弃(U)/宽度(W)]:a↙

指定圆弧的端点或[角度(A)/圆心(CE)/闭合(CL)/方向(D)/半宽(H)/直线(L)/半径(R)/第二个点(S)/放弃(U)/宽度(W)]:cl↙

绘制结果如图 2-34 所示。

（2）单击"绘图"工具栏中的"直线"按钮，绘制端点分别为（47.2，8.5），(32.4，33.6）；（32.4，33.6），（21.3，60.2）；（32.4，33.6），（9，21.7）的直线作为鼠标的左右键。

最终结果如图 2-33 所示。

2.6 样条曲线

AutoCAD 使用一种称为非一致有理 B 样条（NURBS）曲线的特殊样条曲线类型。NURBS 曲线在控制点之间产生一条光滑的样条曲线，如图 2-35 所示。样条曲线可用于创建形状不规则的曲线，例如，为地理信息系统（GIS）应用或汽车设计绘制轮廓线。

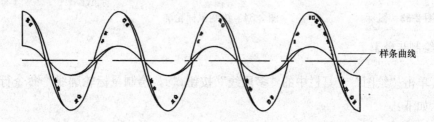

图 2-35 样条曲线

2.6.1 绘制样条曲线

命令行：SPLINE

菜单："绘图"→"样条曲线"

工具栏："绘图"→"样条曲线"

命令:_spline↙
当前设置:方式=拟合 节点=弦
指定第一个点或[方式(M)/节点(K)/对象(O)]:(指定一点或选择"对象(O)"选项)
输入下一个点或[起点切向(T)/公差(L)]:
输入下一个点或[端点相切(T)/公差(L)/放弃(U)/闭合(C)]:

【选项说明】

(1) 方式（M）。控制是使用拟合点还是使用控制点来创建样条曲线。选项会因选择的是使用拟合点创建样条曲线的选项还是使用控制点创建样条曲线的选项而异。

(2) 节点（K）。指定节点参数化，它会影响曲线在通过拟合点时的形状。

(3) 对象（O）。将二维或三维的二次或三次样条曲线的拟合多段线转换为等价的样条曲线，然后（根据 DelOBJ 系统变量的设置）删除该拟合多段线。

(4) 起点切向（T）基于切向创建样条曲线。

(5) 端点相切（T）停止基于切向创建曲线。可通过指定拟合点继续创建样条曲线。

(6) 公差（L）指定距样条曲线必须经过的指定拟合点的距离。公差应用于除起点和端点外的所有拟合点。

2.6.2 编辑样条曲线

【执行方式】

命令行：SPLINEDIT

菜单："修改"→"对象"→"样条曲线"

快捷菜单：选择要编辑的样条曲线，在绘图区右击，从打开的右键快捷菜单上选择"编辑样条曲线"。

工具栏："修改 II"→"编辑样条曲线"

【操作步骤】

命令：SPLINEDIT↙

选择样条曲线：(选择要编辑的样条曲线。若选择的样条曲线是用 SPLINE 命令创建的，其近似点以夹点的颜色显示出来；若选择的样条曲线是用 PLINE 命令创建的，其控制点以夹点的颜色显示出来。)

输入选项 [闭合(C)/合并(J)/拟合数据(F)/编辑顶点(E)/转换为多段线(P)/反转(R)/放弃(U)/退出(X)]：

【选项说明】

(1) 拟合数据（F）。编辑近似数据。选择该项后，创建该样条曲线时指定的各点将以小方格的形式显示出来。

(2) 编辑顶点（E）。精密调整样条曲线定义。

(3) 转换为多段线（P）。将样条曲线转换为多段线。

(4) 反转（R）。翻转样条曲线的方向。该项操作主要用于应用程序。

2.6.3 实例——雨伞

绘制如图 2-36 所示的雨伞。

**实讲实训
多媒体演示**

多媒体演示参见配套光盘中的\\视频\第 2 章\雨伞.avi。

图 2-36　雨伞图形

(1) 单击"绘图"工具栏中的"圆弧"按钮，绘制伞的外框，命令行中的操作与提示如下：

命令：ARC↙

指定圆弧的起点或 [圆心(C)]：C↙

指定圆弧的圆心：(在屏幕上指定圆心)

指定圆弧的起点：(在屏幕上圆心位置的右边指定圆弧的起点)

指定圆弧的端点或 [角度(A)/弦长(L)]：A↙

指定包含角：180↙(注意角度的逆时针转向)

(2) 单击"绘图"工具栏中的"样条曲线"按钮，绘制伞的底边，命令行中的操作与提示如下：

命令：SPLINE↙

指定第一个点或 [方式(M)/节点(K)/对象(O)]：(指定样条曲线的第一个点 1，如图 2-37 所示)

输入下一点：[起点切向(T)/公差(L)]：(指定样条曲线的下一个点 2)

输入下一个点或 [端点相切(T)/公差(L)/放弃(U)/闭合(C)]：(指定样条曲线的下一个点 3)

输入下一个点或 [端点相切(T)/公差(L)/放弃(U)/闭合(C)]：(指定样条曲线的下一个点 4)

输入下一个点或 [端点相切(T)/公差(L)/放弃(U)/闭合(C)]：(指定样条曲线的下一个点 5)

输入下一个点或 [端点相切(T)/公差(L)/放弃(U)/闭合(C)]：(指定样条曲线的下一个点 6)

输入下一个点或 [端点相切(T)/公差(L)/放弃(U)/闭合(C)]：(指定样条曲线的下一个点 7)

输入下一个点或 [端点相切(T)/公差(L)/放弃(U)/闭合(C)]：↙

(3) 单击"绘图"工具栏中的"圆弧"按钮，绘制伞面辐条，命令行中的操作与

提示如下:

命令:ARC↙

指定圆弧的起点或[圆心(C)]:(在圆弧大约正中点8位置,指定圆弧的起点,如图2-38所示)

指定圆弧的第二个点或[圆心(C)/端点(E)]:(在点9位置,指定圆弧的第二个点)

指定圆弧的端点:(在点2位置,指定圆弧的端点)

用同样方法,利用"圆弧"命令,绘制其他的伞面辐条,绘制结果如图2-39所示。

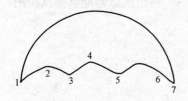
图2-37 绘制伞边

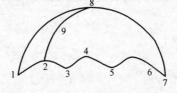
图2-38 绘制伞面辐条

图2-39 绘制伞面

(4) 单击"绘图"工具栏中的"多段线"按钮，绘制伞顶和伞把,命令行中的操作与提示如下:

命令:PLINE↙

指定起点:(在图2-29所示的点8位置指定伞顶起点)

当前线宽为 3.0000

指定下一个点或[圆弧(A)/半宽(H)/长度(L)/放弃(U)/宽度(W)]:W↙

指定起点宽度 <3.0000>:4↙

指定端点宽度 <4.0000>:2↙

指定下一个点或[圆弧(A)/半宽(H)/长度(L)/放弃(U)/宽度(W)]:(指定伞顶终点)

指定下一点或[圆弧(A)/闭合(C)/半宽(H)/长度(L)/放弃(U)/宽度(W)]:U↙(位置不合适,取消)

指定下一个点或[圆弧(A)/半宽(H)/长度(L)/放弃(U)/宽度(W)]:(重新在往上适当位置指定伞顶终点)

指定下一点或[圆弧(A)/闭合(C)/半宽(H)/长度(L)/放弃(U)/宽度(W)]:(右击确认)

命令:PLINE↙

指定起点:(在图2-31所示的点8的正下方点4位置附近,指定伞把起点)

当前线宽为 2.0000

指定下一个点或[圆弧(A)/半宽(H)/长度(L)/放弃(U)/宽度(W)]:H↙

指定起点半宽 <1.0000>:1.5↙

指定端点半宽 <1.5000>:↙

指定下一个点或[圆弧(A)/半宽(H)/长度(L)/放弃(U)/宽度(W)]:(往下适当位置指定下一点)

指定下一点或[圆弧(A)/闭合(C)/半宽(H)/长度(L)/放弃(U)/宽度(W)]:A↙

指定圆弧的端点或[角度(A)/圆心(CE)/闭合(CL)/方向(D)/半宽(H)/直线(L)/半

径(R)/第二个点(S)/放弃(U)/宽度(W)]:(指定圆弧的端点)

指定圆弧的端点或[角度(A)/圆心(CE)/闭合(CL)/方向(D)/半宽(H)/直线(L)/半径(R)/第二个点(S)/放弃(U)/宽度(W)]:(鼠标右击确认)

最终绘制的图形如图 2-36 所示。

2.7 多 线

多线是一种复合线,由连续的直线段复合组成。多线的一个突出优点是能够提高绘图效率,保证图线之间的统一性。

2.7.1 绘制多线

【执行方式】

命令行:MLINE
菜单:"绘图"→"多线"

【操作步骤】

命令:MLINE✓
当前设置:对正=上,比例=20.00,样式=STANDARD
指定起点或[对正(J)/比例(S)/样式(ST)]:(指定起点)
指定下一点:(给定下一点)
指定下一点或[放弃(U)]:(继续给定下一点,绘制线段。输入"U",则放弃前一段的绘制;右击或按 Enter 键,结束命令)
指定下一点或[闭合(C)/放弃(U)]:(继续给定下一点,绘制线段。输入"C",则闭合线段,结束命令)

【选项说明】

1. 对正 (J)

该项用于给定绘制多线的基准。共有 3 种对正类型"上"、"无"和"下"。其中,"上(T)"表示以多线上侧的线为基准,以此类推。

2. 比例 (S)

选择该项,要求用户设置平行线的间距。输入值为零时,平行线重合;值为负时,多线的排列倒置。

3. 样式 (ST)

该项用于设置当前使用的多线样式。

2.7.2 定义多线样式

【执行方式】

命令行：MLSTYLE

【操作步骤】

命令：MLSTYLE✓

执行上述命令后，打开如图 2-40 所示的"多线样式"对话框。在该对话框中，用户可以对多线样式进行定义、保存和加载等操作。

图 2-40 "多线样式"对话框

2.7.3 编辑多线

【执行方式】

命令行：MLEDIT
菜单："修改"→"对象"→"多线"

【操作步骤】

执行上述命令后，打开"多线编辑工具"对话框，如图 2-41 所示。

利用该对话框，可以创建或修改多线的模式。对话框中分 4 列显示了示例图形。其中，第一列管理十字交叉形式的多线，第二列管理 T 形多线，第三列管理拐角接合点和

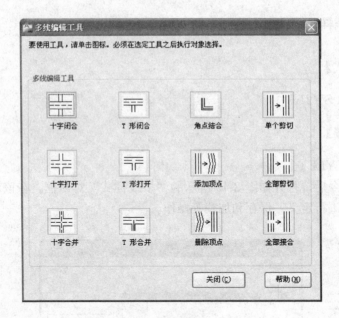

图 2-41 "多线编辑工具"对话框

节点形式的多线,第四列管理多线被剪切或连接的形式。

单击选择某个示例图形,然后单击"关闭"按钮,就可以调用该项编辑功能。

2.7.4 实例——墙体

绘制如图 2-42 所示的墙体。

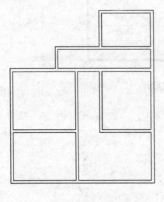

图 2-42 墙体

实讲实训
多媒体演示

多媒体演示参见配套光盘中的\\视频\第 2 章\墙体.avi。

【绘制步骤】

(1) 单击"绘图"工具栏中的"构造线"按钮 ,绘制出一条水平构造线和一条竖直构造线,组成"十"字形辅助线,如图 2-43 所示,命令行中的操作与提示如下:

命令:XLINE↙

指定点或 [水平(H)/垂直(V)/角度(A)/二等分(B)/偏移(O)]:O↙
选择直线对象:(选择刚绘制的水平构造线)
指定向哪侧偏移:(指定右边一点)
选择直线对象:(继续选择刚绘制的水平构造线)

重复"构造线"命令绘制水平构造线,单击"修改"工具栏中的"偏移"按钮，将绘制得到的水平构造线依次向上偏移5100、1800和3000,偏移得到的水平构造线如图2-44所示。重复"构造线"命令绘制垂直构造线,单击"修改"工具栏中的"偏移"按钮，并依次向右偏移3900、1800、2100和4500,结果如图2-45所示。

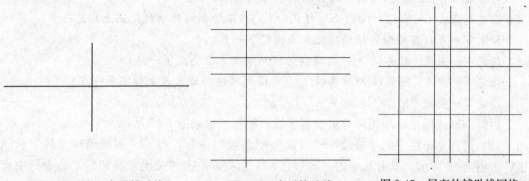

图 2-43 "十"字形辅助线　　　图 2-44 水平构造线　　　图 2-45 居室的辅助线网格

(2) 选择菜单栏中的"格式"→"多线样式"命令,打开"多线样式"对话框,在该对话框中单击"新建"按钮,打开"创建新的多线样式"对话框,在该对话框的"新样式名"文本框中键入"墙体线"。

(3) 单击"继续"按钮,打开"新建多线样式"对话框,进行图2-46所示的设置。

(4) 选择菜单栏中的"绘图"→"多线"命令,绘制多线墙体,命令行中的操作与提示

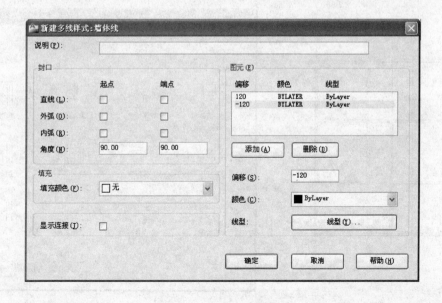

图 2-46 设置多线样式

如下：

命令：MLINE↙

当前设置：对正＝上，比例＝20.00，样式＝STANDARD

指定起点或 [对正(J)/比例(S)/样式(ST)]：S↙

输入多线比例 <20.00>：1↙

当前设置：对正＝上，比例＝1.00，样式＝STANDARD

指定起点或 [对正(J)/比例(S)/样式(ST)]：J↙

输入对正类型 [上(T)/无(Z)/下(B)] <上>：Z↙

当前设置：对正＝无，比例＝1.00，样式＝STANDARD

指定起点或 [对正(J)/比例(S)/样式(ST)]：(在绘制的辅助线交点上指定一点)

指定下一点：(在绘制的辅助线交点上指定下一点)

指定下一点或 [放弃(U)]：(在绘制的辅助线交点上指定下一点)

指定下一点或 [闭合(C)/放弃(U)]：(在绘制的辅助线交点上指定下一点)

指定下一点或 [闭合(C)/放弃(U)]：C↙

根据辅助线网格，用相同方法绘制多线，绘制结果如图 2-47 所示。

(5) 选择菜单栏中的"修改"→"对象"→"多线"命令，打开"多线编辑工具"对话框，如图 2-48 所示。单击其中的"T形合并"选项，单击"关闭"按钮后，命令行中操作与提示如下：

命令：MLEDIT↙

选择第一条多线：(选择多线)

选择第二条多线：(选择多线)

选择第一条多线或 [放弃(U)]：(选择多线)

选择第一条多线或 [放弃(U)]：↙

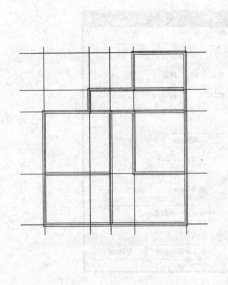

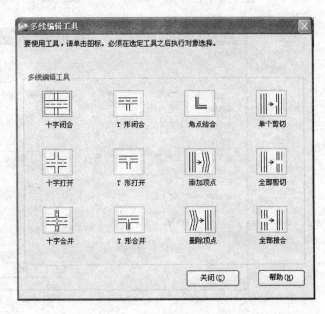

图 2-47 全部多线绘制结果　　　　图 2-48 "多线编辑工具"对话框

用同样方法继续进行多线编辑,编辑的最终结果如图 2-42 所示。

2.8 图案填充

当用户需要用一个重复的图案(pattern)填充某个区域时,可以使用 BHATCH 命令建立一个相关联的填充阴影对象,即所谓的图案填充。

2.8.1 基本概念

1. 图案边界

当进行图案填充时,首先要确定图案填充的边界。定义边界的对象只能是直线、双向射线、单向射线、多段线、样条曲线、圆弧、圆、椭圆、椭圆弧、面域等对象或用这些对象定义的块,而且作为边界的对象,在当前屏幕上必须全部可见。

2. 孤岛

在进行图案填充时,我们把位于总填充域内的封闭区域称为孤岛,如图 2-49 所示。在用 BHATCH 命令进行图案填充时,AutoCAD 允许用户以拾取点的方式确定填充边界,即在希望填充的区域内任意拾取一点,AutoCAD 会自动确定出填充边界,同时也确定该边界内的孤岛。如果用户是以点取对象的方式确定填充边界的,则必须确切地点取这些孤岛,有关知识将在下一节中介绍。

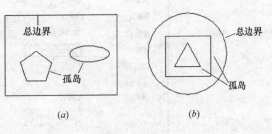

图 2-49 孤岛

3. 填充方式

在进行图案填充时,需要控制填充的范围,AutoCAD 系统为用户设置了以下 3 种填充方式,实现对填充范围的控制:

(1) 普通方式。如图 2-50(a)所示,该方式从边界开始,从每条填充线或每个剖面符号的两端向里画,遇到内部对象与之相交时,填充线或剖面符号断开,直到遇到下一次相交时再继续画。采用这种方式时,要避免填充线或剖面符号与内部对象的相交次数为奇数。该方式为系统内部的默认方式。

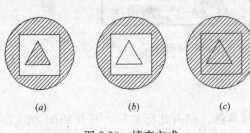

图 2-50 填充方式

(2) 最外层方式。如图 2-50(b)所示,该方式从边界开始,向里画剖面符号,只要在边界内部与对象相交,则剖面符号由此断开,而不再继续画。

(3) 忽略方式。如图 2-50(c)所示,该方式忽略边界内部的对象,所有内部结构都被剖面符号覆盖。

2.8.2 图案填充的操作

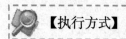【执行方式】

命令行：BHATCH

菜单："绘图"→"图案填充"

工具栏："绘图"→"图案填充" 或 "绘图"→"渐变色"

【操作步骤】

执行上述命令后，打开如图 2-51 所示的"图案填充和渐变色"对话框，各选项组和按钮含义如下：

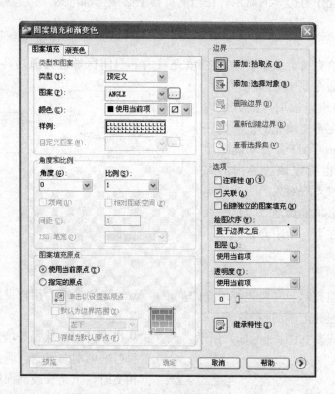

图 2-51 "图案填充和渐变色"对话框

1. "图案填充"标签

此标签中的各选项用来确定填充图案及其参数。单击此标签后，打开如图 2-51 所示的左边选项组。其中各选项含义如下：

（1）"类型"下拉列表框：此选项用于确定填充图案的类型。在"类型"下拉列表框中，"用户定义"选项表示用户要临时定义填充图案，与命令行方式中的"U"选项作用一样；"自定义"选项表示选用 ACAD.PAT 图案文件或其他图案文件（*.PAT 文件）

中的填充图案;"预定义"选项表示选用 AutoCAD 标准图案文件(ACAD.PAT 文件)中的填充图案。

(2)"图案"下拉列表框:此选项组用于确定 AutoCAD 标准图案文件中的填充图案。在"图案"下拉列表中,用户可从中选取填充图案。选取所需要的填充图案后,在"样例"中的图像框内会显示出该图案。只有用户在"类型"下拉列表中选择了"预定义"选项后,此项才以正常亮度显示,即允许用户从 AutoCAD 标准图案文件中选取填充图案。

如果选择的图案类型是"预定义",单击"图案"下拉列表框右边的 按钮,会打开如图 2-52 所示的图案列表,该对话框中显示出所选图案类型所具有的图案,用户可从中确定所需要的图案。

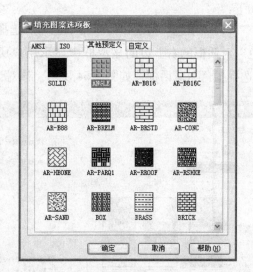

图 2-52 图案列表

(3)"样例"图像框:此选项用来给出样本图案。在其右面有一矩形图像框,显示出当前用户所选用的填充图案。可以单击该图像框,迅速查看或选取已有的填充图案(如图 2-53 所示)。

(4)"自定义图案"下拉列表框:此下拉列表框用于确定 ACAD.PAT 图案文件或其他图案文件(*.PAT)中的填充图案。只有在"类型"下拉列表中选择了"自定义"项后,该项才以正常亮度显示,即允许用户从 ACAD.PAT 图案文件或其他图案件(*.PAT)中选取填充图案。

(5)"角度"下拉列表框:此下拉列表框用于确定填充图案时的旋转角度。每种图案在定义时的旋转角度为零,用户可在"角度"下拉列表中选择所希望的旋转角度。

(6)"比例"下拉列表框:此下拉列表框用于确定填充图案的比例值。每种图案在定义时的初始比例为 1,用户可以根据需要放大或缩小,方法是在"比例"下拉列表中选择相应的比例值。

(7)"双向"复选框:该项用于确定用户临时定义的填充线是一组平行线,还是相互垂直的两组平行线。只有在"类型"下拉列表框中选用"用户定义"选项后,该项才可以使用。

(8)"相对图纸空间"复选框:该项用于确定是否相对图纸空间单位来确定填充图案的比例值。选择此选项后,可以按适合于版面布局的比例方便地显示填充图案。该选项仅仅适用于图形版面编排。

(9)"间距"文本框:指定平行线之间的间距,在"间距"文本框内输入值即可。只有在"类型"下拉列表框中选用"用户定义"选项后,该项才可以使用。

(10)"ISO 笔宽"下拉列表框:此下拉列表框告诉用户根据所选择的笔宽确定与 ISO 有关的图案比例。只有在选择了已定义的 ISO 填充图案后,才可确定它的内容。图案填充的原点:控制填充图案生成的起始位置。填充这些图案(例如砖块图案)时需要与图案填充边界上的一点对齐。在默认情况下,所有填充图案原点都对应于当前的 UCS 原点。

也可以选择"指定的原点",通过其下一级的选项重新指定原点。

2. "渐变色"标签

渐变色是指从一种颜色到另一种颜色的平滑过渡。渐变色能产生光的效果,可为图形添加视觉效果。单击该标签,打开如图 2-53 所示的"渐变色"标签,其中各选项含义如下:

(1)"单色"单选钮:应用单色对所选择的对象进行渐变填充。在"图案填充与渐变色"对话框的右上边的显示框中显示用户所选择的真彩色,单击 ... 按钮,系统打开"选择颜色"对话框,如图 2-54 所示。该对话框将在第 5 章中详细介绍,这里不再赘述。

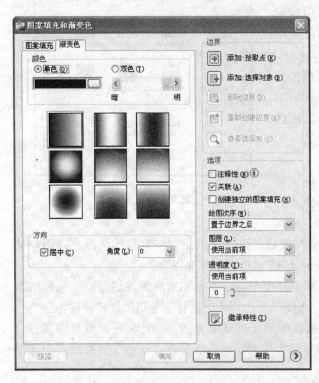
图 2-53 "渐变色"标签

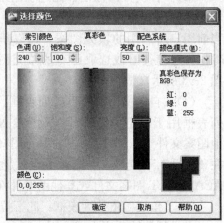
图 2-54 "选择颜色"对话框

(2)"双色"单选钮:应用双色对所选择的对象进行渐变填充。填充颜色将从颜色 1 渐变到颜色 2。颜色 1 和颜色 2 的选取与单色选取类似。

(3)"渐变方式"样板:在"渐变色"标签的下方有 9 个"渐变方式"样板,分别表示不同的渐变方式,包括线形、球形和抛物线形等方式。

(4)"居中"复选框:该复选框决定渐变填充是否居中。

(5)"角度"下拉列表框:在该下拉列表框中选择角度,此角度为渐变色倾斜的角度。不同的渐变色填充如图 2-55 所示。

3. "边界"选项组

(1)"添加:拾取点"按钮:以拾取点的形式自动确定填充区域的边界。在填充的区

2.8 图案填充

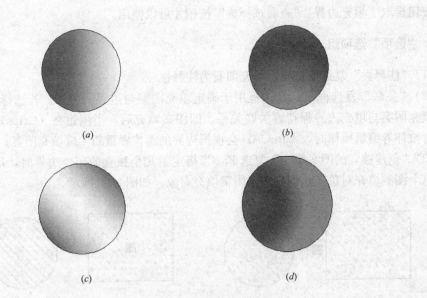

图 2-55 不同的渐变色填充
(a) 单色线形居中 0°渐变填充；(b) 双色抛物线形居中 0°渐变填充；(c) 单色线形居中 45°渐变填充；
(d) 双色球形不居中 0°渐变填充

域内任意拾取一点，系统会自动确定出包围该点的封闭填充边界，并且以高亮度显示（如图 2-56 所示）。

（2）"添加：选择对象"按钮：以选择对象的方式确定填充区域的边界。用户可以根据需要选取构成填充区域的边界。同样，被选择的边界也会以高亮度显示（如图 2-57 所示）。

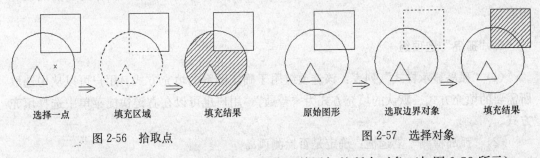

图 2-56 拾取点　　　　　　　　图 2-57 选择对象

（3）"删除边界"按钮：从边界定义中删除以前添加的所有对象（如图 2-58 所示）。

（4）"重新创建边界"按钮：围绕选定的填充图案或填充对象创建多段线或面域。

（5）"查看选择集"按钮：查看填充区域的边界。单击该按钮，AutoCAD 临时切换到绘图屏幕，将所选择的作为填充边界的对象以高亮度显示。只有通过"拾取点"按钮或"选择对

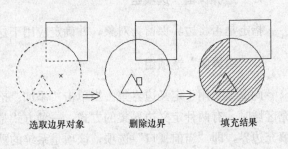

图 2-58 删除边界

象"按钮选取了填充边界,"查看选择集"按钮才可以使用。

4. "选项"选项组

(1)"注释性"复选框:指定填充图案为注释性。

(2)"关联"复选框:此复选框用于确定填充图案与边界的关系。若选择此复选框,那么填充图案与填充边界保持着关联关系,即图案填充后,当用钳夹(Grips)功能对边界进行拉伸等编辑操作时,AutoCAD会根据边界的新位置重新生成填充图案。

(3)"创建独立的图案填充"复选框:当指定了几个独立的闭合边界时,用来控制是创建单个图案填充对象还是创建多个图案填充对象。如图2-59所示。

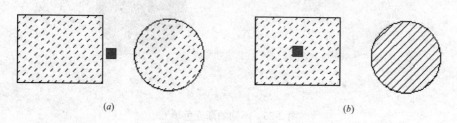

图2-59 独立与不独立
(a) 不独立,选中时是一个整体; (b) 独立,选中时不是一个整体

(4)"绘图次序"下拉列表框:指定图案填充的顺序。图案填充可以放在所有其他对象之后、所有其他对象之前、图案填充边界之后或图案填充边界之前。

5. "继承特性"按钮

此按钮的作用是图案填充的继承特性,即选用图中已有的填充图案作为当前的填充图案。

6. "孤岛"选项组

(1)"孤岛显示样式"列表:该选项组用于确定图案的填充方式。用户可以从中选取所需要的填充方式。默认的填充方式为"普通"。用户也可以在右键快捷菜单中选择填充方式。

(2)"孤岛检测"复选框:确定是否检测孤岛。

7. "边界保留"选项组

指定是否将边界保留为对象,并确定应用于这些对象的对象类型是多段线还是面域。

8. "边界集"选项组

此选项组用于定义边界集。当单击"添加:拾取点"按钮以根据拾取点的方式确定填充区域时,有两种定义边界集的方式:一种方式是以包围所指定点的最近的有效对象作为填充边界,即"当前视口"选项,该项是系统的默认方式;另一种方式是用户自己选定一组对象来构造边界,即"现有集合"选项,选定对象通过其上面的"新建"按钮来实现。

2.8 图案填充

单击该按钮后,AutoCAD 临时切换到绘图屏幕,并提示用户选取作为构造边界集的对象。此时若选取"现有集合"选项,AutoCAD 会根据用户指定的边界集中的对象来构造一个封闭边界。

9. "允许的间隙"文本框

设置将对象用作填充图案边界时可以忽略的最大间隙。默认值为 0,此值指定对象必须封闭区域而没有间隙。

10. "继承选项"选项组

使用"继承特性"创建填充图案时,控制图案填充原点的位置。

2.8.3 编辑填充的图案

利用 HATCHEDIT 命令,编辑已经填充的图案。

【执行方式】

命令行:HATCHEDIT
菜单:"修改"→"对象"→"图案填充"
工具栏:"修改 II"→"编辑图案填充"

【操作步骤】

执行上述命令后,AutoCAD 会给出下面提示:

选择关联填充对象:

选取关联填充物体后,系统弹出如图 2-60 所示的"图案填充编辑"对话框。

在图 2-60 中,只有正常显示的选项,才可以对其进行操作。该对话框中各项的含义与图 2-53 所示的"图案填充和渐变色"对话框中各项的含义相同。利用该对话框,可以对已填充的图案进行一系列的编辑修改。

2.8.4 实例——小房子

绘制如图 2-61 所示的小房子。

【绘制步骤】

1. 绘制屋顶轮廓

单击"绘图"工具栏中的"直线"按钮,以 {(0,500)、(@600,500)} 为端点坐标绘制直线。

重复"直线"命令,单击状态栏中的"对象捕捉"按钮,捕捉绘制好的直线的中点,以其为起点,以坐标为 (@0,50) 的点为第二点,绘制直线。连接各端点,结果如图 2-62 所示。

第 2 章 二维绘图命令

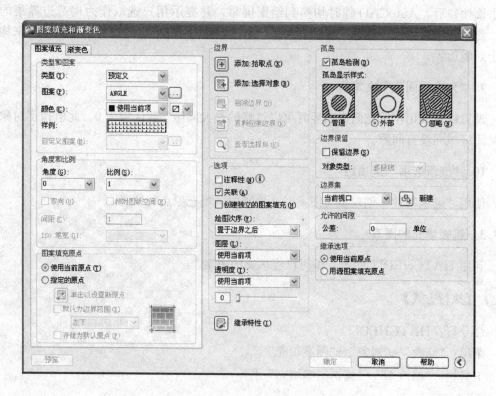

图 2-60 "图案填充编辑"对话框

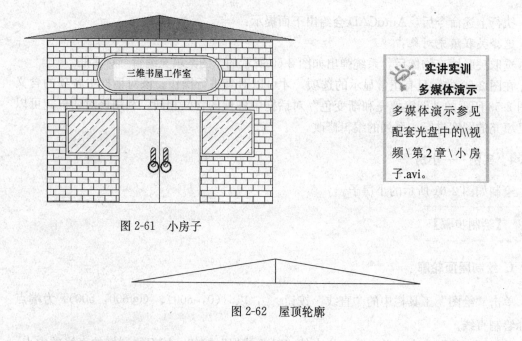

图 2-61 小房子

图 2-62 屋顶轮廓

2. 绘制墙体轮廓

单击"绘图"工具栏中的"矩形"按钮 ，以（50，500）为第一角点，（@500，

—350)为第二角点绘制墙体轮廓,结果如图 2-63 所示。

单击状态栏中的"线宽"按钮,结果如图 2-64 所示。

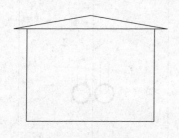
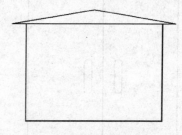

图 2-63　墙体轮廓　　　　　　　图 2-64　显示线宽

3. 绘制门

(1) 绘制门体。将"门窗"图层置为当前图层。单击"绘图"工具栏中的"矩形"按钮 ▭,以墙体底面的中点作为第一角点,以(@90,200)为第二角点绘制右边的门。重复"矩形"命令,以墙体底面的中点作为第一角点,以(@-90,200)为第二角点绘制左边的门。结果如图 2-65 所示。

(2) 绘制门把手。单击"绘图"工具栏中的"矩形"按钮 ▭ 和单击"修改"工具栏中的"圆角"按钮 ▢,在适当的位置上,绘制一个长度为 10,高度为 40,倒圆半径为 5 的矩形。命令行中的操作与提示如下:

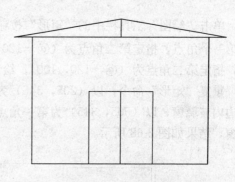

图 2-65　绘制门体

命令:rectang↙

指定第一个角点或[倒角(C)/标高(E)/圆角(F)/厚度(T)/宽度(W)]:f↙

指定矩形的圆角半径<0.0000>:5↙

指定第一个角点或[倒角(C)/标高(E)/圆角(F)/厚度(T)/宽度(W)]:(在图上选取合适的位置)

指定另一个角点或[面积(A)/尺寸(D)/旋转(R)]:@10,40↙

重复"矩形"和"圆角"命令,绘制另一个门把手。结果如图 2-66 所示。

(3) 绘制门环。选择菜单栏中的"绘图"→"圆环"命令,在适当的位置上,绘制两个内径为 20,外径为 40 的圆环。命令行中的操作与提示如下:

命令:donut↙

指定圆环的内径<30.0000>:20↙

指定圆环的外径<35.0000>:24↙

指定圆环的中心点或<退出>:(适当指定一点)

指定圆环的中心点或<退出>:(适当指定一点)

指定圆环的中心点或<退出>:↙

结果如图 2-67 所示。

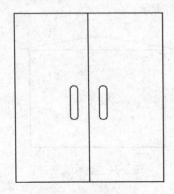
图 2-66 绘制门把手

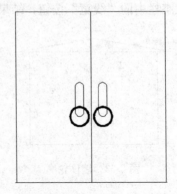
图 2-67 绘制门环

4. 绘制窗户

单击"绘图"工具栏中的"矩形"按钮 ▱，绘制左边外玻璃窗，指定门的左上角点为第一个角点，指定第二角点为（@-120，-100）；接着指定门的右上角点为第一个角点，指定第二角点为（@-120，100），绘制右边外玻璃窗。

重复"矩形"命令，以（205，345）为第一角点，（@-110，-90）为第二角点绘制左边内玻璃窗，以（505，345）为第一角点，（@110，-90）为第二角点绘制右边的内玻璃窗，结果如图 2-68 所示。

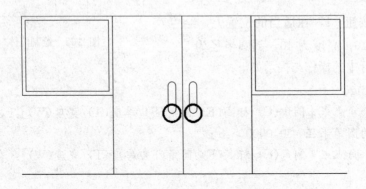
图 2-68 绘制窗户

5. 绘制牌匾

单击"绘图"工具栏中的"多段线"按钮，绘制多段线，命令行中的操作与提示如下：

命令：PLINE✓
指定起点：（用光标拾取一点作为多段线的起点）
指定下一点或 [圆弧(A)/半宽(H)/长度(L)/放弃(U)/宽度(W)]：：@200,0✓
指定下一点或 [圆弧(A)/闭合(C)/半宽(H)/长度(L)/放弃(U)/宽度(W)]：A✓

指定圆弧的端点或[角度(A)/圆心(CE)/闭合(CL)/方向(D)/半宽(H)/直线(L)/半径(R)/第二个点(S)/放弃(U)/宽度(W)] A✓

指定圆弧的端点或[圆心(CE)/半径(R)]:R✓

指定圆弧的半径为 40✓

指定圆弧的弦方向<0>:90✓

指定圆弧的端点或[角度(A)/圆心(CE)/闭合(CL)/方向(D)/半宽(H)/直线(L)/半径(R)/第二个点(S)/放弃(U)/宽度(W)]:L✓

指定下一点或[圆弧(A)/闭合(C)/半宽(H)/长度(L)/放弃(U)/宽度(W)]:@-200,0✓

指定下一点或[圆弧(A)/闭合(C)/半宽(H)/长度(L)/放弃(U)/宽度(W)]:A✓

指定圆弧的端点或[角度(A)/圆心(CE)/闭合(CL)/方向(D)/半宽(H)/直线(L)/半径(R)/第二个点(S)/放弃(U)/宽度(W)]:A✓

指定圆弧的端点或[圆心(CE)/半径(R)]:R✓

指定圆弧的弦方向:270✓

指定圆弧的端点或[角度(A)/圆心(CE)/闭合(CL)/方向(D)/半宽(H)/直线(L)/半径(R)/第二个点(S)/放弃(U)/宽度(W)]:CL✓

结果如图 2-69 所示。

6. 输入牌匾中的文字

单击"绘图"工具栏中的"多行文字"命令 **A**，绘制文字，命令行中的操作与提示如下：

命令:MTEXT✓

指定第一角点://用光标拾取第一点后,屏幕上显示出一个矩形文本框

指定对角点或[高度(H)/对正(J)/行距(L)/旋转(R)/样式(S)/宽度(W)/栏(C)]://拾取另外一点作为对角点

执行上述命令后，打开"多行文字编辑器"对话框。在该对话框中，输入书店的名称，并设置字体的属性，设置字体属性之后的结果如图 2-70 所示。

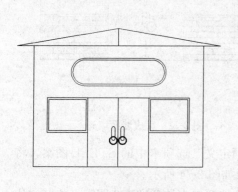

图 2-69　牌匾轮廓

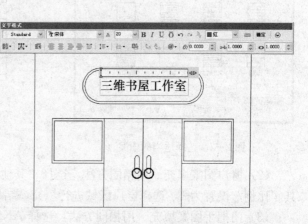

图 2-70　牌匾文字

单击"确定"按钮，即可完成牌匾的绘制。如图2-71所示。

7. 填充图形

图案的填充主要包括5部分：墙面、玻璃窗、门把手、牌匾和屋顶等的填充。单击"绘图"工具栏中的"图案填充"按钮，选择适当的图案，即可分别填充这五部分图形。

（1）外墙图案填充。单击"绘图"工具栏中的"图案填充"按钮，打开"图案填充和渐变色"对话框，单击对话框右下角的按钮，展开对话框，在

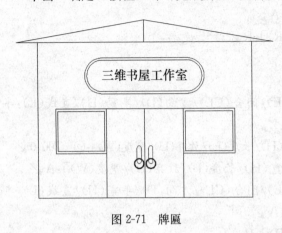

图2-71 牌匾

"孤岛"选项组中选择"外部"孤岛显示样式。

在"类型"下拉列表框中选择"预定义"选项，单击"图案"下拉列表框右侧的按钮，打开"填充图案选项板"对话框，选择"其他预定义"选项卡中的BRICK图案，如图2-72所示。

单击"确定"按钮后，返回到"图案填充和渐变色"对话框，将"比例"设置为1。单击按钮，切换到绘图平面。在墙面区域中选取一点，按Enter键后，返回到"图案填充和渐变色"对话框，单击"确定"按钮，完成墙面填充，如图2-73所示。

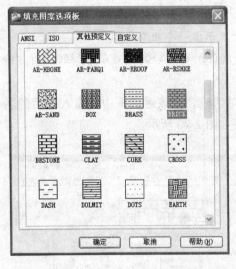

图2-72 选择适当的图案　　　　　　图2-73 完成墙面填充

（2）窗户图案填充。用相同方法，选择"其他预定义"选项卡中的STEEL图案，将其"比例"设置为1，选择窗户区域进行填充，结果如图2-74所示。

（3）门把手图案填充。用相同方法，选择ANSI选项卡中的ANSI33图案，将其"比例"设置为4，选择门把手区域进行填充，结果如图2-75所示。

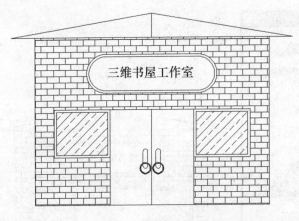

图 2-74 完成窗户填充　　　　　　图 2-75 完成门把手填充

(4) 牌匾图案填充。单击"绘图"工具栏中的"图案填充"按钮 ，打开"图案填充和渐变色"对话框的"渐变色"选项卡,如图 2-53 所示。接受默认的"单色"单选钮,单击颜色显示框后面的 按钮,打开"选择颜色"对话框,选择金黄色,如图 2-76 所示。

单击"确定"按钮后,返回到"图案填充和渐变色"对话框的"渐变色"选项卡,在颜色"渐变方式"样板中选择左下角的过渡模式。单击 按钮,切换到绘图平面。在牌匾区域中选取一点,按 Enter 键后,返回到"图案填充和渐变色"对话框,单击"确定"按钮,完成牌匾填充,如图 2-77 所示。

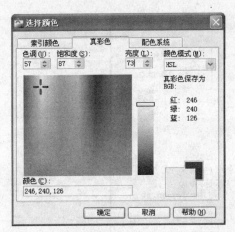

图 2-76 "选择颜色"对话框"渐变色"选项卡　　　图 2-77 完成牌匾填充

完成牌匾填充后,发现不需要填充金黄色渐变,这时可以在填充区域中双击,系统打开"图案填充"对话框,将颜色渐变滑块移动到中间位置,如图 2-78 所示,单击"确定"按钮,完成牌匾填充图案的编辑,如图 2-79 所示。

(5) 屋顶图案填充。用同样方法,打开"图案填充和渐变色"对话框的"渐变色"选项卡,选择"双色"单选钮,分别设置"颜色 1"和"颜色 2"为红色和绿色,选择一种颜色过渡方式,如图 2-80 所示。单击"确定"按钮后,选择屋顶区域进行填充,结果如图 2-61 所示。

图 2-78 "图案填充"对话框　　　　　图 2-79 编辑填充图案

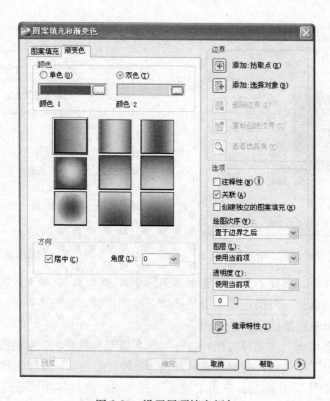

图 2-80 设置屋顶填充颜色

2.9 上机实验

【实验 1】 绘制方桌

1. 目的要求

如图 2-81 所示,方桌是最常见、最基本的建筑平面图形。

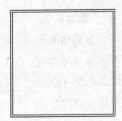

图 2-81 方桌

> **实讲实训**
> **多媒体演示**
>
> 多媒体演示参见配套光盘中的\\参考视频\第2章\方桌.avi。

2. 操作提示

(1) 单击"绘图"工具栏中的"直线"按钮 ,绘制里面的正方形。

(2) 单击"绘图"工具栏中的"正多边形"按钮 ⬠,绘制外面的正方形。

【实验 2】 绘制如图 2-82 所示的连环圆

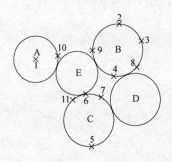

图 2-82 连环圆

> **实讲实训**
> **多媒体演示**
>
> 多媒体演示参见配套光盘中的\\参考视频\第2章\连环圆.avi。

1. 目的要求

本例图形涉及的命令主要是"圆"。使读者灵活掌握圆的绘制方法。

2. 操作提示

单击"绘图"工具栏中的"圆"按钮 ⊙,绘制连环圆。

【实验 3】 绘制墙体

1. 目的要求

如图 2-83 所示,通过本实验的操作练习,帮助读者熟悉和掌握多线的样式设置与绘制方法。

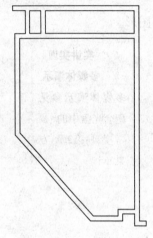

图 2-83 墙体

> 实讲实训
> 多媒体演示
>
> 多媒体演示参见配套光盘中的\\参考视频\第2章\墙体.avi。

2. 操作提示

(1) 定义多线样式。
(2) 绘制多线道路网。
(3) 编辑多线。

第 3 章 辅助绘图工具

为了快捷、准确地绘制图形，AutoCAD 提供了多种必要的和辅助的绘图工具，如工具栏、对象选择工具、对象捕捉工具、栅格和正交模式等。利用这些工具，用户可以方便、迅速、准确地实现图形的绘制和编辑，不仅可提高工作效率，而且能更好地保证图形的质量。本章主要内容包括捕捉、栅格、正交、对象捕捉、对象追踪、极轴、动态输入图形的缩放、平移以及布局与模型等。

学习要点

精确定位工具
对象捕捉
对象追踪
设置图层
设置颜色
图层的线型
模型与布局

3.1 精确定位工具

精确定位工具是指能够帮助用户快速、准确地定位某些特殊点（如端点、中点、圆心等）和特殊位置（如水平位置、垂直位置）的工具，包括捕捉、栅格、正交、对象捕捉、对象追踪、极轴、动态输入等工具，这些工具按钮主要集中在状态栏上，如图 3-1 所示。

图 3-1 状态栏按钮

3.1.1 正交模式

在使用 AutoCAD 绘图的过程中，经常需要绘制水平直线和垂直直线，但是用鼠标拾取线段端点的方式很难保证两个点严格沿水平或垂直方向，为此，AutoCAD 提供了正交功能，当启用正交模式画线或移动对象时，只能沿水平方向或垂直方向移动光标，因此只能画平行于坐标轴的正交线段。

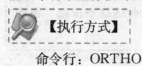

【执行方式】

命令行：ORTHO

状态栏：正交
快捷键：F8

【操作步骤】

命令：ORTHO↙
输入模式[开(ON)/关(OFF)]＜开＞：(设置开或关)

3.1.2 栅格工具

用户可以应用栅格工具使绘图区上出现可见的网格，它是一个形象的画图工具，就像传统的坐标纸一样。本节介绍控制栅格的显示及设置栅格参数的方法。

【执行方式】

菜单："工具"→"草图设置"
状态栏：栅格（仅限于打开与关闭）
快捷键：F7（仅限于打开与关闭）

【操作步骤】

执行上述命令后，打开"草图设置"对话框，打开"捕捉和栅格"标签，如图3-2所示。

在图3-2所示的"草图设置"对话框中的"捕捉与栅格"选项卡中，"启用栅格"复选框用来控制是否显示栅格。"栅格X轴间距"文本框和"栅格Y轴间距"文本框用来设置栅格在水平与垂直方向的间距，如果"栅格X轴间距"和"栅格Y轴间距"设置为0，则AutoCAD会自动将捕捉栅格间距应用于栅格，且栅格的原点和角度总是和捕捉栅格的原点和角度相同。还可以通过Grid命令在命令行设置栅格间距。在此不再赘述。

图3-2 "草图设置"对话框

> **说明**
> 在"栅格X轴间距"和"栅格Y轴间距"文本框中输入数值时，若在"栅格X轴间距"文本框中输入一个数值后按Enter键，则AutoCAD会自动传送这个值给"栅格Y轴间距"，这样可减少工作量。

3.1.3 捕捉工具

为了准确地在屏幕上捕捉点，AutoCAD 提供了捕捉工具，它可以在屏幕上生成一个隐含的栅格（捕捉栅格），这个栅格能够捕捉光标，并且约束它只能落在栅格的某一个节点上，使用户能够高精确度地捕捉和选择这个栅格上的点。本节介绍捕捉栅格的参数设置方法。

【执行方式】

菜单："工具"→"草图设置"
状态栏：捕捉（仅限于打开与关闭）
快捷键：F9（仅限于打开与关闭）

【操作步骤】

执行上述命令后，打开"草图设置"对话框，打开其中的"捕捉与栅格"标签，如图 3-2 所示。

【选项说明】

1. "启用捕捉"复选框

控制捕捉功能的开关，与 F9 快捷键和状态栏上的"捕捉"功能相同。

2. "捕捉间距"选项组

设置捕捉的各参数。其中"捕捉 X 轴间距"文本框与"捕捉 Y 轴间距"文本框用来确定捕捉栅格点在水平与垂直两个方向上的间距。"角度"、"X 基点"和"Y 基点"使捕捉栅格绕指定的一点旋转给定的角度。

3. "捕捉类型"选项组

确定捕捉类型和样式。AutoCAD 提供了两种捕捉栅格的方式："栅格捕捉"和"极轴捕捉"。"栅格捕捉"是指按正交位置捕捉位置点，而"极轴捕捉"则可以根据设置的任意极轴角来捕捉位置点。

"栅格捕捉"又分为"矩形捕捉"和"等轴测捕捉"两种方式。在"矩形捕捉"方式下，捕捉栅格是标准的矩形；在"等轴测捕捉"方式下，捕捉栅格和光标十字线不再互相垂直，而是成绘制等轴测图时的特定角度，这种方式对于绘制等轴测图是十分方便的。

4. "极轴间距"选项组

该选项组只有在"极轴捕捉"类型时才可用。可在"极轴距离"文本框中输入距离值。

也可以通过在命令中输入"SNAP"命令来设置捕捉的有关参数。

3.2 对象捕捉

在利用 AutoCAD 画图时,经常要用到一些特殊的点,如圆心,切点,线段或圆弧的端点、中点等。若用鼠标拾取,要准确地找到这些点是十分困难的。为此,AutoCAD 提供了一些识别这些点的工具,通过这些工具可以很容易地构造新的几何体,精确地画出创建的对象,其结果比传统的手工绘图更精确,更容易维护。在 AutoCAD 中,这种功能称为对象捕捉功能。

3.2.1 特殊位置点捕捉

在使用 AutoCAD 绘制图形时,有时需要指定一些特殊位置的点,例如圆心、端点、中点、平行线上的点等,这些点如表 3-1 所示。可以通过对象捕捉功能来捕捉这些点。

特殊位置点捕捉　　　　　　　　　　　　　　　表 3-1

捕捉模式	功　能
临时追踪点	建立临时追踪点
两点之间的中点	捕捉两个独立点之间的中点
自	建立一个临时参考点,作为指出后继点的基点
点过滤器	由坐标选择点
端点	线段或圆弧的端点
中点	线段或圆弧的中点
交点	线、圆弧或圆等的交点
外观交点	图形对象在视图平面上的交点
延长线	指定对象的延伸线
圆心	圆或圆弧的圆心
象限点	距光标最近的圆或圆弧上可见部分的象限点,即圆周上 0°、90°、180°、270°位置上的点
切点	最后生成的一个点到选中的圆或圆弧上引切线的切点位置
垂足	在线段、圆、圆弧或它们的延长线上捕捉一个点,使之与最后生成的点的连线与该线段、圆或圆弧正交
平行线	绘制与指定对象平行的图形对象
节点	捕捉用 Point 或 DIVIDE 等命令生成的点
插入点	文本对象和图块的插入点
最近点	离拾取点最近的线段、圆、圆弧等对象上的点
无	关闭对象捕捉模式
对象捕捉设置	设置对象捕捉

AutoCAD 提供了命令行、工具栏和快捷菜单 3 种执行特殊点对象捕捉的方法。

1. 命令行方式

绘图时,当命令行提示输入一点时,输入相应特殊位置点的命令,如表 3-1 所示,然后根据提示操作即可。

2. 工具栏方式

使用图 3-3 所示的"对象捕捉"工具栏,可以使用户更方便地实现捕捉点的目的。当命令行提示输入一点时,单击"对象捕捉"工具栏上相应的按钮。当把鼠标放在某一图标上时,会显示出该图标功能的提示,然后根据提示操作即可。

3. 快捷菜单方式

快捷菜单可通过同时按下 Shift 键和鼠标右键来激活,菜单中列出了 AutoCAD 提供的对象捕捉模式,如图 3-4 所示。操作方法与工具栏相似,只要在命令行提示输入一点时,单击快捷菜单上相应的菜单项,然后按提示操作即可。

图 3-3 "对象捕捉"工具栏　　　　　　图 3-4 对象捕捉快捷菜单

3.2.2 对象捕捉设置

在使用 AutoCAD 绘图之前,可以根据需要,事先设置并运行一些对象捕捉模式。绘图时,AutoCAD 能自动捕捉这些特殊点,从而加快绘图速度,提高绘图质量。

【执行方式】

命令行:DDOSNAP

菜单:"工具"→"草图设置"

工具栏:"对象捕捉"→"对象捕捉设置"

状态栏:对象捕捉(功能仅限于打开与关闭)

快捷键:F3(功能仅限于打开与关闭)

快捷菜单:对象捕捉设置(如图 3-4 所示)

【操作步骤】

命令:DDOSNAP↙

执行上述命令后,打开"草图设置"对话框,在该对话框中,单击"对象捕捉"标签,打开"对象捕捉"选项卡,如图 3-5 所示。利用此对话框可以对对象捕捉方式进行设置。

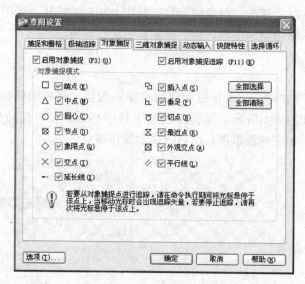

图 3-5 "草图设置"对话框"对象捕捉"选项卡

1. "启用对象捕捉"复选框

打开或关闭对象捕捉方式。当选中此复选框时,在"对象捕捉模式"选项组中选中的捕捉模式处于激活状态。

2. "启用对象捕捉追踪"复选框

打开或关闭自动追踪功能。

3. "对象捕捉模式"选项组

此选项组中列出各种捕捉模式的单选钮,选中某模式的单选钮,则表示该模式被激活。单击"全部清除"按钮,则所有模式均被清除。单击"全部选择"按钮,则所有模式均被选中。

另外,在对话框的左下角有一个"选项(T)"按钮,单击它可打开"选项"对话框的"草图"选项卡,利用该对话框可决定对象捕捉模式的各项设置。

3.2.3 基点捕捉

在绘制图形时,有时需要指定以某个点为基点的一个点。这时,可以利用基点捕捉功能来捕捉此点。基点捕捉要求确定一个临时参考点作为指定后继点的基点,此参考点通常与其他对象捕捉模式及相关坐标联合使用。

命令行:FROM

快捷菜单：自（如图3-4所示）

【操作步骤】

当在输入一点的提示下输入 From，或单击相应的工具图标时，命令行中的操作与提示如下：

基点：(指定一个基点)

＜偏移＞：(输入相对于基点的偏移量)

则得到一个点，这个点与基点之间的坐标差为指定的偏移量。

注：在"＜偏移＞："提示后输入的坐标必须是相对坐标，如（@10，15）等。

3.2.4 实例——按基点绘制线段

单击"绘图"工具栏中的"直线"按钮，绘制一条两点坐标分别为（45，45），（80，120）的直线。命令行中的操作与提示如下：

命令：LINE↙

指定第一点：45,45↙

指定下一点或[放弃(U)]：FROM↙

基点：100,100↙

＜偏移＞：@－20,20↙

指定下一点或[放弃(U)]：↙

> **实讲实训**
> **多媒体演示**
> 多媒体演示参见配套光盘中的\\视频\第3章\按基点绘制线段.avi。

3.2.5 点过滤器捕捉

利用点过滤器捕捉，可以由一个点的 X 坐标和另一点的 Y 坐标确定一个新点。在"指定下一点或［放弃（U）］："提示下选择此项，AutoCAD 提示：

.X 于：(指定一个点)

(需要 YZ)：(指定另一个点)

则新建的点具有第一个点的 X 坐标和第二个点的 Y 坐标。

3.2.6 实例——通过过滤器绘制线段

单击"绘图"工具栏中的"直线"按钮，绘制一条两点坐标分别为（45，45），（80，120）的直线。命令行中的操作与提示如下：

命令：LINE↙

指定第一点：45,45↙

指定下一点或[放弃(U)]：(打开如图3-6所示的快捷菜单,选择:点过滤器→.X)

.X 于：80,100↙

(需要 YZ)：100,120↙

指定下一点或[放弃(U)]：↙

> **实讲实训**
> **多媒体演示**
> 多媒体演示参见配套光盘中的\\视频\第3章\过滤器绘制线段.avi。

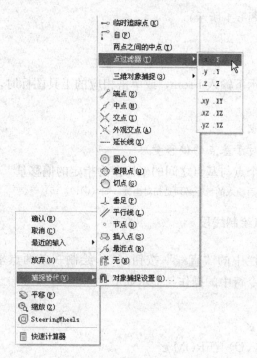

图 3-6　快捷菜单

3.3　对象追踪

对象追踪是指按指定角度或与其他对象的指定关系绘制对象。可以结合对象捕捉功能进行自动追踪,也可以指定临时点进行临时追踪。

3.3.1　自动追踪

利用自动追踪功能,可以对齐路径,有助于以精确的位置和角度来创建对象。自动追踪包括两种追踪方式:"极轴追踪"和"对象捕捉追踪"。"极轴追踪"是指按指定的极轴角或极轴角的倍数来对齐要指定点的路径;"对象捕捉追踪"是指以捕捉到的特殊位置点为基点,按指定的极轴角或极轴角的倍数来对齐要指定点的路径。

"极轴追踪"必须配合"极轴"功能和"对象追踪"功能一起使用,即同时打开状态栏上的"极轴"功能开关和"对象追踪"功能开关;"对象捕捉追踪"必须配合"对象捕捉"功能和"对象追踪"功能一起使用,即同时打开状态栏上的"对象捕捉"功能开关和"对象追踪"功能开关。

1. 对象捕捉追踪设置

【执行方式】

命令行:DDOSNAP

菜单:"工具"→"草图设置"

工具栏:"对象捕捉"→"对象捕捉设置"

状态栏:对象捕捉+对象追踪

快捷键:F11

快捷菜单:对象捕捉设置(如图 3-4 所示)

【操作步骤】

按照上述执行方式进行操作或者在"对象捕捉"开关或"对象追踪"开关上右击,在打开的右键快捷菜单中选择"设置"命令,系统打开如图 3-5 所示的"草图设置"对话框的"对象捕捉"选项卡,选中"启用对象捕捉追踪"复选框,即完成了对象捕捉追踪设置。

2. 极轴追踪设置

【执行方式】

命令行:DDOSNAP

菜单:"工具"→"草图设置"

工具栏:"对象捕捉"→"对象捕捉设置"

状态栏:对象捕捉+极轴

快捷键:F10

快捷菜单:对象捕捉设置(如图 3-4 所示)

【操作步骤】

按照上述执行方式进行操作或者在"极轴"开关上右击,在打开的右键快捷菜单中选择"设置"命令,打开如图 3-7 所示的"草图设置"对话框的"极轴追踪"选项卡。

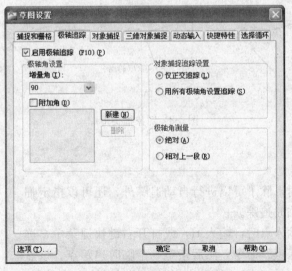

图 3-7 "草图设置"对话框的"极轴追踪"选项卡

【选项说明】

(1)"启用极轴追踪"复选框:选中该复选框,即启用极轴追踪功能。

(2)"极轴角设置"选项组:设置极轴角的值。可以在"增量角"下拉列表框中选择一个角度值。也可选中"附加角"复选框,单击"新建"按钮设置任意附加角,系统在进行极轴追踪时,同时追踪增量角和附加角,可以设置多个附加角。

(3)"对象捕捉追踪设置"选项组和"极轴角测量"选项组:按界面提示设置相应的单选钮选项。

> **实讲实训**
> **多媒体演示**
> 多媒体演示参见配套光盘中的\\视频\第3章\特殊线段绘制.avi。

3.3.2 实例——特殊位置线段的绘制

绘制一条线段,使该线段的一个端点与另一条线段的端点在同一条水平线上。

(1) 单击状态栏中的"对象捕捉"按钮 □ 和"对象捕捉追踪"按钮 ∠ ,启动对象捕捉追踪功能。

(2) 单击"绘图"工具栏中的"直线"按钮 ,绘制一条线段。

(3) 单击"绘图"工具栏中的"直线"按钮 ,绘制第二条线段,命令行中的操作与提示如下:

命令:LINE↙

指定第一点:指定点1,如图3-8(a)所示

指定下一点或[放弃(U)]:将光标移动到点2处,系统自动捕捉到第一条直线的端点2,如图3-8(b)所示。系统显示一条虚线为追踪线,移动光标,在追踪线的适当位置指定点3,如图3-8(c)所示。

指定下一点或[放弃(U)]:↙

图 3-8 对象捕捉追踪

3.3.3 临时追踪

绘制图形对象时,除了可以进行自动追踪外,还可以指定临时点作为基点进行临时追踪。

在命令行提示输入点时,输入 tt,或打开右键快捷菜单,选择其中的"临时追踪点"命令,然后指定一个临时追踪点。该点上将出现一个小的加号(+)。移动光标时,相对于这个临时点,

> **实讲实训**
> **多媒体演示**
> 多媒体演示参见配套光盘中的\\视频\第3章\临时追踪线段.avi。

将显示临时追踪对齐路径。要删除此点，请将光标移回到加号（＋）上面。

3.3.4 实例——通过临时追踪绘制线段

绘制一条线段，使其一个端点与一个已知点水平。

（1）右击状态栏上"极轴追踪"按钮，选择设置选项，打开"草图设置"对话框的"极轴追踪"选项卡，将"增量角"设置为90，将对象捕捉追踪设置为"仅正交追踪"。

（2）单击"绘图"工具栏中的"直线"按钮，绘制直线，命令行操作与提示如下：
命令:LINE↙
指定第一点:(适当指定一点)
指定下一点或[放弃(U)]:tt↙
指定临时对象追踪点:(捕捉左边的点,该点显示一个＋号,移动鼠标,显示追踪线,如图3-9所示)
指定下一点或[放弃(U)]:(在追踪线上适当位置指定一点)
指定下一点或[放弃(U)]:
结果如图3-10所示。

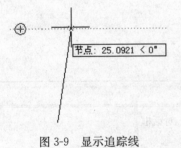

图3-9 显示追踪线　　　　　　　　　　　　图3-10 绘制结果

3.4 设置图层

图层的概念类似投影片，将不同属性的对象分别画在不同的图层（投影片）上，例如将图形的主要线段、中心线、尺寸标注等分别画在不同的图层上，每个图层可设定不同的线型、线条颜色，然后把不同的图层叠加在一起成为一张完整的视图，如图3-11所示，如此可使视图层次分明、有条理，方便图形对象的编辑与管理。

在用图层功能绘图之前，首先要对图层的各项特性进行设置，包括建立和命名图层，设置当前图层，设置图层的颜色和线型，图层是否关闭、是否冻结、是否锁定以及图层删除等。本节主要对图层的这些相关操作进行介绍。

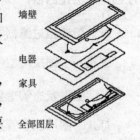

图3-11 图层效果

3.4.1 利用对话框设置图层

AutoCAD 2011提供了详细直观的"图层特性管理器"对话框，用户可以方便地通过对该对话框中的各选项卡及其二级对话框进行图层设置，从而实现建立新图层、设置图层颜色及线型等的各种操作。

【执行方式】

命令行：LAYER

菜单："格式"→"图层"

工具栏："图层"→"图层特性管理器"

【操作步骤】

命令：LAYER✓

执行上述命令后，打开如图 3-12 所示的"图层特性管理器"对话框。

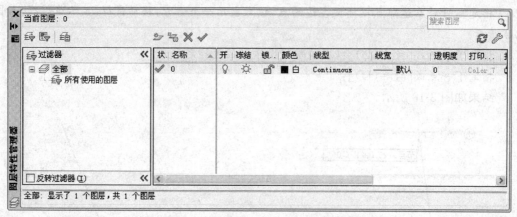

图 3-12 "图层特性管理器"对话框

【选项说明】

1. "新建特性过滤器"按钮

打开"图层过滤器特性"对话框，如图 3-13 所示。从中可以基于一个或多个图层特性创建图层过滤器。

2. "新建组过滤器"按钮

创建一个图层过滤器，其中包含用户选定并添加到该过滤器的图层。

3. "图层状态管理器"按钮

打开"图层状态管理器"对话框，如图 3-14 所示。从中可以将图层的当前特性设置保存到命名图层状态中，以后可以恢复这些设置。

4. "新建图层"按钮

建立新图层。单击此按钮，图层列表中出现一个新的图层名字"图层 1"，用户可使

3.4 设置图层

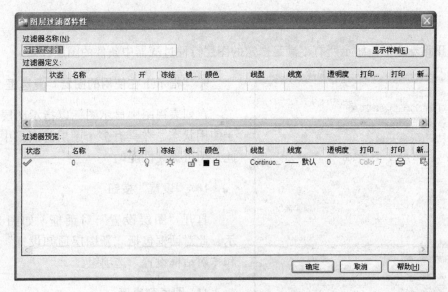

图 3-13 "图层过滤器特性"对话框

用此名字,也可改名。要想同时产生多个图层,可在选中一个图层名后,输入多个名字,各名字之间以逗号分隔。图层的名字可以包含字母、数字、空格和特殊符号,AutoCAD 支持长达 255 个字符的图层名字。新的图层继承了建立新图层时所选中的图层的所有已有特性(颜色、线型、ON/OFF 状态等),如果建立新图层时没有图层被选中,则新的图层具有默认的设置。

5. "删除图层"按钮

删除所选图层。在图层列表中选中某一图层,然后单击此按钮,则把该图层删除。

图 3-14 "图层状态管理器"对话框

6. "置为当前"按钮

设置所选图层为当前图层。在图层列表中选中某一图层,然后单击此按钮,则把该图层设置为当前图层,并在"当前图层"一栏中显示其名字。当前图层的名字被存储在系统变量 CLAYER 中。另外,双击图层名也可把该图层设置为当前图层。

7. "搜索图层"文本框

输入字符后,按名称快速过滤图层列表。关闭"图层特性管理器"对话框时,并不保存此过滤器。

8. "反转过滤器"复选框

打开此复选框,显示所有不满足选定的图层特性过滤器中条件的图层。

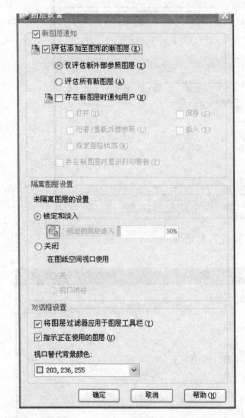

图 3-15 "图层设置"对话框

9. "指示正在使用的图层"复选框

在列表视图中显示图标以指示图层是否处于使用状态。在具有多个图层的图形中,清除此选项可提高性能。

10. "设置"按钮

打开"图层设置"对话框,如图 3-15 所示。此对话框包括"新图层通知设置"选项组和"对话框设置"选项组。

11. 图层列表区

显示已有的图层及其特性。要修改某一图层的某一特性,单击它所对应的图标即可。右击空白区域或使用快捷菜单可快速选中所有图层。列表区中各列的含义如下:

(1) 名称:显示满足条件的图层的名字。如果要对某图层进行修改,首先要选中该图层,使其逆反显示。

(2) 状态转换图标:在"图层特性管理器"对话框的名称栏有一列图标,移动指针到某一图标上并单击,则可以打开或关闭该图标所代表的功能,或从详细数据区中勾选或取消勾选关闭(♀/♀)、锁定(🔓/🔒)、在所有视口内冻结(☼/❄)及不打印(🖶/🚫)等项目,各图标说明如表3-2所示。

图层列表区图标说明　　　　　　　　　　　　　　　　表 3-2

图　示	名　称	功　能　说　明
♀/♀	打开/关闭	将图层设定为打开或关闭状态,当呈现关闭状态时,该图层上的所有对象将隐藏不显示,只有呈现打开状态的图层才会在屏幕上显示或由打印机中打印出来。因此,绘制复杂的视图时,先将不编辑的图层暂时关闭,可降低图形的复杂性
☼/❄	解冻/冻结	将图层设定为解冻或冻结状态。当图层呈现冻结状态时,该图层上的对象均不会显示在屏幕上或由打印机打出,而且不会执行重生(REGEN)、缩放(ROOM)、平移(PAN)等命令的操作,因此若将视图中不编辑的图层暂时冻结,可加快图形编辑的速度。而 ♀/♀ (打开/关闭)功能只是单纯将对象隐藏,因此并不会加快执行速度
🔓/🔒	解锁/锁定	将图层设定为解锁或锁定状态。被锁定的图层,仍然显示在屏幕上,但不能以编辑命令修改被锁定的对象,只能绘制新的对象,如此可防止重要的图形被修改
🖶/🚫	打印/不打印	设定该图层是否可以打印图形

（3）颜色：显示和改变图层的颜色。如果要改变某一图层的颜色，单击其对应的"颜色"图标，AutoCAD 就会打开如图 3-16 所示的"选择颜色"对话框，用户可从中选取自己需要的颜色。

图 3-16 "选择颜色"对话框

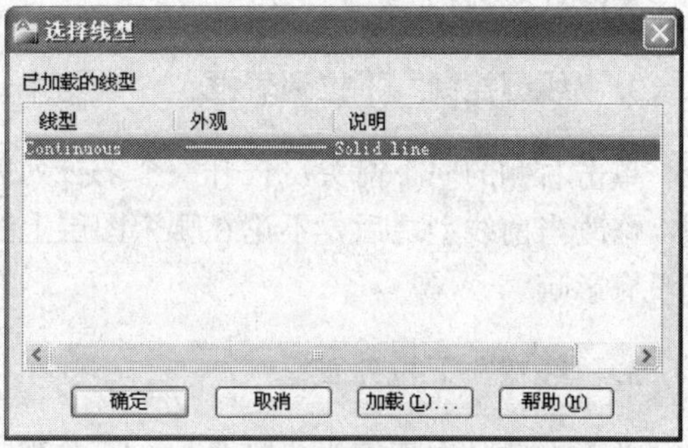

图 3-17 "选择线型"对话框

（4）线型：显示和修改图层的线型。如果要修改某一图层的线型，单击该图层的"线型"项，打开"选择线型"对话框，如图 3-17 所示，其中列出了当前可用的所有线型，用户可从中选取。具体内容下节详细介绍。

（5）线宽：显示和修改图层的线宽。如果要修改某一层的线宽，单击该层的"线宽"项，打开"线宽"对话框，如图 3-18 所示，其中列出了 AutoCAD 设定的所有线宽值，用户可从中选取。"旧的"显示行显示前面赋予图层的线宽。当建立一个新图层时，采用默认线宽（其值为 0.01 英寸，即 0.25mm），默认线宽的值由系统变量 LWDEFAULT 来设置。"新的"显示行显示当前赋予图层的线宽。

图 3-18 "线宽"对话框

（6）打印样式：修改图层的打印样式，所谓打印样式是指打印图形时各项属性的设置。

3.4.2 利用工具栏设置图层

AutoCAD 提供了一个"特性"工具栏，如图 3-19 所示。用户可以通过控制和使用工具栏上的工具图标来快速地察看和改变所选对象的图层、颜色、线型和线宽等特性。"特性"工具栏上的图层、颜色、线型、线宽和打印样式的控制增强了察看和编辑对象属性的命令。在绘图屏幕上选择任何对象时，都将在工具栏上自动显示它所在的图层、颜色、线型等属性。下面把"特性"工具栏各部分的功能简单说明一下：

图 3-19 "特性"工具栏

第3章 辅助绘图工具

1. "颜色控制"下拉列表框

单击右侧的向下箭头,弹出一个下拉列表,用户可从中选择一种颜色使之成为当前颜色,如果选择"选择颜色"选项,则 AutoCAD 打开"选择颜色"对话框以供用户选择其他颜色。修改当前颜色之后,不论在哪个图层上绘图都采用这种颜色,但对各个图层的颜色设置没有影响。

2. "线型控制"下拉列表框

单击右侧的向下箭头,打开一个下拉列表,用户可从中选择一种线型使之成为当前线型。修改当前线型之后,不论在哪个图层上绘图都采用这种线型,但对各个图层的线型设置没有影响。

3. "线宽"下拉列表框

单击右侧的向下箭头,打开一个下拉列表,用户可从中选择一种线宽使之成为当前线宽。修改当前线宽之后,不论在哪个图层上绘图都采用这种线宽,但对各个图层的线宽设置没有影响。

4. "打印类型控制"下拉列表框

单击右侧的向下箭头,打开一个下拉列表,用户可从中选择一种打印样式使之成为当前打印样式。

3.5 设置颜色

AutoCAD 绘制的图形对象都具有一定的颜色,为使绘制的图形清晰明了,可把同一类的图形对象用相同的颜色进行绘制,而使不同类的对象具有不同的颜色,以示区分。为此,需要适当地对颜色进行设置。AutoCAD 允许用户为图层设置颜色,为新建的图形对象设置当前颜色,还可以改变已有图形对象的颜色。

【执行方式】

命令行:COLOR
菜单:"格式"→"颜色"

【操作步骤】

命令:COLOR↙
单击相应的菜单项或在命令行输入 COLOR 命令后按 Enter 键,打开如图 3-16 所示的"选择颜色"对话框。也可在图层操作中打开此对话框,具体方法在上节中已讲述。

3.5.1 "索引颜色"标签

打开此标签,用户可以在系统所提供的 255 种颜色索引表中选择自己所需要的颜色,如图 3-12 所示。

1. "颜色索引"列表框

依次列出了 255 种索引色。可在此选择所需要的颜色。

2. "颜色"文本框

所选择的颜色的代号值将显示在"颜色"文本框中，也可以通过直接在该文本框中输入自己设定的代号值来选择颜色。

3. ByLayer 按钮和 ByBlock 按钮

选择这两个按钮，颜色分别按图层和图块设置。只有在设定了图层颜色和图块颜色后，这两个按钮才可以使用。

3.5.2 "真彩色"标签

打开此标签，用户可以选择自己需要的任意颜色，如图 3-16 所示。可以通过拖动调色板中的颜色指示光标和"亮度"滑块来选择颜色及其亮度。也可以通过"色调"、"饱和度"和"亮度"调节钮来选择需要的颜色。所选择颜色的红、绿、蓝值将显示在下面的"颜色"文本框中，也可以通过直接在该文本框中输入自己设定的红、绿、蓝值来选择颜色。

在此标签的右边，有一个"颜色模式"下拉列表框，默认的颜色模式为 HSL 模式，即如图 3-20 所示的模式。如果选择 RGB 模式，则如图 3-21 所示。在该模式下，选择颜色的方式与在 HSL 模式下选择颜色的方式类似。

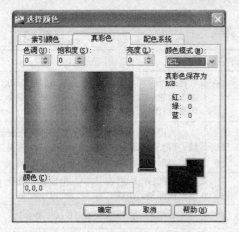
图 3-20 "真彩色"标签

图 3-21 RGB 模式

3.5.3 "配色系统"标签

打开此标签，用户可以从标准配色系统（比如，Pantone）中选择预定义的颜色。如图 3-22 所示。用户可以在"配色系统"下拉列表框中选择需要的系统，然后通过拖动右边的滑块来选择具体的颜色，所选择的颜色编号显示在下面的"颜色"文本框中，也可以

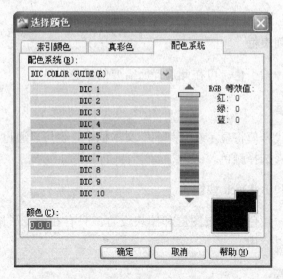

图 3-22 "配色系统"标签

通过直接在该文本框中输入颜色编号来选择颜色。

3.6 图层的线型

在相关国家标准中对建筑图样中使用的各种图线的名称、线型、线宽及其在图样中的应用作了规定,如表 3-3 所示,其中常用的图线有 4 种,即:粗实线、细实线、虚线、细点画线。图线分为粗、细两种,粗线的宽度 b 应按图样的大小和图形的复杂程度,在 0.5~2.0mm 中选择,细线的宽度约为 $b/3$。

图线的形式及应用　　　　　　　　表 3-3

名称		线型	线宽	适用范围
实线	粗	———————	b	建筑平面图、剖面图、构造详图的被剖切截面的轮廓线;建筑立面图、室内立面图外轮廓线;图框线
	中	———————	$0.5b$	室内设计图中被剖切的次要构件的轮廓线;室内平面图、顶棚图、立面图、家具三视图中构配件的轮廓线等
	细	———————	$\leqslant 0.25b$	尺寸线、图例线、索引符号、地面材料线及其他细部刻画用线
虚线	中	– – – – – – –	$0.5b$	主要用于构造详图中不可见的实物轮廓
	细	- - - - - - -	$\leqslant 0.25b$	其他不可见的次要实物轮廓线
点画线	细	— · — · — · —	$\leqslant 0.25b$	轴线、构配件的中心线、对称线等
折断线	细	——∨——	$\leqslant 0.25b$	省画图样时的断开界限
波浪线	细	～～～～～	$\leqslant 0.25b$	构造层次的断开线,有时也表示省略画出时的断开界限

注:标准实线宽度 $b=0.4$~0.8mm。

3.6.1 在"图层特性管理器"对话框中设置线型

按照上节讲述的方法,打开如图 3-12 所示的"图层特性管理器"对话框。在图层列表的"线型项"下单击线型名,打开"选择线型"对话框,如图 3-17 所示。该对话框中各选项的含义如下:

1. "已加载的线型"列表框

显示在当前绘图中加载的线型,可供用户选用,其右侧显示出线型的外观。

2. "加载"按钮

单击此按钮,打开"加载或重载线型"对话框,如图 3-23 所示,用户可通过此对话框来加载线型并把它添加到线型列表中,但是加载的线型必须在线型库(LIN)文件中定义过。标准线型都保存在 acad.lin 文件中。

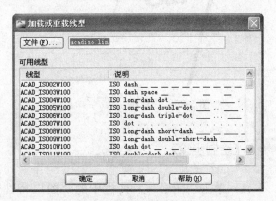

图 3-23 "加载或重载线型"对话框

3.6.2 直接设置线型

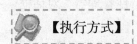【执行方式】

命令行:LINETYPE↙

执行上述命令后,打开"线型管理器"对话框,如图 3-24 所示。该对话框与前面讲述的相关知识相同,在此不再赘述。

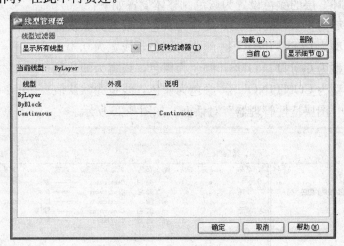

图 3-24 "线型管理器"对话框

3.6.3 实例——三环旗

绘制如图 3-25 所示的三环旗。

图 3-25 三环旗

(1) 单击"图层"工具栏中的"图层特性管理器"按钮，打开"图层特性管理器"对话框，如图 3-12 所示，建立 4 个图层。

单击"新建"按钮创建新图层，新图层的特性将继承 0 图层的特性或继承已选择的某一图层的特性。新图层的默认名为"图层 1"，显示在中间的图层列表中，将其更名为"旗尖"，用同样方法建立"旗杆"层、"旗面"层和"三环"层。这样就建立了四个新图层。此时，选中"旗尖"层，单击"颜色"下的色块形图标，打开"选择颜色"对话框，如图 3-16 所示。选择灰色色块，单击"确定"按钮后，回到"图层特性管理器"对话框。此时，"旗尖"层的颜色变为灰色。

选中"旗杆"层，用同样的方法将颜色改为红色，单击"线宽"下的线宽值，打开"线宽"对话框，如图 3-18 所示，选中"0.4mm"的线宽，单击"确定"按钮后，回到"图层特性管理器"对话框。用同样的方法将"旗面"层的颜色设置为黑色，线宽设置为默认值，将"三环"层的颜色设置为蓝色。整体设置如下：

旗尖层：线型为 CONTINOUS，颜色为灰色，线宽为默认值。

旗杆层：线型为 CONTINOUS，颜色为红色，线宽为 0.4mm。

旗面层：线型为 CONTINOUS，颜色为黑色，线宽为默认值。

三环层：线型为 CONTINOUS，颜色为蓝色，线宽为默认值。

设置完成的"图层特性管理器"对话框，如图 3-26 所示。

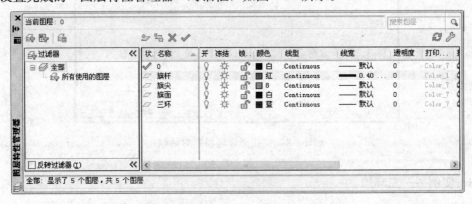

图 3-26 "图层特性管理器"对话框

(2) 单击"绘图"工具栏中的"直线"按钮，绘制辅助绘图线，命令行中的操作与提示如下：

命令：L↙（LINE 命令的缩写）

指定第一点：（在绘图窗口中右击,指定一点）

指定下一点或[放弃(U)]：（拖动鼠标到合适位置,单击指定另一点,画出一条倾斜直线,作为辅助线）

指定下一点或[放弃(U)]：

(3) 将"旗尖"图层置为当前图层，单击"绘图"工具栏中的"多段线"按钮，绘制灰色的旗尖，命令行中的操作与提示如下：

命令：Z↙（显示缩放命令 ZOOM 的缩写名）

指定窗口角点,输入比例因子(nX 或 nXP),或[全部(A)/中心点(C)/动态(D)/范围(E)/上一个(P)/比例(S)/窗口(W)]<实时>：W↙（指定一个窗口,把窗口内的图形放大到全屏）

指定第一个角点：（单击指定窗口的左上角点）

指定对角点：（拖动鼠标,出现一个动态窗口,单击指定窗口的右下角点）

命令：PL↙

指定起点：（按下状态栏上"对象捕捉"按钮,将光标移至直线上,单击一点）

当前线宽为 0.0000

指定下一点或[圆弧(A)/闭合(C)/半宽(H)/长度(L)/放弃(U)/宽度(W)]：W↙（设置线宽）

指定起始宽度<0.0000>：

指定终止宽度<0.0000>：8↙

指定下一点或[圆弧(A)/闭合(C)/半宽(H)/长度(L)/放弃(U)/宽度(W)]：（捕捉直线上另一点）

指定下一点或[圆弧(A)/闭合(C)/半宽(H)/长度(L)/放弃(U)/宽度(W)]：↙

命令：MI↙（镜像命令 MIRROR 的缩写名）

选择对象：（选择所画的多段线）

选择对象：

指定镜像线的第一点：（捕捉所画多段线的端点）

指定镜像线的第二点：（单击,在垂直于直线方向上指定第二点）

要删除源对象？[是(Y)/否(N)]<N>：↙

结果如图 3-27 所示。

(4) 将"旗杆"图层置为当前图层，单击"绘图"工具栏中的"直线"按钮，绘制红色的旗杆，命令行中的操作与提示如下：

命令：Z↙

指定窗口角点,输入比例因子(nX 或 nXP),或[全部(A)/中心点(C)/动态(D)/范围(E)/上一个(P)/比例(S)/窗口(W)]<实时>：P↙（恢复前一次的显示）

命令：<Lineweight On>（按下状态栏上"线宽"按钮,打开线宽显示功能）

命令:L↙
指定第一点:(捕捉所画旗尖的端点)
指定下一点或[放弃(U)]:(将光标移至直线上,单击一点)
指定下一点或[放弃(U)]:↙
绘制完此步后的图形如图3-28所示。

图3-27　灰色的旗尖

图3-28　绘制红色的旗杆后的图形

（5）将"旗面"图层置为当前图层,单击"绘图"工具栏中的"多段线"按钮，绘制黑色的旗面,命令行中的操作与提示如下:

命令:PL↙
指定起点:(捕捉所画旗杆的端点)
当前线宽为0.0000
指定下一点或[圆弧(A)/闭合(C)/半宽(H)/长度(L)/放弃(U)/宽度(W)]:A↙
指定圆弧的端点或[角度(A)/圆心(CE)/闭合(CL)/方向(D)/半宽(H)/直线(L)/半径(R)/第二点(S)/放弃(U)/宽度(W)]:S↙
指定圆弧的第二点:(单击一点,指定圆弧的第二点)
指定圆弧的端点:(单击一点,指定圆弧的端点)
指定圆弧的端点或[角度(A)/圆心(CE)/闭合(CL)/方向(D)/半宽(H)/直线(L)/半径(R)/第二点(S)/放弃(U)/宽度(W)]:(单击一点,指定圆弧的端点)
指定圆弧的端点或[角度(A)/圆心(CE)/闭合(CL)/方向(D)/半宽(H)/直线(L)/半径(R)/第二点(S)/放弃(U)/宽度(W)]:

单击"修改"工具栏中的"复制"按钮，绘制另一条旗面边线。

命令:L↙
指定第一点:(捕捉所画旗面上边的端点)
指定下一点或[放弃(U)]:(捕捉所画旗面下边的端点)
指定下一点或[放弃(U)]:↙

绘制黑色的旗面后的图形如图3-29所示。

（6）将"三环"图层置为当前图层,选择菜单栏中的"绘图"→"圆环"命令,绘制3个蓝色的圆环,命令行中的操作与提示如下:

图3-29　绘制黑色的旗面后的图形

命令:DONUT↙
指定圆环的内径<10.0000>:30↙
指定圆环的外径<20.0000>:40↙
指定圆环的中心点<退出>:(在旗面内单击一点,确定第一个圆环中心的坐标值)
指定圆环的中心点<退出>:(在旗面内单击一点,确定第二个圆环中心的坐标值)
: ↙
(用同样的方法确定剩余2个圆环的圆心,使所画出的3个圆环排列为一个三环形状)
指定圆环的中心点<退出>:↙

(7) 将绘制的3个圆环分别修改为3种不同的颜色。单击第2个圆环,右键在打开的快捷菜单中选择"特性"选项,打开"特性"对话框,如图3-30所示。其中列出了该圆环所在的图层、颜色、线型、线宽等基本特性及其几何特性,单击"颜色"选项,在表示颜色的色块后出现一个▼按钮,单击此按钮,打开"颜色"下拉列表,从中选择"洋红"选项,如图3-31所示。连续按两次Esc键,退出。用同样的方法,将另一个圆环的颜色修改为绿色。

图 3-30 "特性"对话框

图 3-31 单击"颜色"选项

(8) 单击"修改"工具栏中的"删除"按钮,删除辅助线。

最终绘制的结果如图3-25所示。

3.7 对象约束

约束能够用于精确地控制草图中的对象。草图约束有两种类型:尺寸约束和几何约束。

几何约束建立起草图对象的几何特性(如要求某一直线具有固定长度)或是两个或更多草图对象的关系类型(如要求两条直线垂直或平行,或是几个弧具有相同的半径)。在图形区用户可以使用"参数化"选项卡内的"全部显示"、"全部隐藏"或"显示"来显示有关信息,并显示代表这些约束的直观标记(如图3-32所示的水平标记 和共线

标记 ）。

尺寸约束建立起草图对象的大小（如直线的长度、圆弧的半径等等）或是两个对象之间的关系（如两点之间的距离）。如图 3-33 所示为一带有尺寸约束的示例。

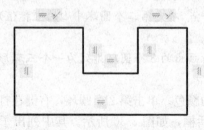
图 3-32 "几何约束"示意图

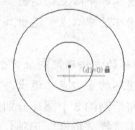
图 3-33 "尺寸约束"示意图

3.7.1 几何约束

使用几何约束，可以指定草图对象必须遵守的条件，或是草图对象之间必须维持的关系。几何约束面板及工具栏（面板在"参数化"标签内的"几何"面板中），如图 3-34 所示，其主要几何约束选项功能如表 3-4 所示。

(a)　　　　　　　　　　　　　(b)

图 3-34 "几何约束"面板及工具栏

特殊位置点捕捉　　　　　　　　　　　　　　　　表 3-4

约束模式	功　能
重合	约束两个点使其重合，或者约束一个点使其位于曲线（或曲线的延长线）上。可以使对象上的约束点与某个对象重合，也可以使其与另一对象上的约束点重合
共线	使两条或多条直线段沿同一直线方向
同心	将两个圆弧、圆或椭圆约束到同一个中心点。结果与将重合约束应用于曲线的中心点所产生的结果相同
固定	将几何约束应用于一对对象时，选择对象的顺序以及选择每个对象的点可能会影响对象彼此间的放置方式
平行	使选定的直线位于彼此平行的位置。平行约束在两个对象之间应用
垂直	使选定的直线位于彼此垂直的位置。垂直约束在两个对象之间应用
水平	使直线或点对位于与当前坐标系的 X 轴平行的位置。默认选择类型为对象
竖直	使直线或点对位于与当前坐标系的 Y 轴平行的位置
相切	将两条曲线约束为保持彼此相切或其延长线保持彼此相切。相切约束在两个对象之间应用
平滑	将样条曲线约束为连续，并与其他样条曲线、直线、圆弧或多段线保持 G2 连续性
对称	使选定对象受对称约束，相对于选定直线对称
相等	将选定圆弧和圆的尺寸重新调整为半径相同，或将选定直线的尺寸重新调整为长度相同

3.7 对象约束

绘图中可指定二维对象或对象上的点之间的几何约束。然后，编辑受约束的几何图形时，将保留约束。因此，通过使用几何约束，可以在图形中包括设计要求。

在用 AutoCAD 绘图时，使用"约束设置"对话框，如图 3-46 所示，可以控制约束栏上显示或隐藏的几何约束类型。

【执行方式】

命令行：CONSTRAINTSETTINGS
菜单：参数→约束设置
功能区：参数化→几何→几何约束设置
工具栏：参数化→约束设置
快捷键：CSETTINGS

【操作步骤】

命令：CONSTRAINTSETTINGS↙

执行上述命令后，打开"约束设置"对话框，在该对话框中，单击"几何"标签打开"几何"选项卡，如图 3-35 所示。利用此对话框可以控制约束栏上约束类型的显示。

【选项说明】

(1)"约束栏显示设置"选项组：此选项组控制图形编辑器中是否为对象显示约束栏或约束点标记。例如，可以为水平约束和竖直约束隐藏约束栏的显示。

(2)"全部选择"按钮：选择几何约束类型。

(3)"全部清除"按钮：清除选定的几何约束类型。

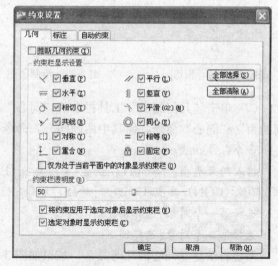

图 3-35 "约束设置"对话框"几何"选项卡

(4)"仅为处于当前平面中的对象显示约束栏"复选框：仅为当前平面上受几何约束的对象显示约束栏。

(5)"约束栏透明度"选项组：设置图形中约束栏的透明度。

(6)"将约束应用于选定对象后显示约束栏"复选框：手动应用约束后或使用 AUTOCONSTRAIN 命令时显示相关约束栏。

3.7.2 实例——绘制相切及同心的圆

绘制如图 3-36 所示的同心相切圆。

(1) 单击"绘图"工具栏中的"圆"按钮，以适当半径绘

实讲实训
多媒体演示

多媒体演示参见配套光盘中的\\视频\第3章\绘制相切及同心圆.avi。

制 4 个圆，绘制结果如图 3-37 所示。

（2）在界面上方的工具栏区右击，选择快捷菜单中的"autocad"→"几何约束"命令，打开"几何约束"工具栏。

（3）单击"几何约束"工具栏中的"相切"按钮 ，或选取菜单命令"参数"→"几何约束"→"相切"命令，命令行提示如下：

命令：_GeomConstraint

输入约束类型[水平(H)/竖直(V)/垂直(P)/平行(PA)/相切(T)/平滑(SM)/重合(C)/同心(CON)/共线(COL)/对称(S)/相等(E)/固定(F)]＜相切＞：_Tangent

选择第一个对象：选择圆 1

选择第二个对象：选择圆 2

（4）系统自动将圆 2 向左移动与圆 1 相切，结果如图 3-38 所示。

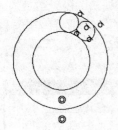
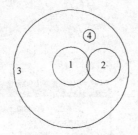
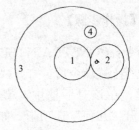

图 3-36　同心相切圆　　　图 3-37　绘制圆图　　　图 3-38　建立圆 1 与圆 2 的相切关系

（5）单击"几何约束"工具栏中的"同心"按钮 ，或选取菜单命令"参数"→"几何约束"→"同心"命令，使其中两圆同心，命令行提示如下：

命令：_GeomConstraint

输入约束类型[水平(H)/竖直(V)/垂直(P)/平行(PA)/相切(T)/平滑(SM)/重合(C)/同心(CON)/共线(COL)/对称(S)/相等(E)/固定(F)]＜相切＞：_Concentric

选择第一个对象：选择圆 1

选择第二个对象：选择圆 3

系统自动建立同心的几何关系，结果如图 3-39 所示。

（6）采用同样的方法，使圆 3 与圆 2 建立相切几何约束，结果如图 3-40 所示。

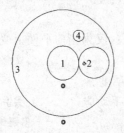
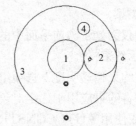

图 3-39　建立圆 1 与圆 3 的同心关系　　　图 3-40　建立圆 3 与圆 2 的相切关系

（7）采用同样的方法，使圆 1 与圆 4 建立相切几何约束，结果如图 3-41 所示。

（8）采用同样的方法，使圆 4 与圆 2 建立相切几何约束，结果如图 3-42 所示。

（9）采用同样的方法，使圆 3 与圆 4 建立相切几何约束，最终结果如图 3-36 所示。

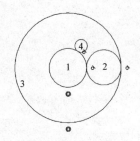
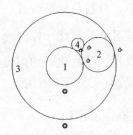

图 3-41　建立圆 1 与圆 4 的相切关系　　　　　图 3-42　建立圆 4 与圆 2 的相切关系

3.7.3　尺寸约束

建立尺寸约束是限制图形几何对象的大小，也就是与在草图上标注尺寸相似，同样设置尺寸标注线，与此同时建立相应的表达式，不同的是可以在后续的编辑工作中实现尺寸的参数化驱动。标注约束面板及工具栏（面板在"参数化"标签内的"标注"面板中）如图 3-43 所示。

在生成尺寸约束时，用户可以选择草图曲线、边、基准平面或基准轴上的点，以生成水平、竖直、平行、垂直和角度尺寸。

生成尺寸约束时，系统会生成一个表达式，其名称和值显示在一弹出的对话框文本区域中，如图 3-44 所示，用户可以接着编辑该表达式的名和值。

生成尺寸约束时，只要选中了几何体，其尺寸及其延伸线和箭头就会全部显示出来。将尺寸拖动到位，然后单击左键。完成尺寸约束后，用户还可以随时更改尺寸约束。只需在图形区选中该值双击，然后可以使用生成过程所采用的同一方式，编辑其名称、值或位置。

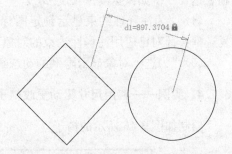

图 3-43　"标注约束"面板及工具栏　　　　　图 3-44　"尺寸约束编辑"示意图

在用 AutoCAD 绘图时，使用"约束设置"对话框内的"标注"选项卡，如图 3-45 所示，可控制显示标注约束时的系统配置。标注约束控制设计的大小和比例。它们可以约束以下内容：

（1）对象之间或对象上的点之间的距离。

（2）对象之间或对象上的点之间的角度。

命令行：CONSTRAINTSETTINGS

菜单：参数→约束设置

功能区：参数化→标注→标注约束设置

工具栏：参数化→约束设置

快捷键：CSETTINGS

【操作步骤】

命令：CONSTRAINTSETTINGS↙

执行上述命令后，打开"约束设置"对话框，在该对话框中，单击"标注"标签打开"标注"选项卡，如图 3-45 所示。利用此对话框可以控制约束栏上约束类型的显示。

【选项说明】

（1）"显示所有动态约束"复选框：默认情况下显示所有动态标注约束。

（2）"标注约束格式"选项组：该选项组内可以设置标注名称格式和锁定图标的显示。

（3）"标注名称格式"下拉框：为应用标注约束时显示的文字指定格式。将名称格式设置为显示：名称、值或名称和表达式。例如：宽度＝长度/2。

图 3-45 "约束设置"对话框"标注"选项卡

（4）"为注释性约束显示锁定图标"复选框：针对已应用注释性约束的对象显示锁定图标。

（5）"为选定对象显示隐藏的动态约束"显示选定时已设置为隐藏的动态约束。

3.7.4 实例——利用尺寸驱动更改椅子扶手长度

绘制如图 3-46 所示的椅子。

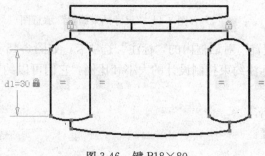

图 3-46 键 B18×80

> **实讲实训**
> **多媒体演示**
> 多媒体演示参见配套光盘中的\\视频\第3章\尺寸驱动修改椅子扶手长度.avi。

（1）绘制椅子或打开第 2.2.4 节所绘椅子，如图 2-6 所示。

(2) 打开"几何约束"工具栏。单击"固定"命令，使椅子扶手上部两圆弧均建立固定的几何约束。

(3) 重复使用"相等"命令，使最左端竖直线与右端各条竖直线建立相等的几何约束。

(4) 设置自动约束。单击"参数"→"约束设置"命令，打开"约束设置"对话框。打开"自动约束"选项卡，选择重合约束，取消其余约束方式，如图 3-47 所示。

(5) 单击"参数化"工具栏上的 (自动约束) 按钮，然后选择全部图形。将图形中所有交点建立"重合"约束。

(6) 打开"标注约束"工具栏。单击"竖直"命令，更改竖直尺寸。命令行提示与操作如下：

命令：_DimConstraint

当前设置：约束形式＝动态

输入标注约束选项[线性(LI)/水平(H)/竖直(V)/对齐(A)/角度(AN)/半径(R)/直径(D)/形式(F)]＜竖直＞：_Vertical

指定第一个约束点或[对象(O)]＜对象＞：(单击最左端直线上端)

指定第二个约束点：(单击最左端直线下端)

指定尺寸线位置：(在合适位置单击鼠标左键)

标注文字＝100(输入长度 80)

(7) 系统自动将长度 100 调整为 80，最终结果如图 3-46 所示。

图 3-47 "约束设置"对话框"自动约束"选项卡

3.7.5 自动约束

在用 AutoCAD 绘图时，使用"约束设置"对话框内的"自动约束"选项卡，如图 3-47 所示，可将设定公差范围内的对象自动设置为相关约束。

【执行方式】

命令行：CONSTRAINTSETTINGS

菜单：参数→约束设置

功能区：参数化→标注→标注约束设置

工具栏：参数化→约束设置

快捷键：CSETTINGS

【操作步骤】

命令：CONSTRAINTSETTINGS✓

执行上述命令后,打开"约束设置"对话框,在该对话框中,单击"自动约束"标签打开"自动约束"选项卡,如图 3-47 所示。利用此对话框可以控制自动约束相关参数。

【选项说明】

(1)"自动约束"列表框:显示自动约束的类型以及优先级。可以通过"上移"和"下移"按钮调整优先级的先后顺序。可以单击 ✓ 符号选择或去掉某约束类型作为自动约束类型。

(2)"相切对象必须共用同一交点"复选框:指定两条曲线必须共用一个点(在距离公差内指定)以便应用相切约束。

(3)"垂直对象必须共用同一交点"复选框:指定直线必须相交或者一条直线的端点必须与另一条直线或直线的端点重合(在距离公差内指定)。

(4)"公差"选项组:设置可接受的"距离"和"角度"公差值以确定是否可以应用约束。

3.7.6 实例——约束控制未封闭三角形

对如图 3-48 所示的未封闭三角形进行约束控制。

(1)选取菜单命令"参数"→"约束设置"命令,打开"约束设置"对话框。单击"几何"选项卡,单击"全部选择"按钮,选择全部约束方式,如图 3-35 所示。再单击"自动约束"选项卡,将"距离"和"角度"公差值设置为 1,取消对"相切对象必须共用同一交点"复选框和"垂直对象必须共用同一交点"复选框的勾选,约束优先顺序按图 3-49 所示设置。

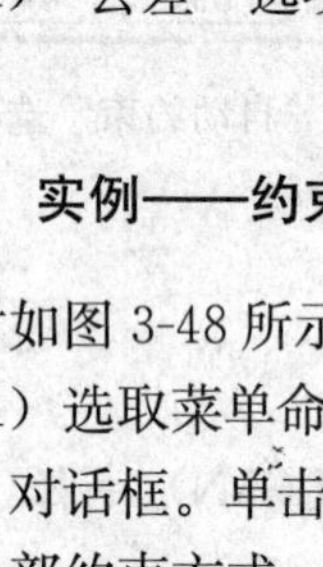

> 实讲实训
> 多媒体演示
> 多媒体演示参见配套光盘中的\\视频\第3章\约束控制三角形.avi。

图 3-48 未封闭三角形

图 3-49 "自动约束"选项卡设置

(2)在界面上方的工具栏区右击,选择快捷菜单中的"AutoCAD"→"参数化"命令,打开"参数化"工具栏,如图 3-50 所示。

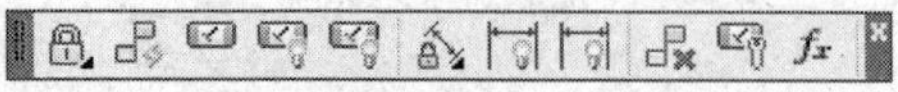

(3)单击"参数化"工具栏中的"固定"按钮 ,命令行提示如下:

图 3-50 "参数化"工具栏

第4章 编辑命令

二维图形的编辑操作配合绘图命令的使用可以进一步完成复杂图形对象的绘制工作，并可使用户合理安排和组织图形，保证绘图准确，减少重复，因此，对编辑命令的熟练掌握和使用有助于提高设计和绘图的效率。本章主要内容包括：选择对象，复制类命令，改变位置类命令，删除及恢复类命令，改变几何特性命令和对象编辑等。

学习要点

选择对象
复制类命令
改变位置类命令
删除及恢复类命令
改变几何特性类命令
对象编辑

4.1 选择对象

AutoCAD 2011 提供两种编辑图形的途径：
(1) 先执行编辑命令，然后选择要编辑的对象。
(2) 先选择要编辑的对象，然后执行编辑命令。

这两种途径的执行效果是相同的，但选择对象是进行编辑的前提。AutoCAD 2011 提供了多种对象选择方法，如点取方法、用选择窗口选择对象、用选择线选择对象、用对话框选择对象等。AutoCAD 可以把选择的多个对象组成整体，如选择集和对象组，进行整体编辑与修改。

4.1.1 构造选择集

选择集可以仅由一个图形对象构成，也可以是一个复杂的对象组，如位于某一特定层上的具有某种特定颜色的一组对象。选择集的构造可以在调用编辑命令前或后进行。

AutoCAD 提供以下几种方法来构造选择集：
(1) 先选择一个编辑命令，然后选择对象，按 Enter 键，结束操作。
(2) 使用 SELECT 命令。在命令提示行输入 SELECT，然后根据选择的选项，出现选择对象提示，按 Enter 键，结束操作。

(3) 用点取设备选择对象,然后调用编辑命令。

(4) 定义对象组。

无论使用哪种方法,AutoCAD 2011 都将提示用户选择对象,并且光标的形状由十字光标变为拾取框。

下面结合 SELECT 命令,说明选择对象的方法。

SELECT 命令可以单独使用,也可以在执行其他编辑命令时被自动调用。此时屏幕提示:

选择对象:

等待用户以某种方式选择对象作为回答。AutoCAD 2011 提供多种选择方式,可以键入"?"查看这些选择方式。选择选项后,出现如下提示:

需要点或窗口(W)/上一个(L)/窗交(C)/框(BOX)/全部(ALL)/栏选(F)/圈围(WP)/圈交(CP)/编组(G)/添加(A)/删除(R)/多个(M)/前一个(P)/放弃(U)/自动(AU)/单个(SI)/子对象/对象

选择对象:

上面各选项的含义如下:

1. 点

该选项表示直接通过点取的方式选择对象。用鼠标或键盘移动拾取框,使其框住要选取的对象,然后单击,就会选中该对象并以高亮度显示。

2. 窗口(W)

用由两个对角顶点确定的矩形窗口选取位于其范围内部的所有图形,与边界相交的对象不会被选中。在指定对角顶点时,应该按照从左向右的顺序,如图 4-1 所示。

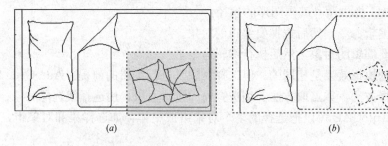

图 4-1 "窗口"对象选择方式

(a) 图中深色覆盖部分为选择窗口;(b) 选择后的图形

3. 上一个(L)

在"选择对象:"提示下键入 L 后,按 Enter 键,系统会自动选取最后绘出的一个对象。

4. 窗交(C)

该方式与上述"窗口"方式类似,区别在于:它不但选中矩形窗口内部的对象,也选中与矩形窗口边界相交的对象。选择的对象如图 4-2 所示。

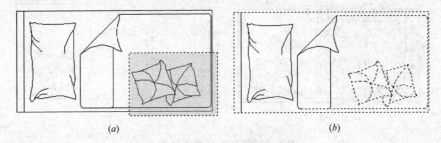

图 4-2 "窗交"对象选择方式
(a) 图中深色覆盖部分为选择窗口；(b) 选择后的图形

5. 框（BOX）

使用时，系统根据用户在屏幕上给出的两个对角点的位置而自动引用"窗口"或"窗交"方式。若从左向右指定对角点，则为"窗口"方式；反之，则为"窗交"方式。

6. 全部（ALL）

选取图面上的所有对象。

7. 栏选（F）

用户临时绘制一些直线，这些直线不必构成封闭图形，凡是与这些直线相交的对象均被选中。执行结果如图 4-3 所示。

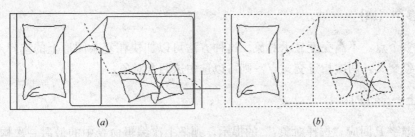

图 4-3 "栏选"对象选择方式
(a) 图中虚线为选择栏；(b) 选择后的图形

8. 圈围（WP）

使用一个不规则的多边形来选择对象。根据提示，用户顺次输入构成多边形的所有顶点的坐标；最后，按 Enter 键，作出空回答结束操作，系统将自动连接第一个顶点到最后一个顶点的各个顶点，形成封闭的多边形。凡是被多边形围住的对象均被选中（不包括边界）。执行结果如图 4-4 所示。

9. 圈交（CP）

类似于"圈围"方式，在"选择对象："提示后键入 CP，后续操作与"圈围"方式相

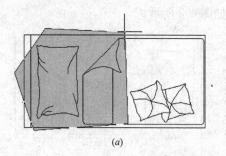 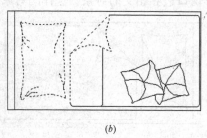

图 4-4 "圈围"对象选择方式
(a) 图中十字线所拉出深色多边形为选择窗口；(b) 选择后的图形

同。区别在于：与多边形边界相交的对象也被选中。

10. 编组（G）

使用预先定义的对象组作为选择集。事先将若干个对象组成对象组，用组名引用。

11. 添加（A）

添加下一个对象到选择集。也可用于从移走模式（Remove）到选择模式的切换。

12. 删除（R）

按住 Shift 键选择对象，可以从当前选择集中移走该对象。对象由高亮度显示状态变为正常显示状态。

13. 多个（M）

指定多个点，不高亮度显示对象。这种方法可以加快在复杂图形上的选择对象过程。若两个对象交叉，两次指定交叉点，则可以选中这两个对象。

14. 上一个（P）

用关键字 P 回应"选择对象："的提示，则把上次编辑命令中的最后一次构造的选择集或最后一次使用 SELECT（DDSELECT）命令预置的选择集作为当前选择集。这种方法适用于对同一选择集进行多种编辑操作的情况。

15. 放弃（U）

用于取消加入选择集的对象。

16. 自动（AU）

选择结果视用户在屏幕上的选择操作而定。如果选中单个对象，则该对象为自动选择的结果；如果选择点落在对象内部或外部的空白处，系统会提示：
指定对角点：
此时，系统会采取一种窗口的选择方式。对象被选中后，变为虚线形式，并以高亮度显示。

 注意

若矩形框从左向右定义,即第一个选择的对角点为左侧的对角点,矩形框内部的对象被选中,框外部的及与矩形框边界相交的对象不会被选中;若矩形框从右向左定义,矩形框内部及与矩形框边界相交的对象都会被选中。

17. 单个 (SI)

选择指定的第一个对象或对象集,而不继续提示进行下一步的选择。

4.1.2 快速选择

有时,用户需要选择具有某些共同属性的对象来构造选择集,如选择具有相同颜色、线型或线宽的对象,用户当然可以使用前面介绍的方法来选择这些对象,但如果要选择的对象数量较多且分布在较复杂的图形中,则会导致很大的工作量。AutoCAD 2011 提供了 QSELECT 命令来解决这个问题。调用 QSELECT 命令后,打开"快速选择"对话框,利用该对话框可以根据用户指定的过滤标准快速创建选择集。"快速选择"对话框如图 4-5 所示。

 【执行方式】

命令行:QSELECT

菜单:"工具"→"快速选择"

快捷菜单:在绘图区右击,从打开的右键快捷菜单上单击"快速选择"命令(如图 4-6 所示)或"特性"选项板→快速选择 (如图 4-7 所示)。

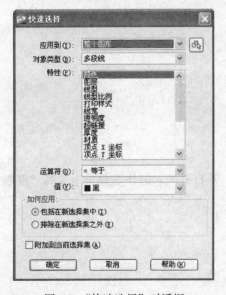  

图 4-5 "快速选择"对话框　　图 4-6 右键快捷菜单　　图 4-7 "特性"选项板

第 4 章 编辑命令

【操作步骤】

执行上述命令后，打开"快速选择"对话框。在该对话框中，可以选择符合条件的对象或对象组。

4.1.3 构造对象组

对象组与选择集并没有本质的区别，当我们把若干个对象定义为选择集并想让它们在以后的操作中始终作为一个整体时，为了简捷，可以给这个选择集命名并保存起来，这个命名了的对象选择集就是对象组，它的名字称为组名。

如果对象组可以被选择（位于锁定层上的对象组不能被选择），那么可以通过它的组名引用该对象组，并且一旦组中任何一个对象被选中，那么组中的全部对象成员都被选中。

【执行方式】

命令行：GROUP

【操作步骤】

执行上述命令后，打开"对象编组"对话框。利用该对话框可以查看或修改存在的对象组的属性，也可以创建新的对象组。

4.2 复制类命令

本节详细介绍 AutoCAD 2011 的复制类命令。利用这些复制类命令，可以方便地编辑绘制图形。

4.2.1 复制命令

【执行方式】

命令行：COPY
菜单："修改"→"复制"
工具栏："修改"→"复制"
快捷菜单：选择要复制的对象，在绘图区右击，从打开的右键快捷菜单上选择"复制选择"命令。

【操作步骤】

命令：COPY✓
选择对象：(选择要复制的对象)
用前面介绍的对象选择方法选择一个或多个对象，按 Enter 键，结束选择操作。系统

· 114 ·

继续提示:

当前设置:复制模式=多个

指定基点或[位移(D)/模式(O)]<位移>:

【选项说明】

1. 指定基点

指定一个坐标点后,AutoCAD 2011 把该点作为复制对象的基点,并提示:

指定位移的第二点或<用第一点作位移>:

指定第二个点后,系统将根据这两点确定的位移矢量把选择的对象复制到第二点处。如果此时直接按 Enter 键,即选择默认的"用第一点作位移",则第一个点被当作相对于 X、Y、Z 的位移。例如,如果指定基点为(2,3)并在下一个提示下按 Enter 键,则该对象从它当前的位置开始,在 X 方向上移动 2 个单位,在 Y 方向上移动 3 个单位。复制完成后,系统会继续提示:

指定位移的第二点:

这时,可以不断指定新的第二点,从而实现多重复制。

2. 位移

直接输入位移值,表示以选择对象时的拾取点为基准,以拾取点坐标为移动方向,纵横比移动指定位移后所确定的点为基点。例如,选择对象时的拾取点坐标为(2,3),输入位移为 5,则表示以(2,3)点为基准,沿纵横比为 3∶2 的方向移动 5 个单位所确定的点为基点。

3. 模式

控制是否自动重复该命令。确定复制模式是单个还是多个。

4.2.2 实例——办公桌一

绘制如图 4-8 所示的办公桌。

图 4-8 办公桌

实讲实训
多媒体演示

多媒体演示参见配套光盘中的\\视频\第4章\办公桌一.avi。

【绘制步骤】

(1) 单击"绘图"工具栏中的"矩形"按钮 ▢,在合适的位置绘制矩形,如图 4-9

所示。

（2）单击"绘图"工具栏中的"矩形"按钮 ▭，在合适的位置绘制一系列矩形，结果如图 4-10 所示。

（3）单击"绘图"工具栏中的"矩形"按钮 ▭，在合适的位置绘制一系列矩形，结果如图 4-11 所示。

   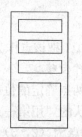   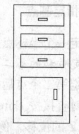

图 4-9　作矩形　　　　　图 4-10　作矩形　　　　　图 4-11　作矩形

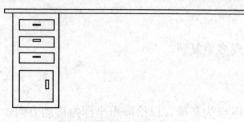

（4）单击"绘图"工具栏中的"矩形"按钮 ▭，在合适的位置绘制矩形，结果如图 4-12 所示。

（5）单击"修改"工具栏中的"复制"按钮 ▩，将办公桌左边的一系列矩形复制到右边，完成办公桌的绘制。命令行中的操作与提示如下：

图 4-12　作矩形

命令：copy ↙
选择对象：(选取左边的一系列矩形)
选择对象：↙
当前设置：　复制模式＝多个
指定基点或[位移(D)]<位移>：(在左边的一系列矩形上,任意指定一点)
指定第二个点或<使用第一个点作为位移>：(打开状态栏上的"正交"开关功能,指定适当位置的一点)
指定第二个点或<使用第一个点作为位移>：↙
结果如图 4-8 所示。

4.2.3　镜像命令

镜像对象是指把选择的对象以一条镜像线为对称轴进行镜像后的对象。镜像操作完成后，可以保留原对象也可以将其删除。

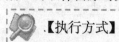【执行方式】

命令行：MIRROR

菜单："修改"→"镜像"

工具栏："修改"→"镜像" ▲

4.2 复制类命令

【操作步骤】

命令:MIRROR↙
选择对象:(选择要镜像的对象)
指定镜像线的第一点:(指定镜像线的第一个点)
指定镜像线的第二点:(指定镜像线的第二个点)
要删除源对象?[是(Y)/否(N)]<N>:(确定是否删除原对象)

这两点确定一条镜像线,被选择的对象以该线为对称轴进行镜像。包含该线的镜像平面与用户坐标系统的 XY 平面垂直,即镜像操作工作在与用户坐标系统的 XY 平面平行的平面上。

4.2.4 实例——办公桌二

绘制如图 4-13 所示的办公桌。

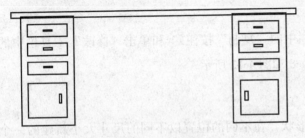

图 4-13 办公桌

**实讲实训
多媒体演示**

多媒体演示参见配套光盘中的\\视频\第4章\办公桌二.avi。

【绘制步骤】

(1) 单击"绘图"工具栏中的"矩形"按钮 ▭,在合适的位置绘制矩形,如图 4-14 所示。

(2) 单击"绘图"工具栏中的"矩形"按钮 ▭,在合适的位置绘制一系列矩形,结果如图 4-15 所示。

(3) 单击"绘图"工具栏中的"矩形"按钮 ▭,在合适的位置绘制一系列矩形,结果如图 4-16 所示。

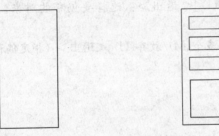

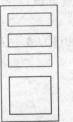

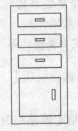

图 4-14 作矩形　　　　图 4-15 作矩形　　　　图 4-16 作矩形

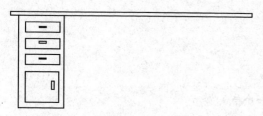

(4) 单击"绘图"工具栏中的"矩形"按钮▱，在合适的位置绘制矩形，结果如图 4-17 所示。

(5) 单击"修改"工具栏中的"镜像"按钮，将左边的一系列矩形以桌面矩形的顶边中点和底边中点的连线为对称轴进行镜像，命令行中的操作与提示如下：

图 4-17　作矩形

命令：mirror↙
选择对象：(选取左边的一系列矩形)↙
选择对象：↙
指定镜像线的第一点：选择桌面矩形的底边中点↙
指定镜像线的第二点：选择桌面矩形的顶边中点↙
要删除源对象吗？[是(Y)/否(N)]<N>：↙　↙
结果如图 4-13 所示。

读者可以比较单击"修改"工具栏中的"复制"按钮和单击"修改"工具栏中的"镜像"按钮绘制的办公桌，如图 4-8 和图 4-13 所示。

4.2.5　偏移命令

偏移对象是指保持选择的对象的形状，在不同的位置以不同的尺寸大小新建的一个对象。

【执行方式】

命令行：OFFSET
菜单："修改"→"偏移"
工具栏："修改"→"偏移"

【操作步骤】

命令：OFFSET↙
当前设置：删除源＝否　图层＝源　OFFSETGAPTYPE＝0
指定偏移距离或[通过(T)/删除(E)/图层(L)]<通过>：(指定距离值)
选择要偏移的对象，或[退出(E)/放弃(U)]<退出>：(选择要偏移的对象。按 Enter 键，会结束操作)
指定要偏移的那一侧上的点，或[退出(E)/多个(M)/放弃(U)]<退出>：(指定偏移方向)

【选项说明】

1. 指定偏移距离

输入一个距离值，或按 Enter 键，使用当前的距离值，系统把该距离值作为偏移距离，如图 4-18 所示。

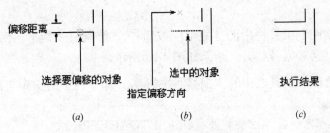

图 4-18　指定偏移对象的距离

2. 通过（T）

指定偏移对象的通过点。选择该选项后出现如下提示：

选择要偏移的对象或＜退出＞：（选择要偏移的对象，按 Enter 键，结束操作）

指定通过点：（指定偏移对象的一个通过点）

操作完毕后，系统根据指定的通过点绘出偏移对象。如图 4-19 所示。

3. 删除（E）

偏移后，将源对象删除。选择该选项后出现如下提示：

要在偏移后删除源对象吗？［是(Y)/否(N)］＜当前＞：

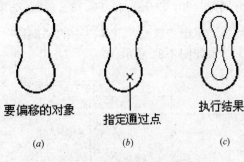

图 4-19　指定偏移对象的通过点

4. 图层（L）

确定将偏移对象创建在当前图层上还是源对象所在的图层上。选择该选项后，出现如下提示：

输入偏移对象的图层选项［当前(C)/源(S)］＜当前＞：

4.2.6　实例——门

绘制如图 4-20 所示的门。

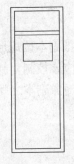

图 4-20　门

实讲实训
多媒体演示

多媒体演示参见配套光盘中的\\视频\第4章\门.avi。

【绘制步骤】

(1) 单击"绘图"工具栏中的"矩形"按钮▭，绘制一个矩形，两个角点的坐标分别为（0，0）和（@900，2400）。结果如图 4-21 所示。

(2) 单击"修改"工具栏中的"偏移"按钮，命令行中的操作与提示如下：
命令：_offset↙
当前设置：删除源＝否 图层＝源 OFFSETGAPTYPE＝0
指定偏移距离或[通过(T)/删除(E)/图层(L)]<通过>：60↙
选择要偏移的对象，或[退出(E)/放弃(U)]<退出>：(选择上述矩形)
指定要偏移的那一侧上的点，或[退出(E)/多个(M)/放弃(U)]<退出>：(选择矩形内侧)
选择要偏移的对象，或[退出(E)/放弃(U)]<退出>：↙
结果如图 4-22 所示。

(3) 单击"绘图"工具栏中的"直线"按钮，绘制一条直线，直线两个端点的坐标分别为（60，2000）和（@780，0）。结果如图 4-23 所示。

(4) 单击"修改"工具栏中的"偏移"按钮。将上一步骤中绘制的直线向下偏移 60。结果如图 4-24 所示。

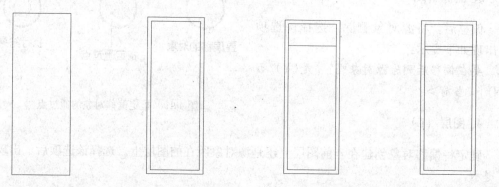

图 4-21 绘制矩形　　图 4-22 偏移操作　　图 4-23 绘制直线　　图 4-24 偏移操作

(5) 单击"绘图"工具栏中的"矩形"按钮▭，绘制一个矩形，两个角点的坐标分别为（200，1500）和（700，1800）。绘制结果如图 4-20 所示。

4.2.7 阵列命令

阵列是指多重复制选择对象并把这些副本按矩形或环形排列。把副本按矩形排列称为建立矩形阵列；把副本按环形排列称为建立极阵列。建立极阵列时，应该控制复制对象的次数和对象是否被旋转；建立矩形阵列时，应该控制行和列的数量以及对象副本之间的距离。

用该命令可以建立矩形阵列、极阵列（环形）和旋转的矩形阵列。

【执行方式】

命令行：ARRAY

菜单:"修改"→"阵列"

工具栏:"修改"→"阵列"

【操作步骤】

命令:ARRAY↙

执行上述命令后,打开"阵列"对话框。

【选项说明】

1. "矩形阵列"单选按钮标签

建立矩形阵列。"矩形阵列"单选按钮标签用来指定矩形阵列的各项参数,如图 4-25 所示。

2. "环形阵列"单选按钮标签

建立环形阵列。"环形阵列"单选按钮标签用来指定环形阵列的各项参数,如图 4-26 所示。

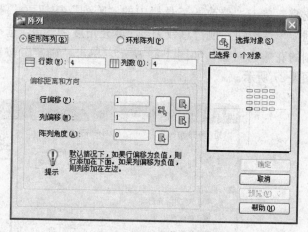

图 4-25 "矩形阵列"单选按钮标签

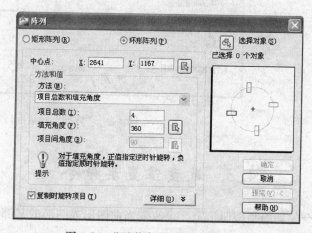

图 4-26 "环形阵列"单选按钮标签

4.2.8 实例——紫荆花

绘制如图 4-27 所示的紫荆花。

图 4-27 紫荆花

实讲实训
多媒体演示

多媒体演示参见配套光盘中的\\视频\第4章\紫荆花图.avi。

【绘制步骤】

(1) 单击"绘图"工具栏中的"多段线"按钮 和"圆弧"按钮 ，绘制花瓣外框，绘制结果如图 4-28 所示。

(2) 绘制阵列花瓣，单击"修改"工具栏中的"阵列"按钮 ，打开"阵列"对话框，选择"环形阵列"单选按钮，项目总数为 5，填充角度为 360，选择花瓣下端点外一点为中心，选择绘制的花瓣为对象，如图 4-29 所示。单击"确定"按钮，确认退出，绘制出的紫荆花图如图 4-27 所示。

图 4-28 花瓣外框

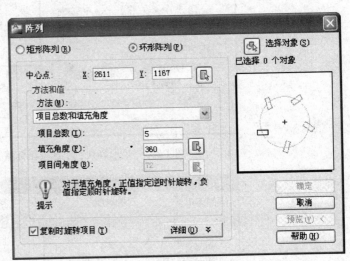

图 4-29 "阵列"对话框

4.3 改变位置类命令

这一类编辑命令的功能是按照指定要求改变当前图形或图形的某部分的位置，主要包括移动、旋转和缩放等命令。

4.3.1 移动命令

【执行方式】

命令行：MOVE

菜单："修改"→"移动"

快捷菜单：选择要复制的对象，在绘图区右击，从打开的右键快捷菜单上选择"移动"命令。

工具栏："修改"→"移动"

【操作步骤】

命令：MOVE↙

选择对象：(选择对象)

用前面介绍的对象选择方法选择要移动的对象，按 Enter 键，结束选择。系统继续提示：

指定基点或位移：(指定基点或移至点)

指定基点或[位移(D)]<位移>：(指定基点或位移)

指定第二个点或<使用第一个点作为位移>：

命令的选项功能与"复制"命令类似。

4.3.2 旋转命令

【执行方式】

命令行：ROTATE

菜单："修改"→"旋转"

快捷菜单：选择要旋转的对象，在绘图区右击，从打开的右键快捷菜单上选择"旋转"命令。

工具栏："修改"→"旋转"

【操作步骤】

命令：ROTATE↙

UCS 当前的正角方向： ANGDIR=逆时针 ANGBASE=0

选择对象：(选择要旋转的对象)

指定基点：(指定旋转的基点。在对象内部指定一个坐标点)

指定旋转角度，或[复制(C)/参照(R)]<0>：(指定旋转角度或其他选项)

【选项说明】

1. 复制 (C)

选择该项，旋转对象的同时保留原对象。如图 4-30 所示。

2. 参照（R）

采用参照方式旋转对象时，系统提示：

指定参照角<0>：(指定要参考的角度，默认值为0)

指定新角度：(输入旋转后的角度值)

操作完毕后，对象被旋转至指定的角度位置。

图4-30 复制旋转
(a) 旋转前；(b) 旋转后

注意

可以用拖动鼠标的方法旋转对象。选择对象并指定基点后，从基点到当前光标位置会出现一条连线，鼠标选择的对象会动态地随着该连线与水平方向的夹角的变化而旋转，按Enter键，确认旋转操作，如图4-31所示。

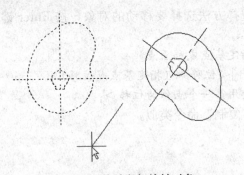

图4-31 拖动鼠标旋转对象

4.3.3 实例——电脑

绘制如图4-32所示的电脑。

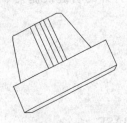

图4-32 电脑

实讲实训 多媒体演示

多媒体演示参见配套光盘中的\\视频\第4章\电脑.avi。

【绘制步骤】

（1）单击"绘图"工具栏中的"矩形"按钮，绘制角点坐标分别为（0，16）、（450，130）的矩形，绘制结果如图4-33所示。

图4-33 绘制矩形

(2) 单击"绘图"工具栏中的"多段线"按钮 ，命令行中的操作与提示如下：

命令：_pline✓

指定起点：0,16✓

当前线宽为 0.0000

指定下一个点或[圆弧(A)/半宽(H)/长度(L)/放弃(U)/宽度(W)]：30,0✓

指定下一点或[圆弧(A)/闭合(C)/半宽(H)/长度(L)/放弃(U)/宽度(W)]：430,0✓

指定下一点或[圆弧(A)/闭合(C)/半宽(H)/长度(L)/放弃(U)/宽度(W)]：450,16✓

指定下一点或[圆弧(A)/闭合(C)/半宽(H)/长度(L)/放弃(U)/宽度(W)]：✓

命令：pline✓

指定起点：37,130✓

当前线宽为 0.0000

指定下一个点或[圆弧(A)/半宽(H)/长度(L)/放弃(U)/宽度(W)]：80,308✓

指定下一点或[圆弧(A)/闭合(C)/半宽(H)/长度(L)/放弃(U)/宽度(W)]：a✓

指定圆弧的端点或[角度(A)/圆心(CE)/闭合(CL)/方向(D)/半宽(H)/直线(L)/半径(R)/第二个点(S)/放弃(U)/宽度(W)]：101,320✓

指定圆弧的端点或[角度(A)/圆心(CE)/闭合(CL)/方向(D)/半宽(H)/直线(L)/半径(R)/第二个点(S)/放弃(U)/宽度(W)]：l✓

指定下一点或[圆弧(A)/闭合(C)/半宽(H)/长度(L)/放弃(U)/宽度(W)]：306,320✓

指定下一点或[圆弧(A)/闭合(C)/半宽(H)/长度(L)/放弃(U)/宽度(W)]：a✓

指定圆弧的端点或[角度(A)/圆心(CE)/闭合(CL)/方向(D)/半宽(H)/直线(L)/半径(R)/第二个点(S)/放弃(U)/宽度(W)]：326,308✓

指定圆弧的端点或[角度(A)/圆心(CE)/闭合(CL)/方向(D)/半宽(H)/直线(L)/半径(R)/第二个点(S)/放弃(U)/宽度(W)]：l✓

指定下一点或[圆弧(A)/闭合(C)/半宽(H)/长度(L)/放弃(U)/宽度(W)]：380,130✓

指定下一点或[圆弧(A)/闭合(C)/半宽(H)/长度(L)/放弃(U)/宽度(W)]：✓

绘制结果如图 4-34 所示。

(3) 单击"绘图"工具栏中的"直线"按钮 ，绘制一条直线，指定坐标点（176，130）、（176，320）。绘制结果如图 4-35 所示。

(4) 单击"修改"工具栏中的"阵列"按钮 ，打开"阵列"对话框，选择"矩形阵列"单选按钮，阵列对象为步骤 3 中绘制的直线，设置行数为 1，列数为 5，列偏移为 22，绘制结果如图 4-36 所示。

图 4-34 绘制多段线

图 4-35 绘制直线

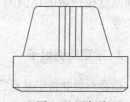
图 4-36 阵列

(5) 单击"修改"工具栏中的"旋转"按钮 ○,旋转绘制的电脑。命令行中的操作与提示如下:

命令:_rotate↙

UCS 当前的正角方向: ANGDIR=逆时针 ANGBASE=0

选择对象:all↙ 找到 8 个

选择对象:↙

指定基点:0,0↙

指定旋转角度,或[复制(C)/参照(R)]<0>:25↙

绘制结果如图 4-32 所示。

4.3.4 缩放命令

【执行方式】

命令行:SCALE

菜单:"修改"→"缩放"

快捷菜单:选择要缩放的对象,在绘图区右击,从打开的右键快捷菜单上选择"缩放"命令。

工具栏:"修改"→"缩放" □

【操作步骤】

命令:SCALE↙

选择对象:(选择要缩放的对象)

指定基点:(指定缩放操作的基点)

指定比例因子或[复制(C)/参照(R)]<1.0000>:

【选项说明】

1. 参照(R)

采用参考方向缩放对象时,系统提示:

指定参照长度<1>:(指定参考长度值)

指定新的长度或[点(P)]<1.0000>:(指定新长度值)

若新长度值大于参考长度值,则放大对象;否则,缩小对象。操作完毕后,系统以指定的基点按指定的比例因子缩放对象。如果选择"点(P)"选项,则指定两点来定义新的长度。

2. 指定比例因子

选择对象并指定基点后,从基点到当前光标位置会出现一条线段,线段的长度即为比例大小。鼠标选择的对象会动态地随着该连线长度的变化而缩放,按 Enter 键,确认缩放操作。

3. 复制（C）

选择"复制（C）"选项时，可以复制缩放对象，即缩放对象时保留原对象，如图4-37所示。

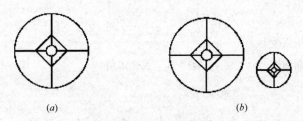

图 4-37 复制缩放
(a) 缩放前；(b) 缩放后

4.3.5 实例——客厅沙发茶几

绘制如图 4-38 所示的客厅沙发茶几图。

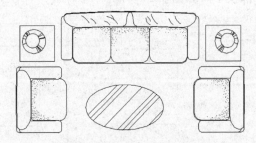

图 4-38 客厅沙发茶几图

> **实讲实训**
> **多媒体演示**
>
> 多媒体演示参见配套光盘中的\\视频\第4章\客厅沙发茶几.avi。

【绘制步骤】

（1）单击"绘图"工具栏中的"直线"按钮 ，绘制其中的单个沙发面四边。如图4-39所示。

⚠ **注意**

使用 LINE 命令绘制沙发面的四边，尺寸适当选取，注意其相对位置和长度的关系。

（2）单击"绘图"工具栏中的"圆弧"按钮，将沙发面四边连接起来，得到完整的沙发面，如图4-40所示。

（3）单击"绘图"工具栏中的"直线"按钮，绘制侧面扶手轮廓，如图4-41所示。

（4）单击"绘图"工具栏中的"圆弧"按钮，绘制侧面扶手的弧边线，如图4-42所示。

（5）单击"修改"工具栏中的"镜像"按钮，镜像绘制另外一个侧面的扶手轮廓，如图4-43所示。

图 4-39　创建沙发面四边　　　图 4-40　连接边角　　　图 4-41　绘制扶手轮廓

> **注意**
>
> 以中间的轴线作为镜像线，镜像另一侧的扶手轮廓。

（6）单击"绘图"工具栏中的"圆弧"按钮和单击"修改"工具栏中的"镜像"按钮，绘制沙发背部扶手轮廓。如图 4-44 所示。

（7）单击"绘图"工具栏中的"圆弧"按钮、"直线"按钮和单击"修改"工具栏中的"镜像"按钮，完善沙发背部扶手。如图 4-45 所示。

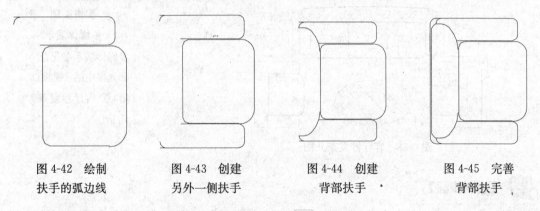

图 4-42　绘制　　　图 4-43　创建　　　图 4-44　创建　　　图 4-45　完善
扶手的弧边线　　　另外一侧扶手　　　背部扶手　　　　　背部扶手

（8）单击"修改"工具栏中的"偏移"按钮，对沙发面进行修改，使其更为形象。如图 4-46 所示。

（9）单击"绘图"工具栏中的"点"按钮，在沙发座面上绘制点，细化沙发面。如图 4-47 所示，命令行中的操作与提示：

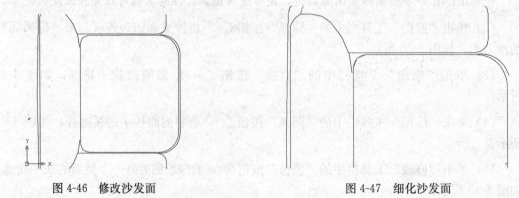

图 4-46　修改沙发面　　　　　　　图 4-47　细化沙发面

命令:POINT↙

当前点模式:PDMODE=99　PDSIZE=25.0000(系统变量的 PDMODE、PDSIZE 设置数值)

指定点:(使用鼠标在屏幕上直接指定点的位置,或直接输入点的坐标)

(10) 单击"修改"工具栏中的"镜像"按钮，进一步完善沙发面造型，使其更为形象。如图 4-48 所示。

(11) 采用相同的方法，绘制三人座的沙发面造型。如图 4-49 所示。

注意

先绘制沙发面造型。

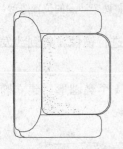
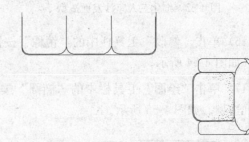

图 4-48　完善沙发面造型　　　　　图 4-49　绘制三人座的沙发面造型

(12) 单击"绘图"工具栏中的"直线"按钮、"圆弧"按钮和单击"修改"工具栏中的"镜像"按钮，绘制三人座沙发扶手造型。如图 4-50 所示。

(13) 单击"绘图"工具栏中的"圆弧"按钮、"直线"按钮，绘制三人座沙发背部造型。如图 4-51 所示。

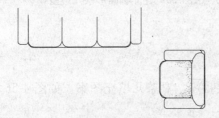
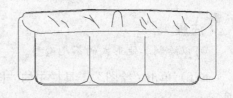

图 4-50　绘制三人座沙发扶手造型　　　图 4-51　建立三人座沙发背部造型

(14) 单击"绘图"工具栏中的"点"按钮，对三人座沙发面造型进行细化。如图 4-52 所示。

(15) 单击"修改"工具栏中的"移动"按钮，调整两个沙发造型的位置。命令行中的操作与提示如下：

命令:MOVE↙

选择对象:找到 1 个

选择对象:找到 105 个,总计 106 个

选择对象:(按 Enter 键)

指定基点或[位移(D)]<位移>:(指定移动基点位置)
指定第二个点或<使用第一个点作为位移>:(指定移动位置)
结果如图 4-53 所示。

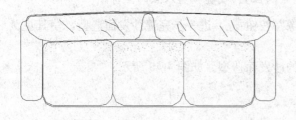

图 4-52　细化三人座沙发面造型

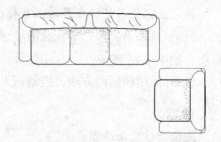

图 4-53　调整两个沙发的位置造型

（16）单击"修改"工具栏中的"镜像"按钮 ，对单个沙发进行镜像，得到沙发组造型。如图 4-54 所示。

（17）单击"绘图"工具栏中的"椭圆"按钮 造型，绘制 1 个椭圆形，建立椭圆形茶几造型。如图 4-55 所示。

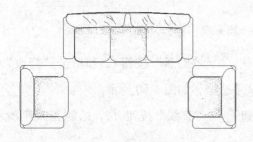

图 4-54　沙发组

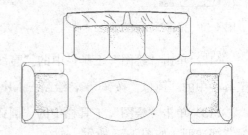

图 4-55　建立椭圆形茶几造型

注意

可以绘制其他形式的茶几造型。

（18）单击"绘图"工具栏中的"图案填充"按钮 ，对茶几填充图案。如图 4-56 所示。

（19）单击"绘图"工具栏中的"正多边形"按钮 ，绘制沙发之间的一个正方形桌面灯造型。如图 4-57 所示。

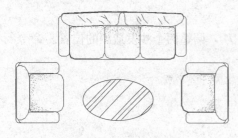

图 4-56　填充茶几图案

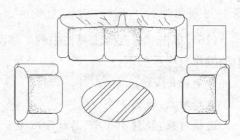

图 4-57　绘制桌面灯造型

> 注意
>
> 先绘制一个正方形作为桌面。

（20）单击"绘图"工具栏中的"圆"按钮⊙，绘制两个大小和圆心位置都不同的圆形。如图 4-58 所示。

（21）单击"绘图"工具栏中的"直线"按钮／，绘制随机斜线，形成灯罩效果。如图 4-59 所示。

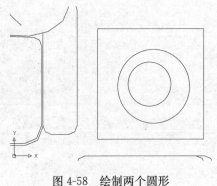
图 4-58　绘制两个圆形

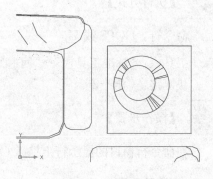
图 4-59　创建灯罩

（22）单击"修改"工具栏中的"镜像"按钮⚐，进行镜像得到两个沙发桌面灯，完成客厅沙发茶几图的绘制。如图 4-38 所示。

4.4　删除及恢复类命令

这一类命令主要用于删除图形的某部分或对已被删除的部分进行恢复。包括删除、回退、重做、清除等命令。

4.4.1　删除命令

如果所绘制的图形不符合要求或错绘了图形，则可以使用删除命令 ERASE 把它删除。

【执行方式】

命令行：ERASE
菜单："修改"→"删除"
快捷菜单：选择要删除的对象，在绘图区右击，从打开的右键快捷菜单上选择"删除"命令。
工具栏："修改"→"删除"✎

【操作步骤】

可以先选择对象，然后调用"删除"命令；也可以先调用"删除"命令，然后再选择对象。选择对象时，可以使用前面介绍的各种对象选择的方法。

当选择多个对象时，多个对象都被删除；若选择的对象属于某个对象组，则该对象组的所有对象都被删除。

4.4.2 恢复命令

若误删除了图形，则可以使用恢复命令 OOPS 恢复误删除的对象。

【执行方式】

命令行：OOPS 或 U

工具栏："标准工具栏"→"回退 "

快捷键：Ctrl+Z

【操作步骤】

在命令行窗口的提示行上输入 OOPS，按 Enter 键。

4.4.3 清除命令

此命令与删除命令的功能完全相同。

【执行方式】

菜单："修改"→"清除"

快捷键：Del

【操作步骤】

用菜单或快捷键输入上述命令后，系统提示：

选择对象：(选择要清除的对象,按 Enter 键执行清除命令)

4.5 改变几何特性类命令

这一类编辑命令在对指定对象进行编辑后，使编辑对象的几何特性发生改变。包括倒角、圆角、打断、剪切、延伸、拉长、拉伸等命令。

4.5.1 剪切命令

【执行方式】

命令行：TRIM

菜单："修改"→"修剪"

工具栏："修改"→"修剪"

【操作步骤】

命令：TRIM↙
当前设置：投影＝UCS，边＝无
选择剪切边…
选择对象或＜全部选择＞：(选择用作修剪边界的对象)
按 Enter 键，结束对象选择，系统提示：
选择要修剪的对象，或按住 Shift 键选择要延伸的对象，或［栏选(F)/窗交(C)/投影(P)/边(E)/删除(R)/放弃(U)］：

【选项说明】

1. 按 Shift 键

在选择对象时，如果按住 Shift 键，系统就自动将"修剪"命令转换成"延伸"命令，"延伸"命令将在下节介绍。

2. 边（E）

选择此选项时，可以选择对象的修剪方式：延伸和不延伸。

（1）延伸（E）：延伸边界进行修剪。在此方式下，如果剪切边没有与要修剪的对象相交，系统会延伸剪切边直至与要修剪的对象相交，然后再修剪，如图 4-60 所示。

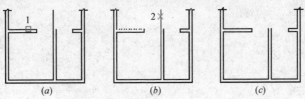

图 4-60　延伸方式修剪对象
(a) 选择剪切边；(b) 选择要修剪的对象；(c) 修剪后的结果

（2）不延伸（N）：不延伸边界修剪对象。只修剪与剪切边相交的对象。

3. 栏选（F）

选择此选项时，系统以栏选的方式选择被修剪对象，如图 4-61 所示。

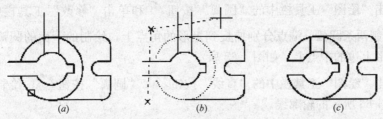

图 4-61　栏选选择修剪对象
(a) 选定剪切边；(b) 使用栏选选定的要修剪的对象；(c) 结果

4. 窗交（C）

选择此选项时，系统以窗交的方式选择被修剪对象，如图 4-62 所示。

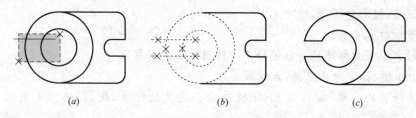

图 4-62 窗交选择被修剪对象

(*a*) 使用窗交选择选定的边；(*b*) 选定要修剪的对象；(*c*) 结果

被选择的对象可以互为边界和被修剪对象，此时系统会在选择的对象中自动判断边界。

4.5.2 实例——落地灯

绘制如图 4-63 所示的落地灯。

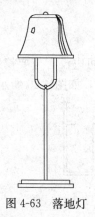

图 4-63 落地灯

> **实讲实训**
> **多媒体演示**
>
> 多媒体演示参见配套光盘中的\\视频\第4章\落地灯.avi。

（1）单击"绘图"工具栏中的"矩形"按钮 ，绘制轮廓线。单击"修改"工具栏中的"镜像"按钮 ，使轮廓线左右对称，如图 4-64 所示。

（2）单击"绘图"工具栏中的"圆弧"按钮 和单击"修改"工具栏中的"偏移"按钮 ，绘制两条圆弧，端点分别捕捉到矩形的角点上，绘制的下面的圆弧中间一点捕捉到中间矩形上边的中点上，如图 4-65 所示。

（3）单击"绘图"工具栏中的"直线"按钮 、"圆弧"按钮 ，绘制灯柱上的结合点，如图 4-66 所示的轮廓线。

（4）单击"修改"工具栏中的"修剪"按钮 ，修剪多余图线。命令行中的操作与提示如下：

4.5 改变几何特性类命令

图 4-64 绘制轮廓线

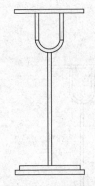

图 4-65 绘制圆弧

命令:_trim↙

当前设置:投影＝UCS,边＝延伸

选择修剪边…

选择对象或＜全部选择＞:(选择修剪边界对象)↙

选择对象:(选择修剪边界对象)↙

选择对象:↙

选择要修剪的对象,或按住〈Shift〉键选择要延伸的对象,或[投影(P)/边(E)/放弃(U)]:(选择修剪对象)↙

修剪结果如图 4-67 所示。

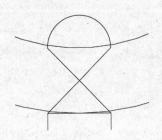

图 4-66 绘制灯柱上的结合点

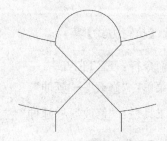

图 4-67 修剪图形

(5) 单击"绘图"工具栏中的"样条曲线"按钮 和单击"修改"工具栏中的"镜像"按钮 ,绘制灯罩轮廓线,如图 4-68 所示。

(6) 单击"绘图"工具栏中的"直线"按钮 ,补齐灯罩轮廓线,直线端点捕捉对应样条曲线端点,如图 4-69 所示。

(7) 单击"绘图"工具栏中的"圆弧"按钮 ,绘制灯罩顶端的突起,如图 4-70 所示。

(8) 单击"绘图"工具栏中的"样条曲线"按钮 ,绘制灯罩上的装饰线,最终结果如图 4-63 所示。

4.5.3 延伸命令

延伸对象是指延伸要延伸的对象直至另一个对象的边界线。如图 4-71 所示。

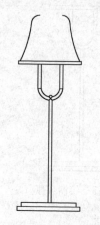 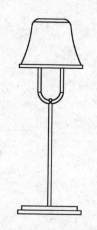 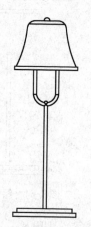

图 4-68 绘制灯罩轮廓线　　图 4-69 补齐灯罩轮廓线　　图 4-70 绘制灯罩顶端的突起

 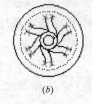 

(a) (b) (c)

图 4-71 延伸对象

(a) 选择边界；(b) 选择要延伸的对象；(c) 执行结果

【执行方式】

命令行：EXTEND

菜单："修改"→"延伸"

工具栏："修改"→"延伸"

【操作步骤】

命令：EXTEND↙

当前设置:投影＝UCS,边＝无

选择边界的边…

选择对象或＜全部选择＞:(选择边界对象)

此时可以通过选择对象来定义边界。若直接按 Enter 键，则选择所有对象作为可能的边界对象。

系统规定可以用作边界对象的对象有：直线段，射线，双向无限长线，圆弧，圆，椭圆，二维和三维多段线，样条曲线，文本，浮动的视口，区域。如果选择二维多段线作为边界对象，系统会忽略其宽度而把对象延伸至多段线的中心线上。

选择边界对象后，系统继续提示：

选择要延伸的对象，或按住 Shift 键选择要修剪的对象，或[栏选(F)/窗交(C)/投影(P)/边(E)/放弃(U)]：

【选项说明】

(1) 如果要延伸的对象是适配样条多段线,则延伸后会在多段线的控制框上增加新节点。如果要延伸的对象是锥形的多段线,系统会修正延伸端的宽度,使多段线从起始端平滑地延伸至新的终止端。如果延伸操作导致新终止端的宽度为负值,则取宽度值为 0。如图 4-72 所示。

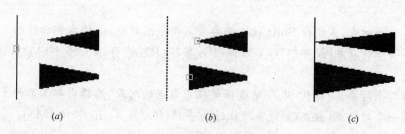

图 4-72 延伸对象

(a) 选择边界对象;(b) 选择要延伸的多段线;(c) 延伸后的结果

(2) 选择对象时,如果按住 Shift 键,系统就自动将"延伸"命令转换成"修剪"命令。

4.5.4 实例——沙发

绘制如图 4-73 所示的沙发。

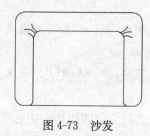

图 4-73 沙发

实讲实训
多媒体演示

多媒体演示参见配套光盘中的\\视频\第 4 章\落地灯.avi。

【绘制步骤】

(1) 单击"绘图"工具栏中的"矩形"按钮 和单击"修改"工具栏中的"圆角"按钮 ,绘制圆角为 10、第一角点坐标为 (20, 20)、长度和宽度分别为 140 和 100 的矩形作为沙发的外框。

(2) 单击"绘图"工具栏中的"直线"按钮 ,绘制坐标分别为 (40, 20)、(@0, 80)、(@100, 0)、(@0,-80) 的连续线段,绘制结果如图 4-74 所示。

(3) 单击"修改"工具栏中的"分解"按钮 ,(此命令将在 4.5.15 节中详细介绍)、"圆角"按钮 ,修改沙发轮廓,命令行中的操作与提示如下:

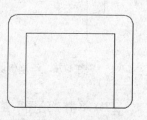

图 4-74 绘制初步轮廓

命令:_explode↙

选择对象:选择外面倒圆矩形

选择对象:

命令:_fillet

当前设置:模式=修剪,半径=6.0000

选择第一个对象或[放弃(U)/多段线(P)/半径(R)/修剪(T)/多个(M)]:选择内部四边形左边

选择第二个对象,或按住Shift键选择要应用角点的对象:选择内部四边形上边

选择第一个对象或[放弃(U)/多段线(P)/半径(R)/修剪(T)/多个(M)]:选择内部四边形右边

选择第二个对象,或按住Shift键选择要应用角点的对象:选择内部四边形上边

选择第一个对象或[放弃(U)/多段线(P)/半径(R)/修剪(T)/多个(M)]:

单击"修改"工具栏中的"圆角"按钮，选择内部四边形左边和外部矩形下边左端为对象,进行圆角处理,绘制结果如图4-75所示。

(4) 单击"修改"工具栏中的"延伸"按钮，命令行中的操作与提示如下:

命令:_extend↙

当前设置:投影=UCS,边=无

选择边界的边…

选择对象或<全部选择>:选择如图4-87所示的右下角圆弧

选择对象:

选择要延伸的对象,或按住Shift键选择要修剪的对象,或[栏选(F)/窗交(C)/投影(P)/边(E)/放弃(U)]:选择如图4-87所示的左端短水平线

选择要延伸的对象,或按住Shift键选择要修剪的对象,或[栏选(F)/窗交(C)/投影(P)/边(E)/放弃(U)]:

(5) 单击"修改"工具栏中的"圆角"按钮，选择内部四边形右边和外部矩形下边为倒圆角对象,进行圆角处理。

(6) 单击"修改"工具栏中的"修剪"按钮，以刚倒出的圆角圆弧为边界,对内部四边形右边下端进行修剪,绘制结果如图4-76所示。

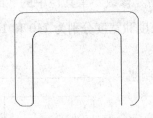

图4-75 绘制倒圆

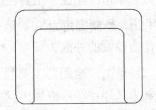

图4-76 完成倒圆角

(7) 单击"绘图"工具栏中的"圆弧"按钮，绘制沙发皱纹。在沙发拐角位置绘制六条圆弧,最终绘制结果如图4-73所示。

4.5.5 拉伸命令

拉伸对象是指拖拉选择的对象，且形状发生改变后的对象。拉伸对象时，应指定拉伸的基点和移置点。利用一些辅助工具如捕捉、钳夹功能及相对坐标等可以提高拉伸的精度。如图 4-77 所示。

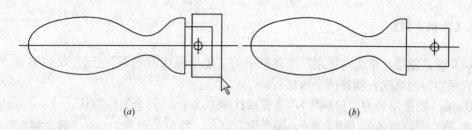

图 4-77 拉伸
（a）选取对象；（b）拉伸后

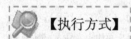

命令行：STRETCH

菜单："修改"→"拉伸"

工具栏："修改"→"拉伸"

命令：STRETCH↙

以交叉窗口或交叉多边形选择要拉伸的对象…

选择对象：C↙

指定第一个角点：指定对角点：找到 2 个（采用交叉窗口的方式选择要拉伸的对象）

指定基点或[位移(D)]<位移>：（指定拉伸的基点）

指定第二个点或<使用第一个点作为位移>：（指定拉伸的移至点）

此时，若指定第二个点，系统将根据这两点决定的矢量拉伸对象。若直接按 Enter 键，系统会把第一个点作为 X 轴和 Y 轴的分量值。

STRETCH 仅移动位于交叉选择内的顶点和端点，不更改那些位于交叉选择外的顶点和端点。部分包含在交叉选择窗口内的对象将被拉伸。如图 4-77 所示。

⚠ 注意

用交叉窗口选择拉伸对象时，落在交叉窗口内的端点被拉伸，落在外部的端点保持不动。

4.5.6 实例——门把手

绘制如图 4-78 所示的门把手。

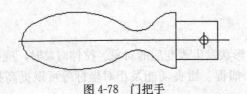

图 4-78 门把手

实讲实训
多媒体演示

多媒体演示参见配套光盘中的\\视频\第 4 章\门把手.avi。

(1) 设置图层。单击"图层"工具栏中的"图层特性管理器"按钮 ，打开"图层特性管理器"对话框，新建两个图层：

① 第一图层命名为"轮廓线"，线宽属性为 0.3mm，其余属性默认。

② 第二图层命名为"中心线"，颜色设为红色，线型加载为 center，其余属性默认。

(2) 将"轮廓线"图层置为当前图层。单击"绘图"工具栏中的"直线"按钮 ，绘制两点坐标分别为 (150, 150), (@120, 0) 的直线。结果如图 4-79 所示。

(3) 单击"绘图"工具栏中的"圆"按钮 ，绘制圆心坐标为 (160, 150)，半径为 10 的圆。重复"圆"命令，以 (235, 150) 为圆心，绘制半径为 15 的圆。再绘制半径为 50 的圆与前两个圆相切，结果如图 4-80 所示。

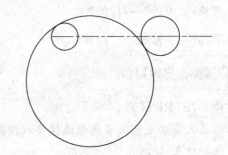

图 4-79 绘制直线　　　　　　　　图 4-80 绘制圆

(4) 单击"绘图"工具栏中的"直线"按钮 ，绘制坐标为 (250, 150), (@10<90), (@15<180) 的两条直线。重复"直线"命令，绘制坐标为 (235, 165), (235, 150) 的直线，结果如图 4-81 所示。

(5) 单击"修改"工具栏中的"修剪"按钮 ，进行修剪处理，结果如图 4-82 所示。

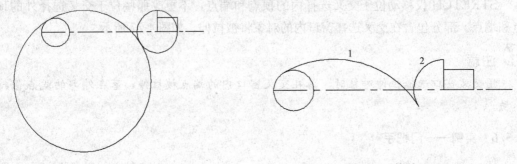

图 4-81 绘制直线　　　　　　　　图 4-82 修剪处理

(6) 绘制圆。单击"绘图"工具栏中的"圆"按钮⊙，绘制与圆弧1和圆弧2相切的圆，半径为12，结果如图4-83所示。

(7) 修剪处理。单击"修改"工具栏中的"修剪"按钮 ⊬，将多余的圆弧进行修剪，结果如图4-84所示。

图4-83 绘制圆　　　　　　　　　图4-84 修剪处理

(8) 单击"修改"工具栏中的"镜像"按钮⚠，对图形进行镜像处理，镜像线的两点坐标分别为（150，150），（250，150）。结果如图4-85所示。

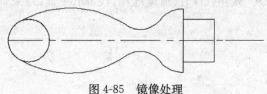

图4-85 镜像处理

(9) 单击"修改"工具栏中的"修剪"按钮 ⊬，进行修剪处理，结果如图4-86所示。

(10) 将"中心线"层设置为当前层。单击"绘图"工具栏中的"直线"按钮 ⁄，在把手接头处中间位置绘制适当长度的竖直线段，作为销孔定位中心线，如图4-87所示。

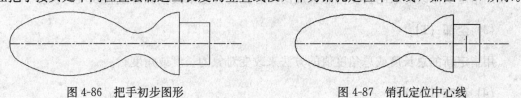

图4-86 把手初步图形　　　　　　图4-87 销孔定位中心线

(11) 将"轮廓线"图层置为当前图层。单击"绘图"工具栏中的"圆"按钮⊙，以中心线交点为圆心绘制适当半径的圆，作为销孔，如图4-88所示。

(12) 单击"修改"工具栏中的"延伸"按钮 ⊣，拉伸接头长度，结果如图4-89所示。

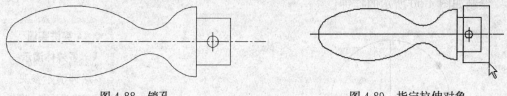

图4-88 销孔　　　　　　　　　　图4-89 指定拉伸对象

4.5.7 拉长命令

命令行：LENGTHEN

菜单:"修改"→"拉长"

【操作步骤】

命令:LENGTHEN↙

选择对象或[增量(DE)/百分数(P)/全部(T)/动态(DY)]:(选定对象)

当前长度:30.5001(给出选定对象的长度,如果选择圆弧则还将给出圆弧的包含角)

选择对象或[增量(DE)/百分数(P)/全部(T)/动态(DY)]:DE↙(选择拉长或缩短的方式。如选择"增量(DE)"方式)

输入长度增量或[角度(A)]<0.0000>:10↙(输入长度增量数值。如果选择圆弧段,则可输入选项"A"给定角度增量)

选择要修改的对象或[放弃(U)]:(选定要修改的对象,进行拉长操作)

选择要修改的对象或[放弃(U)]:(继续选择,按 Enter 键,结束命令)

【选项说明】

(1) 增量(DE)

用指定增加量的方法来改变对象的长度或角度。

(2) 百分数(P)

用指定要修改对象的长度占总长度的百分比的方法来改变圆弧或直线段的长度。

(3) 全部(T)

用指定新的总长度或总角度值的方法来改变对象的长度或角度。

(4) 动态(DY)

在这种模式下,可以使用拖拉鼠标的方法来动态地改变对象的长度或角度。

4.5.8 实例——挂钟

绘制如图 4-90 所示的挂钟。

图 4-90 挂钟图形

实讲实训
多媒体演示

多媒体演示参见配套光盘中的\\视频\第 4 章\挂钟.avi。

4.5 改变几何特性类命令

【绘制步骤】

（1）单击"绘图"工具栏中的"圆"按钮，以（100，100）为圆心，绘制半径为20的圆形作为挂钟的外轮廓线，如图4-91所示。

（2）单击"绘图"工具栏中的"直线"按钮，绘制坐标为（100，100），（100，120）；（100，100），（80，100）；（100，100），（105，94）的3条直线作为挂钟的指针，如图4-92所示。

图4-91　绘制圆形

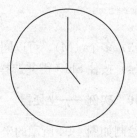
图4-92　绘制指针

（3）选择菜单栏中的"修改"→"拉长"命令，将秒针拉长至圆的边，绘制挂钟完成，如图4-90所示。

4.5.9　圆角命令

圆角是指用指定的半径决定的一段平滑的圆弧连接两个对象。系统规定可以圆角连接一对直线段、非圆弧的多段线段、样条曲线、双向无限长线、射线、圆、圆弧和椭圆。可以在任何时刻圆角连接非圆弧多段线的每个节点。

【执行方式】

命令行：FILLET

菜单："修改"→"圆角"

工具栏："修改"→"圆角"

【操作步骤】

命令：FILLET✓
当前设置：模式＝修剪，半径＝0.0000
选择第一个对象或[放弃(U)/多段线(P)/半径(R)/修剪(T)/多个(M)]：(选择第一个对象或别的选项)
选择第二个对象，或按住Shift键选择要应用角点的对象：(选择第二个对象)

【选项说明】

（1）多段线（P）。在一条二维多段线的两段直线段的节点处插入圆滑的弧。选择多段线后，系统会根据指定的圆弧的半径把多段线各顶点用圆滑的弧连接起来。

（2）修剪（T）。决定在圆角连接两条边时，是否修剪这两条边。如图 4-93 所示。

图 4-93　圆角连接
(a) 修剪方式；(b) 不修剪方式

（3）多个（M）。可以同时对多个对象进行圆角编辑，而不必重新启用命令。

（4）按住 Shift 键并选择两条直线，可以快速创建零距离倒角或零半径圆角。

4.5.10　实例——坐便器

绘制如图 4-94 所示的坐便器。

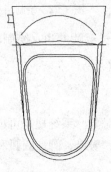

图 4-94　坐便器

> **实讲实训**
> **多媒体演示**
>
> 多媒体演示参见配套光盘中的\\视频\第 4 章\坐便器.avi。

【绘制步骤】

（1）将 AutoCAD 中的捕捉工具栏激活，如第 3 章图 3-3 所示，留待在绘图过程中使用。

（2）单击"绘图"工具栏中的"直线"按钮，在图中绘制一条长度为 50 的水平直线，重复"直线"命令，单击"对象捕捉"工具栏中的"捕捉到中点"按钮，单击水平直线的中点，此时水平直线的中点会出现一个黄色的小三角提示即为中点。绘制一条垂直的直线，并移动到合适的位置，作为绘图的辅助线，如图 4-95 所示。

（3）单击"绘图"工具栏中的"直线"按钮，单击水平直线的左端点，输入坐标点（@6，-60）绘制直线，如图 4-96 所示。

（4）单击"修改"工具栏中的"镜像"按钮，以垂直直线的两个端点为镜像点，将刚刚绘制的斜向直线镜像到另外一侧，如图 4-97 所示。

（5）单击"绘图"工具栏中的"圆弧"按钮，以斜线下端的端点为起点，如图 4-98 所示，以垂直辅助线上的一点为第二点，以右侧斜线的端点为端点，绘制弧线，如图 4-99 所示。

(6) 在图中选择水平直线，单击"修改"工具栏中的"复制"按钮，选择其与垂直直线的交点为基点，然后输入坐标点（@0，-20），重复"复制"命令，复制水平直线，输入坐标点（@0，-25），如图4-100所示。

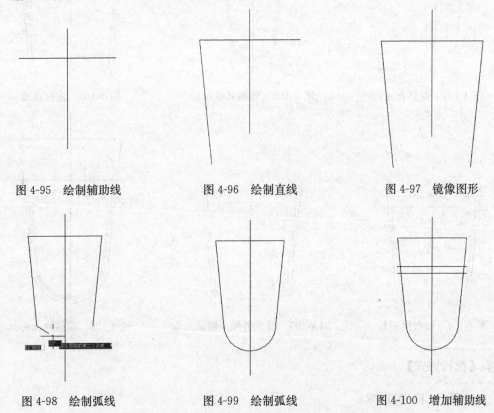

图 4-95　绘制辅助线　　　　图 4-96　绘制直线　　　　图 4-97　镜像图形

图 4-98　绘制弧线　　　　图 4-99　绘制弧线　　　　图 4-100　增加辅助线

(7) 单击"修改"工具栏中的"偏移"按钮，将右侧斜向直线向左偏移2，如图4-101所示。重复"偏移"命令，将圆弧和左侧直线复制到内侧，如图4-102所示。

(8) 单击"绘图"工具栏中的"直线"按钮，将中间的水平线与内侧斜线的交点和外侧斜线的下端点连接起来，如图4-103所示。

(9) 单击"修改"工具栏中的"圆角"按钮，指定倒角半径为10，依次选择最下面的水平线，和半部分内侧的斜向直线，将其交点设置为倒圆角，如图4-104所示。依照此方法，将右侧的交点也设置为倒圆角，直径也是10，如图4-105所示。

(10) 单击"修改"工具栏中的"偏移"按钮，将椭圆部分偏移向内侧偏移1，如图4-106所示。

在上侧添加弧线和斜向直线，再在左侧添加冲水按钮，即完成了坐便器的绘制，最终如图4-94所示。

4.5.11　倒角命令

倒角是指用斜线连接两个不平行的线型对象。可以用斜线连接直线段、双向无限长线、射线和多段线。

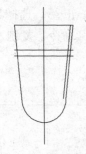 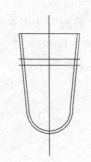 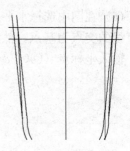

图 4-101　偏移直线　　　　图 4-102　偏移其他图形　　　　图 4-103　连接直线

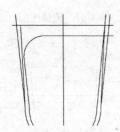 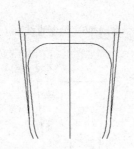 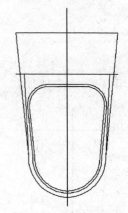

图 4-104　设置倒圆角　　图 4-105　设置另外一侧倒圆角　　图 4-106　偏移内侧椭圆

【执行方式】

命令行：CHAMFER

菜单："修改"→"倒角"

工具栏："修改"→"倒角"

【操作步骤】

命令：CHAMFER✓

（"不修剪"模式）当前倒角距离 1=0.0000,距离 2=0.0000

选择第一条直线或[放弃(U)/多段线(P)/距离(D)/角度(A)/修剪(T)/方式(E)/多个(M)]:（选择第一条直线或别的选项）

选择第二条直线,或按住 Shift 键选择要应用角点的直线:（选择第二条直线）

【选项说明】

1. 距离（D）

选择倒角的两个斜线距离。斜线距离是指从被连接的对象与斜线的交点到被连接的两对象的可能的交点之间的距离。如图 4-107（a）所示。这两个斜线距离可以相同也可以不相同,若两者均为 0,则系统不绘制连接的斜线,而是把两个对象延伸至相交,并修剪超出的部分。

2. 角度（A）

选择第一条直线的斜线距离和角度。采用这种方法斜线连接对象时，需要输入两个参数：斜线与一个对象的斜线距离和斜线与该对象的夹角。如图 4-107（b）所示。

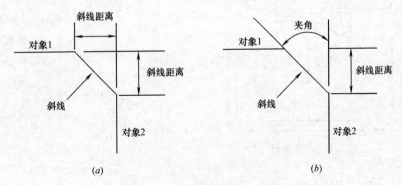

图 4-107　斜线距离与夹角

3. 多段线（P）

对多段线的各个交叉点进行倒角编辑。为了得到最好的连接效果，一般设置斜线是相等的值。系统根据指定的斜线距离把多段线的每个交叉点都作斜线连接，连接的斜线成为多段线新添加的构成部分。如图 4-108 所示：

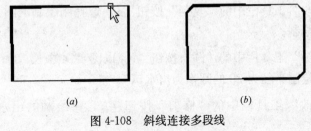

图 4-108　斜线连接多段线
(a) 选择多段线；(b) 倒角结果

4. 修剪（T）

与圆角连接命令 FILLET 相同，该选项决定连接对象后，是否剪切原对象。

5. 方式（M）

决定采用"距离"方式还是"角度"方式来倒角。

6. 多个（U）

同时对多个对象进行倒角编辑。

注意

有时用户在执行圆角和倒角命令时，发现命令不执行或执行后没什么变化，那是因为系统默认圆角半径和斜线距离均为0，如果不事先设定圆角半径或斜线距离，系统就以默认值执行命令，所以看起来好像没有执行命令。

4.5.12 实例——洗菜盆

绘制如图4-109所示的洗菜盆。

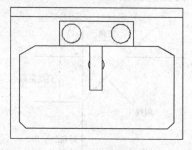

图 4-109 洗菜盆

实讲实训
多媒体演示

多媒体演示参见配套光盘中的\\视频\第4章\洗菜盆.avi。

【绘制步骤】

（1）单击"绘图"工具栏中的"直线"按钮 ，可以绘制出初步轮廓，大约尺寸如图4-110所示。

（2）单击"绘图"工具栏中的"圆"按钮 ，以图4-74中长240、宽80的矩形大约左中位置处为圆心，绘制半径为35的圆。

（3）单击"修改"工具栏中的"复制"按钮 ，选择刚绘制的圆，复制到右边合适的位置，完成旋钮绘制。

（4）单击"绘图"工具栏中的"圆"按钮 ，以图4-74中长139、宽40的矩形大约正中位置为圆心，绘制半径为25的圆作为出水口。

（5）单击"修改"工具栏中的"修剪"按钮 ，将绘制的出水口圆修剪成如图4-111所示。

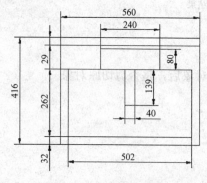

图 4-110 初步轮廓图

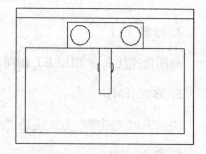

图 4-111 绘制水龙头和出水口

（6）单击"修改"工具栏中的"倒角"按钮 ，绘制水盆四角。命令行中的操作与提示如下：

命令:CHAMFER↙

("修剪"模式)当前倒角距离 1＝0.0000,距离 2＝0.0000

选择第一条直线或[放弃(U)/多段线(P)/距离(D)/角度(A)/修剪(T)/方式(E)/多个(M)]:D↙

指定第一个倒角距离＜0.0000＞:50↙

指定第二个倒角距离＜50.0000＞:30↙

选择第一条直线或[多段线(P)/距离(D)/角度(A)/修剪(T)/方式(M)/多个(U)]:U↙

选择第一条直线或[放弃(U)/多段线(P)/距离(D)/角度(A)/修剪(T)/方式(E)/多个(M)]:(选择左上角横线段)

选择第二条直线,或按住 Shift 键选择要应用角点的直线:(选择右上角竖线段)

选择第一条直线或[放弃(U)/多段线(P)/距离(D)/角度(A)/修剪(T)/方式(E)/多个(M)]:(选择左上角横线段)

选择第二条直线,或按住 Shift 键选择要应用角点的直线:(选择右上角竖线段)

命令:CHAMFER↙

("修剪"模式)当前倒角距离 1＝50.0000,距离 2＝30.0000

选择第一条直线或[放弃(U)/多段线(P)/距离(D)/角度(A)/修剪(T)/方式(E)/多个(M)]:A↙

指定第一条直线的倒角长度＜20.0000＞:

指定第一条直线的倒角角度＜0＞:45↙

选择第一条直线或[放弃(U)/多段线(P)/距离(D)/角度(A)/修剪(T)/方式(E)/多个(M)]:U↙

选择第一条直线或[放弃(U)/多段线(P)/距离(D)/角度(A)/修剪(T)/方式(E)/多个(M)]:(选择左下角横线段)

选择第二条直线,或按住 Shift 键选择要应用角点的直线:(选择左下角竖线段)

选择第一条直线或[放弃(U)/多段线(P)/距离(D)/角度(A)/修剪(T)/方式(E)/多个(M)]:(选择右下角横线段)

选择第二条直线,或按住 Shift 键选择要应用角点的直线:(选择右下角竖线段)

洗菜盆绘制结果如图 4-109 所示。

4.5.13 打断命令

【执行方式】

命令行：BREAK

菜单："修改"→"打断"

工具栏："修改"→"打断"

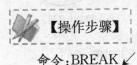【操作步骤】

命令:BREAK↙

选择对象:(选择要打断的对象)
指定第二个打断点或[第一点(F)]:(指定第二个断开点或键入 F)

【选项说明】

如果选择"第一点(F)"选项,系统将丢弃前面的第一个选择点,重新提示用户指定两个打断点。

4.5.14 打断于点

打断于点是指在对象上指定一点,从而把对象在此点拆分成两部分。此命令与打断命令类似。

【执行方式】

工具栏:"修改"→"打断于点"

【操作步骤】

执行上述命令后,命令行提示:
选择对象:(选择要打断的对象)
指定第二个打断点或[第一点(F)]:_f(系统自动执行"第一点(F)"选项)
指定第一个打断点:(选择打断点)
指定第二个打断点:@(系统自动忽略此提示)

4.5.15 分解命令

【执行方式】

命令行:EXPLODE
菜单:"修改"→"分解"
工具栏:"修改"→"分解"

【操作步骤】

命令:EXPLODE✓
选择对象:(选择要分解的对象)
选择一个对象后,该对象会被分解。系统继续提示该行信息,允许分解多个对象。

4.5.16 合并命令

可以将直线、圆弧、椭圆弧和样条曲线等独立的对象合并为一个对象。如图 4-112 所示。

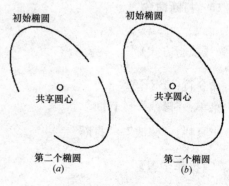

图 4-112 合并对象

【执行方式】

命令行：JOIN
菜单："修改"→"合并"
工具栏："修改"→"合并"

【操作步骤】

命令:JOIN✓
选择源对象:(选择一个对象)
选择要合并到源的直线:(选择另一个对象)
找到1个
选择要合并到源的直线:✓
已将1条直线合并到源

4.6 对象编辑

在对图形进行编辑时，还可以对图形对象本身的某些特性进行编辑，从而方便地进行图形绘制。

4.6.1 钳夹功能

利用钳夹功能可以快速方便地编辑对象。AutoCAD在图形对象上定义了一些特殊点，称为夹点，利用夹点可以灵活地控制对象，如图4-113所示。

要使用钳夹功能编辑对象，必须先打开钳夹功能，打开方法是：单击"工具"→"选项"→"选择"命令。

在"选项"对话框的"选择集"选项卡中，打开"启用夹点"复选框。在该选项卡中，还可以设置代表夹点的小方格的尺寸和颜色。

也可以通过GRIPS系统变量来控制是否打开钳夹功能，1代表打开，0代表关闭。

打开了钳夹功能后，应该在编辑对象之前先选择对象。夹点表示了对象的控制位置。

使用夹点编辑对象，要选择一个夹点作为基点，称为基准夹点。然后，选择一种编辑操作：镜像、移动、旋转、拉伸和缩放。可以用空格键、Enter键或键盘上的快捷键循环选择这些功能。

下面仅就其中的拉伸对象操作为例进行讲述，其他操作类似。

在图形上拾取一个夹点，该夹点改变颜色，此点为夹点编辑的基准夹点。这时系统提示：

拉伸

指定拉伸点或[基点(B)/复制(C)/放弃(U)/退出(X)]：

在上述拉伸编辑提示下，输入"镜像"命令或右击，在右键快捷菜单中选择"镜像"命令，如图4-114所示。

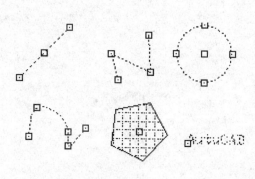

图 4-113 夹点　　　　　　　　　　图 4-114 右键快捷菜单

系统就会转换为"镜像"操作，其他操作类似。

4.6.2 修改对象属性

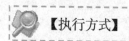【执行方式】

命令行：DDMODIFY 或 PROPERTIES
菜单："修改"→"特性或工具"→"选项板"→"特性"
工具栏："标准"→"特性"

【操作步骤】

命令：DDMODIFY ↙

执行上述命令后，打开"特性"工具板，如图 4-115 所示。利用它可以方便地设置或修改对象的各种属性。

不同的对象属性种类和值不同，修改属性值，对象改变为新的属性。

4.6.3 特性匹配

利用特性匹配功能可以将目标对象的属性与源对象的属性进行匹配，使目标对象的属性与源对象属性相同。利用特性匹配功能可以方便快捷地修改对象属性，并保持不同对象的属性相同。

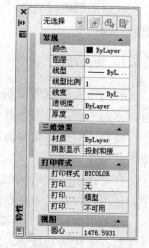

图 4-115 "特性"工具板

【执行方式】

命令行：MATCHPROP
菜单："修改"→"特性匹配"

【操作步骤】

命令：MATCHPROP ↙

选择源对象:(选择源对象)

选择目标对象或[设置(S)]:(选择目标对象)

图 4-116（a）所示为两个属性不同的对象,以左边的圆为源对象,对右边的矩形进行特性匹配,结果如图 4-116（b）所示。

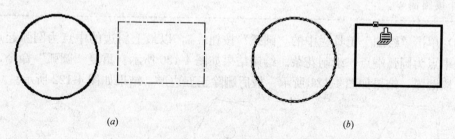

图 4-116　特性匹配

（a）原图；（b）结果

4.6.4　实例——花朵

绘制如图 4-117 所示的花朵。

图 4-117　花朵图案

实讲实训
多媒体演示

多媒体演示参见配套光盘中的\\视频\第 4 章\花朵.avi。

【绘制步骤】

(1) 单击"绘图"工具栏中的"圆"按钮 ⊙,绘制花蕊。

(2) 单击"绘图"工具栏中的"正多边形"按钮 ⬠,绘制图 4-118 中的圆心为正多边形的中心点内接于圆的正五边形,结果如图 4-119 所示。

图 4-118　捕捉圆心

图 4-119　绘制正五边形

第4章 编辑命令

> **说明**
>
> 一定要先绘制中心的圆,因为正五边形的外接圆与此圆同心,必须通过捕捉获得正五边形的外接圆圆心位置。如果反过来,先画正五边形,再画圆,会发现无法捕捉正五边形外接圆圆心。

(3)单击"绘图"工具栏中的"圆弧"按钮 ,以最上斜边的中点为圆弧起点,左上斜边中点为圆弧端点,绘制花朵。绘制结果如图 4-120 所示。重复"圆弧"命令,绘制另外 4 段圆弧,结果如图 4-121 所示。最后删除正五边形,结果如图 4-122 所示。

图 4-120　绘制一段圆弧　　　图 4-121　绘制所有圆弧　　　图 4-122　绘制花朵

(4)单击"绘图"工具栏中的"多段线"按钮 ,绘制枝叶。花枝的宽度为 4;叶子的起点半宽为 12,端点半宽为 3。同样方法绘制另两片叶子,结果如图 4-123 所示。

(5)选择枝叶,枝叶上显示夹点标志,在一个夹点上单击鼠标右键,打开右键快捷菜单,选择其中的"特性"选项,如图 4-124 所示。系统打开"特性"选项板,在"颜色"下拉列表框中选择"绿色",如图 4-125 所示。

　　　　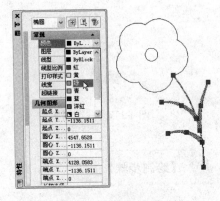

图 4-123　绘制出花朵图案　　　图 4-124　右键快捷菜单　　　图 4-125　修改枝叶颜色

(6)采用同样方法修改花朵颜色为红色,花蕊颜色为洋红色,最终结果如图 4-117 所示。

4.7　综合实例

4.7.1　实例——办公座椅

绘制如图 4-126 所示的办公座椅的主视图。

4.7 综合实例

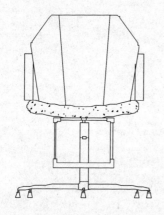

实讲实训 多媒体演示
多媒体演示参见配套光盘中的\\视频\第4章\办公座椅.avi。

图 4-126 办公座椅

【绘制步骤】

(1) 新建两个图层：
① "1" 图层，颜色为红色，其余属性默认；
② "2" 图层，颜色为蓝色，其余属性默认。

(2) 单击"视图"工具栏"实时缩放"按钮，将图形界面缩放至适当大小。

(3) 单击"绘图"工具栏中的"圆弧"按钮，绘制圆弧，命令行中的操作与提示如下：

命令：_arc 指定圆弧的起点或[圆心(C)]：8,25.6↙
指定圆弧的第二个点或[圆心(C)/端点(E)]：170,44.6↙
指定圆弧的端点：323,38.4↙

重复"圆弧"命令，绘制另外 4 段圆弧，三点坐标分别为：{(8，25.6)，(10.7，42.8)，(15.2，48.5)}、{(15.2，48.5)，(159.2，64.7)，(303.5，64.4)}、{(303.5，64.6)，(305.4，52.7)，(305.4，40,)}、{(303.5，64.6)，(308，70.4)，(310，77.7)}。

绘制结果如图 4-127 所示。

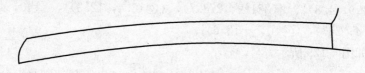

图 4-127 绘制圆弧

(4) 单击"绘图"工具栏中的"直线"按钮，绘制直线，命令行中的操作与提示如下：
命令：_line 指定第一点：329,77.7↙
指定下一点或[放弃(U)]：@—19.7,0↙
指定下一点或[放弃(U)]：↙
命令：_line 指定第一点：329.7,146.1↙

指定下一点或[放弃(U)]:@-147.1,0↙
指定下一点或[放弃(U)]:@0,37.2↙
指定下一点或[闭合(C)/放弃(U)]:@18.3,0↙
指定下一点或[闭合(C)/放弃(U)]:@0,-17.2↙
指定下一点或[闭合(C)/放弃(U)]:@128.8,0↙
指定下一点或[闭合(C)/放弃(U)]:↙
命令:_line 指定第一点:310,77.7↙
指定下一点或[放弃(U)]:@0,68.4↙
指定下一点或[放弃(U)]:↙
命令:_line 指定第一点:329.7,368↙
指定下一点或[放弃(U)]:@-113.4,0↙
指定下一点或[放弃(U)]:↙
命令:_line 指定第一点:214.5,377.4↙
指定下一点或[放弃(U)]:@0,-14.7↙
指定下一点或[放弃(U)]:@-16.4,0↙
指定下一点或[闭合(C)/放弃(U)]:@0,-8↙
指定下一点或[闭合(C)/放弃(U)]:@-17.8,0↙
指定下一点或[闭合(C)/放弃(U)]:@0,22.7↙
指定下一点或[闭合(C)/放弃(U)]:@149.6,0↙
指定下一点或[闭合(C)/放弃(U)]:↙

绘制结果如图 4-128 所示。

(5) 将"2"图层置为当前图层,单击"绘图"工具栏中的"矩形"按钮□,绘制矩形,命令行中的操作与提示如下:

命令:_rectang↙
指定第一个角点或[倒角(C)/标高(E)/圆角(F)/厚度(T)/宽度(W)]:318.6,367.5↙
指定另一个角点或[面积(A)/尺寸(D)/旋转(R)]:@21.9,9.9↙

同样的方法,运用矩形命令 RECTANG 绘制另外 6 个矩形,端点坐标分别为:{(310,166.1),(@40,187.2)}、{(185.3,183.3),(@8.6,171.3)}、{(310,282.4),(@11.9,4.8)}、{(321.9,278.7),(@16.4,12.3)}、{(40,463),(@40,218)}、{(324.4,367),(@10,-13.6)}。

绘制结果如图 4-129 所示。

(6) 将"1"图层置为当前图层,单击"绘图"工具栏中的"圆弧"按钮,绘制圆弧,命令行中的操作与提示如下:

命令:_arc 指定圆弧的起点或[圆心(C)]:327.7,377.4↙
指定圆弧的第二个点或[圆心(C)/端点(E)]:179.9,387.1↙
指定圆弧的端点:63.1,412↙
命令:↙
ARC 指定圆弧的起点或[圆心(C)]:63.1,412↙

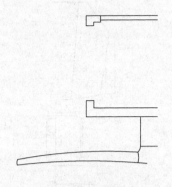
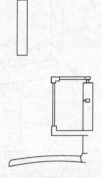

图 4-128　绘制直线　　　　　　　　　　图 4-129　绘制矩形

指定圆弧的第二个点或[圆心(C)/端点(E)]:53,440.7↙
指定圆弧的端点:69.3,462.4↙
命令:↙
ARC 指定圆弧的起点或[圆心(C)]:69.3,462.4↙
指定圆弧的第二个点或[圆心(C)/端点(E)]:195.6,433↙
指定圆弧的端点:326,427↙
绘制结果如图 4-130 所示。

(7) 单击"绘图"工具栏中的"直线"按钮，绘制直线，命令行中的操作与提示如下：
命令:_line 指定第一点:106,455↙
指定下一点或[放弃(U)]:66.6,727↙
指定下一点或[放弃(U)]:@101.6,137.5↙
指定下一点或[闭合(C)/放弃(U)]:@16.3,0↙
指定下一点或[闭合(C)/放弃(U)]:↙

单击"绘图"工具栏中的"直线"按钮，命令行中的操作与提示如下：
命令:_line 指定第一点:184,864↙
指定下一点或[放弃(U)]:237,428↙
指定下一点或[放弃(U)]:↙
绘制结果如图 4-131 所示。

(8) 将"2"图层置为当前图层，单击"绘图"工具栏中的"直线"按钮，绘制轮子，命令行中的操作与提示如下：
命令:_line 指定第一点:0,3.5↙
指定下一点或[放弃(U)]:@7.2,19.7↙
指定下一点或[放弃(U)]:@9.3,0↙
指定下一点或[闭合(C)/放弃(U)]:@7.2,-19.7↙
指定下一点或[闭合(C)/放弃(U)]:
命令:_line 指定第一点:6,20↙
指定下一点或[放弃(U)]:@11.8,0↙
指定下一点或[闭合(C)/放弃(U)]:

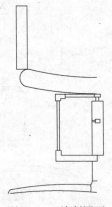

图 4-130 绘制圆弧

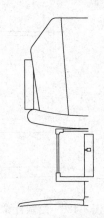

图 4-131 绘制直线

单击"绘图"工具栏中的"矩形"按钮，绘制矩形，命令行中的操作与提示如下：

命令：_rectang↙

指定第一个角点或[倒角(C)/标高(E)/圆角(F)/厚度(T)/宽度(W)]：0,0↙

指定另一个角点或[面积(A)/尺寸(D)/旋转(R)]：@23.7,3.5↙

命令：↙

RECTANG 指定第一个角点或[倒角(C)/标高(E)/圆角(F)/厚度(T)/宽度(W)]：9.4,23↙

指定另一个角点或[面积(A)/尺寸(D)/旋转(R)]：@14,26↙

绘制结果如图 4-132 所示。单击"修改"工具栏中的"复制"按钮，将轮子进行复制，效果如图 4-133 所示。

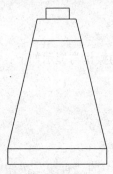

图 4-132 绘制轮子

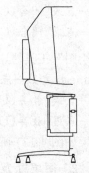

图 4-133 复制轮子

(9) 单击"修改"工具栏中的"镜像"按钮，对图形进行镜像处理，命令行中的操作与提示如下：

命令：_mirror↙

选择对象：all↙

找到 147 个

选择对象：↙

指定镜像线的第一点：329.7,0↙

指定镜像线的第二点：329.7,10↙

是否删除源对象？[是(Y)/否(N)]<N>:↙

绘制结果如图 4-134 所示。

(10) 单击"绘图"工具栏中的"图案填充"按钮 ▨，打开如第 2 章图 2-51 所示的对话框。

单击图 2-51 中"样例"后面的按钮，打开对话框如图 4-135 所示。选择"其他预定义"选项卡中的 SWAMP 图案，单击"确定"按钮。

选择填充区域，单击图 2-51 中所示的"拾取点"按钮 ✚，拾取如图 4-126 所示坐垫区域中的点。填充比例设为 50，角度为 0。填充后如图 4-126 所示。

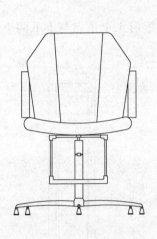

图 4-134　镜像处理

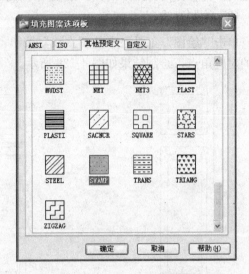

图 4-135　各种图案的选择

注意

图 4-135 是填充图案的选择，如果在该材质库中没有找到自己所需要的材质，可以自行设计一些图案，限于篇幅，本书就不涉及了。

如果对一个已经填充好的区域进行修改，双击该填充区域即可，或者单击【修改】/【对象】/【图案填充】，然后选择待修改区域，或者单击修改工具栏命令图标 ▨ 。

4.7.2　实例——石栏杆

本实例绘制的石栏杆，如图 4-136 所示。

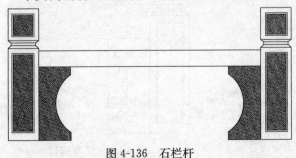

图 4-136　石栏杆

实讲实训
多媒体演示

多媒体演示参见配套光盘中的\\视频\第 4 章\石栏杆.avi。

【绘制步骤】

（1）绘制矩形

单击"绘图"工具栏中的"矩形"按钮 ▢，绘制适当尺寸的 5 个矩形，注意上下两个嵌套的矩形的宽度大约相等，如图 4-137 所示。

（2）偏移处理

单击"修改"工具栏中的"偏移"按钮 ⎕，选择嵌套在内的两个矩形，适当设置偏移距离，偏移方向为矩形内侧。绘制结果如图 4-138 所示。

（3）绘制直线

单击"绘图"工具栏中的"直线"按钮 ╱，连接中间小矩形 4 个角点与上下两个矩形的对应角点，绘制结果如图 4-139 所示。

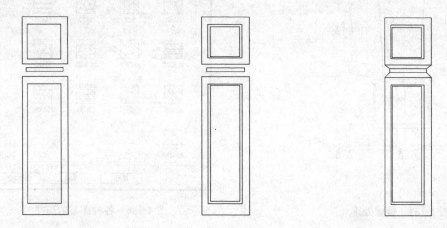

图 4-137　绘制矩形　　　　图 4-138　偏移处理　　　　图 4-139　绘制直线

（4）绘制直线

单击"绘图"工具栏中的"直线"按钮 ╱，绘制三条直线，如图 4-140 所示。

（5）绘制圆弧

单击"绘图"工具栏中的"圆弧"按钮 ╱，绘制适当大小圆弧，绘制结果如图4-141所示。

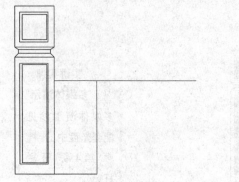 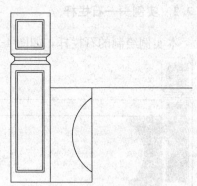

图 4-140　绘制直线　　　　　　　　　　图 4-141　绘制圆弧

(6) 复制直线

单击"修改"工具栏中的"复制"按钮，将右上水平直线向上适当距离复制，结果如图 4-142 所示。

(7) 修剪直线

单击"修改"工具栏中的"修剪"按钮，将圆弧右边直线段修剪掉，结果如图 4-143 所示。

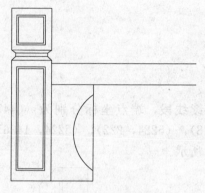

图 4-142 复制直线

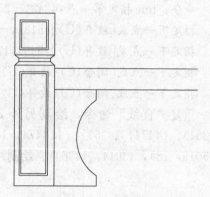

图 4-143 修剪直线

(8) 图案填充

单击"绘图"工具栏中的"图案填充"按钮，选择填充材料为 AR-SAND。填充比例为 5，将图 4-144 所示区域填充。

(9) 镜像处理

单击"修改"工具栏中的"镜像"按钮，以最右端两直线的端点连线的直线为轴，对所有图形进行镜像处理，绘制结果如图 4-136 所示。

4.7.3 实例——吧台

绘制如图 4-145 所示的吧台。

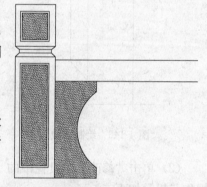

图 4-144 图案填充

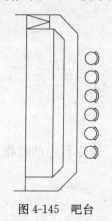

图 4-145 吧台

> 实讲实训
> 多媒体演示
>
> 多媒体演示参见配套光盘中的\\视频\第 4 章\吧台.avi。

【绘制步骤】

1. 绘制吧台

(1) 单击"绘图"工具栏中的"直线"按钮，绘制直线，命令行中的操作与提示如下：

命令：_line 指定第一点：4243,-251✓

指定下一点或[放弃(U)]：5131,-251✓

指定下一点或[放弃(U)]：5494,110✓

指定下一点或[闭合(C)/放弃(U)]：5494,1436✓

指定下一点或[闭合(C)/放弃(U)]：✓

重复"直线"命令，绘制另外 3 条线段或连续线段，端点坐标分别为 {(4474,-251)，(4474，1436)}、{(4474，18)，(5014，18)，(5224，222)，(5224，1436)}、{(5019，18)，(5014，1436)}。绘制结果如图 4-146 所示。

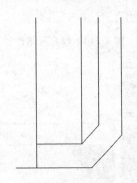
图 4-146　绘制直线

图 4-147　镜像处理

(2) 单击"修改"工具栏中的"镜像"按钮，对图形进行镜像处理，命令行中的操作与提示如下：

命令：_mirror✓

选择对象：all✓

找到 8 个

选择对象：✓

指定镜像线的第一点：0,1436✓

指定镜像线的第二点：10,1436✓

是否删除源对象？[是(Y)/否(N)]<N>：✓

绘制结果如图 4-147 所示。

(3) 单击"绘图"工具栏中的"直线"按钮，绘制门，命令行中的操作与提示如下：

命令：_line 指定第一点：4474,2854✓

指定下一点或[放弃(U)]：4929,2989✓

指定下一点或[放弃(U)]:4474,3123 ✓

指定下一点或[闭合(C)/放弃(U)]: ✓

重复"直线"命令，绘制另外 1 条线段，端点坐标为{(4929,2854)，(4929,3123)}。绘制结果如图 4-148 所示。

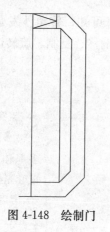

图 4-148　绘制门

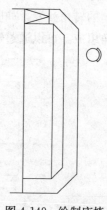

图 4-149　绘制座椅

2. 绘制座椅

(1) 单击"绘图"工具栏中的"圆"按钮 ⊙，绘制圆，命令行中的操作与提示如下：

命令:_circle 指定圆的圆心或[三点(3P)/两点(2P)/相切、相切、半径(T)]:5765,2297 ✓

指定圆的半径或[直径(D)]<20.0000>:120 ✓

(2) 单击"绘图"工具栏中的"多段线"按钮，绘制多段线，命令行中的操作与提示如下：

命令:_pline ✓

指定起点:5834,2199 ✓

当前线宽为 0.0000

指定下一个点或[圆弧(A)/半宽(H)/长度(L)/放弃(U)/宽度(W)]:5853,2171 ✓

指定下一点或[圆弧(A)/闭合(C)/半宽(H)/长度(L)/放弃(U)/宽度(W)]:a ✓

指定圆弧的端点或[角度(A)/圆心(CE)/闭合(CL)/方向(D)/半宽(H)/直线(L)/半径(R)/第二个点(S)/放弃(U)/宽度(W)]:s ✓

指定圆弧上的第二个点:5919,2299 ✓

指定圆弧的端点:5850,2426 ✓

指定圆弧的端点或[角度(A)/圆心(CE)/闭合(CL)/方向(D)/半宽(H)/直线(L)/半径(R)/第二个点(S)/放弃(U)/宽度(W)]:l ✓

指定下一点或[圆弧(A)/闭合(C)/半宽(H)/长度(L)/放弃(U)/宽度(W)]:5831,2397 ✓

指定下一点或[圆弧(A)/闭合(C)/半宽(H)/长度(L)/放弃(U)/宽度(W)]: ✓

绘制结果如图 4-149 所示。

(3) 单击"修改"工具栏中的"阵列"按钮 ，选择矩形阵列，阵列对象为上述绘制的座椅，行数为6，列数为1，行间距为-360。绘制结果如图4-145所示。

4.7.4 实例——转角沙发

本实例绘制的转角沙发，如图4-150所示。由图4-150可知，转角沙发是由两个三人沙发和一个转角组成，可以通过矩形、定数等分、分解、偏移、复制、旋转以及移动命令按钮来绘制。

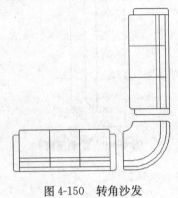

多媒体演示参见配套光盘中的\\视频\第4章\转角沙发.avi。

图4-150 转角沙发

(1) 单击"绘图"工具栏中的"矩形"按钮 ，绘制适当尺寸的三个矩形，如图4-151所示。

(2) 单击"修改"工具栏中的"分解"按钮 ，将三个矩形分解。

(3) 选择菜单栏中的"绘图"→"点"→"定数等分"命令，将中间矩形上部线段3等分。

(4) 单击"修改"工具栏中的"偏移"按钮 ，将中间矩形下部线段向上偏移三次，取适当的偏移值。

(5) 打开状态栏上的"对象捕捉"开关和"正交"开关，捕捉中间矩形上部线段的等分点，向下绘制两条线段，下端点为第一次偏移的线段上的垂足，结果如图4-152所示。

图4-151 绘制矩形

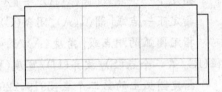

图4-152 绘制直线

(6) 单击"绘图"工具栏中的"直线"按钮 和"圆弧"按钮 绘制沙发转角部分，如图4-153所示。

(7) 单击"修改"工具栏中的"偏移"按钮 ，将如图4-153所示中下部圆弧向上偏移两次，取适当的偏移值，绘制结果如图4-154所示。

(8) 单击"修改"工具栏中的"圆角"按钮 ，命令行操作与提示如下：

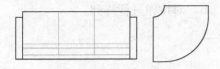 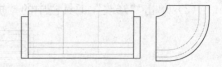

图 4-153 绘制多线段　　　　　　　图 4-154 绘制多线段

命令：FILLET↙
当前设置：模式＝修剪，半径＝0.0000
选择第一个对象或［放弃(U)/多段线(P)/半径(R)/修剪(T)/多个(M)］：R↙
指定圆角半径＜0.0000＞：(输入适当值)
选择第一个对象或［放弃(U)/多段线(P)/半径(R)/修剪(T)/多个(M)］：(选择第一个对象)
选择第二个对象,或按住＜Shift＞键选择要应用角点的对象：(选择第二个对象)
对各个转角处倒圆角后效果如图 4-155 所示。

(9) 单击"修改"工具栏中的"复制"按钮 ，复制左边沙发到右上角，如图 4-156 所示。

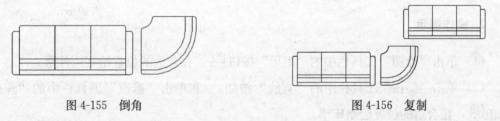

图 4-155 倒角　　　　　　　　图 4-156 复制

(10) 单击"修改"工具栏中的"旋转"按钮 和"移动"按钮 ，旋转并移动复制的沙发，最终效果如图 4-150 所示。

4.8 上机实验

【实验 1】 绘制微波炉

1. 目的要求

如图 4-157 所示，本实验设计的图形除了要用到基本的绘图命令外，还要用到"圆角"和"阵列"编辑命令。要求读者通过本实验的操作练习，灵活掌握绘图的基本技巧，巧妙利用一些编辑命令来快速、灵活地完成绘图作业。

> **实讲实训
> 多媒体演示**
>
> 多媒体演示参见配套光盘中的\\参考视频\第4章\微波炉.avi。

2. 操作提示

(1) 单击"绘图"工具栏中的"矩形"按钮 ，绘制轮廓。

(2) 单击"修改"工具栏中的"圆角"按钮 ，对矩形进行倒圆角。

(3) 单击"修改"工具栏中的"矩形阵列"按钮，对按钮进行阵列。

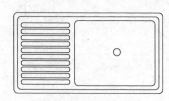

图 4-157 微波炉

【实验 2】 绘制床

1. 目的要求

如图 4-158 所示，本实验设计的图形除了要用到基本的绘图命令外，还要用到"阵列"命令和"修剪"编辑命令。要求读者通过本实验的操作练习，灵活掌握绘图的基本技巧，巧妙利用一些编辑命令来快速灵活地完成绘图作业。

> **实讲实训 多媒体演示**
> 多媒体演示参见配套光盘中的\\参考视频\第4章\微波炉.avi。

2. 操作提示

(1) 单击"绘图"工具栏中的"矩形"按钮，在合适的位置绘制床外形。

(2) 单击"绘图"工具栏中的"直线"按钮和单击"修改"工具栏中的"阵列"按钮，在合适的位置绘制床垫。

(3) 单击"绘图"工具栏中的"直线"按钮、"圆弧"按钮和单击"修改"工具栏中的"修剪"按钮，绘制被子。

【实验 3】 绘制餐桌椅

1. 目的要求

如图 4-159 所示，本实验设计的图形除了要用到基本的绘图命令外，还要用到"环形阵列"编辑命令。要求读者通过本实验的操作练习，灵活掌握绘图的基本技巧，巧妙利用一些编辑命令来快速灵活地完成绘图作业。

> **实讲实训 多媒体演示**
> 多媒体演示参见配套光盘中的\\参考视频\第4章\餐桌椅.avi。

2. 操作提示

(1) 单击"绘图"工具栏中的"圆"按钮和单击"修改"工具栏中的"偏移"按钮，绘制圆形餐桌。

(2) 单击"绘图"工具栏中的"直线"按钮、"圆弧"按钮以及单击"修改"工具栏中的"镜像"按钮，绘制椅子。

4.8 上机实验

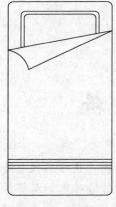

图 4-158 床

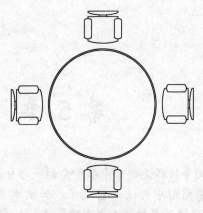

图 4-159 餐桌椅

· 167 ·

第5章 文字与表格

文字注释是图形中很重要的一部分内容,在进行各种设计时,通常不仅要绘出图形,还要在图形中标注一些文字,如技术要求、注释说明等,对图形对象加以解释。AutoCAD 提供了多种写入文字的方法,本章将介绍文本的标注和编辑功能。图表在 AutoCAD 图形中也有大量的应用,如明细表、参数表和标题栏等,本章还介绍了与图表有关的内容。

学习要点

文本样式
文本标注
文本编辑
表格

5.1 文本样式

所有 AutoCAD 图形中的文字都有和其相对应的文本样式。当输入文字对象时,AutoCAD 使用当前设置的文本样式。文本样式是用来控制文字基本形状的一组设置。通过"文字样式"对话框,用户可方便、直观地设置自己需要的文本样式,或是对已有文本样式进行修改。

【执行方式】

命令行:STYLE 或 DDSTYLE
菜单:"格式"→"文字样式"
工具栏:"文字"→"文字样式"

【操作步骤】

执行上述命令后,AutoCAD 打开"文字样式"对话框,如图 5-1 所示。

【选项说明】

1. "样式"选项组

该选项组主要用于命名新样式名或对已有样式名进行相关操作。单击"新建"按钮,

5.1 文本样式

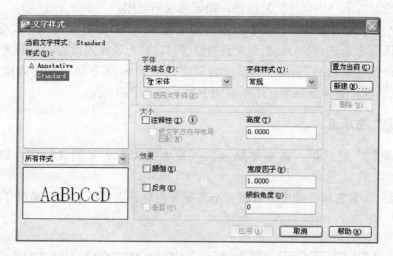

图 5-1 "文字样式"对话框

AutoCAD 打开如图 5-2 所示的"新建文字样式"对话框。在"新建文字样式"对话框中,可以为新建的样式输入名字。

2. "字体"选项组

确定字体式样。文字的字体确定字符的形状,在 AutoCAD 中,除了它固有的 SHX 形状的字体文件外,还可以使用 TrueType 字体(如宋体、楷体、*italley* 等)。一种字体可以设置不同的样式从而被多种文本样式使用,例如,图 5-3 所示就是同一字体(宋体)的不同样式。

建筑设计 建筑设计
建筑设计 建筑设计
建筑设计 建筑设计
建筑设计 建筑设计
建筑设计建筑设计

图 5-2 "新建文字样式"对话框　　　图 5-3 同一字体的不同样式

"字体"选项组用来确定文本样式使用的字体文件、字体风格及字高等。其中,如果在此文本框中输入一个数值,作为创建文字时的固定字高,那么在用 TEXT 命令输入文字时,AutoCAD 不再提示输入字高。如果在此文本框中设置字高为 0,AutoCAD 则会在每一次创建文字时都提示输入字高。所以,如果不想固定字高,就可以在样式中设置字高为 0。

3. "大小"选项组

(1) "注释性"复选框:指定文字为注释性文字。
(2) "使文字方向与布局匹配"复选框:指定图纸空间视口中的文字方向与布局方向

匹配。如果没有选中"注释性"复选框，则该选项不可用。

(3)"高度"文本框：设置文字高度。如果输入 0.0，则每次用该样式输入文字时，文字高度默认值为 0.2。输入大于 0.0 的高度值时，则为该样式设置固定的文字高度。在相同的高度设置下，TrueType 字体显示的高度要小于 SHX 字体显示的高度。如果选中"注释性"复选框，则将设置要在图纸空间中显示的文字的高度。

4．"效果"选项组

(1)"颠倒"复选框：选中此复选框，表示将文本文字倒置标注，如图 5-4（a）所示。

(2)"反向"复选框：确定是否将文本文字反向标注。图 5-4（b）给出了这种标注的效果。

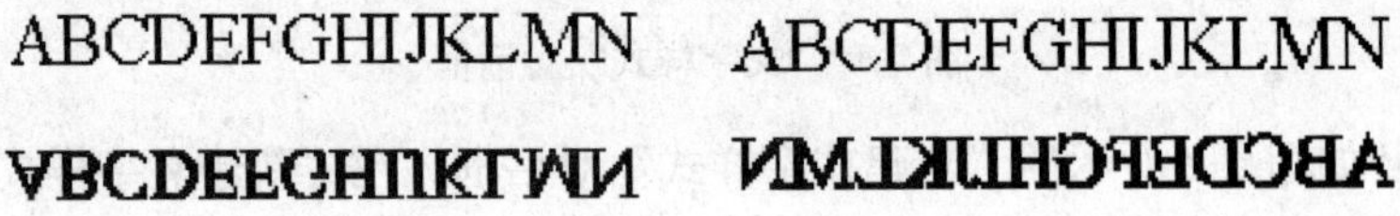

图 5-4 文字倒置标注与反向标注

(3)"垂直"复选框：确定文本文字是水平标注还是垂直标注。选中此复选框时，为垂直标注，否则为水平标注，如图 5-5 所示。

> **说 明**
> 本复选框只有在 SHX 字体下才可用。

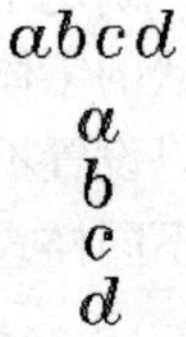

图 5-5 垂直标注文字

(4)"宽度因子"文本框：设置宽度系数，确定文本字符的宽高比。当比例系数为 1 时，表示将按字体文件中定义的宽高比标注文字。当此系数小于 1 时，字会变窄；反之，字会变宽。

(5)"倾斜角度"文本框：用于确定文字的倾斜角度。角度为 0 时不倾斜，大于 0 时向右倾斜，小于 0 时向左倾斜。

5．"应用"按钮

确认对文本样式的设置。当建立新的样式或者对现有样式的某些特征进行修改后，都需单击此按钮，AutoCAD 确认其改动。

5.2 文本标注

在绘图过程中，文字传递了很多设计信息，它可能是一个很长且很复杂的说明，也可能是一个简短的文字信息。当需要标注的文本不太长时，用户可以利用 TEXT 命令创建单行文本。当需要标注很长且很复杂的文字信息时，用户可以用 MTEXT 命令创建多行文本。

5.2.1 单行文本标注

【执行方式】

命令行：TEXT
菜单："绘图"→"文字"→"单行文字"
工具栏："文字"→"单行文字" A|

【操作步骤】

命令：TEXT
单击相应的菜单项或在命令行输入 TEXT 命令后按 Enter 键，AutoCAD 提示：
当前文字样式：Standard　当前文字高度：0.2000
指定文字的起点或[对正(J)/样式(S)]：

【选项说明】

1. 指定文字的起点

在此提示下，直接在绘图屏幕上点取一点作为文本的起始点，AutoCAD 提示：
指定高度<0.2000>:(确定字符的高度)
指定文字的旋转角度<0>:(确定文本行的倾斜角度)
输入文字:(输入文本)

在此提示下，输入一行文本后按 Enter 键，AutoCAD 继续显示"输入文字:"提示，可继续输入文本，在全部输入完后，在此提示下直接按 Enter 键，则退出 TEXT 命令。可见，使用 TEXT 命令也可创建多行文本，只是这种多行文本的每一行是一个对象，不能同时对多行文本进行操作。

> 说　明
>
> 只有当前文本样式中设置的字符高度为 0 时，在使用 TEXT 命令时 AutoCAD 才出现要求用户确定字符高度的提示。
>
> AutoCAD 允许将文本行倾斜排列，图 5-6 所示为倾斜角度分别是 0°、45°和－45°时的排列效果。在"指定文字的旋转角度<0>："提示下，通过输入文本行的倾斜角度或在屏幕上拉出一条直线来指定倾斜角度。
>
>
> 图 5-6　文本行倾斜排列的效果

2. 对正 (J)

在命令行提示下键入 J，用来确定文本的对齐方式，对齐方式决定文本的哪一部分与所选的插入点对齐。执行此选项后，命令行提示如下：
输入选项[对齐(A)/调整(F)/中心(C)/中间(M)/右(R)/左上(TL)/中上(TC)/右上

(TR)/左中(ML)/正中(MC)/右中(MR)/左下(BL)/中下(BC)/右下(BR)]:

在此提示下选择一个选项作为文本的对齐方式。当文本串水平排列时，AutoCAD 为标注文本串定义了如图 5-7 所示的文本行顶线、中线、基线和底线，各种对齐方式如图 5-8所示，图中大写字母对应上述提示中的各命令。下面以"对齐"为例，进行简要说明。

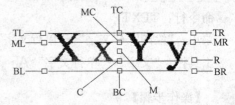

图 5-7 文本行的底线、基线、中线和顶线　　　　图 5-8 文本的对齐方式

对齐（A）：选择此选项，要求用户指定文本行的基线的起始点与终止点的位置，命令行提示如下：

指定文字基线的第一个端点:(指定文本行基线的起始点位置)

指定文字基线的第二个端点:(指定文本行基线的终止点位置)

输入文字:(输入一行文本后按 Enter 键)

输入文字:(继续输入文本或直接按 Enter 键结束命令)

执行结果：所输入的文本字符均匀地分布于指定的两端点之间，如果两端点间的连线不水平，则文本行倾斜放置，倾斜角度由两端点间的连线与 X 轴的夹角确定；字高、字宽则根据两端点间的距离、字符的多少以及文本样式中设置的宽度因子自动确定。指定了两端点之后，每行输入的字符越多，字宽和字高越小。

其他选项与"对齐"类似，在此不再赘述。

在实际绘图时，有时需要标注一些特殊字符，例如直径符号、上画线或下画线、温度符号等，由于这些符号不能直接从键盘上输入，AutoCAD 提供了一些控制码，用来实现特殊字符的标注。控制码由两个百分号（%%）加一个字符构成，常用的控制码如表 5-1所示。

其中，%%O 和 %%U 分别是上画线和下画线的开关，第一次出现此符号时，开始画

AutoCAD 常用控制码　　　　　　　　　　　　　　　　　　　　　　表 5-1

符　号	功　能	符　号	功　能
%%O	上画线	\u+0278	电相位
%%U	下画线	\u+E101	流线
%%D	"度"符号	\u+2261	标识
%%P	正负符号	\u+E102	界碑线
%%C	直径符号	\u+2260	不相等
%%%	百分号%	\u+2126	欧姆
\u+2248	几乎相等	\u+03A9	欧米加
\u+2220	角度	\u+214A	低界线
\u+E100	边界线	\u+2082	下标 2
\u+2104	中心线	\u+00B2	上标 2
\u+0394	差值		

上画线和下画线，第二次出现此符号时，上画线和下画线终止。例如在"Text:"提示后输入"I want to %%U go to Beijing%%U."，则得到如图5-9（a）所示的文本行，输入"50%%D＋%%C75%%P12"，则得到如图5-9（b）所示的文本行。

图 5-9 文本行

用 TEXT 命令可以创建一个或若干个单行文本，也就是说，用此命令可以标注多行文本。在"输入文本:"提示下输入一行文本后按 Enter 键，AutoCAD 继续提示"输入文本:"，用户可输入第二行文本，以此类推，直到文本全部输完，再在此提示下直接按 Enter 键，结束文本输入命令。每一次按 Enter 键就结束一个单行文本的输入，每一个单行文本是一个对象，可以单独修改其文本样式、字高、旋转角度和对齐方式等。

用 TEXT 命令创建文本时，在命令行输入的文字同时显示在屏幕上，而且在创建过程中可以随时改变文本的位置，只要将光标移到新的位置单击，则当前行结束，随后输入的文本就会在新的位置出现。用这种方法可以把多个单行文本标注到屏幕的任何地方。

5.2.2 多行文本标注

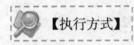

【执行方式】

命令行：MTEXT
菜单："绘图"→"文字"→"多行文字"
工具栏："绘图"→"多行文字" A 或"文字"→"多行文字" A

【操作步骤】

命令:MTEXT
单击相应的菜单项或工具栏图标，或在命令行输入 MTEXT 命令后按 Enter 键，命令行提示如下：
当前文字样式:"Standard" 当前文字高度:1.9122
指定第一角点:(指定矩形框的第一个角点)
指定对角点或[高度(H)/对正(J)/行距(L)/旋转(R)/样式(S)/宽度(W)/栏(C)]：

【选项说明】

1. 指定对角点

直接在屏幕上拾取一个点作为矩形框的第二个角点，AutoCAD 以这两个点为对角点形成一个矩形区域，其宽度作为将来要标注的多行文本的宽度，而且以第一个点作为第一行文本顶线的起点。响应后 AutoCAD 打开如图 5-10 所示的多行文字编辑器，可利用此编辑器输入多行文本并对其格式进行设置。关于编辑器中各项的含义与功能，稍后再详细介绍。

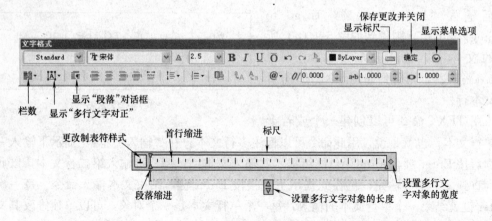

图 5-10 多行文字编辑器

2. 对正 (J)

确定所标注文本的对齐方式。选取此选项，AutoCAD 提示：

输入对正方式[左上(TL)/中上(TC)/右上(TR)/左中(ML)/正中(MC)/右中(MR)/左下(BL)/中下(BC)/右下(BR)]<左上(TL)>：

这些对正方式与 TEXT 命令中的各对齐方式相同，在此不再重复。选取一种对正方式后按 Enter 键，AutoCAD 回到上一级提示。

3. 行距 (L)

确定多行文本的行间距，这里所说的行间距是指相邻两文本行的基线之间的垂直距离。执行此选项，AutoCAD 提示：

输入行距类型[至少(A)/精确(E)]<至少(A)>：

在此提示下，有两种确定行间距的方式，"至少"方式和"精确"方式。在"至少"方式下，AutoCAD 根据每行文本中最大的字符自动调整行间距。在"精确"方式下，AutoCAD 给多行文本赋予一个固定的行间距。可以直接输入一个确切的间距值，也可以输入"nx"的形式，其中 n 是一个具体数，表示行间距设置为单行文本高度的 n 倍，而单行文本高度是本行文本字符高度的 1.66 倍。

4. 旋转 (R)

确定文本行的倾斜角度。执行此选项，AutoCAD 提示：

指定旋转角度<0>：(输入倾斜角度)

输入角度值后按 Enter 键，AutoCAD 返回到"指定对角点或 [高度(H)/对正(J)/行距(L)/旋转(r)/样式(S)/宽度(W)]："提示。

5. 样式 (S)

确定当前的文本样式。

6. 宽度（W）

指定多行文本的宽度。可在屏幕上选取一点，以此点与前面确定的第一个角点组成矩形框的宽作为多行文本的宽度。也可以输入一个数值，精确设置多行文本的宽度。

在创建多行文本时，只要给定了文本行的起始点和宽度，AutoCAD 就会打开如图 5-10 所示的多行文字编辑器，该编辑器包含一个"文字格式"工具栏和一个右键快捷菜单。用户可以在该编辑器中输入和编辑多行文本，包括设置字高、文本样式以及倾斜角度等。

该编辑器的界面与 Microsoft 的 Word 编辑器界面类似，事实上该编辑器与 Word 编辑器在某些功能上趋于一致。这样既增强了多行文字编辑功能，又使用户更熟悉和方便，效果很好。

7. 栏（C）

根据栏宽，栏间距宽度和栏高组成矩形框，打开如图 5-10 所示的多行文字编辑器。

8. "文字格式"工具栏

"文字格式"工具栏用来控制文本的显示特性。用户可以在输入文本之前设置文本的特性，也可以改变已输入文本的特性。要改变已有文本的显示特性，首先应选择要修改的文本，选择文本有以下 3 种方法：

（1）将光标定位到文本开始处，拖动鼠标到文本末尾。
（2）双击某一个字，则该字被选中。
（3）连续单击 3 次则选中全部内容。

下面介绍一下多行文字编辑器中部分选项的功能：

1)"高度"下拉列表框：该下拉列表框用来确定文本的字符高度，可在文本编辑框中直接输入新的字符高度，也可从下拉列表中选择已设定过的高度。

2)"B"按钮和"I"按钮：这两个按钮用来设置字体的黑体或斜体效果。这两个按钮只对 TrueType 字体有效。

3)"下划线" **U** 按钮与"上划线" **O** 按钮：这两个按钮用于设置或取消上（下）画线。

4)"堆叠"按钮：该按钮为层叠/非层叠文本按钮，用于层叠所选的文本，也就是创建分数形式的文本。当文本中某处出现"/"、"^"或"♯"这 3 种层叠符号之一时可层叠文本，方法是选中需层叠的文字，然后单击此按钮，则符号左边文字作为分子，右边文字作为分母。AutoCAD 提供了 3 种分数形式，如选中 "abcd/efgh" 后单击此按钮，得到如图 5-11（a）所示的分数形式，如果选中"abcd^efgh"后单击此按钮，则得到如图 5-11（b）所示的形式，此形式多用于标注极限偏差，如果选中"abcd♯efgh"后单击此按钮，则创建斜排的分数形式，如图 5-11（c）所示。如果选中已经层叠的文本对象后单击此按钮，则文本恢复到非层叠形式。

$$\frac{abcd}{efgh} \qquad \frac{abcd}{efgh} \qquad abcd/efgh$$

（a） （b） （c）

图 5-11 文本层叠

5)"倾斜角度"下拉列表框 0/：设置文字的倾斜角度。

> **说 明**
>
> 倾斜角度与斜体效果是两个不同概念，前者可以设置任意倾斜角度，后者是在任意倾斜角度的基础上设置斜体效果，如图 5-12 所示。第一行倾斜角度为 0°，非斜体；第二行倾斜角度为 12°，非斜体；第三行倾斜角度为 12°，斜体。
>
> 建筑设计
>
> *建筑设计*
>
> *建筑设计*
>
> 图 5-12 倾斜角度与斜体效果

6)"符号"按钮 @▼：用于输入各种符号。单击该按钮，系统打开符号列表，如图 5-13 所示。可以从中选择符号输入到文本中。

7)"插入字段"按钮：插入一些常用或预设字段。单击该按钮，系统打开"字段"对话框，如图 5-14 所示。用户可以从中选择字段并插入到标注文本中。

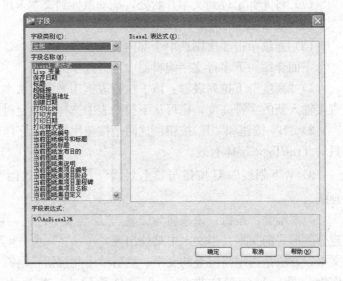

图 5-13 符号列表　　　　　　　　图 5-14 "字段"对话框

8)"追踪"下拉列表框 a◆b：增大或减小选定字符之间的间距。设置为 1.0 是常规间距，设置为大于 1.0 可增大间距，设置为小于 1.0 可减小间距。

9)"栏"下拉列表框：显示"栏"弹出菜单，该菜单提供 3 个"栏"选项："不分栏"、"静态栏"和"动态栏"。

10)"多行文字对正"下拉列表框：显示"多行文字对正"菜单，并且有9个对正选项可用。"左上"为默认。

11)"宽度"下拉列表框：扩展或收缩选定字符。设置为1.0代表此字体中字母是常规宽度。可以增大该宽度或减小该宽度。

在"文字格式"工具栏上单击"选项"按钮，系统打开"选项"菜单，如图5-15所示。其中，许多选项与Microsoft Word中的相关选项类似，下面只对其中比较特殊的选项进行简单介绍。

9. "选项"菜单

在"文字格式"工具栏上单击"选项"按钮，系统打开"选项"菜单，如图5-15所示。其中许多选项与Word中相关选项类似，这里只对其中比较特殊的选项简单介绍一下。

(1) 符号：在光标位置插入列出的符号或不间断空格。也可以手动插入符号。

(2) 输入文字：显示"选择文件"对话框，如图5-16所示。选择任意ASCII或RTF格式的文件。输入的文字保留原始字符格式和样式特性，但可以在多行文字编辑器中编辑和格式化输入的文字。选择要输入的文本文件后，可以在文字编辑框中替换选定的文字或全部文字，或在文字边界内将插入的文字附加到选定的文字中。输入文字的文件必须小于32K。

(3) 背景遮罩：用设定的背景对标注的文字进行遮罩。选择该命令，系统打开"背景遮罩"对话框，如图5-17所示。

图5-15 "选项"菜单

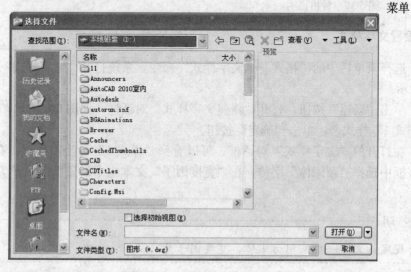

图5-16 "选择文件"对话框

(4) 删除格式：清除选定文字的粗体、斜体或下画线格式。

(5) 插入字段："字段"对话框中可用的选项随字段类别和字段名称的变化而变化。

选择该命令，系统打开"字段"对话框如图 5-18 所示。

(6) 字符集：显示代码页菜单。选择一个代码页并将其应用到选定的文字。

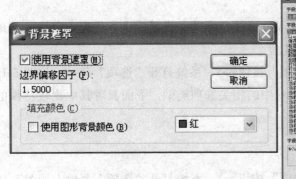

图 5-17 "背景遮罩"对话框　　　图 5-18 "字段"对话框

5.2.3 实例——小区花园种植说明标注

在已有的小区花园设计图纸中标注如图 5-19 所示的种植说明。

种植说明：1. 基层土壤应为排水良好、土质为中性及富含有机物的壤土。如含有建筑废土及其他有害成分，酸碱度超标等、应采取相应的技术措施。
2. 植物生长所必需的最低种植土壤厚度应符合规范要求。种植土应选用植物生长的选择性土壤。
3. 所有花坛土墙需设空墙排水管、疏水层材料选择碎石陶粒粒径 20～40mm。
4. 除注出外，苗木规格指树木的胸径。

图 5-19　种植说明

实讲实训　多媒体演示

多媒体演示参见配套光盘中的\\视频\第5章\ 植物说明表.avi。

1. 设置文字样式

（1）选择菜单栏中的"格式"→"文字样式"命令，系统打开"文字样式"对话框，如图 5-1 所示。

（2）单击"新建"按钮，打开"新建文字样式"对话框，如图 5-2 所示，接受系统默认的"样式 1"样式名，单击"确定"按钮。

（3）在打开的"文字样式"对话框，可以看到"样式 1"为当前样式。在"字体名"下拉列表框中选择"新宋体"字体，在"宽度因子"文本框中设置宽度因子为 0.7，如图 5-20 所示。

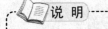

国标规定，文字一般采用仿宋体，宽度因子为 0.7。

2. 标注文字

（1）单击"绘图"工具栏中的"多行文字"按钮 A，按系统提示在图纸相应区域用

5.2 文本标注

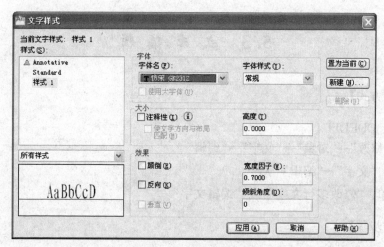

图 5-20 设置新文字样式

鼠标拉出一个标注区域，如图 5-21 所示，系统打开多行文字编辑器，如图 5-22 所示。

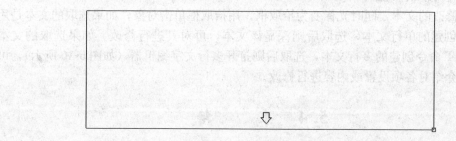

图 5-21 指定标注区域

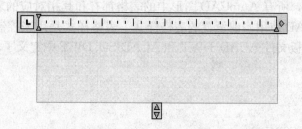

图 5-22 多行文字编辑器

(2) 在文字下拉文本框中，将系统默认的文字高度 2.5 改为 5.0，按图 5-19 所示内容输入文字。

(3) 利用"移动"命令把所标注的文字进行适当平移，使其位置相对规范合适，绘制结果如图 5-19 所示。

5.3 文本编辑

【执行方式】

命令行：DDEDIT
菜单："修改"→"对象"→"文字"→"编辑"
工具栏："文字"→"编辑"
快捷菜单："修改多行文字"或"编辑文字"

【操作步骤】

单击相应的菜单项，或在命令行输入 DDEDIT 命令后按 Enter 键，AutoCAD 提示：
命令：DDEDIT
选择注释对象或[放弃(U)]：
选择要修改的文本，同时光标变为拾取框。用拾取框单击对象，如果选取的文本是用 TEXT 命令创建的单行文本，选取后则深显该文本，可对其进行修改。如果选取的文本是用 MTEXT 命令创建的多行文本，选取后则打开多行文字编辑器（如图 5-10 所示），可根据前面的介绍对各项设置或内容进行修改。

5.4 表 格

在以前的版本中，必须采用绘制图线或者图线结合偏移或复制等编辑命令来完成表格的绘制。这样的操作过程烦琐而复杂，不利于提高绘图效率。从 AutoCAD 2005 开始，新增加了一个"表格"绘图功能，有了该功能，创建表格就变得非常容易，用户可以直接插入设置好样式的表格，而不用绘制由单独的图线组成的表格。

5.4.1 定义表格样式

和文字样式一样，所有 AutoCAD 图形中的表格都有和其相对应的表格样式。当插入表格对象时，AutoCAD 使用当前设置的表格样式。表格样式是用来控制表格基本形状和间距的一组设置。模板文件 ACAD.DWT 和 ACADISO.DWT 中定义了名叫 STANDARD 的默认表格样式。

【执行方式】

命令行：TABLESTYLE
菜单："格式"→"表格样式"
工具栏："样式"→"表格样式管理器"

【操作步骤】

命令：TABLESTYLE

5.4 表格

在命令行输入 TABLESTYLE 命令，或在"格式"菜单中单击"文字样式"命令，或者在"样式"工具栏中单击"表格样式管理器"按钮，AutoCAD 就会打开"表格样式"对话框，如图 5-23 所示。

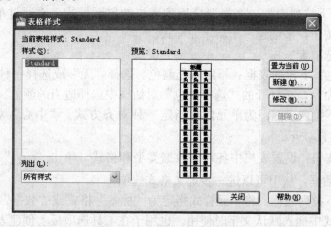

图 5-23 "表格样式"对话框

1. "新建"按钮

单击该按钮，系统打开"创建新的表格样式"对话框，如图 5-24 所示。输入新的表格样式名后，单击"继续"按钮，系统打开"新建表格样式"对话框，如图 5-25 所示。用户可以从中定义新建表格样式。

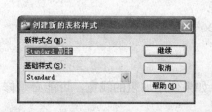
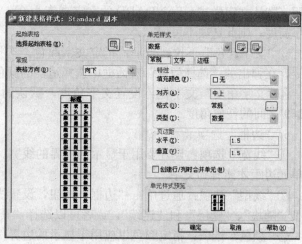

图 5-24 "创建新的表格样式"对话框　　图 5-25 "新建表格样式"对话框

1)"起始表格"选项组

选择起始表格：可以在图形中选择一个要应用新表格样式设置的表格。

2)"基本"选项组

"表格方向"下拉列表框：包括"向下"或"向上"选项。选择"向上"选项，是指创建由下而上读取的表格，标题行和列标题行都在表格的底部；选择"向下"选项，是指创建由上而下读取的表格，标题行和列标题行都在表格的顶部。

3)"单元样式"选项组

"单元样式"下拉列表框：选择要应用到表格的单元样式，或通过单击"单元样式"下拉列表右侧的按钮，来创建一个新单元样式。

4)"基本"选项卡

①"填充颜色"下拉列表框：指定填充颜色。选择"无"或选择一种背景色，或者单击"选择颜色"命令，在打开的"选择颜色"对话框中选择适当的颜色。

②"对齐"下拉列表框：为单元内容指定一种对齐方式。"中心"对齐指水平对齐；"中间"对齐指垂直对齐。

③"格式"按钮：设置表格中各行的数据类型和格式。单击"…"按钮，弹出"表格单元格式"对话框，从中可以进一步定义格式选项。

④"类型"下拉列表框：将单元样式指定为"标签"格式或"数据"格式，在包含起始表格的表格样式中插入默认文字时使用。也用于在工具选项板上创建表格工具的情况。

⑤"页边距-水平"文本框：设置单元中的文字或块与左右单元边界之间的距离。

⑥"页边距-垂直"文本框：设置单元中的文字或块与上下单元边界之间的距离。

⑦"创建行/列时合并单元"复选框：把使用当前单元样式创建的所有新行或新列合并到一个单元中。

5)"文字"选项卡

①"文字样式"选项：指定文字样式。选择文字样式，或单击"…"按钮，在弹出的"文字样式"对话框中，创建新的文字样式。

②"文字高度"文本框：指定文字高度。此选项仅在选定文字样式的文字高度为0时适用（默认文字样式STANDARD的文字高度为0）。如果选定的文字样式指定了固定的文字高度，则此选项不可用。

③"文字颜色"下拉列表框：指定文字颜色。选择一种颜色，或者单击"选择颜色"命令，在弹出的"选择颜色"对话框中选择适当的颜色。

④"文字角度"文本框：设置文字角度，默认的文字角度为0°。可以输入-359°～+359°之间的任何角度

6)"边框"选项卡

①"线宽"选项：设置要用于显示的边界的线宽。如果使用加粗的线宽，可能必须修改单元边距才能看到文字。

②"线型"选项：通过单击"边框"按钮，设置线型以应用于指定边框。将显示标准线型"随块"、"随层"和"连续"，或者可以选择"其他"来加载自定义线型。

③"颜色"选项：指定颜色以应用于显示的边界。单击"选择颜色"命令，在弹出的"选择颜色"对话框中选择适当的颜色。

④"双线"选项：指定选定的边框为双线型。可以通过在"间距"框中输入值来更改行距。

⑤"边框显示"按钮：应用选定的边框选项。单击此按钮可以将选定的边框选项应用到所有的单元边框，外部边框、内部边框、底部边框、左边框、顶部边框、右边框或无边框。对话框中的"单元样式预览"将更新及显示设置后的效果。

2. "修改"按钮

对当前表格样式进行修改,方式与新建表格样式相同。

5.4.2 创建表格

在设置好表格样式后,用户可以利用 TABLE 命令创建表格。

【执行方式】

命令行:TABLE
菜单:"绘图"→"表格"
工具栏:"绘图"→"表格"

【操作步骤】

命令:TABLE↙

在命令行输入 TABLE 命令,或者在"绘图"菜单中单击"表格"命令,或者在"绘图"工具栏中单击"表格"按钮,AutoCAD 都会打开"插入表格"对话框,如图 5-26 所示。

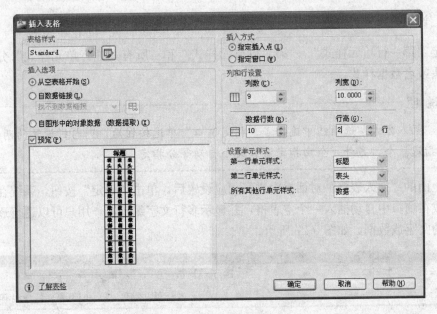

图 5-26 "插入表格"对话框

【选项说明】

1. "表格样式"选项组

可以在"表格样式"下拉列表框中选择一种表格样式,也可以通过单击后面的

"[...]"按钮来新建或修改表格样式。

2. "插入选项"选项组

(1)"从空表格开始"单选钮：创建可以手动填充数据的空表格。

(2)"自数据连接"单选钮：通过启动数据连接管理器来创建表格。

(3)"自图形中的对象数据"单选钮：通过启动"数据提取"向导来创建表格。

3. "插入方式"选项组

(1)"指定插入点"单选钮

指定表格的左上角的位置。可以使用定点设备，也可以在命令行中输入坐标值。如果表格样式将表格的方向设置为由下而上读取，则插入点位于表格的左下角。

(2)"指定窗口"单选钮

指定表的大小和位置。可以使用定点设备，也可以在命令行中输入坐标值。选定此选项时，行数、列数、列宽和行高取决于窗口的大小以及列和行设置。

4. "列和行设置"选项组

指定列和数据行的数目以及列宽与行高。

5. "设置单元样式"选项组

指定"第一行单元样式"、"第二行单元样式"和"所有其他行单元样式"分别为标题、表头或者数据样式。

> **说 明**
>
> 在"插入方式"选项组中选择了"指定窗口"单选按钮后，列与行设置的两个参数中只能指定一个，另外一个由指定窗口大小自动等分指定。

在上面的"插入表格"对话框中进行相应设置后，单击"确定"按钮，系统在指定的插入点或在窗口中自动插入一个空表格，并显示多行文字编辑器，用户可以逐行逐列地输入相应的文字或数据，如图5-27所示。

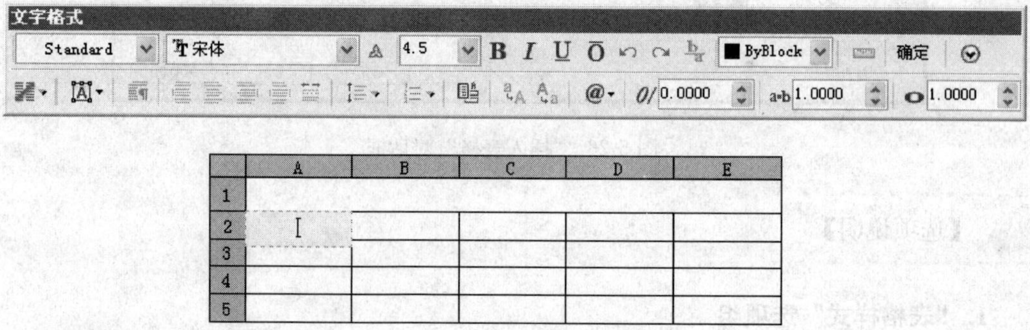

图5-27 多行文字编辑器

5.4 表格

> **说明**
>
> 在插入表格后的表格中选择某一个单元格,单击后出现钳夹点,通过移动钳夹点可以改变单元格的大小。如图 5-28 所示。
>
>
>
> 图 5-28 改变单元格大小

5.4.3 表格文字编辑

【执行方式】

命令行:TABLEDIT

快捷菜单:选定表格的一个或多个单元格后,右击,弹出一个右键快捷菜单,单击此菜单上的"编辑文字"命令

【操作步骤】

命令:TABLEDIT

系统打开多行文字编辑器,用户可以对指定表格的单元格中的文字进行编辑。

5.4.4 实例——小区园林设计植物明细表

绘制如图 5-29 所示的公园设计植物明细表。

苗木名称	数量	规格	苗木名称	数量	规格	苗木名称	数量	规格
落叶松	32	10cm	红叶	3	15cm	金叶女贞		20 棵/m² 丛植 $H=500$
银杏	44	15cm	法国梧桐	10	20cm	紫叶小檗		20 棵/m² 丛植 $H=500$
元宝枫	5	6m(冠径)	油松	4	8cm	草坪		2、3 个品种规格
樱花	3	10cm	三角枫	26	10cm			
合欢	8	12cm	睡莲	20				
玉兰	27	15cm						
龙爪槐	30	8cm						

图 5-29 植物明细表

(1)选择菜单栏中的"格式"→"表格样式"命令。系统弹出"表格样式"对话框,如图 5-23 所示。

(2)单击"新建"按钮,系统弹出"创建新的表格样式"对话框,如图 5-24 所示。输入新的表格名称后,单击"继续"按钮,系统弹出"新建表格样式对话框","数据"选项卡按图 5-25 设置。"标题"选项卡,按如图 5-30 所示设置。创建好表格样式后,确定并关闭退出"表格样式"对话框。

实讲实训
多媒体演示

多媒体演示参见配套光盘中的\\视频\第5章\植物说明表.avi。

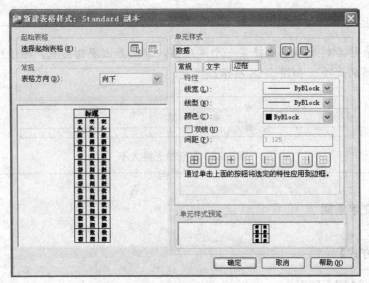

图 5-30 "标题"选项卡设置

(3) 在设置好表表格样式后,单击"绘图"工具栏中的"表格"按钮,创建表格。

(4) 单击"绘图"工具栏中的"表格"按钮,系统弹出"插入表格"的对话框,设置如图 5-31 所示。

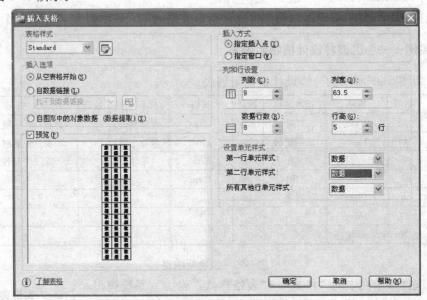

图 5-31 "插入表格"对话框

(5) 单击"确定"按钮,系统在指定的插入点或窗口自动插入一个空表格,并显示多行文字编辑器,用户可以逐行逐列输入相应的文字或数据,如图 5-32 所示。

(6) 当编辑完成的表格由需要修改的地方时可执行 TABLEDIT 命令来完成(也可在要修改的表格上单击右键,出现快捷菜单中单击"编辑单元文字",同样可以达到修改文本的目的)。命令行提示如下:

5.5 综合实例——绘制建筑设计 A3 图纸样板图形

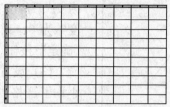

图 5-32 多行文字编辑器

命令：tabledit

拾取表格单元：（鼠标点取需要修改文本的表格单元）

多行文字编辑器会再次出现，用户可以进行修改。

注意

在插入后的表格中选择某一个单位格，单击后出现钳夹点，通过移动钳夹点可以改变单元格的大小。

最后完成的植物明细表如图 5-29 所示。

5.5 综合实例——绘制建筑设计 A3 图纸样板图形

绘制如图 5-33 所示的建筑设计 A3 图纸样板图形。

实讲实训
多媒体演示

多媒体演示参见配套光盘中的\\视频\第5章\ A3图纸样板.avi。

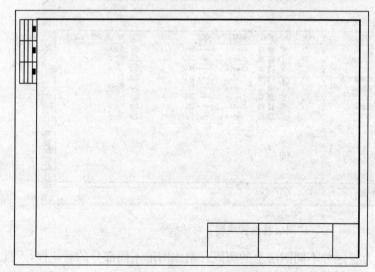

图 5-33 建筑设计 A3 图纸样板图形

1. 设置单位和图形边界

（1）打开 AutoCAD 程序，则系统自动建立新图形文件。

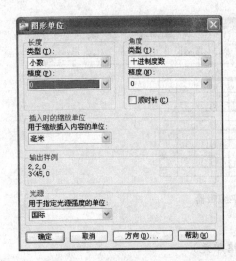

图 5-34 "图形单位"对话框

(2) 选择菜单栏中的"格式"→"单位"命令，系统弹出"图形单位"对话框，如图 5-34 所示。设置"长度"的类型为"小数"，"精度"为 0；"角度"的类型为"十进制度数"，"精度"为 0，系统默认逆时针方向为正，单击"确定"按钮。

(3) 设置图形边界。国标对图纸的幅面大小作了严格规定，在这里，不妨按国标 A3 图纸幅面设置图形边界。A3 图纸的幅面为 420mm×297mm，选择菜单栏中的"格式"→"图层界限"命令，命令行提示如下：

命令：LIMITS

重新设置模型空间界限：

指定左下角点或[开(ON)/关(OFF)]<0.0000,0.0000>：

指定右上角点<12.0000,9.0000>：420,297

2. 设置图层

(1) 单击"图层"工具栏中的"图层特性管理器"按钮，系统弹出"图层特性管理器"对话框，如图 5-35 所示。在该对话框中单击"新建"按钮，建立不同层名的新图层，这些不同的图层分别存放不同的图线或图形的不同部分。

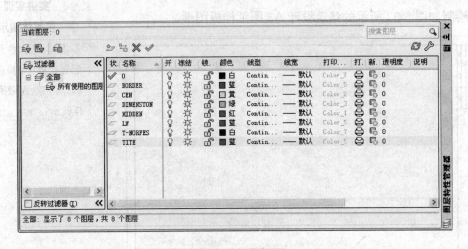

图 5-35 "图层特性管理器"对话框

(2) 设置图层颜色。为了区分不同图层上的图线，增加图形不同部分的对比性，可以在"图层特性管理器"对话框中单击相应图层"颜色"标签下的颜色色块，打开"选择颜色"对话框，如第 3 章图 3-16 所示。在该对话框中选择需要的颜色。

(3) 设置线型。在常用的工程图样中，通常要用到不同的线型，这是因为不同的线型表示不同的含义。在"图层特性管理器"中单击"线型"标签下的线型选项，打开"选择线型"对话框，如第 3 章图 3-17 所示。在该对话框中选择对应的线型，如果在"已加载的线型"列表框中没有需要的线型,可以单击"加载"按钮,打开"加载或重载线型"对话框加载线型,如第 3 章图 3-23 所示。

(4) 设置线宽。在工程图纸中,不同的线宽也表示不同的含义,因此也要对不同的图层的线宽界线设置,单击"图层特性管理器"中"线宽"标签下的选项,打开"线宽"对话框,如第 3 章图 3-18 所示。在该对话框中选择适当的线宽。需要注意的是,应尽量保持细线与粗线之间的比例大约为 1∶2。

3. 设置文本样式

下面列出一些本练习中的格式,请按如下约定进行设置:文本高度一般注释 7mm,零件名称 10mm,图标栏和会签栏中其他文字 5mm,尺寸文字 5mm,线型比例 1,图纸空间线型比例 1,单位十进制,小数点后 0 位,角度小数点后 0 位。

可以生成四种文字样式,分别用于一般注释、标题块中零件名、标题块注释及尺寸标注。

(1) 单击"样式"工具栏中的"文字样式"按钮 ![A], 系统打开"文字样式"对话框,单击"新建"按钮,系统打开"新建文字样式"对话框,接受默认的"样式 1"文字样式名,确认退出。

(2) 系统回到"文字样式"对话框,在"字体名"下拉列表框中选择"宋体"选项;在"宽度比例"文本框中将宽度比例设置为 0.7;将文字高度设置为 5,如图 5-36 所示。单击"应用"按钮,再单击"关闭"按钮。其他文字样式类似设置。

4. 绘制图框

单击"绘图"工具栏中的"矩形"按钮 ![□], 绘制角点坐标为 (25, 10) 和 (410, 287) 的矩形,如图 5-37 所示。

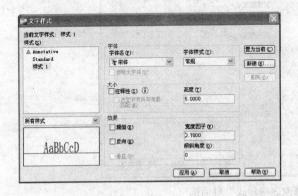

图 5-36 "文字样式"对话框

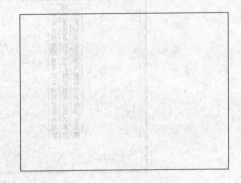

图 5-37 绘制矩形

> **说 明**
>
> 国家标准规定 A3 图纸的幅面大小是 420mm×297mm,这里留出了带装订边的图框到图纸边界的距离。

5. 绘制标题栏

标题栏示意图如图 5-38 所示，由于分隔线并不整齐，所以可以先绘制一个 9×4（每个单元格的尺寸是 0×10）的标准表格，然后在此基础上编辑或合并单元格以形成如图 5-38 所示的形式。

图 5-38　标题栏示意图

（1）单击"样式"工具栏中的"表格样式"按钮，系统弹出"表格样式"对话框，如图 5-23 所示。

（2）单击"表格样式"对话框中的"修改"按钮，系统弹出"修改表格样式"对话框，在"单元样式"下拉列表框中选择"数据"选项，在下面的"文字"选项卡中将"文字高度"设置为 8，如图 5-39 所示。再打开"常规"选项卡，将"页边距"选项组中的"水平"和"垂直"都设置成 1，如图 5-40 所示。

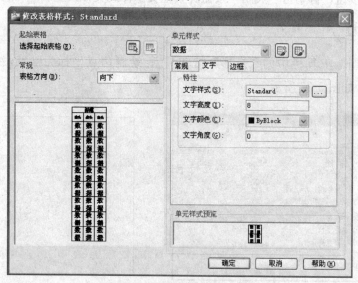

图 5-39　"修改表格样式"对话框

> 说　明
>
> 表格的行高＝文字高度＋2×垂直页边距，此处设置为 8＋2×1＝10。

（3）系统回到"表格样式"对话框，单击"关闭"按钮，退出。

（4）单击"绘图"工具栏中的"表格"按钮，系统弹出"插入表格"对话框。在

5.5 综合实例——绘制建筑设计 A3 图纸样板图形

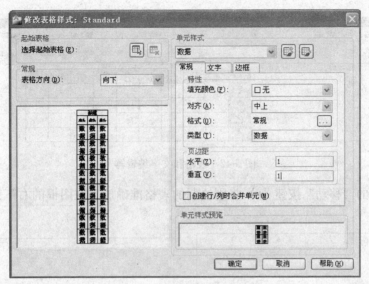

图 5-40 设置"常规"选项卡

"列和行设置"选项组中将"列"设置为9，将"列宽"设置为20，将"数据行"设置为2（加上标题行和表头行共 4 行），将"行高"设置为 1 行（即为 10）；在"设置单元样式"选项组中，将"第一行单元样式"、"第二行单元样式"和"所有其他行单元样式"都设置为"数据"，如图 5-41 所示。

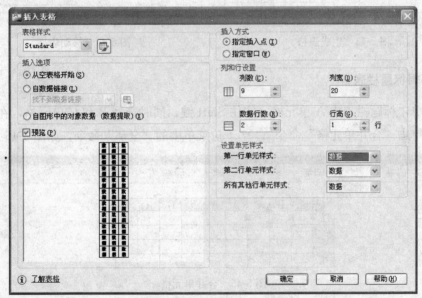

图 5-41 "插入表格"对话框

（5）在图框线右下角附近指定表格位置，系统生成表格，同时打开表格和文字编辑器，如图 5-42 所示。直接按 Enter 键，不输入文字，生成表格，如图 5-43 所示。

6. 移动标题栏

无法准确确定刚生成的标题栏与图框的相对位置，因此需要移动标题栏。单击"绘

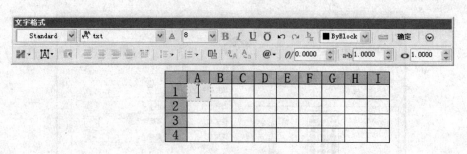

图 5-42 表格和文字编辑器

图"工具栏中的"移动"按钮，将刚绘制的表格准确放置在图框的右下角，如图 5-44 所示。

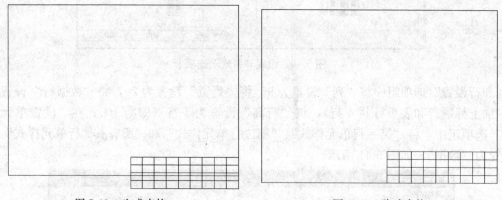

图 5-43 生成表格　　　　　　　　　图 5-44 移动表格

7. 编辑标题栏表格

（1）单击标题栏表格 A 单元格，按住 Shift 键，同时选择 B 和 C 单元格，在"表格"编辑器中单击"合并单元格"命令 下拉菜单中的"全部"命令，如图 5-45 所示。

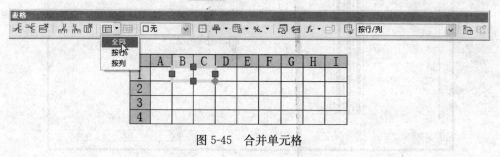

图 5-45 合并单元格

（2）重复上述方法，对其他单元格进行合并，结果如图 5-46 所示。

8. 绘制会签栏

会签栏具体大小和样式如图 5-47 所示。用户可以采取和标题栏相同的绘制方法来绘制会签栏。

（1）在"修改表格样式"对话框中的"文字"选项卡中，将"文字高度"设置为 4，

5.5 综合实例——绘制建筑设计 A3 图纸样板图形

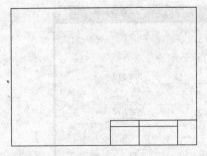

图 5-46 完成标题栏单元格编辑

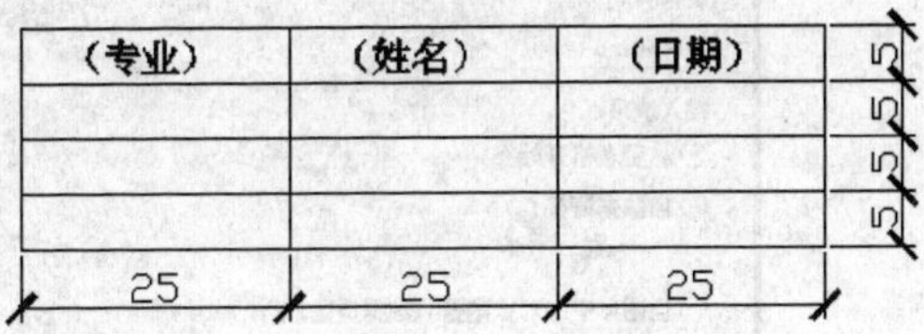

图 5-47 会签栏示意图

如图 5-48 所示;再把"常规"选项卡中的"页边距"选项组中的"水平"和"垂直"都设置为 0.5。

(2) 单击"绘图"工具栏中的"表格"按钮,系统弹出"插入表格"对话框,在"列和行设置"选项组中,将"列"设置为 3,"列宽"设置为 25,"数据行"设置为 2,"行高"设置为 1 行;在"设置单元样式"选项组中,将"第一行单元样式"、"第二行单元样式"和"所有其他行单元样式"都设置为"数据",如图 5-49 所示。

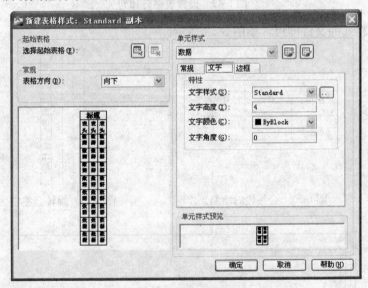

图 5-48 设置表格样式

(3) 在表格中输入文字,结果如图 5-50 所示。

9. 旋转和移动会签栏

(1) 单击"修改"工具栏中的"旋转"按钮,旋转会签栏。结果如图 5-51 所示。

(2) 单击"修改"工具栏中的"移动"按钮,将会签栏移动到图框的左上角,结果如图 5-52 所示。

10. 保存样板图

选择菜单栏中的"文件"→"另存为"命令,系统弹出"图形另存为"对话框,将图形

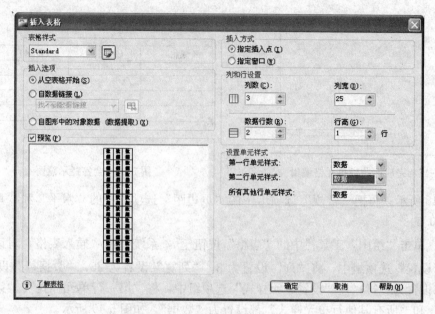

图 5-49　设置表格行和列

保存为 DWT 格式的文件即可，如图 5-53 所示。

图 5-50　会签栏的绘制　　　　　　图 5-51　旋转会签栏

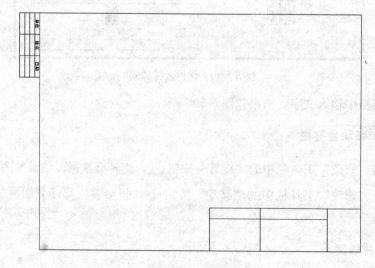

图 5-52　绘制完成的样板图

图 5-53 "图形另存为"对话框

5.6 上机实验

 【实验 1】 绘制酒瓶

1. 目的要求

如图 5-54 所示,在建筑设计中经常用到文字标注,正确进行文字标注是 AutoCAD 必不可少的一项工作。本实验的目的是通过练习使读者掌握文字标注的一般方法。

图 5-54 酒瓶

2. 操作提示

(1) 设置文字标注的样式。

(2) 单击"绘图"工具栏中的"多行文字"按钮 ,进行标注。

【实验 2】 绘制灯具规格表

**实讲实训
多媒体演示**

多媒体演示参见配套光盘中的\\参考视频\第5章\ 灯具.avi。

1. 目的要求

如图 5-55 所示,本实验的目的是通过绘制灯具规格表使读者掌握表格相关命令的使用方法,体会表格功能的便捷性。

主要灯具表						
序号	图例	名 称	型 号 规 格	单位	数量	备 注
1	○	地埋灯	70W×1	套	120	
2	▽	投光灯	120W×1	套	26	照树投光灯
3	▽	投光灯	150W×1	套	58	照雕塑投光灯
4	⊕	路灯	250W×1	套	36	H=12.0m
5	⊗	广场灯	250W×1	套	4	H=12.0m
6	●	庭院灯	1400W×1	套	56	H=4.0m
7	⊕	草坪灯	50W×1	套	130	H=1.0m
8	▦	定制台式工艺灯	方钢表面黑色喷漆1500×1500×900 节能灯27W×2	套	32	
9	⊕	水中灯	J12V100W×1	套	375	
10						
11						

图 5-55 灯具规格表

2. 操作提示

(1) 设置表格样式。
(2) 插入空表格,并调整列宽。
(3) 重新输入文字和数据。

第 6 章 尺寸标注

尺寸标注是绘图设计过程当中相当重要的一个环节。因为图形的主要作用是表达物体的形状，而物体各部分的真实大小和确切位置只能通过尺寸标注来描述。因此，如果没有正确的尺寸标注，绘制出的图纸对于加工制造就没什么意义。本章介绍 AutoCAD 的尺寸标注功能，主要内容包括：尺寸标注的规则与组成、尺寸样式、尺寸标注、引线标注、尺寸标注编辑等。

学习要点

尺寸样式
标注尺寸
引线标注
编辑尺寸标注

6.1 尺寸样式

组成尺寸标注的尺寸界线、尺寸线、尺寸文本及箭头等都可以采用多种多样的形式，在实际标注一个几何对象的尺寸时，尺寸标注样式决定尺寸标注以什么形态出现。它主要决定尺寸标注的形式，包括尺寸线、尺寸界线、箭头和中心标记等的形式，以及尺寸文本的位置、特性等。在 AutoCAD 2011 中，用户可以利用"标注样式管理器"对话框方便地设置自己需要的尺寸标注样式。下面介绍如何定制尺寸标注样式。

6.1.1 新建或修改尺寸样式

在进行尺寸标注之前，要建立尺寸标注的样式。如果用户不建立尺寸样式而直接进行标注，系统就会使用默认的、名称为 STANDARD 的样式。如果用户认为使用的标注样式有某些设置不合适，那么也可以修改标注样式。

【执行方式】

命令行：DIMSTYLE
菜单："格式"→"标注样式" 或 "标注"→"标注样式"
工具栏："标注"→"标注样式"

【操作步骤】

命令：DIMSTYLE

执行上述命令后，AutoCAD 打开"标注样式管理器"对话框，如图 6-1 所示。利用此对话框用户可方便直观地设置和浏览尺寸标注样式，包括建立新的标注样式、修改已存在的样式、设置当前尺寸标注样式、标注样式重命名以及删除一个已存在的标注样式等。

【选项说明】

1．"置为当前"按钮

单击此按钮，把在"样式"列表框中选中的标注样式设置为当前尺寸标注样式。

2．"新建"按钮

定义一个新的尺寸标注样式。单击此按钮，AutoCAD 打开"创建新标注样式"对话框，如图 6-2 所示，利用此对话框可创建一个新的尺寸标注样式。下面介绍其中各选项的功能。

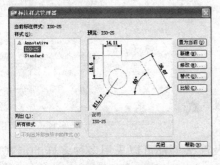

图 6-1　"标注样式管理器"对话框　　　　图 6-2　"创建新标注样式"对话框

（1）新样式名：给新的尺寸标注样式命名。

（2）基础样式：选取创建新样式所基于的标注样式。单击右侧的下三角按钮，显示当前已存在的标注样式列表，从中选取一个样式作为定义新样式的基础样式，新的样式是在这个样式的基础上修改一些特性得到的。

（3）用于：指定新样式应用的尺寸类型。单击右侧的下三角按钮，显示尺寸类型列表，如果新建样式应用于所有尺寸标注，则选"所有标注"；如果新建样式只应用于特定的尺寸标注（例如只在标注直径时使用此样式），则选取相应的尺寸类型。

（4）继续：设置好各选项以后，单击"继续"按钮，AutoCAD 打开"新建标注样式"对话框，如图 6-3 所示，利用此对话框可对新样式的各项特性进行设置。该对话框中各部分的含义和功能将在后面介绍。

3．"修改"按钮

修改一个已存在的尺寸标注样式。单击此按钮，AutoCAD 打开"修改标注样式"对话框，该对话框中的各选项与"新建标注样式"对话框中的各选项完全相同，用户可以在

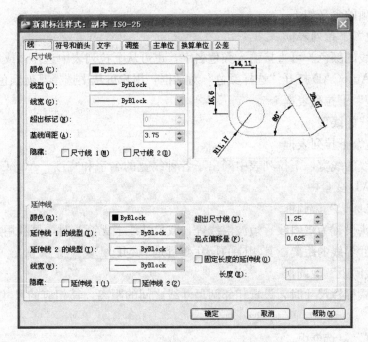

图 6-3 "新建标注样式"对话框

此对话框中对已有标注样式进行修改。

4. "替代"按钮

设置临时覆盖尺寸标注样式。单击此按钮,AutoCAD 打开"替代当前样式"对话框,该对话框中的各选项与"新建标注样式"对话框中的各选项完全相同,用户可通过改变选项的设置来覆盖原来的设置,但这种修改只对指定的尺寸标注起作用,而不影响当前尺寸样式变量的设置。

5. "比较"按钮

比较两个尺寸标注样式在参数上的区别,或浏览一个尺寸标注样式的参数设置。单击此按钮,AutoCAD 打开"比较标注样式"对话框,如图 6-4 所示。用户可以把比较结果复制到剪贴板上,然后再粘贴到其他的 Windows 应用软件上。

6.1.2 线

在"新建标注样式"对话框中,第 1 个选项卡就是"线"选项卡,如图 6-3 所示。该选项卡用于设置尺寸线、尺寸界线的形式和特性。下面分别进行说明。

1. "尺寸线"选项组

该选项组用于设置尺寸线的特性。

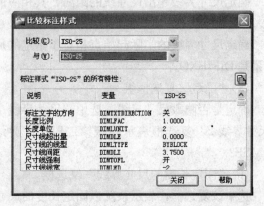

图 6-4 "比较标注样式"对话框

其中各主要选项的含义如下：

(1)"颜色"下拉列表框

设置尺寸线的颜色。可直接输入颜色名字，也可从下拉列表中选择，或者单击"选择颜色"命令，AutoCAD打开"选择颜色"对话框，用户可从中选择其他颜色。

(2)"线型"下拉列表框

设定尺寸线的线型。

(3)"线宽"下拉列表框

设置尺寸线的线宽，下拉列表中列出了各种线宽的名字和宽度。AutoCAD把设置值保存在DIMLWD变量中。

(4)"超出标记"微调框

当尺寸箭头设置为短斜线、短波浪线等，或尺寸线上无箭头时，可利用此微调框设置尺寸线超出尺寸界线的距离。其相应的尺寸变量是DIMDLE。

(5)"基线间距"微调框

以基线方式标注尺寸时，设置相邻两尺寸线之间的距离，其相应的尺寸变量是DIMDLI。

(6)"隐藏"复选框组

确定是否隐藏尺寸线及其相应的箭头。选中"尺寸线1"复选框表示隐藏第一段尺寸线，选中"尺寸线2"复选框表示隐藏第二段尺寸线。其相应的尺寸变量分别为DIMSD1和DIMSD2。

2. "尺寸界线"选项组

该选项组用于确定尺寸界线的形式。其中各主要选项的含义如下：

(1)"颜色"下拉列表框

设置尺寸界线的颜色。

(2)"线宽"下拉列表框

设置尺寸界线的线宽，AutoCAD把其值保存在DIMLWE变量中。

(3)"超出尺寸线"微调框

确定尺寸界线超出尺寸线的距离，其相应的尺寸变量是DIMEXE。

(4)"起点偏移量"微调框

确定尺寸界线的实际起始点相对于指定的尺寸界线的起始点的偏移量，其相应的尺寸变量是DIMEXO。

(5)"隐藏"复选框组

确定是否隐藏尺寸界线。选中"尺寸界线1"复选框表示隐藏第一段尺寸界线，选中"尺寸界线2"复选框表示隐藏第二段尺寸界线。其相应的尺寸变量分别为DIMSE1和DIMSE2。

(6)"固定长度的尺寸界线"复选框

选中该复选框，表示系统以固定长度的尺寸界线标注尺寸。可以在下面的"长度"微调框中输入长度值。

3. 尺寸样式显示框

在"新建标注样式"对话框的右上方,有一个尺寸样式显示框,该显示框以样例的形式显示用户设置的尺寸样式。

6.1.3 符号和箭头

在"新建标注样式"对话框中,第 2 个选项卡是"符号和箭头"选项卡,如图 6-5 所示。该选项卡用于设置箭头、圆心标记、弧长符号和半径折弯标注等的形式和特性。下面分别进行说明。

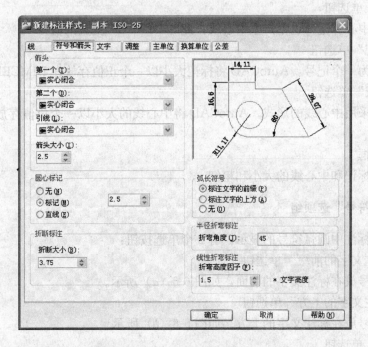

图 6-5 "新建标注样式"对话框的"符号和箭头"选项卡

1. "箭头"选项组

设置尺寸箭头的形式,AutoCAD 提供了多种多样的箭头形状,列在"第一个"和"第二个"下拉列表框中。另外,系统还允许用户采用自定义的箭头形式。两个尺寸箭头可以采用相同的形式,也可以采用不同的形式。

(1)"第一个"下拉列表框

用于设置第一个尺寸箭头的形式。此下拉列表框中列出各种箭头形式的名字及其形状,用户可从中选择自己需要的形式。一旦确定了第一个箭头的类型,第二个箭头则自动与其匹配,要想第二个箭头选用不同的类型,可在"第二个"下拉列表框中进行设定。AutoCAD 把第一个箭头类型名存放在尺寸变量 DIMBLK1 中。

(2)"第二个"下拉列表框

确定第二个尺寸箭头的形式,可与第一个箭头类型不同。AutoCAD 把第二个箭头的名字存放在尺寸变量 DIMBLK2 中。

(3) "引线"下拉列表框

确定引线箭头的形式，与"第一个"下拉列表框的设置类似。

(4) "箭头大小"微调框

设置箭头的大小，其相应的尺寸变量是 DIMASZ。

2. "圆心标记"选项组

设置半径标注、直径标注和中心标注中的中心标记和中心线的形式。其相应的尺寸变量是 DIMCEN。其中各项的含义如下：

(1) "无"单选钮

既不产生中心标记，也不产生中心线。此时 DIMCEN 变量的值为 0。

(2) "标记"单选钮

中心标记为一个记号。AutoCAD 将标记大小以一个正值存放在 DIMCEN 变量中。

(3) "直线"单选钮

中心标记采用中心线的形式。AutoCAD 将中心线的大小以一个负值存放在 DIMCEN 变量中。

(4) 微调框

设置中心标记和中心线的大小和粗细。

3. "弧长符号"选项组

控制弧长标注中圆弧符号的显示。有 3 个单选按钮：

(1) "标注文字的前缀"单选钮

将弧长符号放在标注文字的前面，如图 6-6 (a) 所示。

(2) "标注文字的上方"单选钮

将弧长符号放在标注文字的上方。如图 6-6 (b) 所示。

(3) "无"单选钮

不显示弧长符号，如图 6-6 (c) 所示。

图 6-6 弧长符号

4. "半径折弯标注"选项组

控制折弯（Z 字形）半径标注的显示。

5. "线性折弯标注"选项组

控制线性标注折弯的显示。

6.1.4 文本

在"新建标注样式"对话框中,第 3 个选项卡是"文字"选项卡,如图 6-7 所示。该选项卡用于设置尺寸文本的形式、位置和对齐方式等。

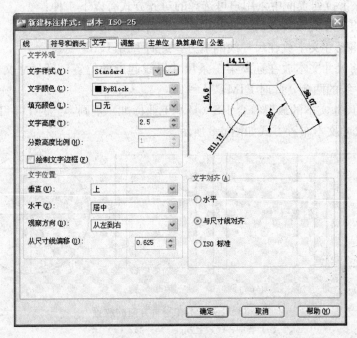

图 6-7 "新建标注样式"对话框的"文字"选项卡

1. "文字外观"选项组

(1) "文字样式"下拉列表框

选择当前尺寸文本采用的文本样式。可在下拉列表中选取一个样式,也可单击右侧的 按钮,打开"文字样式"对话框,以创建新的文字样式或对已存在的文字样式进行修改。AutoCAD 将当前文字样式保存在 DIMTXSTY 系统变量中。

(2) "文字颜色"下拉列表框

设置尺寸文本的颜色,其操作方法与设置尺寸线颜色的方法相同。与其对应的尺寸变量是 DIMCLRT。

(3) "文字高度"微调框

设置尺寸文本的字高,其相应的尺寸变量是 DIMTXT。如果选用的文字样式中已设置了具体的字高(不是 0),则此处的设置无效;如果文字样式中设置的字高为 0,那么以此处的设置为准。

(4) "分数高度比例"微调框

确定尺寸文本的比例系数,其相应的尺寸变量是 DIMTFAC。

(5) "绘制文字边框"复选框

选中此复选框,AutoCAD 将在尺寸文本的周围加上边框。

2. "文字位置"选项组

(1) "垂直"下拉列表框

确定尺寸文本相对于尺寸线在垂直方向上的对齐方式,其相应的尺寸变量是 DIMTAD。在该下拉列表框中,用户可选择的对齐方式有以下 4 种:

① 置中:将尺寸文本放在尺寸线的中间,此时 DIMTAD=0。

② 上方:将尺寸文本放在尺寸线的上方,此时 DIMTAD=1。

③ 外部:将尺寸文本放在远离第一条尺寸界线起点的位置,即尺寸文本和所标注的对象分列于尺寸线的两侧,此时 DIMTAD=2。

④ JIS:使尺寸文本的放置符合 JIS(日本工业标准)规则,此时 DIMTAD=3。

上面几种尺寸文本布置方式如图 6-8 所示。

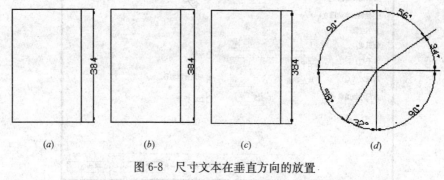

图 6-8 尺寸文本在垂直方向的放置
(a) 置中;(b) 上方;(c) 外部;(d) JIS

(2) "水平"下拉列表框

用来确定尺寸文本相对于尺寸线和尺寸界线在水平方向上的对齐方式,其相应的尺寸变量是 DIMJUST。在此下拉列表框中,用户可选择的对齐方式有以下 5 种:置中、第一条尺寸界线、第二条尺寸界线、第一条尺寸界线上方、第二条尺寸界线上方,如图 6-9 (a)~(e) 所示。

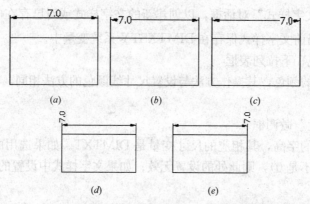

图 6-9 尺寸文本在水平方向上的放置

(3) "从尺寸线偏移"微调框

当尺寸文本放在断开的尺寸线中间时,此微调框用来设置尺寸文本与尺寸线之间的距离（尺寸文本间隙），这个值保存在尺寸变量 DIMGAP 中。

3. "文字对齐"选项组

用来控制尺寸文本排列的方向。当尺寸文本在尺寸界线之内时，与其对应的尺寸变量是 DIMTIH；当尺寸文本在尺寸界线之外时，与其对应的尺寸变量是 DIMTOH。

（1）"水平"单选钮

尺寸文本沿水平方向放置。不论标注什么方向的尺寸，尺寸文本总保持水平。

（2）"与尺寸线对齐"单选钮

尺寸文本沿尺寸线方向放置。

（3）"ISO 标准"单选钮

当尺寸文本在尺寸界线之间时，沿尺寸线方向放置；当尺寸文本在尺寸界线之外时，沿水平方向放置。

6.2 标注尺寸

正确地进行尺寸标注是绘图设计过程中非常重要的一个环节，AutoCAD 2011 提供了方便快捷的尺寸标注方法，可通过执行命令实现，也可利用菜单或工具图标实现。本节重点介绍如何对各种类型的尺寸进行标注。

6.2.1 线性标注

【执行方式】

命令行：DIMLINEAR（缩写名 DIMLIN）
菜单："标注"→"线性"
工具栏："标注"→"线性"

【操作步骤】

命令：DIMLIN
指定第一条尺寸界线原点或＜选择对象＞：

【选项说明】

在此提示下有两种选择方法，直接按 Enter 键选择要标注的对象或确定尺寸界线的起始点。

1. 直接按 Enter 键

光标变为拾取框，并且在命令行提示：
选择标注对象：
用拾取框点取要标注尺寸的线段，命令行提示如下：

指定尺寸线位置或[多行文字(M)/文字(T)/角度(A)/水平(H)/垂直(V)/旋转(R)]：

各项的含义如下：

(1) 指定尺寸线位置：确定尺寸线的位置。用户可通过移动鼠标来选择合适的尺寸线位置，然后按 Enter 键或单击，AutoCAD 将自动测量所标注线段的长度并标注出相应的尺寸。

(2) 多行文字（M）：用多行文字编辑器确定尺寸文本。

(3) 文字（T）：在命令行提示下输入或编辑尺寸文本。选择此选项后，AutoCAD 提示：

输入标注文字 ＜默认值＞：

其中的默认值是 AutoCAD 自动测量得到的被标注线段的长度，直接按 Enter 键即可采用此长度值，也可输入其他数值代替默认值。当尺寸文本中包含默认值时，可使用尖括号"＜＞"表示默认值。

(4) 角度（A）：确定尺寸文本的倾斜角度。

(5) 水平（H）：水平标注尺寸，不论被标注线段沿什么方向，尺寸线均水平放置。

(6) 垂直（V）：垂直标注尺寸，不论被标注线段沿什么方向，尺寸线总保持垂直。

(7) 旋转（R）：旋转标注尺寸，输入尺寸线旋转的角度值。

2. 指定第一条尺寸界线的起始点

指定第一条尺寸界线的起始点。

6.2.2 对齐标注

命令行：DIMALIGNED
菜单："标注"→"对齐"
工具栏："标注"→"对齐"

命令：DIMALIGNED✓
指定第一条尺寸界线原点或 ＜选择对象＞：

这种命令标注的尺寸线与所标注轮廓线平行，标注的尺寸是起始点到终点之间的距离尺寸。

6.2.3 基线标注

基线标注用于产生一系列基于同一条尺寸界线的尺寸标注，适用于长度尺寸标注、角度标注和坐标标注等。在使用基线标注方式前，应先标注出一个相关的尺寸。

命令行：DIMBASELINE

菜单："标注"→"基线"
工具栏："标注"→"基线"

【操作步骤】

命令：DIMBASELINE
指定第二条尺寸界线原点或［放弃(U)/选择(S)］＜选择＞：

【选项说明】

1. 指定第二条尺寸界线原点

直接确定另一个尺寸的第二条尺寸界线的起始点，AutoCAD 以上次标注的尺寸为基准，标注出相应尺寸。

2. 选择（S）

在上述提示下直接按 Enter 键，AutoCAD 提示：
选择基准标注：(选取作为基准的尺寸标注)

6.2.4 连续标注

连续标注又叫尺寸链标注，用于产生一系列连续的尺寸标注，后一个尺寸标注均把前一个尺寸标注的第二条尺寸界线作为它的第一条尺寸界线。适用于长度尺寸标注、角度标注和坐标标注等。在使用连续标注方式前，应先标注出一个相关的尺寸。

【执行方式】

命令行：DIMCONTINUE
菜单："标注"→"连续"
工具栏："标注"→"继续"

【操作步骤】

命令：DIMCONTINUE
指定第二条尺寸界线原点或［放弃(U)/选择(S)］＜选择＞：
在此提示下的各选项与基线标注中的各选项完全相同，在此不再赘述。

6.2.5 半径标注

【执行方式】

命令行：DIMRADIUS
菜单："标注→"直径标注
工具栏："标注→"直径标注

【操作步骤】

命令：DIMRADIUS
选择圆弧或圆：(选择要标注半径的圆或圆弧)
指定尺寸线位置或［多行文字(M)/文字(T)/角度(A)］：(确定尺寸线的位置或选某一选项)

用户可以通过选择"多行文字（M）"项、"文字（T）"项或"角度（A）"项来输入、编辑尺寸文本或确定尺寸文本的倾斜角度，也可以通过直接指定尺寸线的位置来标注出指定圆或圆弧的半径。

其他标注类型还有直径标注、圆心标记和中心线标注、角度标注、快速标注等标注，这里不再赘述。

6.2.6 标注打断

【执行方式】

命令行：DIMBREAK
菜单："标注"→"标注打断"
工具栏："标注"→"折断标注 "

【操作步骤】

命令：DIMBREAK
选择要添加/删除折断的标注或［多个(M)］：选择标注,或输入 m 并按 ENTER 键
选择标注后,将显示以下提示：
选择要折断标注的对象或［自动(A)/手动(R)/删除(M)］＜自动＞：选择与标注相交或与选定标注的延伸线相交的对象,输入选项,或按 ENTER 键
选择要折断标注的对象后,将显示以下提示：
选择要折断标注的对象：选择通过标注的对象或按 ENTER 键以结束命令
选择多个指定要向其中添加折断或要从中删除折断的多个标注。选择自动将折断标注放置在与选定标注相交的对象的所有交点处。修改标注或相交对象时，会自动更新使用此选项创建的所有折断标注。在具有任何折断标注的标注上方绘制新对象后，在交点处不会沿标注对象自动应用任何新的折断标注。要添加新的折断标注，必须再次运行此命令。选择删除从选定的标注中删除所有折断标注。选择手动放置折断标注。为折断位置指定标注或延伸线上的两点。如果修改标注或相交对象，则不会更新使用此选项创建的任何折断标注。使用此选项，一次仅可以放置一个手动折断标注。

6.3 引线标注

AutoCAD 提供了引线标注功能，利用该功能用户不仅可以标注特定的尺寸，如圆

角、倒角等，还可以在图中添加多行旁注、说明。在引线标注中，指引线可以是折线，也可以是曲线；指引线端部可以有箭头，也可以没有箭头。

6.3.1 利用 LEADER 命令进行引线标注

LEADER 命令可以创建灵活多样的引线标注形式，用户可根据自己的需要把指引线设置为折线或曲线；指引线可带箭头，也可不带箭头；注释文本可以是多行文本，也可以是形位公差，或是从图形其他部位复制的部分图形，还可以是一个图块。

【执行方式】

命令行：LEADER

【操作步骤】

命令：LEADER
指定引线起点：(输入指引线的起始点)
指定下一点：(输入指引线的另一点)
AutoCAD 由上面两点画出指引线并继续提示：
指定下一点或 [注释(A)/格式(F)/放弃(U)]＜注释＞：

【选项说明】

1. 指定下一点

直接输入一点，AutoCAD 根据前面的点画出折线作为指引线。

2. 注释（A）

输入注释文本，为默认项。在上面提示下直接按 Enter 键，AutoCAD 提示：
输入注释文字的第一行或 ＜选项＞：
（1）输入注释文本的第一行
在此提示下输入第一行文本后按 Enter 键，用户可继续输入第二行文本，如此反复执行，直到输入全部注释文本；然后，在此提示下直接按 Enter 键，AutoCAD 会在指引线终端标注出所输入的多行文本，并结束 LEADER 命令。
（2）直接按 Enter 键
如果在上面的提示下直接按 Enter 键，命令行提示如下：
输入注释选项 [公差(T)/副本(C)/块(B)/无(N)/多行文字(M)]＜多行文字＞：
在此提示下输入一个注释选项或直接按 Enter 键，即选择"多行文字"选项。

3. 格式（F）

确定指引线的形式。选择该项，命令行提示如下：
输入指引线格式选项 [样条曲线(S)/直线(ST)/箭头(A)/无(N)]＜退出＞：(选择指

引线形式,或直接按 Enter 键回到上一级提示)

(1) 样条曲线（S）：设置指引线为样条曲线。
(2) 直线（ST）：设置指引线为折线。
(3) 箭头（A）：在指引线的端部位置画箭头。
(4) 无（N）：在指引线的端部位置不画箭头。
(5) ＜退出＞：此项为默认选项，选取该项退出"格式"选项。

6.3.2 利用 QLEADER 命令进行引线标注

利用 QLEADER 命令可快速生成指引线及注释，而且可以通过命令行来优化对话框进行用户自定义，由此可以消除不必要的命令行提示，取得更高的工作效率。

【执行方式】

命令行：QLEADER

【操作步骤】

命令：QLEADER✓
指定第一个引线点或 [设置(S)] ＜设置＞：

【选项说明】

1. 指定第一个引线点

在上面的提示下确定一点作为指引线的第一点，命令行提示如下：
指定下一点:(输入指引线的第二点)
指定下一点:(输入指引线的第三点)
AutoCAD 提示用户输入的点的数目由"引线设置"对话框确定，如图 6-10 所示。输入完指引线的点后，命令行提示如下：
指定文字宽度＜0.0000＞:(输入多行文本的宽度)
输入注释文字的第一行 ＜多行文字(M)＞：
(1) 输入注释文字的第一行
在命令行输入第一行文本。系统继续提示：
输入注释文字的下一行:(输入另一行文本)
输入注释文字的下一行:(输入另一行文本或按 Enter 键)
(2) 多行文字（M）
打开多行文字编辑器，输入、编辑多行文字。输入全部注释文本后，在此提示下直接按 Enter 键，AutoCAD 结束 QLEADER 命令，并把多行文本标注在指引线的末端附近。

2. 设置（S）

在上面提示下直接按 Enter 键或键入 S，AutoCAD 将打开如图 6-10 所示的"引线设置"对话框，允许对引线标注进行设置。该对话框包含"注释"、"引线和箭头"、"附着"3个选项卡，下面分别进行介绍。

(1)"引线和箭头"选项卡如图 6-10 所示。

(2)"注释"选项卡如图 6-11 所示。

用于设置引线标注中注释文本的类型、多行文字的格式并确定注释文本是否多次使用。

用来设置引线标注中引线和箭头的形式。其中"点数"选项组用来设置执行 QLEADER 命令时，AutoCAD 提示用户输入的点的数目。

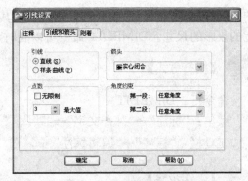

图 6-10 "引线和箭头"选项卡

例如，设置点数为 3，执行 QLEADER 命令时，当用户在提示下指定 3 个点后，AutoCAD 自动提示用户输入注释文本。注意，设置的点数要比用户希望的指引线的段数多 1，可利用微调框进行设置。如果选中"无限制"复选框，AutoCAD 会一直提示用户输入点直到连续按 Enter 键两次为止。"角度约束"选项组用来设置第一段和第二段指引线的角度约束。

(3)"附着"选项卡如图 6-12 所示。

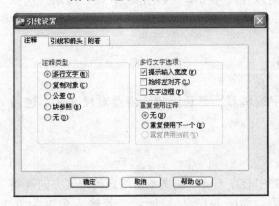

图 6-11 "引线设置"对话框

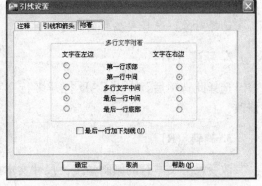

图 6-12 "附着"选项卡

设置注释文本和指引线的相对位置。如果最后一段指引线指向右边，AutoCAD 则自动把注释文本放在右侧；如果最后一段指引线指向左边，则 AutoCAD 自动把注释文本放在左侧。利用该选项卡中左侧和右侧的单选按钮，分别设置位于左侧和右侧的注释文本与最后一段指引线的相对位置，两者可以相同也可以不同。

6.4 编辑尺寸标注

AutoCAD 允许用户对已经创建好的尺寸标注进行编辑修改，包括修改尺寸文本的内容、改变其位置、使尺寸文本倾斜一定的角度等，还可以对尺寸界线进行编辑。

6.4.1 尺寸编辑

通过 DIMEDIT 命令，用户可以修改已有尺寸标注的文本内容、使尺寸文本倾斜一定的角度，还可以对尺寸界线进行修改，使其旋转一定角度，从而标注一个线段在某一方向上的投影的尺寸。DIMEDIT 命令可以同时对多个尺寸标注进行编辑。

【执行方式】

命令行：DIMEDIT
菜单："标注"→"对齐文字"→"默认"
工具栏："标注"→"编辑标注"

【操作步骤】

命令：DIMEDIT
输入标注编辑类型 [默认(H)/新建(N)/旋转(R)/倾斜(O)] <默认>：

【选项说明】

1. 默认（H）

按尺寸标注样式中设置的默认位置和方向放置尺寸文本，如图 6-13（a）所示。选择此选项，AutoCAD 提示：

选择对象：(选择要编辑的尺寸标注)

2. 新建（N）

选择此选项后，AutoCAD 打开多行文字编辑器，可利用此编辑器对尺寸文本进行修改。

3. 旋转（R）

改变尺寸文本行的倾斜角度。尺寸文本的中心点不变，使文本沿给定的角度方向倾斜排列，如图 6-13（b）所示。若输入角度为 0，则按"新建标注样式"对话框的"文字"选项卡中设置的默认方向排列。

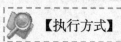

图 6-13 用 DIMEDIT 命令编辑尺寸标注

4. 倾斜（O）

修改长度型尺寸标注的尺寸界线，使其倾斜一定的角度，与尺寸线不垂直，如图6-13（c）所示。

6.4.2 利用 DIMTEDIT 命令编辑尺寸标注

利用 DIMTEDIT 命令可以改变尺寸文本的位置，使其位于尺寸线上面左端、右端或中间，而且可使尺寸文本倾斜一定的角度。

【执行方式】

命令：DIMTEDIT

菜单:"标注"→"对齐文字"→(除"默认"命令外其他命令)
工具栏:"标注"→"编辑标注文字"

【操作步骤】

命令:DIMTEDIT
选择标注:(选择一个尺寸标注)
指定标注文字的新位置或［左(L)/右(R)/中心(C)/默认(H)/角度(A)］:

【选项说明】

1. 指定标注文字的新位置

更新尺寸文本的位置。拖动文本到新的位置,这时系统变量 DIMSHO 为 ON。

2. 左(L)/右(R)

使尺寸文本沿尺寸线左(右)对齐,如图 6-14(a)、(b) 所示。此选项只对长度型、半径型、直径型尺寸标注起作用。

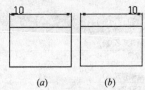

图 6-14 用 DIMTEDIT 命令编辑尺寸标注

3. 中心(C)

把尺寸文本放在尺寸线上的中间位置如图 6-13(a) 所示。

4. 默认(H)

把尺寸文本按默认位置放置。

5. 角度(A)

改变尺寸文本行的倾斜角度。

6.4.3 实例——标注建筑平面图尺寸

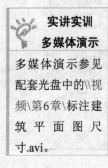

实讲实训 多媒体演示

多媒体演示参见配套光盘中的\\视频\第6章\标注建筑平面图尺寸.avi。

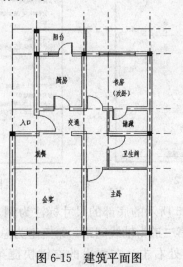

图 6-15 建筑平面图

(1) 建立"尺寸"图层,尺寸图层参数如图 6-16 所示,并将其置为当前层。

![尺寸图层参数](尺寸 绿 Contin... ——默认 Color_3 0)

图 6-16　尺寸图层参数

(2) 标注样式设置。标注样式的设置应该跟绘图比例相匹配。如前面所述,该平面图以实际尺寸绘制,并以 1∶100 的比例输出,现在对标注样式进行如下设置。

1) 单击菜单栏"格式"下拉式菜单中的"标注样式"命令,打开"标注样式管理器"对话框,新建一个标注样式,命名为"建筑",单击"继续"按钮,如图 6-17 所示。

2) 将"建筑"样式中的参数按如图 6-18～图 6-21 所示逐项进行设置。单击"确定"后回到"标注样式管理器"对话框,将"建筑"样式设为当前,如图 6-22 所示。

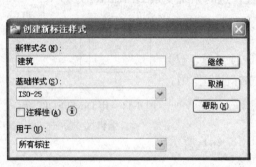

图 6-17　新建标注样式　　　　　　　　图 6-18　设置参数 1

 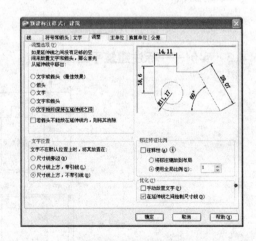

图 6-19　设置参数 2　　　　　　　　　图 6-20　设置参数 3

(3) 尺寸标注。以图 6-15 所示的底部的尺寸标注为例。该部分尺寸分为 3 道,第一道为墙体宽度及门窗宽度,第二道为轴线间距,第三道为总尺寸。

1) 在任意工具栏的空白处右击,在弹出的右键快捷菜单上选择"标注"项,如图

6.4 编辑尺寸标注

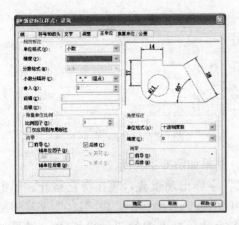

图 6-21 设置参数 4 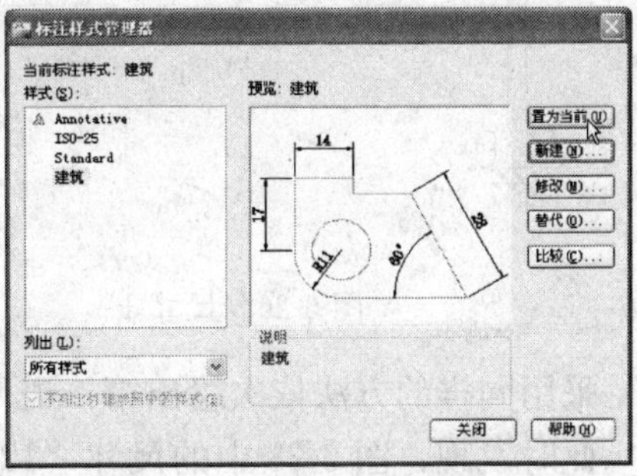　　　　　　　　　　图 6-22 将"建筑"样式设为当前

6-23 所示,将"标注"工具栏显示在屏幕上,以便使用。

2) 第一道尺寸线的绘制。单击"标注"工具栏上的"线性标注"按钮 ,如图 6-24 所示,命令行提示如下:

命令:_dimlinear

指定第一条尺寸界线原点或＜选择对象＞:(利用"对象捕捉"单击图 6-25 中的 A 点)

指定第二条尺寸界线原点:(捕捉 B 点)

指定尺寸线位置或[多行文字(M)/文字(T)/角度(A)/水平(H)/垂直(V)/旋转(R)]:@0,－1200(按 Enter 键)

结果如图 6-26 所示。上述操作也可以在捕捉 A、B 两点后,通过直接向外拖动来确定尺寸线的放置位置。

重复上述命令,命令行提示如下:

命令:_dimlinear

指定第一条尺寸界线原点或＜选择对象＞:(单击图中的 B 点)

指定第二条尺寸界线原点:(捕捉 C 点)

指定尺寸线位置或[多行文字(M)/文字(T)/角度(A)/水平(H)/垂直(V)/旋转(R)]:@0,－1200(按 Enter 键。也可以直接捕捉上一道尺寸线位置)

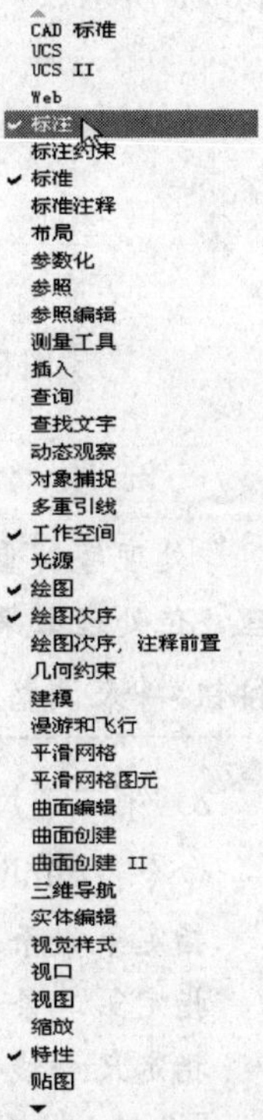

图 6-23 显示"标注"工具栏

结果如图 6-27 所示。

图 6-24 "标注"工具栏

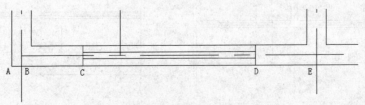

图 6-25 捕捉点示意

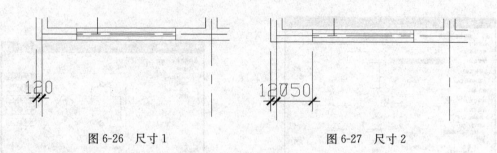

图 6-26 尺寸 1　　　　　　　　图 6-27 尺寸 2

采用同样的方法依次绘出第一道尺寸的全部,结果如图 6-28 所示。

此时发现,图 6-28 中的尺寸"120"跟"750"字样出现重叠,现在将它移开。单击"120",则该尺寸处于选中状态;再用鼠标单击中间的蓝色方块标记,将"120"字样移至外侧适当位置后,单击"确定"按钮。采用同样的办法处理右侧的"120"字样,结果如图 6-29 所示。

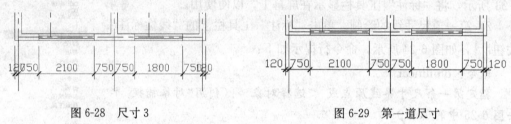

图 6-28 尺寸 3　　　　　　　　图 6-29 第一道尺寸

> **说　明**
>
> 处理字样重叠的问题,亦可以在标注样式中进行相关设置,这样计算机会自动处理,但处理效果有时不太理想,也通过可以单击"标注"工具栏中的"编辑标注文字"按钮 来调整文字位置,读者可以试一试。

3) 第二道尺寸绘制。单击"线性标注"按钮 ,命令行提示如下:

命令:_dimlinear

指定第一条尺寸界线原点或 <选择对象>:(捕捉如图 6-30 所示中的 A 点)

指定第二条尺寸界线原点:(捕捉 B 点)

指定尺寸线位置或

[多行文字(M)/文字(T)/角度(A)/水平(H)/垂直(V)/旋转(R)]:@0,-800(按Enter 键)

结果如图 6-31 所示。

重复上述命令,分别捕捉 B、C 点,完成第二道尺寸的绘制,结果如图 6-32 所示。

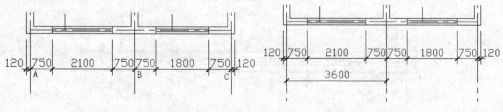

图 6-30 捕捉点示意　　　　　　　　图 6-31 轴线尺寸 1

4)第三道尺寸绘制。单击"线性标注"按钮，命令行提示如下：

命令：_dimlinear

指定第一条尺寸界线原点或＜选择对象＞：（捕捉左下角的外墙角点）

指定第二条尺寸界线原点：（捕捉右下角的外墙角点）

指定尺寸线位置或

[多行文字(M)/文字(T)/角度(A)/水平(H)/垂直(V)/旋转(R)]：@0，－2800（按Enter键）

结果如图6-33所示。

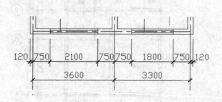

图6-32 第二道尺寸

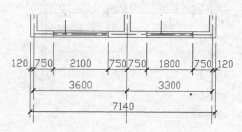

图6-33 第三道尺寸

（4）轴号标注。根据规范要求，横向轴号一般用阿拉伯数字1、2、3、…标注，纵向轴号一般用字母A、B、C、…标注。

在轴线端绘制一个直径为800的圆，在图的中央标注一个数字"1"，字高为300，如图6-34所示。将该轴号图例复制到其他轴线端，并修改圈内的数字。

双击数字，打开"文字编辑器"对话框，如图6-35所示，输入修改的数字，单击"确定"按钮。

轴号标注结束后，下方尺寸标注结果如图6-36所示。

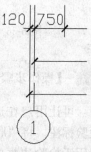

图6-34 轴号1

图6-35 "文字编辑器"对话框

采用上述整套的尺寸标注方法，将其他方向的尺寸标注完成，结果如图6-37所示。

6.4.4 尺寸检验

【执行方式】

命令行：DIMINSPECT

菜单："标注"→"检验"

工具栏："标注"→"检验"

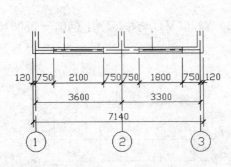

图 6-36 下方尺寸标注结果　　　　　图 6-37 尺寸标注完成

【操作步骤】

可让用户在选定的标注中添加或删除检验标注。将"形状和检验标签/比率"设置用于检验边框的外观和检验率值。如图 6-38 所示。

【选项说明】

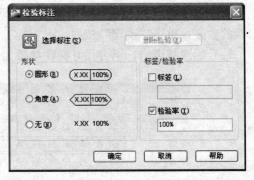

图 6-38 检验标注

1. 选择标注

指定应在其中添加或删除检验标注。

2. 删除检验

从选定的标注中删除检验标注。

3. 形状

控制围绕检验标注的标签、标注值和检验率绘制的边框的形状。

4. 标签/检验率

为检验标注指定标签文字和检验率。

6.5 上机实验

【实验1】 标注建筑局部图

1. 目的要求

如图 6-39 所示，本实验目的比较简单，只要求标注尺寸。在标注尺寸前，要先设置文字样式和标注样式。

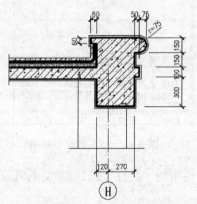

图 6-39 建筑局部图

> **实讲实训**
> **多媒体演示**
> 多媒体演示参见配套光盘中的\\参考视频\第6章\标注建筑局部图.avi。

2. 操作提示

(1) 单击"样式"工具栏中"文字样式"按钮，设置文字样式，为后面的尺寸标注输入文字做准备。

(2) 单击"标注"工具栏中"标注样式"按钮，设置标注样式。

(3) 单击"标注"工具栏中的"线性"按钮，标注图形中的尺寸。

【实验2】 标注餐厅平面图

1. 目的要求

如图 6-40 所示，本实验目的比较简单，只要求标注尺寸。在标注尺寸前，要先设置文字样式和标注样式。

2. 操作提示

(1) 单击"样式"工具栏中"文字样式"按钮，设置文字样式，为后面的尺寸标注输入文字做准备。

(2) 单击"标注"工具栏中"标注样式"按钮，设置标注样式。

> **实讲实训**
> **多媒体演示**
> 多媒体演示参见配套光盘中的\\参考视频\第6章\标注餐厅平面图.avi。

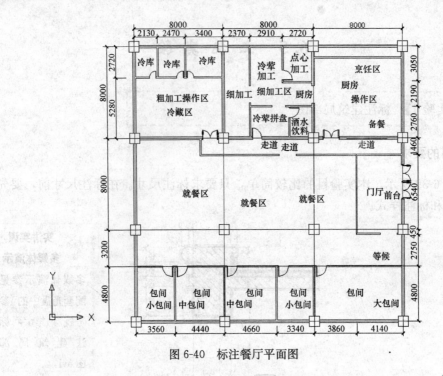

图 6-40　标注餐厅平面图

(3) 单击"标注"工具栏中的"线性"按钮，标注图形中的尺寸。

第7章 模块化绘图

在绘图设计过程中，经常会遇到一些重复出现的图形（例如建筑设计中的桌椅、门窗等）如果每次都重新绘制这些图形，不仅会造成大量的重复工作，而且存储这些图形及其信息也会占据相当大的磁盘空间。图块与设计中心，提出了模块化绘图的方法，这样不仅避免了大量的重复工作，提高了绘图速度和工作效率，而且还可以大大节省磁盘空间。本章主要介绍图块和设计中心功能，主要内容包括图块操作、图块属性、设计中心、工具选项板等知识。

学习要点

图块的操作
图块的属性
观察设计信息
向图形添加内容
工具选项板

7.1 图块的操作

图块也叫块，它是由一组图形对象组成的集合，一组对象一旦被定义为图块，它们将成为一个整体，拾取图块中任意一个图形对象即可选中构成图块的所有图形对象。AutoCAD 把一个图块作为一个对象进行编辑修改等操作，用户可根据绘图需要把图块插入到图中任意指定的位置，而且在插入时，还可以指定不同的缩放比例和旋转角度。如果需要对图块中的单个图形对象进行修改，那么还可以利用"分解"命令把图块分解成若干个对象。图块还可以被重新定义，一旦被重新定义，整个图中基于该块的对象都将随之改变。

7.1.1 定义图块

【执行方式】

命令行：BLOCK
菜单："绘图"→"块"→"创建"
工具栏："绘图"→"创建块"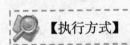

第 7 章 模块化绘图

【操作步骤】

命令：BLOCK↙

单击相应的菜单命令或工具栏图标，或在命令行输入 BLOCK 后按 Enter 键，AutoCAD 打开如图 7-1 所示的"块定义"对话框，利用该对话框可定义图块并为之命名。

【选项说明】

1. "基点"选项组

确定图块的基点，默认值是 (0，0，0)。也可以在下面的"X"（"Y"、"Z"）文本框中输入块的基点坐标值。单击"拾取点"按钮，AutoCAD 临时切换到绘图屏幕，用鼠标在图形中拾取一点后，返回"块定义"对话框，把所拾取的点作为图块的基点。

2. "对象"选项组

该选项组用于选择制绘图块的对象以及设置对象的相关属性。

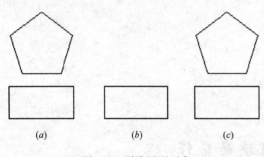

如图 7-1 所示，把图 (a) 中的正五边形定义为图块中的一个对象，图 (b) 为选中"删除"单选钮的结果，图 (c) 为选中"保留"单选钮的结果。

3. "设置"选项组

指定在 AutoCAD 设计中心拖动图块时用于测量图块的单位，以及缩放、分解和超链接等设置。

图 7-1 删除图形对象

4. "方式"选项组

（1）"注释性"复选框：指定块为注释性。

（2）"使块方向与布局匹配"复选框：指定在图纸空间视口中的块参照的方向与布局空间视口的方向匹配，如果未选择"注释性"选项，则该选项不可用。

（3）"按统一比例缩放"复选框：指定是否阻止块参照按统一比例缩放。

（4）"允许分解"复选框：指定块参照是否可以被分解。

（5）"在块编辑器中打开"复选框

选中此复选框，系统则打开块编辑器，可以定义动态块。后面将详细讲述。

7.1.2 图块的存盘

用 BLOCK 命令定义的图块保存在其所属的图形当中，该图块只能插入到该图中，而不能插入到其他的图中，但是有些图块要在许多图中会用到，这时可以用 WBLOCK 命令把图块以图形文件的形式（后缀为.DWG）写入磁盘，图形文件可以在任意图形中用 INSERT 命令插入。

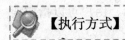【执行方式】

命令行：WBLOCK

【操作步骤】

命令：WBLOCK

在命令行输入 WBLOCK 后按 Enter 键，AutoCAD 打开"写块"对话框，如图 7-2 所示，利用此对话框可把图形对象保存为图形文件或把图块转换成图形文件。

【选项说明】

1. "源"选项组

确定要保存为图形文件的图块或图形对象。如果选中"块"单选钮，单击右侧的向下箭头，在下拉列表框中选择一个图块，则将其保存为图形文件。如果选中"整个图形"单选钮，则把当前的整个图形保存为图形文件。如果选中"对象"单选按钮，则把不属于图块的图形对象保存为图形文件。对象的选取，通过"对象"选项组来完成。

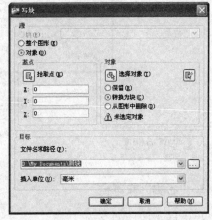

图 7-2 "写块"对话框

2. "目标"选项组

用于指定图形文件的名字、保存路径和插入单位等。

7.1.3 图块的插入

在用 AutoCAD 绘图的过程中，用户可根据需要随时把已经定义好的图块或图形文件插入到当前图形的任意位置，在插入的同时还可以改变图块的大小、旋转一定角度或把图块分解等。插入图块的方法有多种，本节逐一进行介绍。

【执行方式】

命令行：INSERT
菜单："插入"→"块"
工具栏："插入点"→"插入块" 或 "绘图"→"插入块"

【操作步骤】

命令：INSERT

执行上述命令后，AutoCAD 打开"插入"对话框，如图 7-3 所示，用户可以指定要插入的图块及插入位置。

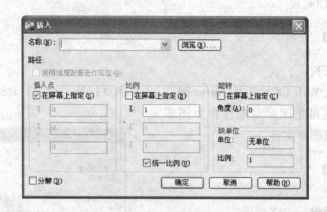

图 7-3 "插入"对话框

1. "名称"文本框

指定插入图块的名称。

2. "插入点"选项组

指定插入点，插入图块时该点与图块的基点重合。可以在屏幕上用鼠标指定该点，也可以通过在下面的文本框中输入该点坐标值来指定该点。

3. "比例"选项组

确定插入图块时的缩放比例。图块被插入到当前图形中时，可以以任意比例进行放大或缩小，如图 7-4 所示。图 7-4（a）图是被插入的图块；图 7-4（b）是取比例系数为 1.5 时插入该图块的结果；图 7-4（c）是取比例系数为 0.5 时插入块的结果；X 轴方向和 Y 轴方向的比例系数也可以取不同值，如图 7-4（d）所示，X 轴方向的比例系数为 1，Y 轴方向的比例系数为 1.5。另外，比例系数还可以是一个负数，当为负数时表示插入图块的镜像，其效果如图 7-5 所示。

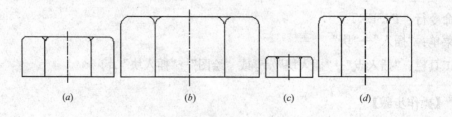

图 7-4 取不同比例系数插入图块的效果

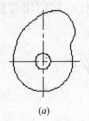 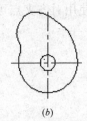 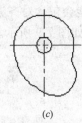 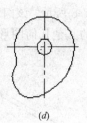

(a)　　　　　　　(b)　　　　　　　(c)　　　　　　　(d)

图 7-5　取比例系数为负值时插入图块的效果

(a) X 比例＝1，Y 比例＝1；(b) X 比例＝－1，Y 比例＝1；(c) X 比例＝1，Y 比例＝－1；
(d) X 比例＝－1，Y 比例＝－1

4. "旋转"选项组

指定插入图块时的旋转角度。图块被插入到当前图形中时，可以绕其基点旋转一定的角度，角度可以是正数（表示沿逆时针方向旋转），也可以是负数（表示沿顺时针方向旋转）。图 7-6（b）所示是图 7-6（a）所示的图块旋转 30°后插入的效果，图 7-6（c）所示是旋转－30°后插入的效果。

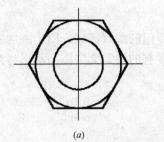 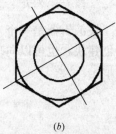 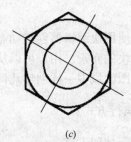

(a)　　　　　　　　　(b)　　　　　　　　　(c)

图 7-6　以不同旋转角度插入图块的效果

如果选中"在屏幕上指定"复选框，系统将切换到绘图屏幕，在屏幕上拾取一点，AutoCAD 自动测量插入点与该点的连线和 X 轴正方向之间的夹角，并把它作为块的旋转角。也可以在"角度"文本框中直接输入插入图块时的旋转角度。

5. "分解"复选框

选中此复选框，则在插入块的同时将其分解，插入到图形中的组成块的对象不再是一个整体，因此可对每个对象单独进行编辑操作。

7.1.4　动态块

动态块具有灵活性和智能性。用户在操作时可以轻松地更改图形中的动态块参照，可以通过自定义夹点或自定义特性来操作动态块参照中的几何图形，这使得用户可以根据需要在位调整块，而不用搜索另一个块以插入或重定义现有的块。

例如，在图形中插入一个门块参照，用户编辑图形时可能需要更改门的大小。如果该块是动态的，并且定义为可调整大小，那么只需拖动自定义夹点或在"特性"选项板中指定不同的大小就可以修改门的大小，如图 7-7 所示。用户可能还需要修改门的打开角度，如图 7-8 所示。该门块还可能会包含对齐夹点,使用对齐夹点可以轻松地将门块参照与图形中的其他几何图形对齐,如图 7-9 所示。

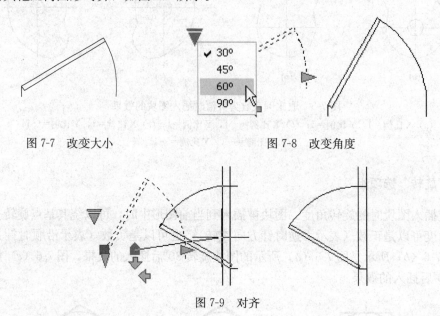

图 7-7　改变大小　　　　　　　　图 7-8　改变角度

图 7-9　对齐

可以使用块编辑器创建动态块。块编辑器是一个专门的编写区域,用于添加能够使块成为动态块的元素。用户可以从头创建块,也可以向现有的块定义中添加动态行为,还可以像在绘图区域中一样创建几何图形。

【执行方式】

命令行:BEDIT
菜单:"工具"→"块编辑器"
工具栏:"标准"→"块编辑器"
快捷菜单:选择一个块参照。在绘图区域中右击,在弹出的右键快捷菜单中,选择"块编辑器"项。

【操作步骤】

命令:BEDIT
执行上述命令后,系统打开"编辑块定义"对话框,如图 7-10 所示。单击"否"按钮后,系统打开"块编写"选项板和"块编辑器"工具栏,如图 7-11 所示。

【选项说明】

1. "块编写"选项板

该选项板中有 4 个选项卡:

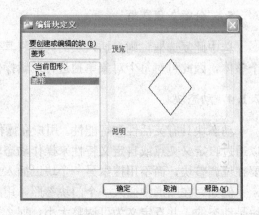

图 7-10　"编辑块定义"对话框

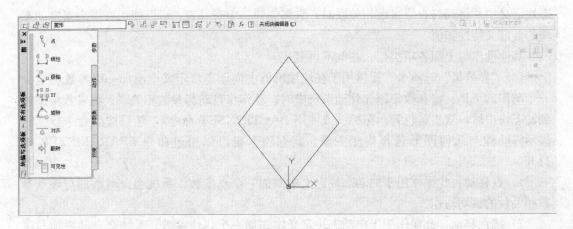

图 7-11 "块编写"选项板和"块编辑器"工具栏

(1) "参数"选项卡。提供用于在块编辑器中向动态块定义中添加参数的工具。参数用于指定几何图形在块参照中的位置、距离和角度。将参数添加到动态块定义中时,该参数将定义块的一个或多个自定义特性。此选项卡也可以通过命令 BPARAMETER 来打开。

1) 点参数:此操作用于向动态块定义中添加一个点参数,并定义块参照的自定义 X 和 Y 特性。点参数定义图形中的 X 方向和 Y 方向的位置。在块编辑器中,点参数类似于一个坐标标注。

2) 可见性参数:此操作将用于动态块定义中添加一个可见性参数,并定义块参照的自定义可见性特性。可见性参数允许用户创建可见性状态并控制对象在块中的可见性。可见性参数总是应用于整个块,并且无须与任何动作相关联。在图形中,单击夹点可以显示块参照中的所有可见性状态的列表。在块编辑器中,可见性参数显示为带有关联夹点的文字。

3) 查寻参数:此操作用于向动态块定义中添加一个查寻参数,并定义块参照的自定义查寻特性。查寻参数用于定义自定义查寻特性,用户可以指定或设置该特性,以便从定义的列表或表格中计算出某个值。该参数可以与单个查寻夹点相关联。在块参照中单击该夹点可以显示可用值的列表。在块编辑器中,查寻参数显示为文字。

4) 基点参数:此操作用于向动态块定义中添加一个基点参数。基点参数用于定义动态块参照相对于块中的几何图形的基点。基点参数无法与任何动作相关联,但可以属于某个动作的选择集。在块编辑器中,基点参数显示为带有十字光标的圆。

其他参数与上面各项类似,在此不再赘述。

(2) "动作"选项卡。提供用于在块编辑器中向动态块定义中添加动作的工具。动作定义了在图形中操作块参照的自定义特性时,动态块参照中的几何图形将如何移动或变化。应将动作与参数相关联。此选项卡也可以通过命令 BACTIONTOOL 来打开。

1) 移动动作:此操作用于在用户将移动动作与点参数、线性参数、极轴参数或 XY 参数关联时,将该动作添加到动态块定义中。移动动作类似于 MOVE 命令。在动态块参照中,移动动作将使对象移动指定的距离或角度。

2) 查寻动作:此操作用于向动态块定义中添加一个查寻动作。将查寻动作添加到动态块定义中并将其与查寻参数相关联时，它将创建一个查寻表。可以使用查寻表指定动态块的自定义特性和值。

其他动作与上面各项类似，在此不再赘述。

(3)"参数集"选项卡。提供用于在块编辑器中向动态块定义中添加一个参数和至少一个动作的工具。将参数集添加到动态块中时，动作将自动与参数相关联。将参数集添加到动态块中后，双击黄色警示图标（或使用 BACTIONSET 命令），然后按照命令行上的提示将动作与几何图形选择集相关联。此选项卡也可以通过命令 BPARAMETER 来打开。

1) 点移动：此操作用于向动态块定义中添加一个点参数。系统会自动添加与该点参数相关联的移动动作。

2) 线性移动：此操作用于向动态块定义中添加一个线性参数。系统会自动添加与该线性参数的端点相关联的移动动作。

3) 可见性集：此操作用于向动态块定义中添加一个可见性参数并允许用户定义可见性状态。无需添加与可见性参数相关联的动作。

4) 查寻集：此操作用于向动态块定义中添加一个查寻参数。系统会自动添加与该查寻参数相关联的查寻动作。

其他参数集与上面各项类似，在此不再赘述。

(4)"约束"选项卡。应用对象之间或对象上的点之间的几何关系或使其永久保持。将几何约束应用于一对对象时，选择对象的顺序以及选择每个对象的点可能会影响对象彼此间的放置方式。

1) 重合：约束两个点使其重合，或者约束一个点使其位于曲线（或曲线的延长线）上。

2) 垂直：使选定的直线位于彼此垂直的位置。

3) 平行：使选定的直线彼此平行。

4) 相切：将两条曲线约束为保持彼此相切或其延长线保持彼此相切。

5) 水平：使直线或点对位于与当前坐标系的 X 轴平行的位置。

其他约束与上面各项类似，在此不再赘述。

2. "块编辑器"工具栏

该工具栏提供了用于在块编辑器中使用、创建动态块以及设置可见性状态的工具。

(1) 定义属性：打开"属性定义"对话框。

(2) 更新参数和动作文字大小：此操作用于在块编辑器中重生成显示，并更新参数和动作的文字、箭头、图标以及夹点大小。在块编辑器中进行对象缩放时，文字、箭头、图标和夹点大小将根据缩放比例发生相应的变化。在块编辑器中重生成显示时，文字、箭头、图标和夹点将按指定的值显示。如图 7-12 所示。

(3) 可见性模式：设置 BVMODE 系统变量，此操作可以使在当前可见性状态中不可见的对象变暗或隐藏。

(4) 管理可见性状态：打开"可见性状态"对话框，如图 7-13 所示。用户从中可以创建、删除、重命名或设置当前可见性状态。在列表框中选择一种状态，右击，选择右键

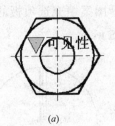  

(a)　　　　　　　　　　(b)　　　　　　　　　　(c)

图 7-12　更新参数和动作文字大小

(a) 原始图形；(b) 缩小显示；(c) 更新参数和动作文字大小后情形

快捷菜单中"新状态"项，打开"新建可见性状态"对话框，如图 7-14 所示，用户可以从中设置可见性状态。

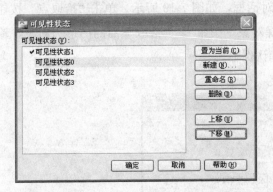 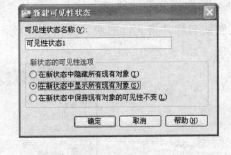

图 7-13　"可见性状态"对话框　　　　图 7-14　"新建可见性状态"对话框

其他选项与块编写选项板中的相关选项类似，在此不再赘述。

> **实讲实训**
> **多媒体演示**
> 多媒体演示参见配套光盘中的\\视频\第7章\指北针图块.avi。

7.1.5　实例——绘制指北针图块

本实例绘制一个指北针图块，如图 7-15 所示。本例应用二维绘图及编辑命令绘制指北针，利用写块命令，将其定义为图块。

（1）单击"绘图"工具栏中的"圆"按钮 ⊙，绘制一个直径为 24 的圆。

（2）单击"绘图"工具栏中的"直线"按钮 ✎，绘制圆的竖直直径。结果如图 7-16 所示。

图 7-15　指北针图块

（3）单击"修改"工具栏中的"偏移"按钮 ⌘，使直径向左右两边各偏移 1.5。结果如图 7-17 所示。

（4）单击"修改"工具栏中的"修剪"按钮 ⊢，选取圆作为修剪边界，修剪偏移后的直线。

（5）单击"绘图"工具栏中的"直线"按钮 ✎，绘制直线。结果如图 7-18 所示。

（6）单击"修改"工具栏中的"删除"按钮 ✎，删除多余直线。

（7）单击"绘图"工具栏中的"图案填充"按钮，选择图案填充选项板的"Solid"图标，选择指针作为图案填充对象进行填充，结果如图7-15所示。

图7-16　绘制竖直直线

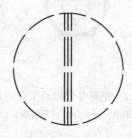
图7-17　偏移直线

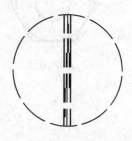
图7-18　绘制直线

（8）执行wblock命令，弹出"写块"对话框，如图7-19所示。单击"拾取点"按钮，拾取指北针的顶点为基点，单击"选择对象"按钮，拾取下面的图形为对象，输入图块名称"指北针图块"并指定路径，确认保存。

图7-19　"写块"对话框

7.2　图块的属性

图块除了包含图形对象以外，还可以包含非图形信息，例如：把一个椅子的图形定义为图块后，还可把椅子的号码、材料、重量、价格以及说明等文本信息一并加入到图块当中。图块的这些非图形信息，叫做图块的属性，它是图块的一个组成部分，与图形对象一起构成一个整体。在插入图块时，AutoCAD把图形对象连同图块属性一起插入到图形中。

7.2.1 定义图块属性

命令行：ATTDEF
菜单："绘图"→"块"→"定义属性"

命令：ATTDEF
单击相应的菜单项或在命令行输入 ATTDEF 后按 Enter 键，系统打开"属性定义"对话框，如图 7-20 所示。

1. "模式"选项组

用于确定属性的模式。

(1) "不可见"复选框：选中此复选框则属性为不可见显示方式，即插入图块并输入属性值后，属性值在图中并不显示出来。

(2) "固定"复选框：选中此复选框则属性值为

图 7-20 "属性定义"对话框

常量，即属性值在定义属性时给定，在插入图块时，AutoCAD 不再提示输入属性值。

(3) "验证"复选框：选中此复选框，当插入图块时，AutoCAD 重新显示属性值并让用户验证该值是否正确。

(4) "预设"复选框：选中此复选框，当插入图块时，AutoCAD 自动把事先设置好的默认值赋予属性，而不再提示输入属性值。

(5) "锁定位置"复选框：选中此复选框，当插入图块时，AutoCAD 锁定块参照中属性的位置。解锁后，属性值可以相对于使用夹点编辑的块的其他部分进行移动，并且可以调整多行属性值的大小。

(6) "多行"复选框：指定属性值可以包含多行文字。选中此复选框后，用户可以指定属性值的边界宽度。

2. "属性"选项组

用于设置属性值。在每个文本框中 AutoCAD 允许用户输入不超过 256 个字符。

(1) "标记"文本框：输入属性标签。属性标签可由除空格和感叹号以外的所有字符组成，AutoCAD 自动把小写字母改为大写字母。

(2) "提示"文本框：输入属性提示。属性提示是插入图块时 AutoCAD 要求输入属性值的提示，如果不在此文本框内输入文本，则以属性标签作为提示。如果在"模式"选项组中选中"固定"复选框，即设置属性为常量，则不需设置属性提示。

（3）"默认"文本框：设置默认的属性值。可把使用次数较多的属性值作为默认值，也可不设默认值。

3. "插入点"选项组

确定属性文本的位置。可以在插入时由用户在图形中确定属性文本的位置，也可在"X"、"Y"、"Z"文本框中直接输入属性文本的位置坐标值。

4. "文字设置"选项组

设置属性文本的对正方式、文字样式、字高和旋转角度等。

5. "在上一个属性定义下对齐"复选框

选中此复选框表示把属性标签直接放在前一个属性的下面，而且该属性继承前一个属性的文字样式、字高和倾斜角度等特性。

> 说明
> 在动态块中，由于属性的位置包括在动作的选择集中，因此必须将其锁定。

7.2.2 修改属性的定义

在定义图块前，可以对属性的定义加以修改，不仅可以修改属性标签，还可以修改属性提示和属性默认值。

【执行方式】

命令行：DDEDIT
菜单："修改"→"对象"→"文字"→"编辑"

【操作步骤】

命令：DDEDIT

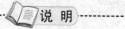

图 7-21 "编辑属性定义"对话框

选择注释对象或［放弃(U)］：

在此提示下选择要修改的属性定义，AutoCAD 打开"编辑属性定义"对话框，如图 7-21 所示，对话框表示要修改的属性的标记为"文字"，提示为"数值"，无默认值，可在各文本框中对各项进行修改。

7.2.3 图块属性编辑

当属性被定义到图块中，甚至图块被插入到图形中之后，用户还可以对属性进行编辑。利用 ATTEDIT 命令可以通过对话框对指定图块的属性值进行修改，利用 ATTEDIT 命令不仅可以修改属性值，而且还可以对属性的位置、文本等其他设置进行编辑。

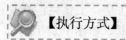

【执行方式】

命令行：ATTEDIT
菜单："修改"→"对象"→"属性"→"单个"
工具栏："修改 II"→"编辑属性"

【操作步骤】

命令：ATTEDIT
选择块参照：

执行上述命令后，光标变为拾取框，选择要修改属性的图块，则 AutoCAD 打开如图 7-22 所示的"编辑属性"对话框，对话框中显示出所选图块包含的前 8 个属性的值，用户可对这些属性值进行修改。如果该图块中还有其他的属性，可单击"上一个"或"下一个"按钮对它们进行查看和修改。

当用户通过菜单执行上述命令时，系统打开"增强属性编辑器"对话框，如图 7-23 所示。该对话框不仅可以用来编辑属性值，还可以编辑属性的文字选项和图层、线型、颜色等特性值。

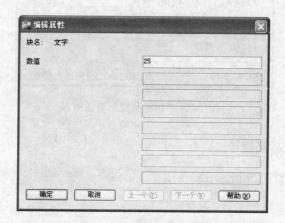

图 7-22 "编辑属性"对话框

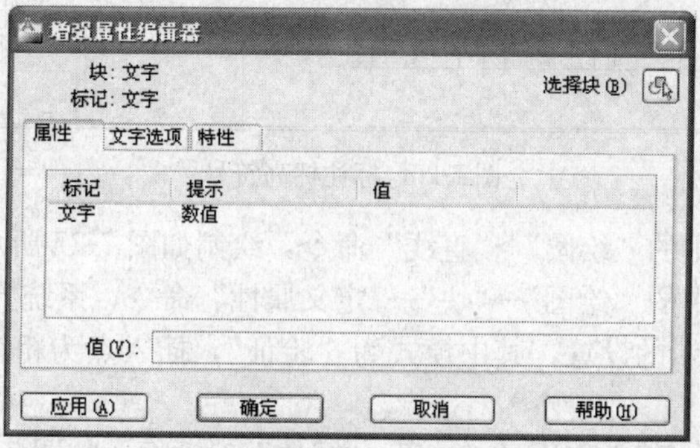

图 7-23 "增强属性编辑器"对话框

另外，用户还可以通过"块属性管理器"对话框来编辑属性，方法是：工具栏：修改II→块属性管理器。执行此命令后，系统打开"块属性管理器"对话框，如图7-24所示。单击"编辑"按钮，系统打开"编辑属性"对话框，如图7-25所示。用户可以通过该对话框来编辑属性。

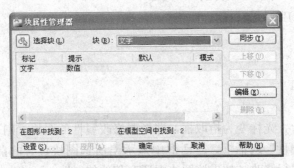

图7-24 "块属性管理器"对话框

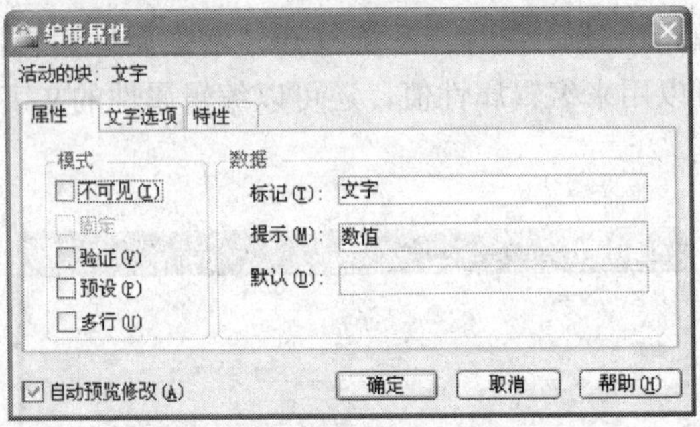

图7-25 "编辑属性"对话框

7.2.4 实例——标注标高符号

标注标高符号如图7-26所示。

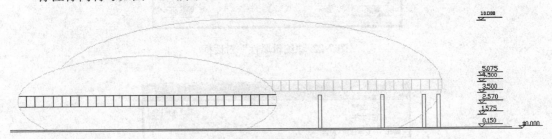

图7-26 标注标高符号

（1）选择菜单栏中的"绘图"→"直线"命令，绘制如图7-27所示的标高符号图形。

（2）选择菜单栏中的"绘图"→"块"→"定义属性"命令，系统打开"属性定义"对话框，进行如图7-28所示的设置，其中模式为"验证"，插入点为粗糙度符号水平线中点，确认退出。

（3）在命令行输入WBLOCK命令打开"写块"对话框，如图7-19所示。拾取图7-27图形下尖点为基点，以此图形为对象，输入图块名称并指定路径，确认退出。

实讲实训
多媒体演示

多媒体演示参见配套光盘中的\\视频\第7章\标注标高符号.avi。

图 7-27　绘制标高符号　　　图 7-28　"属性定义"对话框

（4）选择菜单栏中的"绘图"→"插入块"命令，打开"插入"对话框，如图 7-3 所示。单击"浏览"按钮找到刚才保存的图块，在屏幕上指定插入点和旋转角度，将该图块插入到如图 7-26 所示的图形中，这时，命令行会提示输入属性，并要求验证属性值，此时输入标高数值 0.150，就完成了一个标高的标注。命令行提示如下：

命令：INSERT↙
指定插入点或[基点(b)/比例(S)/X/Y/Z/旋转(R)/
预览比例(PS)/PX/PY/PZ/预览旋转(PR)]:(在对话框中指定相关参数)
输入属性值
数值：0.150↙
验证属性值
数值<0.150>:↙

（5）继续插入标高符号图块，并输入不同的属性值作为标高数值，直到完成所有标高符号标注。

7.3　设计中心

通过使用 AutoCAD 设计中心，用户可以很容易地组织设计内容，并把它们拖动到自己的图形中。同时，用户还可以使用 AutoCAD 设计中心窗口的内容显示框，来观察用 AutoCAD 设计中心的资源管理器所浏览资源的细目，如图 7-29 所示。在图 7-29 中，左边方框为 AutoCAD 设计中心的资源管理器，右边方框为 AutoCAD 设计中心窗口的内容显示框。内容显示框的上面窗口为文件显示框，中间窗口为图形预览显示框，下面窗口为说明文本显示框。

7.3.1　启动设计中心

【执行方式】

命令行：ADCENTER

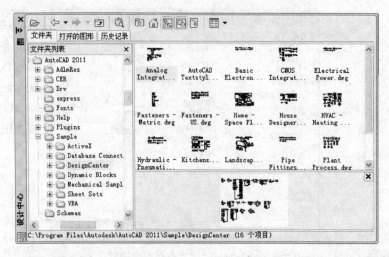

图 7-29　AutoCAD 设计中心的资源管理器和内容显示区

菜单:"工具"→"选项板"→"设计中心"

工具栏:"标准"→"设计中心"

快捷键:Ctrl+2

【操作步骤】

命令:ADC

执行上述命令后,系统打开设计中心。第一次启动设计中心时,它的默认打开的选项卡为"文件夹"选项卡。内容显示区采用大图标显示方式显示图标,左边的资源管理器采用 tree view 显示方式显示系统文件的树形结构,浏览资源的同时,在内容显示区显示所浏览资源的有关细目或内容。

可以通过拖动边框来改变 AutoCAD 设计中心资源管理器和内容显示区以及 Auto-CAD 绘图区的大小,但内容显示区的最小尺寸应能显示两列大图标。

如果要改变 AutoCAD 设计中心的位置,可拖动设计中心工具栏的上部到相应位置,松开鼠标后,AutoCAD 设计中心便处于当前位置。到新位置后,仍可以用鼠标改变改变各窗口的大小。也可以通过设计中心边框左边下方的"自动隐藏"按钮来自动隐藏设计中心。

7.3.2　显示图形信息

在 AutoCAD 设计中心中,可以通过"选项卡"和"工具栏"两种方式来显示图形信息。下面分别做简要介绍:

1. 选项卡

AutoCAD 设计中心有以下 4 个选项卡:

(1)"文件夹"选项卡:显示设计中心的资源,如图 7-29 所示。该选项卡与 Windows 资源管理器类似。"文件夹"选项卡用于显示导航图标的层次结构,包括网络和计算机、Web

地址(URL)、计算机驱动器、文件夹、图形和相关的支持文件、外部参照、布局、填充样式和命名对象,包括图形中的块、图层、线型、文字样式、标注样式和打印样式等。

(2)"打开的图形"选项卡:显示在当前环境中打开的所有图形,其中包括已经最小化的图形,如图7-30所示。此时选择某个文件,就可以在右边的内容显示框中显示该图形的有关设置,如标注样式、布局块、图层外部参照等。

(3)"历史记录"选项卡:显示用户最近访问过的文件及其具体路径,如图7-31所示。双击列表中的某个图形文件,则可以在"文件夹"选项卡中的树状视图中定位此图形文件并将其内容加载到内容区域中。

图7-30 "打开的图形"选项卡

图7-31 "历史记录"选项卡

(4)"联机设计中心"选项卡:通过联机设计中心,用户可以访问数以万计的预先绘制的符号、制造商信息以及集成商站点。当然,前提是用户的计算机必须与网络连接。如图7-32所示。

2. 工具栏

设计中心窗口顶部是工具栏,其中包括"加载"、"上一页(下一页或上一级)"、"搜索"、"收藏夹"、"主页"、"树状图切换"、"预览"、"说明"和"视图"等按钮。

（1）"加载"按钮：打开"加载"对话框，利用该对话框用户可以从 Windows 桌面、收藏夹或 Internet 中加载文件。

（2）"搜索"按钮：查找对象。单击该按钮，打开"搜索"对话框，如图 7-33 所示。

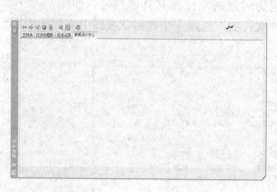

图 7-32 "联机设计中心"选项卡

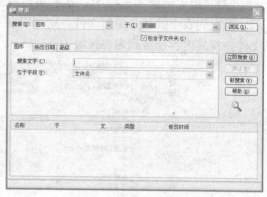

图 7-33 "搜索"对话框

（3）"收藏夹"按钮：在"文件夹列表"中显示 Favorites/Autodesk 文件夹中的内容。用户可以通过收藏夹来标记存放在本地磁盘、网络驱动器或 Internet 网页上的内容。如图 7-34 所示。

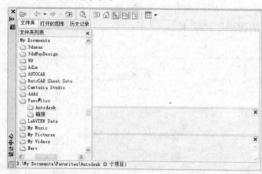

图 7-34 "收藏夹"按钮

（4）"主页"按钮：快速定位到设计中心文件夹中，该文件夹位于/AutoCAD 2011/Sample 下，如图 7-29 所示。

7.3.3 查找内容

可以单击 AutoCAD 2011 设计中心工具栏中的"搜索"按钮，弹出"搜索"对话框，寻找图形和其他的内容。在设计中心可以查找的内容有：图形、填充图案、填充图案文件、图层、块、图形和块、外部参照、文字样式、线型、标注样式和布局等。

在"搜索"对话框中有 3 个选项卡，分别给出 3 种搜索方式：通过"图形"信息搜索、通过"修改日期"信息搜索和通过"高级"信息搜索。

7.3.4 插入图块

可以将图块插入到图形中。当将一个图块插入到图形中时，块定义就被复制到图形数据库中。在一个图块被插入图形中后，如果原来的图块被修改，那么插入到图形中的图块也随之改变。

当其他命令正在执行时，不能插入图块到图形中。例如：如果在插入块时，提示行正在执行一个命令,那么光标会变成一个带斜线的圆,提示操作无效。另外,一次只能插入一个图块。

系统根据鼠标拉出的线段的长度与角度确定比例与旋转角度。插入图块的步骤如下:

(1) 从文件夹列表或查找结果列表选择要插入的图块,将其拖动到打开的图形中。此时,选中的对象被插入到当前打开的图形中。利用当前设置的捕捉方式,可以将对象插入到任何存在的图形中。

(2) 按下鼠标左键,指定一点作为插入点,移动鼠标,鼠标位置点与插入点之间的距离为缩放比例,单击确定比例。用同样方法移动鼠标,鼠标指定位置与插入点之间的连线与水平线角度所成的为旋转角度。被选择的对象就根据鼠标指定的缩放比例和旋转角度插入到图形当中。

7.3.5 图形复制

1. 在图形之间复制图块

利用 AutoCAD 设计中心用户可以浏览和装载需要复制的图块,然后将图块复制到剪贴板上,利用剪贴板将图块粘贴到图形中。具体方法如下:

(1) 在控制板选择需要的图块,右击打开右键快捷菜单,从中选择"复制"命令。

(2) 将图块复制到剪贴板上,然后通过"粘贴"命令将图块粘贴到当前图形上。

2. 在图形之间复制图层

利用 AutoCAD 设计中心用户可以从任何一个图形中复制图层到其他图形中。例如,如果已经绘制了一个包括设计所需的所有图层的图形,在绘制另外的新图形的时候,可以新建一个图形,并通过 AutoCAD 设计中心将已有的图层复制到新的图形中,这样不仅可以节省时间,而且可以保证图形间的一致性。

(1) 拖动图层到已打开的图形中:确认要复制图层的目标图形文件已被打开,并且是当前的图形文件。在控制板或查找结果列表框选择要复制的一个或多个图层。拖动图层到打开的图形文件中。松开鼠标后被选择的图层被复制到打开的图形中。

(2) 复制或粘贴图层到打开的图形:确认要复制的图层的图形文件已被打开,并且是当前的图形文件。在控制板或查找结果列表框选择要复制的一个或多个图层。右击打开右键快捷菜单,从中选择"复制到粘贴板"命令。如果要粘贴图层,确认粘贴的目标图形文件已被打开,并为当前文件。右击打开右键快捷菜单,从中选择"粘贴"命令。

> **实讲实训 多媒体演示**
>
> 多媒体演示参见配套光盘中的\\视频\第7章\室内设计布局图.avi。

7.3.6 实例——绘制室内设计布局图

(1) 打开源文件/图库中的"建筑结构图",如图 7-35 所示。

(2) 选择菜单栏中的"格式"→"图层"命令,系统打开"图层特性管理器"对话框。将"设备"图层设置为当前图层,单击"确定"按钮,退出"图层特性管理器"对话框。

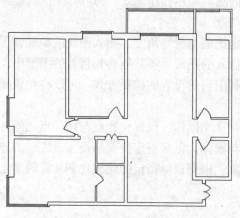

（3）使用 AutoCAD 程序打开建筑设备图库，选择菜单栏中的"编辑"→"复制"命令，从图库中复制需要的图例，然后返回本章实例，选择菜单栏中的"编辑"→"粘贴"命令，把复制的图例粘贴到实例中，单击"修改"工具栏中的"移动"按钮，把图例移动到合适的地方。

（4）采用同样的方法继续复制其余的建筑设备，左上部分的绘制结果如图 7-36 所示。

（5）采用同样的方法继续复制其余的建筑设备，右上部分的绘制结果如图 7-37 所示。

图 7-35　建筑结构图

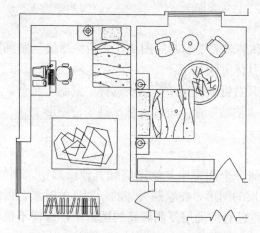

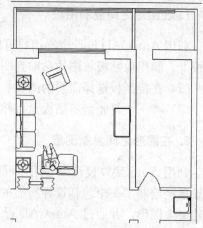

图 7-36　左上部分的建筑设备绘制结果　　　图 7-37　右上部分的建筑设备绘制结果

（6）采用同样的方法继续复制其余的建筑设备，左下部分的绘制结果如图 7-38 所示。

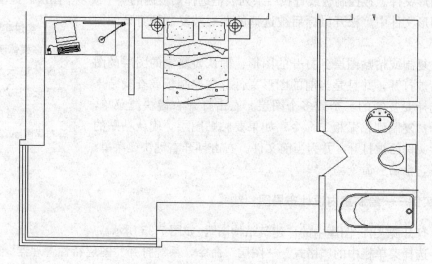

图 7-38　左下部分的建筑设备绘制结果

(7) 采用同样的方法继续复制其余的建筑设备,右下部分的绘制结果如图 7-39 所示。

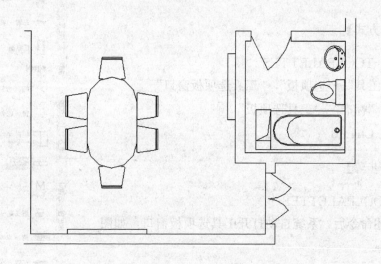

图 7-39 右下部分的建筑设备绘制结果

(8) 这样得到全部的建筑设备图,绘制结果如图 7-40 所示。

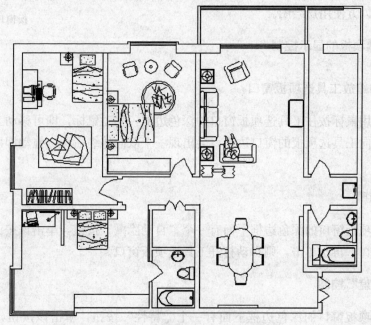

图 7-40 全部建筑设备的绘制结果

7.4 工具选项板

工具选项板可以提供组织、共享和放置块及填充图案等的有效方法。工具选项板还可以包含由第三方开发人员提供的自定义工具。

7.4.1 打开工具选项板

【执行方式】

命令行：TOOLPALETTES
菜单："工具"→"选项板"→"工具选项板窗口"
工具栏："标准"→"工具选项板"
快捷键：Ctrl+3

【操作步骤】

命令：TOOLPALETTES
执行上述命令后，系统自动打开工具选项板窗口，如图 7-41 所示。

【选项说明】

在工具选项板中，系统设置了一些常用图形的选项卡，这些选项卡可以方便用户绘图。

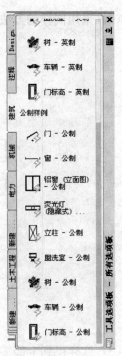

图 7-41 工具选项板窗口

7.4.2 工具选项板的显示控制

1、移动和缩放工具选项板窗口

用户可以用鼠标按住工具选项板窗口的深色边框，移动鼠标，即可移动工具选项板窗口。将鼠标指向工具选项板的窗口边缘，会出现一个双向伸缩箭头，拖动即可缩放工具选项板窗口。

2. 自动隐藏

在工具选项板窗口的深色边框下面有一个"自动隐藏"按钮，单击该按钮可自动隐藏工具选项板窗口，再次单击，则自动打开工具选项板窗口。

3. "透明度"控制

在工具选项板窗口的深色边框下面有一个"特性"按钮，单击该按钮，打开快捷菜单，如图 7-42 所示。选择"透明度"命令，系统打开"透明"对话框，如图 7-43 所示。通过调节按钮，可以调节工具选项板窗口的透明度。

7.4.3 新建工具选项板

用户可以建立新工具选项板，这样有利于个性化绘图，也能够满足用户特殊作图的需要。

7.4 工具选项板

图 7-42 快捷菜单

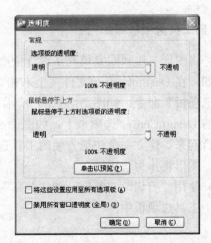

图 7-43 "透明"对话框

【执行方式】

命令行：CUSTOMIZE
菜单："工具"→"自定义"→"工具选项板"
快捷菜单：在任意工具栏上右击，然后选择"自定义"项。
工具选项板："特性"按钮→自定义（或新建选项板）

【操作步骤】

命令:CUSTOMIZE✓

执行上述命令后，系统打开"自定义"对话框，如图 7-44 所示。在"选项板"列表框中右击，打开快捷菜单，如图 7-45 所示。从中选择"新建选项板"项，打开"新建选项板"对话框在对话框，可以为新建的工具选项板命名。单击"确定"按钮后，工具选项板中就增加了一个新的选项卡，如图 7-46 所示。

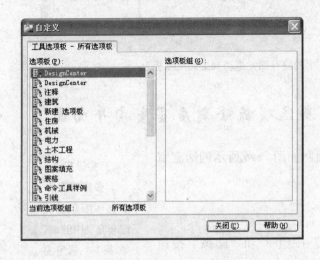

图 7-44 "自定义"对话框　　　图 7-45 快捷键图　　图 7-46 新增选项卡

7.4.4 向工具选项板添加内容

（1）将图形、块和图案填充从设计中心拖动到工具选项板上。

例如，在 DesignCenter 文件夹上右击，系统打开右键快捷菜单，从中选择"创建块的工具选项板"命令，如图 7-47（a）所示。设计中心中储存的图元就出现在工具选项板中新建的 DesignCenter 选项卡上，如图 7-47（b）所示。这样就可以将设计中心与工具选项板结合起来，建立一个快捷方便的工具选项板。将工具选项板中的图形拖动到另一个图形中时，图形将作为块插入。

（2）使用"剪切"、"复制"和"粘贴"命令，将一个工具选项板中的工具移动或复制到另一个工具选项板中。

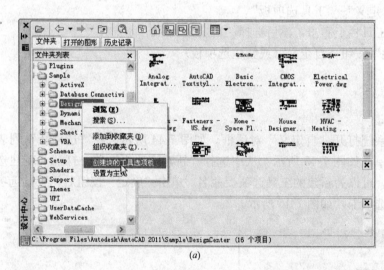

图 7-47　将设计中心中的储存图元拖动到工具选项板上

7.5　实例——运用工具选项板绘制居室室内平面图

利用设计中心和工具选项板辅助绘制如图 7-48 所示的居室室内布置平面图。

实讲实训
多媒体演示

多媒体演示参见配套光盘中的\\视频\第7章\居室室内平面图.avi。

1. 绘制建筑主体图

单击"绘图"工具栏中的"直线"按钮 ／ 和"圆弧"按钮 ⌒，绘制建筑主体图，结果如图 7-49 所示。

7.5 实例——运用工具选项板绘制居室室内平面图

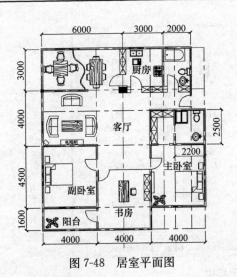

图 7-48 居室平面图

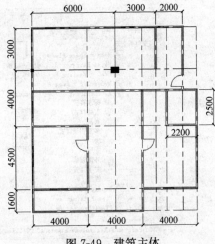

图 7-49 建筑主体

2. 启动设计中心

（1）选取菜单栏中的"工具"→"选项板"→"设计中心"命令，出现如图 7-29 所示的设计中心面板，其中面板的左侧为"资源管理器"。

（2）双击左侧的"Kitchens.dwg"，弹出如图 7-50 所示的窗口；单击面板左侧的块图标，出现如图 7-51 所示的厨房设计常用的燃气灶、水龙头、橱柜和微波炉等模块。

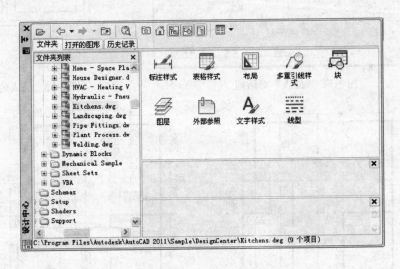

图 7-50 Kitchens.dwg

3. 插入图块

新建"内部布置"图层，双击如图 7-51 所示的"微波炉"图标，弹出如图 7-52 所示的对话框，设置插入点为（19 618，21 000），缩放比例为 25.4，旋转角度为 0，插入的图块如图 7-53 所示，绘制结果如图 7-54 所示。重复上述操作，把 Home-Space Planner 与 House Designer 中的相应模块插入图形中，绘制结果如图 7-55 所示。

· 245 ·

第7章 模块化绘图

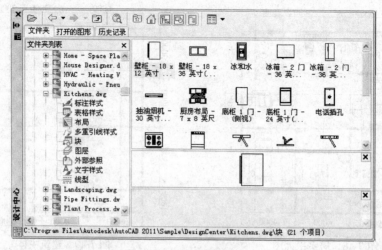

图 7-51 图形模块

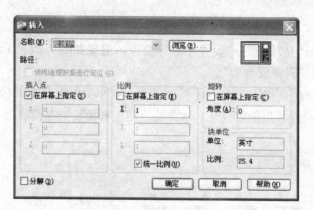

图 7-52 "插入"对话框

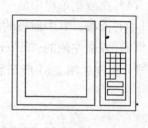

图 7-53 插入的图块

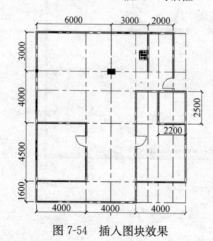

图 7-54 插入图块效果

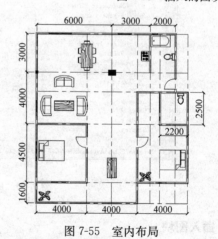

图 7-55 室内布局

4. 标注文字

单击"绘图"工具栏中的"多行文字"按钮 **A**，将"客厅"、"厨房"等名称输入相应的位置，结果如图 7-48 所示。

· 246 ·

7.6 查询工具

7.6.1 距离查询

【执行方式】

命令行：MEASUREGEOM
菜单："工具"→"查询"→"距离"
工具栏：查询

【操作步骤】

命令：MEASUREGEOM
输入选项 [距离(D)/半径(R)/角度(A)/面积(AR)/体积(V)] <距离>：距离
指定第一点：指定点
指定第二点或 [多点]：指定第二点或输入 m 表示多个点
输入选项 [距离(D)/半径(R)/角度(A)/面积(AR)/体积(V)/退出(X)] <距离>：退出

【选项说明】

多点：如果使用此选项，将基于现有直线段和当前橡皮线即时计算总距离。

7.6.2 面积查询

【执行方式】

命令行：MEASUREGEOM
菜单："工具"→"查询"→"面积"
工具栏：面积

【操作步骤】

命令：MEASUREGEOM
输入选项 [距离(D)/半径(R)/角度(A)/面积(AR)/体积(V)] <距离>：面积
指定第一个角点或 [对象(O)/增加面积(A)/减少面积(S)/退出(X)] <对象>：选择选项

【选项说明】

在工具选项板中，系统设置了一些常用图形的选项卡，这些选项卡可以方便用户绘图。

1. 指定角点

计算由指定点所定义的面积和周长。

2. 增加面积

打开"加"模式,并在定义区域时即时保持总面积。

3. 减少面积

从总面积中减去指定的面积。

7.7 上机实验

 【实验1】 利用设计中心绘制居室布局图

1. 目的要求

如图7-56所示,设计中心最大的优点是简洁、方便、集中,读者可以在某个专门的设计中心组织自己需要的素材,快速简便地绘制图形。本实验的目的是通过绘制如图7-50所示的居室平面图,使读者灵活掌握利用设计中心进行快速绘图的方法。

2. 操作提示

打开设计中心,在设计中心选择适当的图块,插入到居室平面图中。

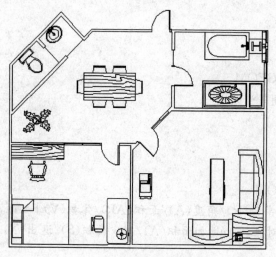

图 7-56 居室布置平面图

实讲实训 多媒体演示

多媒体演示参见配套光盘中的\\参考视频\第7章\居室布局图.avi。

第 8 章　布图与输出

建筑图形设计完毕后，通常要输出到图纸上，输出绘图纸是计算机制图的最后一道工序。而这个环节往往在其他类似学习书籍中没有讲到，鉴于广大读者对怎样正确出图常常感到非常迷惑，本章将重点介绍 AutoCAD 中图形输出的具体方法与技巧。

学习要点

工作空间和布局
打印输出

8.1　概　　述

输出绘图纸包括布图和输出两个步骤。布图就是将不同的图样结合在同一张图纸中，在 AutoCAD 中有两种途径可以实现：一种是在"模型空间"中进行，另一种是在"图纸空间"中进行。对于输出，在设计工作中常用到两种方式：一种是输出为光栅图像，以便在 Photoshop 等图像处理软件中应用；另一种是输出为工程图纸。完成这些操作，需要熟悉模型空间、布局（图纸空间）、页面设置、打印样式设置、添加绘图仪和打印输出等功能。

8.2　工作空间和布局

AutoCAD 为我们提供了两种工作空间：模型空间和图纸空间，来进行图形绘制与编辑。当打开 AutoCAD 时，将自动新建一个 dwg 格式的图形文件，在绘图左下边缘可以看到"模型"、"布局 1"、"布局 2" 3 个选项卡。默认状态是"模型"选项卡，当处于"模型"选项卡时，绘图区就属于模型空间状态。当处于"布局"选项卡时，绘图区就属于图纸空间状态。

8.2.1　工作空间

1. 模型空间

模型空间是指可以在其中绘制二维和三维模型的三维空间，即一种造型工作环境。在这个空间中可以使用 AutoCAD 的全部绘图、编辑和显示命令，它是 AutoCAD 为用户提供的主要工作空间。前面各章节实例的绘制都是在模型空间中进行的。AutoCAD 在运行时自动默认在模型空间中进行图形的绘制与编辑。

2. 图纸空间

图纸空间是一个二维空间，类似于我们绘图时的绘图纸，把模型空间中的模型投影到图纸空间，我们就可以在图纸空间绘制模型的各种视图，并在图中标注尺寸和文字。图纸空间，则主要用于图纸打印前的布图、排版、添加注释、图框、设置比例等工作。

图纸空间作为模拟的平面空间，对于在模型空间中完成的图形是不可再编辑的，其所有坐标都是二维的，其采用的坐标和在模型空间中采用的坐标是一样的，只是 UCS 图标变为三角形显示。图纸空间主要用户安排在模型空间中所绘制的图形对象的各种视图，以不同比例显示模型的视图以便输出，以及添加图框、注释等内容。同时，还可以将视图作为一个对象，进行复制、移动和缩放等操作。

单击"布局"选项卡，进入图纸状态。图纸空间就如同一张白纸蒙在模型空间上面，通过在这张"纸"上开一个个"视口"（就是线条围绕成的一个个开口），透出模型空间中的图形，如果删除视口，则看不到图形。图纸空间又如同一个屏幕，模型空间中的图形通过视口透射到这个"屏幕"上。这张"白纸"或"屏幕"的大小由页面设置确定，虚线范围内为打印区域。

3. 模型空间和图纸空间的切换

在"布局"选项卡中，也可以在图纸空间和模型空间这两种状态之间切换，状态栏中将显示出当前所处状态，单击该按钮可以进行切换，如图 8-1 所示。也可以用"ms"（模型）和"ps"（图纸）快捷命令进行切换。

图 8-1 图纸空间状态

图纸空间中创建的视口为浮动视口，浮动视口相当于模型空间中的视图对象，用户可以在浮动视口中处理编辑模型空间的对象。用户在模型空间中的所有操作都会反映到所有图纸空间视口中。如果再浮动视口外的布局区域双击鼠标左键，则回到图纸空间。

当切换到图纸空间状态时，可以进行视口创建、修改、删除操作，也可以将这张"白纸"当作平面绘图板进行图形绘制、文字注写、尺寸标注、图框插入等操作，但是不能修改视口后面模型空间中的图形。而且，在此状态中绘制的图形、注写的文字只是存在于图形空间中，当切换到"模型"选项卡中查看时，将看不到这些操作的结果。当切换到模型空间状态时，视口被激活，即通过视口进入了模型空间，可以对其中的图形进行各种操作。

由此可见，在"布局"选项卡中，就是通过在图纸空间中开不同的视口，让模型空间中不同的图样以需要的比例投射到一张图纸上，从而达到布图的效果。这一过程称为布局操作。

8.2.2 布局功能

1. 布局的概念

AutoCAD 中，"布局"的设定源于几个方面的考虑：

(1) 简化两个工作空间之间的复杂操作；

(2) 多元化单一的图纸。

我们在"布局"中可以创建并放置视口对象，还可以添加标题栏或其他几何图形。可以在图形中创建多个布局以显示不同的视图，每个布局可以包含不同的打印比例和图纸尺寸。

使用"布局"可以把当前图形转化成两部分：

1) 一个是以模型空间为工作空间，也是我们绘制编辑图形对象的视面，即"模型"布局。通常情况下，我们将"模型"与"布局"区分开来对待，而事实上，"模型"是一种特殊的布局。

2) 一个是以图纸空间为主的，但可以根据需要随时切换到模型空间，即通常所说的布局。

用户可以通过选择"布局"选项卡区的"布局选项卡"，快速地在"模型空间视面"和"图纸空间视面"之间进行切换。"布局"可以显示出页面的边框和实际的打印区域。

2. 新建布局

(1) 创建新布局主要目的是：

1) 创建包含不同图纸尺寸和方向的新图形样板文件；

2) 将带有不同的图纸尺寸、方向和标题的布局添加到现有图形中。

(2) 创建新布局的方法有两种：

1) 直接创建新布局

直接创建新布局是通过鼠标右键点击"布局选项卡"，包括两种模式：

① 新建空白布局，如图 8-2 所示，选择"新建布局"选项。

② 从其他图形文件中选用一个布局来新建布局。选择如图 8-2 所示的"来自样板"选项，弹出一个"从文件选择样板"对话框，如图 8-3 所示。从对话框中选择一个图形样板文件，然后单击"打开"按钮，弹出"插入布局"对话框，如图 8-4 所示。然后单击"确定"按钮，就可以完成一个来自样板的布局创建。

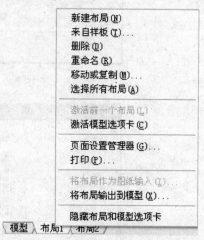

图 8-2 菜单

2) 使用"布局"向导

新建布局最常用的方法是使用"创建布局"向导。一旦创建了布局，就可以替换标题栏并创建、删除和修改编辑部局视口。

① 从菜单栏选择"工具"→"向导"→"创建布局"，启动"layoutwizard"命令，弹出"创建布局-开始"对话框，如图 8-5 所示。在"输入新布局的名称"中输入新布局名称，用户可以自定义，也可以按照默认继续。

② 单击"下一步"按钮，弹出"创建布局-打印机"对话框，如图 8-6 所示。用户可以为新布局选择合适的绘图仪。

图 8-3 "从文件选择样板"对话框

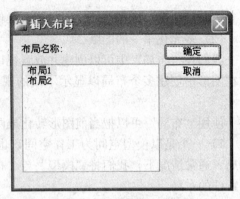

图 8-4 "插入布局"对话框

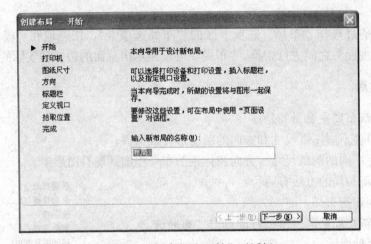

图 8-5 "创建布局-开始"对话框

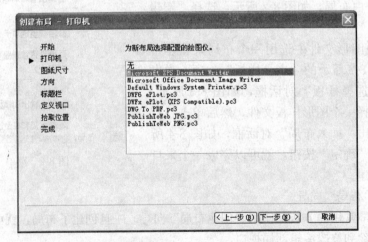

图 8-6 "创建布局-打印机"对话框

③ 单击"下一步"按钮,弹出"创建布局-图纸尺寸"对话框,如图 8-7 所示。用户可以为新布局选择合适的图纸尺寸,并选择新布局的图纸单位。图纸尺寸根据不同的打印设备可以有不同的选择,图纸单位有两种"毫米"和"英寸",一般以"毫米"为基本单位。

④ 单击"下一步"按钮,弹出"创建布局-方向"对话框,如图 8-8 所示。用户可以

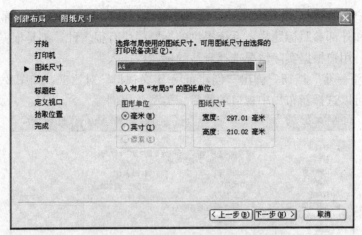

图 8-7 "创建布局-图纸尺寸"对话框

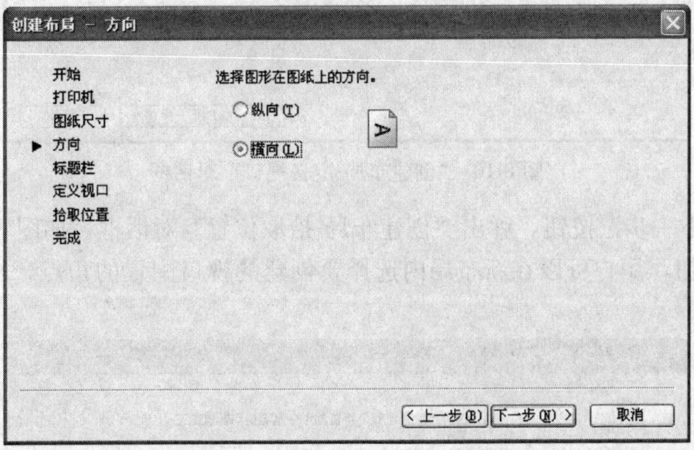

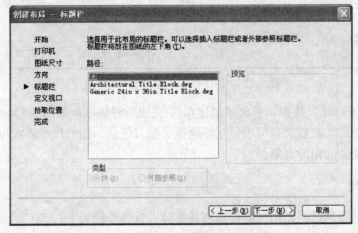

图 8-8 "创建布局-方向"对话框

在这个对话框中选择图形在新布局图纸上的排列方向。图形在图纸上有"纵向"和"横向"两种方向，用户根据图形大小和图纸尺寸选择合适的方向。

⑤ 单击"下一步"按钮，弹出"创建布局-标题栏"对话框，如图 8-9 所示。在这个

图 8-9 "创建布局-标题栏"对话框

对话框中,用户需要选择用于插入新布局中的标题栏。可以选择插入的标题栏有两种类型:标题栏块和外部参照标题栏。系统提供的标题栏块有很多种,都是根据不同的标准和图纸尺寸定的,用户根据实际情况选择合适的标题栏插入。

⑥ 单击"下一步"按钮,弹出"创建布局-定义视口"对话框,如图8-10所示。在对话框中,用户可以选择新布局中视口的数目、类型、比例等。

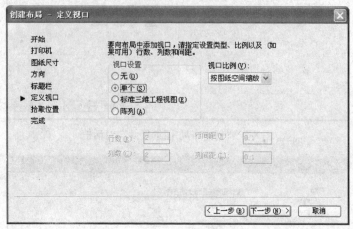

图8-10 "创建布局-定义视口"对话框

⑦ 单击"下一步"按钮,弹出"创建布局-拾取位置"对话框,如图8-11所示。单击"选择位置"按钮,用户可以在新布局内选择要创建的视口配置的角点,来指定视口配置的位置。

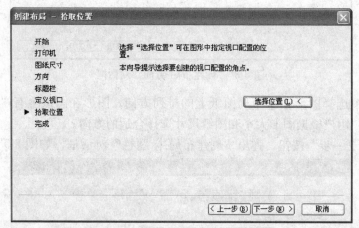

图8-11 "创建布局-拾取位置"对话框

⑧ 单击"下一步"按钮,弹出"创建布局-完成"对话框,如图8-12所示。这样就完成了一个新的布局,在新的布局中包括标题框、视口便捷、图纸尺寸界线以及"模型"布局中当前视口里面的图形对象。

3. 删除布局

如果现有的布局已经无用时,可以将其删掉,具体步骤如下:

(1)用鼠标右键单击要删除的布局,如图8-2所示,选择"删除"选项。

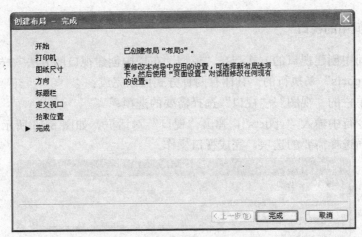

图 8-12 "创建布局-完成"对话框

（2）系统弹出警告窗口，如图 8-13 所示，单击"确定"按钮删除布局。

4. 重命名布局

对于默认的布局名称和不能让人满意的布局名称，可以进行重命名，具体步骤如下：

（1）用鼠标右键单击重命名的布局，在如图 8-2 所示的菜单中，选择"重命名"选项。

（2）布局名称变为可修改状态，如图 8-14 所示，输入布局名，然后单击"Enter"键，完成重命名操作。

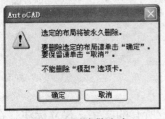

图 8-13 删除警告窗口

图 8-14 重命名布局对话框

5. 复制和移动布局

在布局安排的时候，有时需要移动某个布局到更适当的地方，或者需要复制某个布局内容，对其稍加修改作为另一个布局，就需要复制或移动布局。具体步骤如下：

（1）用鼠标右键单击要移动的布局，在如图 8-2 所示的菜单中，选择"移动或复制"选项。

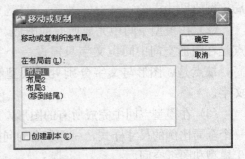

（2）系统弹出"移动或复制"对话框，如图 8-15 所示。如果勾选"创建副本"则为复制布局；若不选，则为移动布局。然后，单击"确定"按钮完成复制和移动布局的操作。

图 8-15 "移动或复制"对话框

6. 图纸空间中的视口

在图纸空间中创建视口的方式与在"模型"布局中创建视口的方法一样，都是通过定义视口命令"vports"来执行的。具体有两种方式可以完成：

(1) 从菜单栏的"视图"→"视口"选择需要的选项；

(2) 在命令行中输入"vports"，弹出"视口"对话框，如图 8-16 所示。在"新建视口"选项卡下面选择需要的选项，完成视口操作。

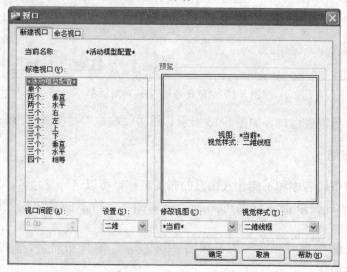

图 8-16 "视口"对话框

8.2.3 布局操作的一般步骤

1. 在"模型"选项卡中完成图形的绘制

在模型空间可以绘制二维和三维图形，也可以进行所有的文字、尺寸标注。在图纸空间中也可以绘制平面图形，也可以进行文字、尺寸标注。那么，在"模型"选项卡中的图形绘制应该进行到何种程度？以下有三种可能：

(1) 在模型空间中完成所有的图形、尺寸，文字，图纸空间只用来布图：优点是图形、尺寸、文字均处于模型空间中，缺点是要为不同比例的图样设置不同的字高和不同全局比例的尺寸样式。

(2) 在模型空间中完成所有的图形、尺寸，在图形空间中标注文字，完成布图：优点是在图形空间中同类文字只需设一个字高，不会因为图样比例的差别设置不同的字高，缺点是，图形与文字分别处于模型和图纸空间，在"模型"选项卡中看不到这些文字。

(3) 在模型空间中完成所有的图形，尺寸、文字均在图形空间标注：优点是只要设置一个全局比例的尺寸样式、一种字高的同类文字样式，缺点是，图形和尺寸、文字分别处于模型和图纸空间。

明白这些关系以后，读者就可以根据自己的绘图习惯或工作单位的惯例来选择处理方式了。但是，只要采用布局功能来布图，图框最好在图纸空间中插入。

2. 页面设置

默认情况下，每个初始化的布局都有一个与其联系的页面设置。通过在页面设置中将图纸定义为非 0×0 的任何尺寸，可以对布局进行初始化。可以将某个布局中保存的命名页面设置应用到另一个布局中。

单击"文件"菜单中的"页面设置管理器"选项进行设置，如图 8-17 所示。选择页面设置管理器，弹出"页面设置管理器"，如图 8-18 所示。

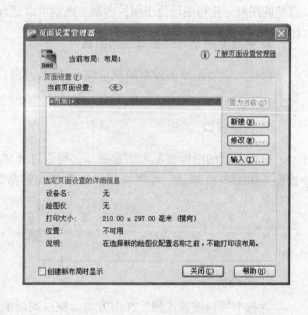

图 8-17　页面设置管理器选项　　　　　　图 8-18　页面设置管理器

单击"新建"按钮，弹出"新建页面设置"对话框，如图 8-19 所示，在"新页面设置名"区域填写新的名称，然后单击"确定"按钮，弹出"页面设置-模型"对话框，如图 8-20 所示。在"页面设置-模型"下，可以同时进行打印设备、图纸尺寸、打印区域、打印比例和图形方向、打印样式等设置。

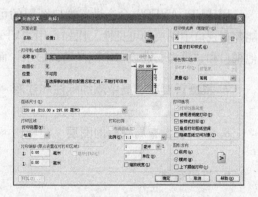

图 8-19　"新建页面设置"对话框　　　　　图 8-20　"页面设置-模型"对话框

如果要新建布局，也可以通过命令行进行操作：

命令：layout↙

输入布局选项[复制(C)/删除(D)/新建(N)/样板(T)/重命名(R)/另存为(SA)/设置(S)/?]＜设置＞:n↙

输入新布局名＜布局2＞:XXX布局↙

3. 插入图框

将制作好的图框通过"插入块"命令 ，给在绘图区域的合适位置图形插入一个比例合适的图框，使得图形位于图框内部。图框可以是自定义，也可以是系统提供的图框模板。

4. 创建要用于布局视口的新图层

创建一个新图层放置布局视口线。这样，在打印时将图层冻结，以免将视口线也打印出来。

5. 创建视口

根据图纸的图样情况来创建视口。可以打开"视口"工具栏，上面有视口的各种操作按钮，如图8-21所示。也可以用"mv"快捷键命令创建视口。

图8-21 "视口"工具栏

6. 设置视口

为每个视口设置比例、视图方向、视口图层的可见性等。

比例可以通过"视口"工具栏设置，也可以在视口"特性"中设置。视图方向主要是针对三为模型，可以通过"视图"工具栏设置，如图8-22所示。

图8-22 "视图"工具栏

用"VPLAYER"命令设置视口图层的可见性。该命令与"LAYER"不同的是，它只能控制视口中图层的可见性。比如，用"VPLAYER"命令在一个视口中冻结的图层，在其他视口和"模型"选项卡中同样可以显示，而"LAYER"命令则是全局性地控制图层状态。

7. 根据需要在布局中添加标注和注释

8. 关闭包含布局视口的图层

9. 打印布局

(1) 单击菜单栏"文件"→"打印"命令，或者单击"标准"工具栏的"打印"工具按

钮![], 打开"打印"对话框, 选择已经设置好的打印机以及打印设置;

（2）选择好合适的打印比例;

（3）设置合适的"打印偏移"参数, 设置坐标原点相对于可打印区域左下角点的偏移坐标, 默认状态是两点重合, 一般都选择"居中"打印;

（4）着色视口选项: 设置打印质量、精度（DPI）等;

（5）根据出图需要选择图纸方向;

（6）选择合适的打印范围, 包括"窗口"、"范围"、"图形界线"、"显示", 根据实际情况选择合适的范围打印;

（7）单击"预览"按钮, 预览打印结果;

（8）单击"打印"按钮, 打印出图。

8.3 实例——别墅图纸布局

为了说明布局的操作, 以前面绘制的别墅图为例。将所有绘制的别墅建筑图放置在不同的图纸中, 以便打印出图。

8.3.1 准备好模型空间的图形

以东、西立面图和墙身建筑详图的布局操作为例, 现将东、西立面图和墙身建筑详图（不同的绘图比例）排布在一张A3号图中。并且, 事先将线型设置好, 把确定不显示的图层关闭, 为布局操作做好准备。

> **实讲实训**
> **多媒体演示**
> 多媒体演示参见配套光盘中的\\视频\第8章\别墅图纸布局.avi。

8.3.2 创建布局、设置页面

1. 创建布局

在命令行中输入"LAYOUT"命令, 创建新布局"布局3"。

2. 页面设置

打开"页面设置管理器"对话框, 对新建布局进行页面设置。单击"修改"按钮, 弹出"页面设置-布局3"对话框, 如图8-23所示, 然后按照图示对话框进行打印设备、图纸尺寸、打印区域、打印比例和图形方向、打印样式等设置。

8.3.3 插入图框、创建视口图层

1. 插入图框

调用"插入块"命令![], 将以前绘制好的"图框"图块插入到布局3中, 结果如图8-24所示。

第8章 布图与输出

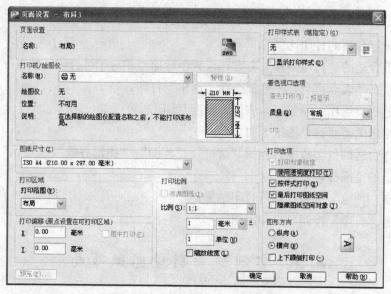

图 8-23 "页面设置-布局 3"对话框

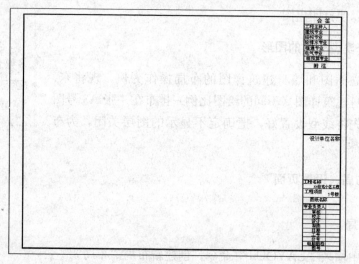

图 8-24 插入图框

2. 创建视口图层

创建视口图层，用于视口线放置，如图 8-25 所示。

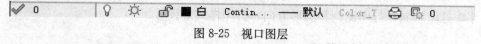

图 8-25 视口图层

8.3.4 视口创建及设置

1. 创建视口

首先创建东立面图样视口，在命令行中输入"MV"命令，在图纸上左上方绘制一个矩形视口，模型空间中的图形就会显示出来，结果如图8-26所示。

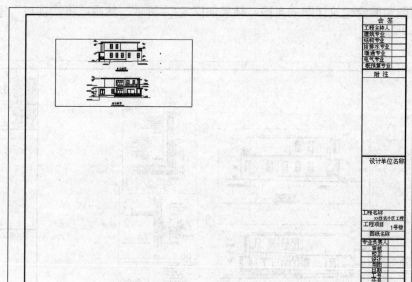

图8-26 创建视口

2. 设置比例

双击视口内部，进入模型空间，单击"平移"按钮、"实时缩放"按钮等，将东立面图调整到视口内，如图8-27所示。也可以通过在视口"特性"中输入比例，以完成比例设置。

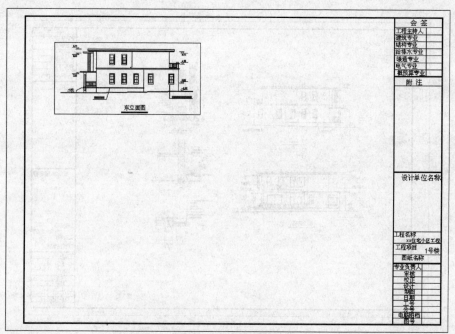

图8-27 设置比例

重复上述方法创建西立面图样视口和墙身建筑详图视口，并设置合适的比例，完成东、西立面图和墙身建筑详图的布图，结果如图 8-28 所示。然后，将"视口"图层关闭，结果如图 8-29 所示。

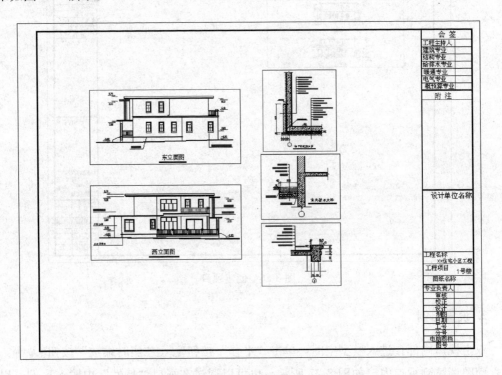

图 8-28　东、西立面图和墙身建筑详图的布图

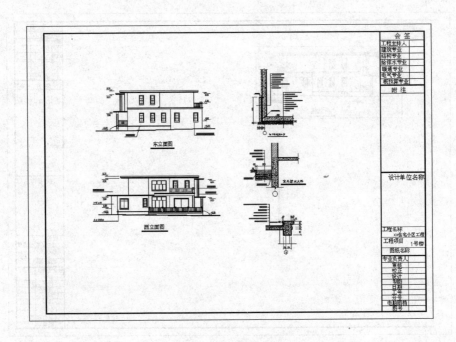

图 8-29　关闭视口图层

8.3.5 其他图纸布图

重复 8.3.1~8.3.4 操作步骤，完成其他图纸的布局，结果如图 8-30~图 8-39 所示。

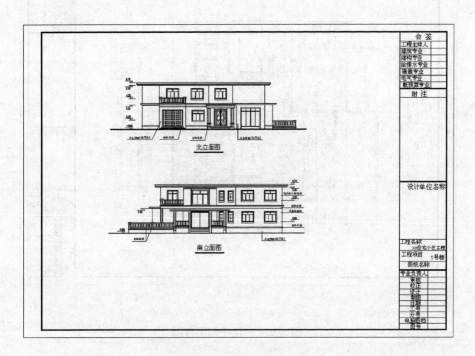

图 8-30 南、北立面图布图

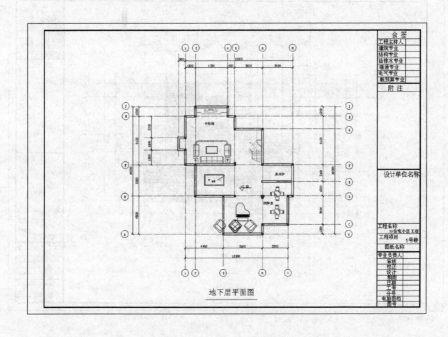

图 8-31 地下层平面图布图

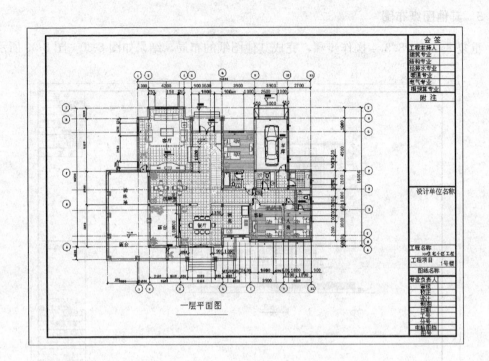

图 8-32　一层平面图布图

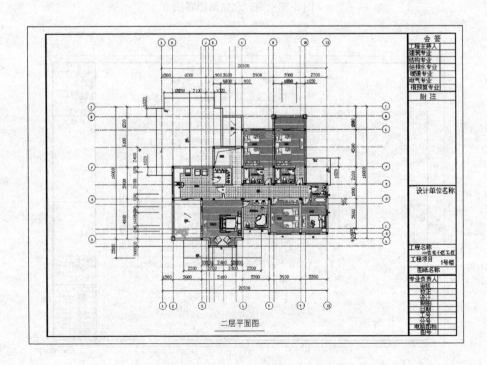

图 8-33　二层平面图布图

8.3 实例——别墅图纸布局

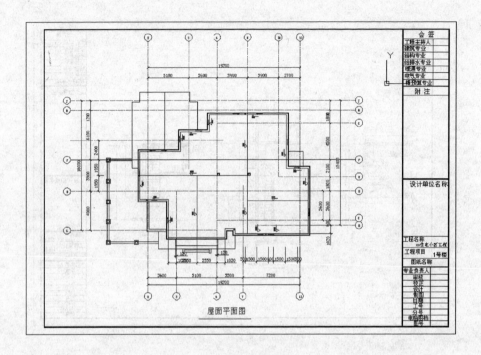

图 8-34 屋面平面图布图

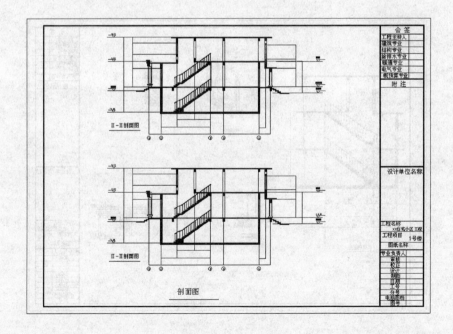

图 8-35 剖面图布图

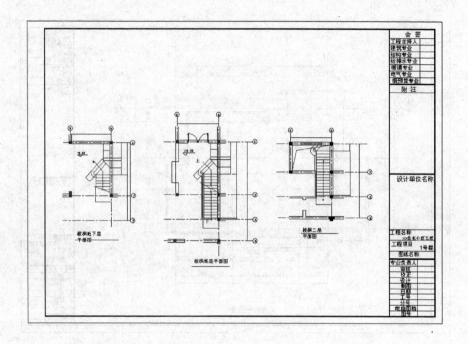

图 8-36 楼梯平面图布图

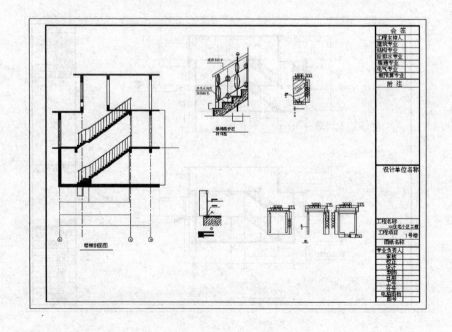

图 8-37 楼梯剖面及大样图布图

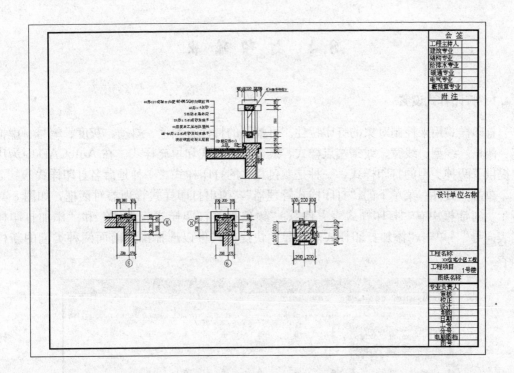

图 8-38 栏杆及装饰柱详图布图

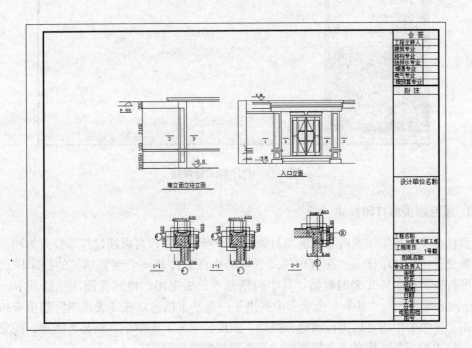

图 8-39 南立面立柱、入口立面详图布图

8.4 打印输出

8.4.1 打印样式设置

打印样式用来控制对象的打印特性。可控制的特性有颜色、抖动、灰度、笔号、虚拟笔、淡显、线型、线宽、线条端点样式、线条连接样式和填充样式。在 AutoCAD 中为用户提供了两种类型的打印样式，一种是颜色相关的打印样式，一种是命名打印样式。

单击"文件"菜单下的"打印样式管理器"，弹出打印样式管理器对话框，如图 8-40 所示。对话框中有"打印样式表文件"、"颜色相关打印样式表文件"和"添加打印样式表向导"。单击"添加打印样式表向导"快捷方式可以选择添加前面两种类型的新样式表。

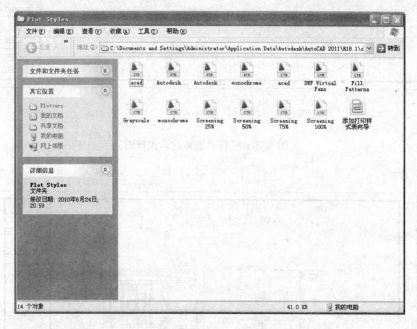

图 8-40 打印样式管理器

1. 颜色相关的打印样式

颜色相关的打印样式以颜色统领对象的打印特性，用户可以通过打印样式为同一颜色的对象设置一种打印样式。在打印样式管理器中任意打开一个颜色相关的打印样式表文件，即打开了打印样式表编辑器，其中包括基本、表视图、格式视图 3 个选项卡，如图 8-41～图 8-43 所示。"基本"选项卡中列出了一些基本信息，在"表视图"选项卡和"格式视图"选项卡中均可以进行颜色、抖动、灰度、笔号、虚拟笔、淡显、线型、线宽、线条端点样式、线条连接样式和填充样式等各项特性的设置。

也可以通过"添加打印样式表向导"来添加自定义的新样式。双击"添加打印样式表向导"弹出"添加打印样式表"对话框，如图 8-44 所示。

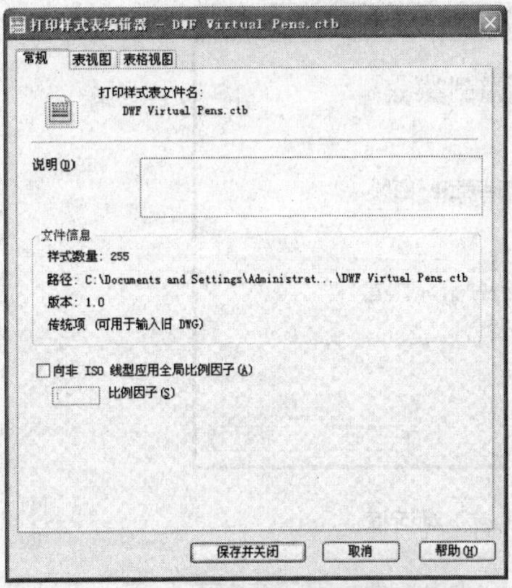

图 8-41 "基本"选项卡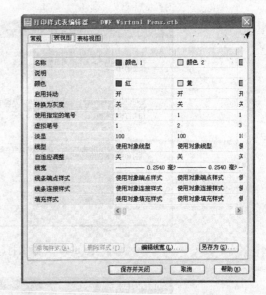

图 8-42 "表视图"选项卡

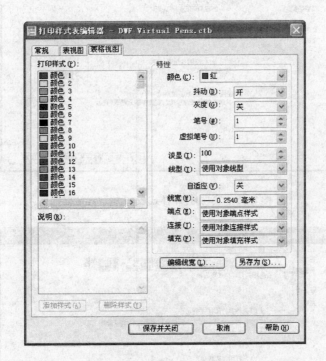

图 8-43 "格式样式"选项卡

单击"下一步"按钮,弹出"添加打印样式表-开始"对话框,如图 8-45 所示。选择"创建新打印样式表"选项,然后单击"下一步"按钮,弹出"选择打印样式表"对话框,如图 8-46 所示。选择"颜色相关打印样式表"选项。

单击"下一步"按钮,弹出"添加打印样式表-文件名"对话框,如图 8-47 所示。填写"文件名",然后单击"下一步"按钮,弹出"添加打印样式表-完成"对话框,如图 8-48所示。单击"完成"按钮,完成新样式的添加。

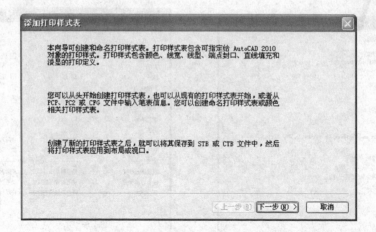

图 8-44 "添加打印样式表"对话框

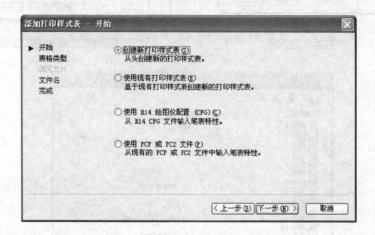

图 8-45 "添加打印样式表-开始"对话框

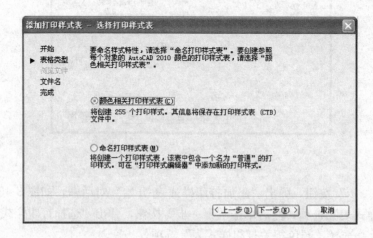

图 8-46 "选择打印样式表"对话框

新添加的打印样式可以在"页面设置"对话框中选用,也可以在"打印"对话框中选用,如图 8-49 所示。

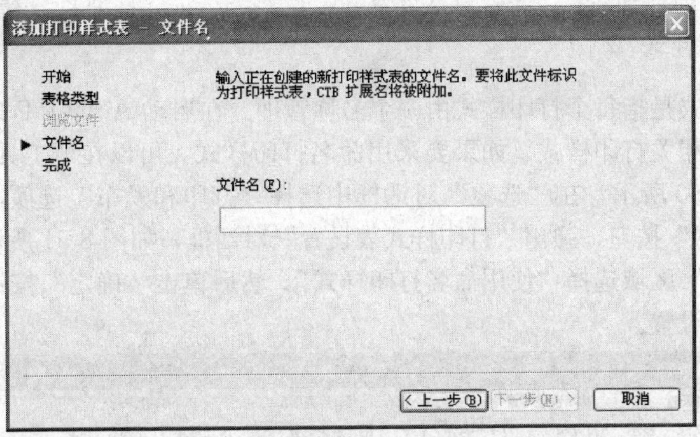

8.4 打印输出

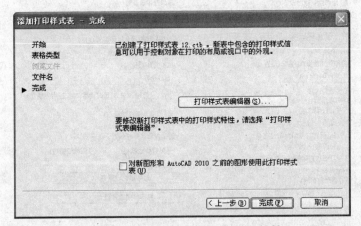

图 8-47 "添加打印样式表-文件名"对话框

图 8-48 "添加打印样式表-完成"对话框

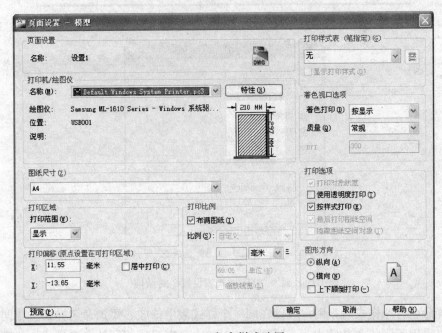

图 8-49 打印样式选用

2. 命名打印样式

命名打印样式是指每个打印样式由一个名称管理。在启动 AutoCAD 时，系统默认新建图形采用颜色相关打印样式。如果要采用命名打印样式，可以在"工具"菜单"选项"中设置。如图 8-50 所示，在"选项"对话框中选择"打印和发布"选项，单击右下角的"打印样式表设置"按钮，弹出"打印样式表设置"对话框，如图 8-51 所示。在"新图形的默认打印样式"区域选择"使用命名打印样式"，然后单击"确定"按钮完成"使用命名打印样式"的设置。

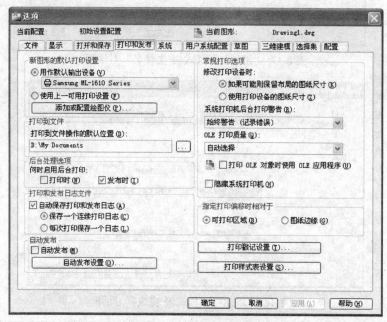

图 8-50 "选项"对话框

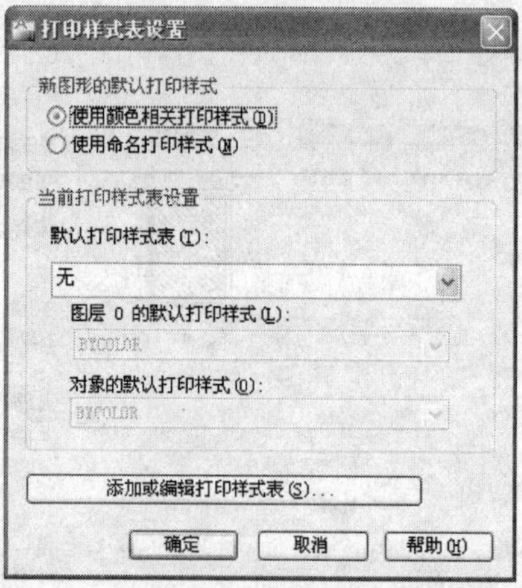

图 8-51 "打印样式表设置"对话框

设置命名打印样式后，用户可以在同一个样式表中修改、添加命名样式。相同颜色的对象可以采用不同的命名样式，不同颜色的对象也可以采用相同的命名样式，关键在于将样式设定给特定的对象。可以在"特性"窗口、图层管理器、页面设置或打印对话框中进行设置。下面以在页面设置中进行操作为例。

打开工具栏中的"文件"菜单,选择"页面设置管理器"选项,弹出"页面设置管理器"对话框,如图8-52所示。单击"新建"按钮,弹出"新建页面设置"对话框,如图8-53所示。输入新页面设置名,然后选择新建页面设置"设置1",单击"确定"按钮,弹出"页面设置-设置1"对话框,如图8-54所示。

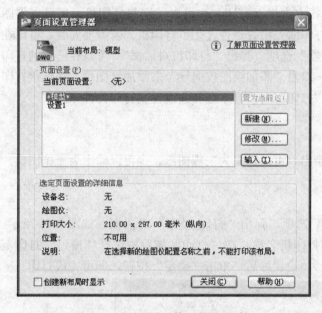
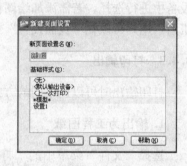

图8-52 "页面设置管理器"对话框　　　　图8-53 "新建页面设置"对话框

图8-54 "页面设置-设置1"对话框

在"打印样式表"区利用下拉菜单选择打印样式表,然后单击右上角的"编辑"按钮,弹出"打印样式表编辑器"对话框,选择"表视图"选项卡,如图8-42所示。在选项卡中可以利用左下角的"添加样式"按钮来添加新的样式,然后就可以进行样式的设置,如颜色、线型、线宽等。也可以在"样式视图"选项卡中进行特性的设置,如图8-43所示。

8.4.2 设置绘图仪

AutoCAD配置的绘图仪可以连接在本机上打印,也可以是网络打印机,还可以将图形输出为电子文件的打印程序。在打印前先检查是否连接了打印机。若需要安装,可以在"文件"菜单中,选择"绘图仪管理器"选项,弹出"打印机对话框"。可以在已有的打印设备中进行选择,若需添加绘图仪,双击"添加绘图仪向导"来添加绘图仪。在连接打印机后,用户可以在"页面设置"或"打印"对话框中选择并设置其打印特性。

8.4.3 打印输出

打印输出时可以以不同的方式输出,可以输出为工程图纸,也可以输出为光栅图像。

1. 输出为工程图纸

选择"文件"菜单中的"打印"选项,弹出"打印-模型"对话框,如图8-55所示。在"打印机/绘图仪"中选择已有的打印机名称,在"打印区域"中选择"窗口"打印范围,"打印比例"设置为"布满图纸"。设置好后,单击"确定"按钮,即可完成打印。

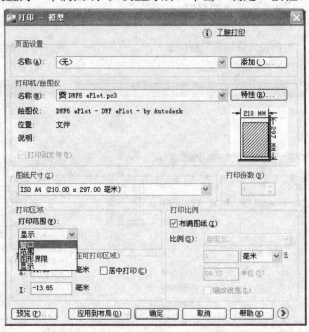

图 8-55 "打印-模型"对话框

2. 输出为光栅图像

在AutoCAD中,打印输出时,可以将dwg的图形文件输出为jpg、bmp、tif、tga等

格式的光栅图像,以便在其他图像软件中进行处理,还可以根据需要设置图像大小。具体操作步骤如下:

(1) 添加绘图仪:如果系统中为用户提供了所需图像格式的绘图仪,就可以直接选用,若系统中没有所需图像格式的绘图仪,就需要利用"添加绘图仪向导"进行添加。

打开"文件"菜单中的"绘图仪管理器",在弹出的对话框中双击"添加绘图仪向导",弹出"添加绘图仪-简介"对话框,如图8-56所示。单击"下一步"按钮,弹出"添加绘图仪-开始"对话框,如图8-57所示,选择"我的电脑"选项。

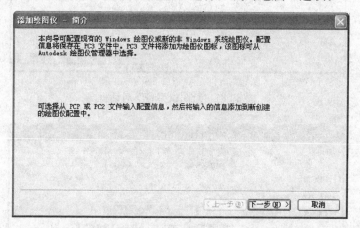

图 8-56 "添加绘图仪-简介"对话框

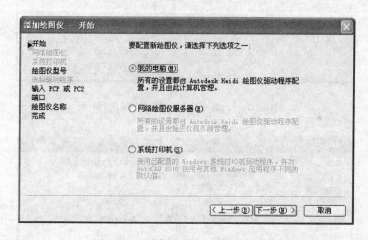

图 8-57 "添加绘图仪-开始"对话框

单击"下一步"按钮,弹出"添加绘图仪-绘图仪型号"对话框,如图8-58所示。在"生产商"选框中选择"光栅文件格式",在"型号"选框中选择"TIFF Version 6(不压缩)"。单击"下一步"按钮,弹出"添加绘图仪-输入PCP或PC2"对话框。如图8-59所示。

单击"下一步"按钮,弹出"添加绘图仪-端口"对话框,如图8-60所示。单击"下一步"按钮,弹出"添加绘图仪-绘图仪名称"对话框,如图8-61所示。

单击"下一步"按钮,弹出"添加绘图仪-完成"对话框,如图8-62所示。单击"完成"按钮,即可完成绘图仪的添加操作。

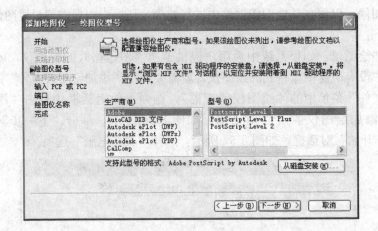

图 8-58 "绘图仪型号"对话框

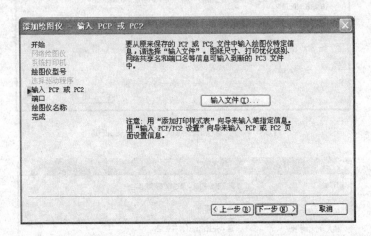

图 8-59 "输入 PCP 或 PC2"对话框

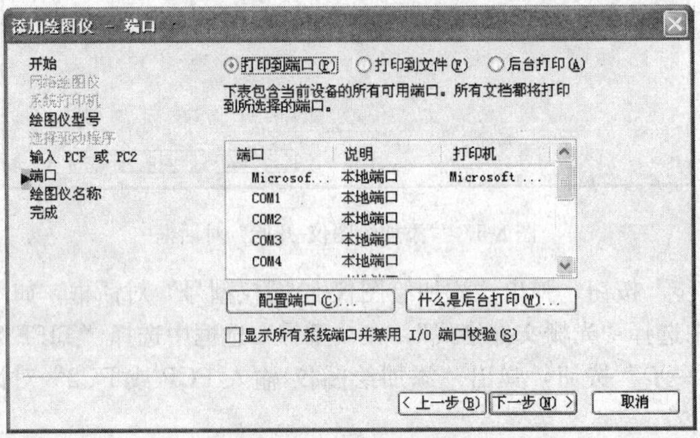

图 8-60 "添加绘图仪-端口"对话框

（2）设置图像尺寸：选择"文件"菜单中的"打印"选项，弹出"打印-模型"对话框，在"打印机/绘图仪"选框中选择"TIFF Version 6（不压缩）"。然后在"图纸尺寸"

8.4 打印输出

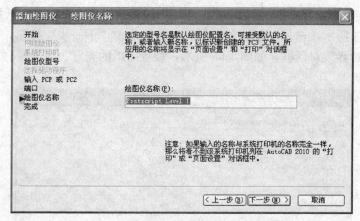

图 8-61 "添加绘图仪-绘图仪名称"对话框

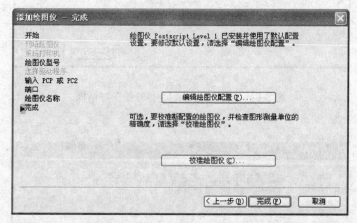

图 8-62 "添加绘图仪-完成"对话框

选框中选择合适的图纸尺寸。如果选项中所提供的体制尺寸不能满足要求,就可以单击"绘图仪"右侧的"特性"按钮,弹出"绘图仪配置编辑器"对话框,如图 8-63 所示。

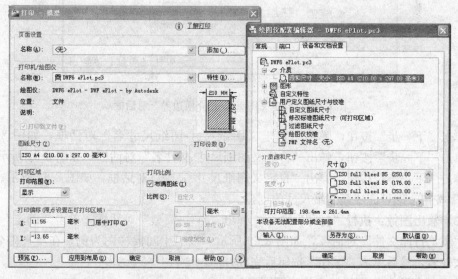

图 8-63 "绘图仪配置编辑器"对话框

选择"自定义图纸尺寸",然后单击"添加"按钮,弹出"自定义图纸尺寸-开始"对话框,如图 8-64 所示,选择"创建新图纸"选项。单击"下一步"按钮,弹出"自定义图纸尺寸-介质边界"对话框,如图 8-65 所示,设置图纸的宽度、高度等。

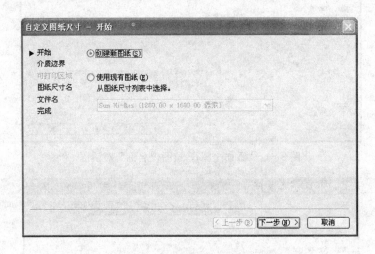

图 8-64 "自定义图纸尺寸-开始"对话框

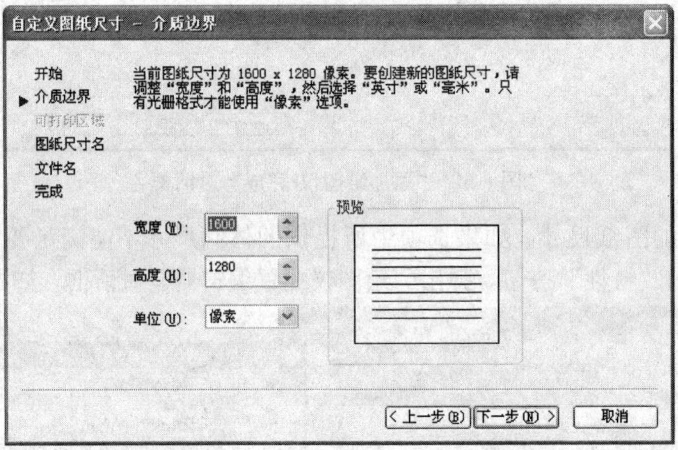

图 8-65 "自定义图纸尺寸-介质边界"对话框

单击"下一步"按钮,弹出"自定义图纸尺寸-图纸尺寸名"对话框,如图 8-66 所示。单击"下一步"按钮,弹出"自定义图纸尺寸-文件名"对话框,如图 8-67 所示。

单击"下一步"按钮,弹出"自定义图纸尺寸-完成"对话框,如图 8-68 所示。单击"完成"按钮,即可完成新图纸尺寸的创建。

(3) 输出图像:执行"打印"命令,弹出"打印-模型"对话框,单击"确定"按钮,弹出"浏览打印文件"对话框,如图 8-69 所示。以卫生间大样图为例,在"文件名"中输入文件名,然后单击"保存"按钮后完成打印。

最终完成将 dwg 图形输出为光栅图形。

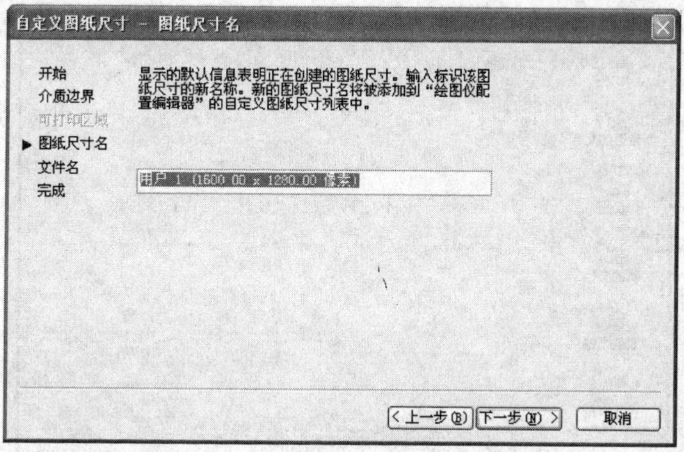

图 8-66 "图纸尺寸名"对话框

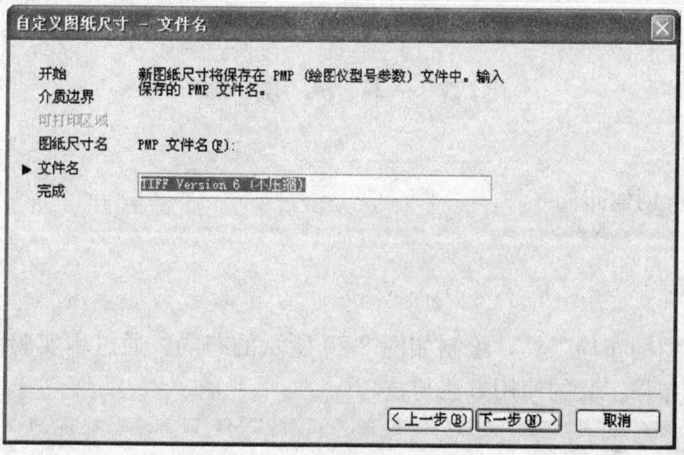

图 8-67 "文件名"对话框

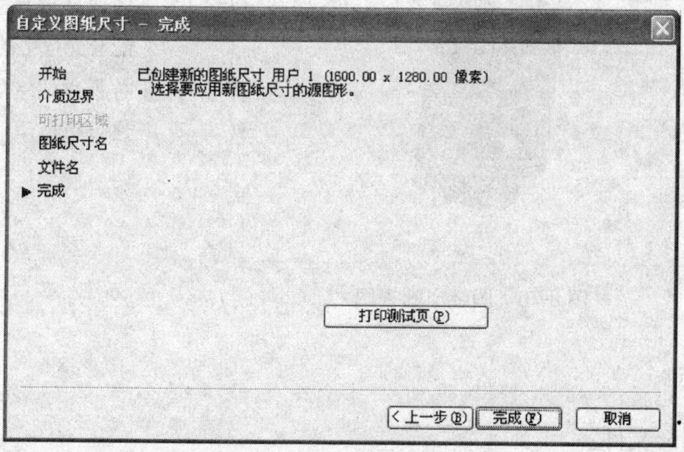

图 8-68 "完成"对话框

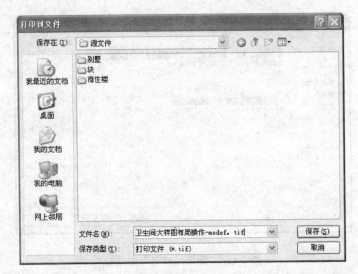

图 8-69 "浏览打印文件"对话框

8.5 上机实验

 【实验1】 创建布局

1. 目的要求

利用前面介绍的布局工具，绘制如图 8-70 所示的布局。通过本实验的练习，要求读者熟练掌握各种布局工具的使用方法与技巧。

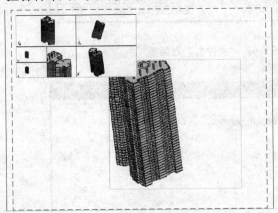

图 8-70 图纸空间视图

> 实讲实训
> 多媒体演示
>
> 多媒体演示参见配套光盘中的\\参考视频\第8章\创建布局.avi。

2. 操作提示

（1）打开图形文件。
（2）利用布局工具创建布局。

CHAPTER

建筑图样实例篇

本篇主要结合实例讲解利用 AutoCAD 2011 进行各种建筑设计的操作步骤、方法和技巧等,包括总平面图、平面图、立面图、剖面图和详图等知识。

本篇内容通过实例加深读者对 AutoCAD 功能以及各种建筑图形绘制方法的理解和掌握。

第9章 建筑设计基本理论

建筑设计是指建筑物在建造前，设计者按照建设任务，将施工过程和使用过程中所存在的或可能发生的问题，事先做好通盘的设想，拟定好解决这些问题的办法、方案，并用图纸和文件表达出来。

本章将简要介绍建筑设计的一些基本知识，包括建筑设计特点、建筑设计要求与规范、建筑设计内容等。

学习要点

建筑设计基本理论
建筑设计基本方法
建筑制图基本知识

9.1 建筑设计基本理论

本节将简要介绍有关建筑设计的基本概念、规范和特点。

9.1.1 建筑设计概述

建筑设计是为人类建立生活环境的综合艺术和科学，是一门涵盖极广的专业。建筑设计从总体说一般由三大阶段构成，即方案设计、初步设计和施工图设计。方案设计主要是构思建筑的总体布局，包括各个功能空间的设计、高度、层高、外观造型等内容；初步设计是对方案设计的进一步细化，确定建筑的具体尺度和大小，包括建筑平面图、建筑剖面图和建筑立面图等；施工图设计则是将建筑构思变成图纸的重要阶段，是建造建筑的主要依据，除包括建筑平面图、建筑剖面图和建筑立面图等外，还包括各个建筑大样图、建筑构造节点图，以及其他专业设计图纸，如结构施工图、电气设备施工图、暖通空调设备施工图等。总的来说，建筑施工图越详细越好，要准确无误。

在建筑设计中，须按照国家规范及标准进行设计，确保建筑的安全、经济、适用等，须遵守的国家建筑设计规范主要有：

(1)《房屋建筑制图统一标准》GB/T 50001—2010。

(2)《建筑制图标准》GB/T 50104—2010。

(3)《建筑内部装修设计防火规范》GB 50222—1995。

(4)《建筑工程建筑面积计算规范》GB/T 50353—2005。

(5)《民用建筑设计通则》GB 50352—2005。

(6)《建筑设计防火规范》GB 50016—2006。

(7)《建筑采光设计标准》GB/T 50033—2001。

(8)《高层民用建筑设计防火规范》GB 50045—1995，2005 年版。

(9)《建筑照明设计标准》GB 50034—2004。

(10)《汽车库、修车库、停车场设计防火规范》GB 50067—1997。

(11)《自动喷水灭火系统设计规范》GB 50084—2001。

(12)《公共建筑节能设计标准》GB 50189—2005。

> **说 明**
>
> 建筑设计规范中 GB 是国家标准，此外还有行业规范、地方标准等。

建筑设计是为人们工作、生活与休闲提供环境空间的综合艺术和科学。建筑设计与人们日常生活息息相关，从住宅到商场大楼、从写字楼到酒店、从教学楼到体育馆，无处不与建筑设计紧密联系。图 9-1 和图 9-2 所示是两种不同风格的建筑。

图 9-1 高层商业建筑

图 9-2 别墅建筑

9.1.2 建筑设计特点

建筑设计是根据建筑物的使用性质、所处环境和相应标准，运用物质技术手段和建筑美学原理，创造功能合理、舒适优美、满足人们物质和精神生活需要的室内外空间环境。设计构思时，需要运用物质技术手段，如各类装饰材料和设施设备等；还需要遵循建筑美学原理，综合考虑使用功能、结构施工、材料设备、造价标准等多种因素。

从设计者的角度来分析建筑设计的方法，主要有以下几点：

1. 总体与细部深入推敲

总体推敲是建筑设计应考虑的几个基本观点之一，是指有一个设计的全局观念。细处着手是指具体进行设计时，必须根据建筑的使用性质，深入调查、收集信息，掌握必要的资料和数据，从最基本的人体尺度、人流动线、活动范围和特点、家具与设备的尺寸以及使用它们必需的空间等着手。

2. 里外、局部与整体协调统一

建筑室内外空间环境需要与建筑整体的性质、标准、风格，以及室外环境相协调统一，它们之间有着相互依存的密切关系，设计时需要从里到外，从外到里多次反复协调，从而使设计更趋完善合理。

3. 立意与表达

设计的构思、立意至关重要。可以说，一项设计，没有立意就等于没有"灵魂"，设计的难度也往往在于要有一个好的构思。一个较为成熟的构思，往往需要足够的信息量，有商讨和思考的时间，在设计前期和出方案过程中使立意、构思逐步明确，形成一个好的构思。

注意

对于建筑设计来说，正确、完整，又有表现力地表达出建筑室内外空间环境设计的构思和意图，使建设者和评审人员能够通过图纸、模型、说明等，全面地了解设计意图，也是非常重要的。

建筑设计根据设计的进程，通常可以分为四个阶段，即准备阶段、方案阶段、施工图阶段和实施阶段。

1. 准备阶段

设计准备阶段主要是接受委托任务书，签订合同，或者根据标书要求参加投标；明确设计任务和要求，如建筑设计任务的使用性质、功能特点、设计规模、等级标准、总造价，以及根据任务的使用性质所需创造的建筑室内外空间环境氛围、文化内涵或艺术风格等。

2. 方案阶段

方案设计阶段是在设计准备阶段的基础上，进一步收集、分析、运用与设计任务有关的资料与信息，构思立意，进行初步方案设计，进而深入设计，进行方案的分析与比较。确定初步设计方案，提供设计文件，如平面图、立面、透视效果图等。图 9-3 所示是某个项目建筑设计方案效果图。

3. 施工图阶段

施工图设计阶段是提供有关平面、立面、构造节点大样以及设备管线图等施工图纸，满足施工的需要。图 9-4 所示是某个项目建筑平面施工图。

4. 实施阶段

设计实施阶段也就是工程的施工阶段。建筑工程在施工前，设计人员应向施工单位进行设计意图说明及图纸的技术交底；工程施工期间需按图纸要求核对施工实况，有时还需根据现场实况提出对图纸的局部修改或补充；施工结束时，会同质检部门和建设单位进行工程验收。图 9-5 所示是正在施工中的建筑（局部）。

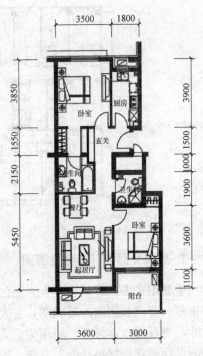

图9-3 建筑设计方案　　　　　图9-4 建筑平面施工图（局部）

❗注意

为了使设计取得预期效果，建筑设计人员必须抓好设计各阶段的环节，充分重视设计、施工、材料、设备等各个方面，协调好与建设单位和施工单位之间的相互关系，在设计意图和构思方面取得沟通与共识，以期取得理想的设计工程成果。

图9-5 施工中的建筑

一套工业与民用建筑的建筑施工图通常包括的图纸主要有如下几大类。

1. 建筑平面图（简称平面图）

是按一定比例绘制的建筑的水平剖切图。通俗地讲，就是将一幢建筑窗台以上部分切掉，再将切面以下部分用直线和各种图例、符号直接绘制在纸上，以直观地表示建筑在设计和使用上的基本要求和特点。建筑平面图一般比较详细，通常采用较大的比例，如1∶200、1∶100和1∶50，并标出实际的详细尺寸，图9-6所示为某建筑标准层平面图。

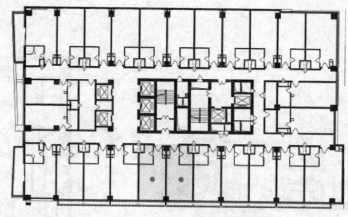

图 9-6　建筑平面图

2. 建筑立面图（简称立面图）

主要用来表达建筑物各个立面的形状和外墙面的装修等，是按照一定比例绘制建筑物的正面、背面和侧面的形状图，它表示的是建筑物的外部形式，说明建筑物长、宽、高的尺寸，表现楼地面标高、屋顶的形式、阳台位置和形式、门窗洞口的位置和形式、外墙装饰的设计形式、材料及施工方法，等等，图 9-7 所示为某建筑的立面图。

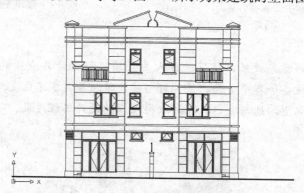

图 9-7　建筑立面图

3. 建筑剖面图（简称剖面图）

是按一定比例绘制的建筑竖直方向剖切前视图，它表示建筑内部的空间高度、室内立面布置、结构和构造等情况。在绘制剖面图时，应包括各层楼面的标高、窗台、窗上口、室内净尺寸等，剖切楼梯应表明楼梯分段与分级数量；建筑主要承重构件的相互关系，画出房屋从屋面到地面的内部构造特征，如楼板构造、隔墙构造、内门高度、各层梁和板位置、屋顶的结构形式与用料等；注明装修方法、楼、地面做法，所用材料加以说明，标明屋面做法及构造；各层的层高与标高，标明各部位高度尺寸等，图 9-8 所示为某建筑的剖面图。

4. 建筑大样图（简称详图）

主要用以表达建筑物的细部构造、节点连接形式，以及构件、配件的形状大小、材料、做法等。详图要用较大比例绘制（如 1：20、1：5 等），尺寸标注要准确、齐全，文字说明要详细。图 9-9 所示为墙身（局部）详图。

5. 建筑透视效果图

除上述类型图形外，在实际工程实践中还经常绘制建筑透视图，尽管其不是施工图所要求的，但由于建筑透视图表示建筑物内部空间或外部形体与实际所能看到的建筑本身相类似的主体图像，具有强烈的三维空间透视感，非常直观地表现了建筑的造型、空间布置、色彩和外部环境等多方面内容，

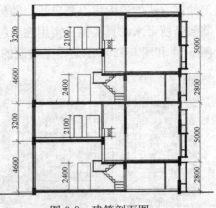

图 9-8　建筑剖面图

所以建筑透视图常在建筑设计和销售时作为辅助使用。从高处俯视的透视图又叫做"鸟瞰图"或"俯视图"。建筑透视图一般要严格地按比例绘制，并进行绘制上的艺术加工，这种图通常被称为建筑表现图或建筑效果图。一幅绘制精美的建筑表现图就是一件艺术作品，具有很强的艺术感染力。图 9-10 所示为某别墅三维外观透视图。

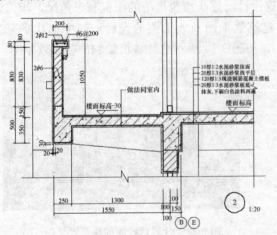

图 9-9　建筑大样图

图 9-10　建筑透视效果图

> **说　明**
>
> 目前普遍采用计算机绘制效果图，其特点是透视效果逼真，可以拷贝多份。

9.2　建筑设计基本方法

本节将介绍建筑设计的两种基本方法和其各自的特点。

9.2.1　手工绘制建筑图

建筑设计图纸对工程建设至关重要。如何把设计者的意图完整表达出来，建筑设计图纸无疑是比较有效的方法。在计算机普及前，建筑图绘制最为常用的方式是手工绘制。手

工绘制方法的最大优点是自然，随机性较大，容易体现个性和不同的设计风格，使人们领略到其所带来的真实性、实用性和趣味性的效果。其缺点是比较费时，并且不容易修改。图 9-11 和图 9-12 所示是手工绘制的建筑效果图。

图 9-11　手工绘制的建筑效果图（1）　　　　图 9-12　手工绘制的建筑效果图（2）

9.2.2　计算机绘制建筑图

随着计算机信息技术的飞速发展，建筑设计已逐步摆脱传统的图板和三角尺，步入计算机辅助设计（CAD）时代。在国内外，建筑效果图及施工图的设计，如今也几乎完全实现了使用计算机进行绘制和修改。图 9-13 和图 9-14 所示是计算机绘制的建筑效果图。

图 9-13　计算机绘制的建筑效果图（1）　　　　图 9-14　计算机绘制的建筑效果图（2）

9.2.3　CAD 技术在建筑设计中的应用简介

1. CAD 技术及 AutoCAD 软件

CAD 即"计算机辅助设计"（Computer Aided Design），是指发挥计算机的潜力，使它在各类工程设计中起辅助设计作用的技术总称，不单指哪一个软件。CAD 技术一方面可以在工程设计中协助完成计算、分析、综合、优化、决策等工作，另一方面可以协助技术人员绘制设计图纸，完成一些归纳、统计工作。在此基础上，还有一个 CAAD 技术，即"计算机辅助建筑设计"（Computer Aided Architectural Design），它是专门开发用于建筑设计的计算机技术。由于建筑设计工作的复杂性和特殊性（不像结构设计属于纯技术工作），就国内目前建筑设计实践状况来看，CAD 技术的大量应用主要还是在图纸的绘制上面，但也有一些具有三维功能的软件，在方案设计阶段用来协助推敲。

AutoCAD 软件是美国 Autodesk 公司开发研制的计算机辅助软件，它在世界工程设计领域使用相当广泛，目前已成功应用到建筑、机械、服装、气象、地理等领域。自 1982 年推出第一个版本以后，目前已升级至第 19 个版本，最新版本为 AutoCAD2011，如图 9-15 所示。AutoCAD 是为我国建筑设计领域最早接受的 CAD 软件，几乎成了默认绘图软件，主要用于绘制二维建筑图形。此外，AutoCAD 为客户提供了良好的二次开发平台，便于用户自行定制适于本专业的绘图格式和附加功能。目前，国内专门研制开发基于 AutoCAD 的建筑设计软件的公司就有几家。

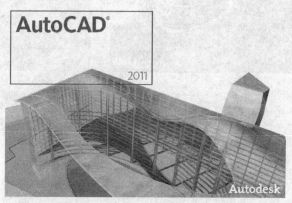

图 9-15　AutoCAD 2011

2. CAD 软件在建筑设计个阶段的应用情况

建筑设计应用到的 CAD 软件较多，主要包括二维矢量图形绘制软件、设计推敲软件、建模及渲染软件、效果图后期制作软件等。

（1）二维矢量图形绘制

二维图形绘制包括总图、平立剖图、大样图、节点详图等。AutoCAD 因其优越的矢量绘图功能，被广泛用于方案设计、初步设计和施工图设计全过程的二维图形绘制。方案阶段，它生成扩展名为 dwg 的矢量图形文件，可以将它导入 3ds Max、3D VIZ 等软件协助建模如图 9-16、图 9-17 所示。可以输出为位图文件，导入 Photoshop 等图像处理软件进一步制作平面表现图。

（2）方案设计推敲

AutoCAD、3ds Max、3D VIZ 的三维功能可以用来协助体块分析和空间组合分析。此外，一些能够较为方便快捷地建立三维模型，便于在方案推敲时快速处理平、立、剖及空间之间关系的 CAD 软件正逐渐为设计者了解和接受，比如 SketchUp、ArchiCAD 等如图 9-18、图 9-19 所示，他们兼具二维、三维和渲染功能。

（3）建模及渲染

这里所说的建模指为制作效果图准备的精确模型。常见的建模软件有 AutoCAD、3ds Max、3D VIZ 等。应用 AutoCAD 可以进行准确建模，但是它的渲染效果较差，一般需要导入 3ds Max、3D VIZ 等软件中附材质、设置灯光、然后渲染，而且需要处理好导入前后的接口问题。3ds Max 和 3D VIZ 都是功能强大的三维建模软件，两者的界面基本相同。不同的是，3ds Max 面向普遍的三维动画制作，而 3D VIZ 是 AutoDesk 公司专门

图 9-16　3ds Max

图 9-17　3D VIZ 2008

图 9-18　SketchUp 5.0

图 9-19　ArchiCAD 11

为建筑、机械等行业定制的三维建模及渲染软件，取消了建筑、机械行业不必要的功能，增加了门窗、楼梯、栏杆、树木等造型模块和环境生成器，3D VIZ 4.2 以上的版本还集成了 Lightscape 的灯光技术，弥补了 3ds Max 的灯光技术的欠缺。3ds Max、3D VIZ 具有良好的渲染功能，是建筑效果图制作的首选软件。

就目前的状况来看，3ds Max、3D VIZ 建模仍然需要借助 AutoCAD 绘制的二维平、立、剖面图为参照来完成。

(4) 后期制作

1) 效果图后期处理：模型渲染以后图像一般都不十分完美，需要进行后期处理，包括修改、调色、配景、添加文字等。在此环节上，Adobe 公司开发的 Photoshop 是一个首选的图像后期处理软件，如图 9-20 所示。

图 9-20　Photoshop CS4

此外，方案阶段用 AutoCAD 绘制的总图、平、立、剖面及各种分析图也常在 Photoshop 中作套色处理。

2) 方案文档排版：为了满足设计深度要求，满足建设方或标书的要求，同时也希望突出自己方案的特点，使自己的方案能够脱颖而出，方案文档排版工作是相当重要的。它包括封面、目录、设计说明制作以及方案设计图所在各页的制作。在此环节上可以用 Adobe PageMaker，也可以直接用 Photoshop 或其他平面设计软件。

3) 演示文稿制作：若需将设计方案做成演示文稿进行汇报，比较简单的软件是 Powerpoint，其次可以使用 Flash、Authorware 等。

(5) 其他软件

在建筑设计过程中还可能用到其他软件，比如文字处理软件 Microsoft Word，数据统计分析软件 Excel 等。至于一些计算程序，如节能计算、日照分析等，则根据具体需要采用。

9.3　建筑制图基本知识

建筑设计图纸是交流设计思想、传达设计意图的技术文件。尽管 AutoCAD 功能强大，但它毕竟不是专门为建筑设计定制的软件，一方面需要在用户的正确操作下才能实现其绘图功能；另一方面需要用户在遵循统一制图规范，在正确的制图理论及方法的指导下来操作，才能生成合格的图纸。可见，即使在当今大量采用计算机绘图的形势下，仍然有必要掌握基本绘图知识。基于此，笔者在本节中将必备的制图知识作简单介绍，已掌握该部分内容的读者可跳过不看。

9.3.1　建筑制图概述

1. 建筑制图的概念

建筑图纸是建筑设计人员用来表达设计思想、传达设计意图的技术文件，是方案投标、技术交流和建筑施工的要件。建筑制图是根据正确的制图理论及方法，按照国家统一的建筑制图规范将设计思想和技术特征清晰、准确地表现出来。建筑图纸包括方案图、初设图、施工图等类型。国家标准《房屋建筑制图统一标准》（GB/T 50001—2010）、《总图制图标准》（GB/T 50103—2010）、《建筑制图标准》（GB/T 50104—2010）、《CAD 工程制图规则》GB/T 18229—2000 是建筑专业手工制图和计算机制图的依据。

2. 建筑制图程序

建筑制图的程序是与建筑设计的程序相对应的。从整个设计过程来看，按照设计方案图、初设图、施工图的顺序来进行。后面阶段的图纸在前一阶段的基础上做深化、修改和完善。就每个阶段来看，一般遵循平面、立面、剖面、详图的过程来绘制。至于每种图样的制图程序，将在后面章节结合 AutoCAD 操作来讲解。

9.3.2 建筑制图的要求及规范

1. 图幅、标题栏及会签栏

图幅即图面的大小，分为横式和立式两种。根据国家标准的规定，按图面的长和宽的大小确定图幅的等级。建筑常用的图幅有 A0（也称 0 号图幅，其余类推）、A1、A2、A3及 A4，每种图幅的长宽尺寸见表 9-1，表中的尺寸代号意义如图 9-21 和图 9-22 所示。

图幅标准（mm）　　　　　　　　　　　　　　　　　　　　表 9-1

尺寸代号 \ 图幅代号	A0	A1	A2	A3	A4
$b×l$	841×1189	594×841	420×594	297×420	210×297
c	10	10	10	5	5
a	25	25	25	25	25

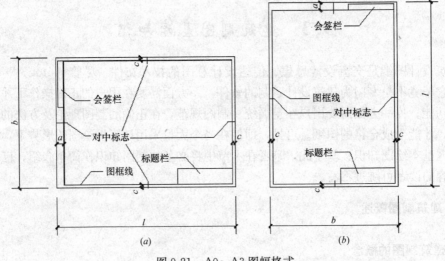

图 9-21　A0～A3 图幅格式
(a) 横式幅面；(b) 立式幅面

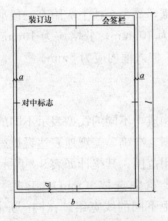

图 9-22 A4 立式图幅格式

A0～A3 图纸可以在长边加长,但短边一般不应加长,加长尺寸如表 9-2 所示。如有特殊需要,可采用 $b \times l = 841mm \times 891mm$ 或 $1189mm \times 1261mm$ 的幅面。

图纸长边加长尺寸 (mm)　　　　　　　　　　表 9-2

图幅	长边尺寸	长边加长后尺寸
A0	1189	1486　1635　1783　1932　2080　2230　2378
A1	841	1051　1261　1471　1682　1892　2102
A2	594	743　891　1041　1189　1338　1486　1635　1783　1932　2080
A3	420	630　841　1051　1261　1471　1682　1892

标题栏包括设计单位名称、工程名称、签字区、图名区,以及图号区等内容。一般图标格式如图 9-23 所示,如今不少设计单位采用自己个性化的图标格式,但是仍必须包括这几项内容。

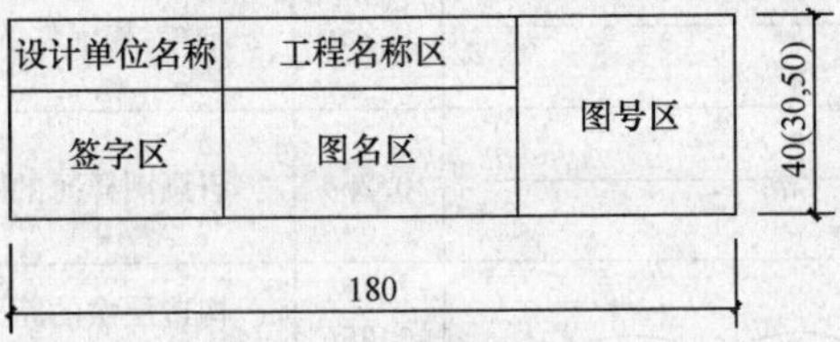

图 9-23　标题栏格式

会签栏是为各工种负责人审核后签名用的表格,它包括专业、姓名、日期等内容,如图 9-24 所示。对于不需要会签的图纸,可以不设此栏。

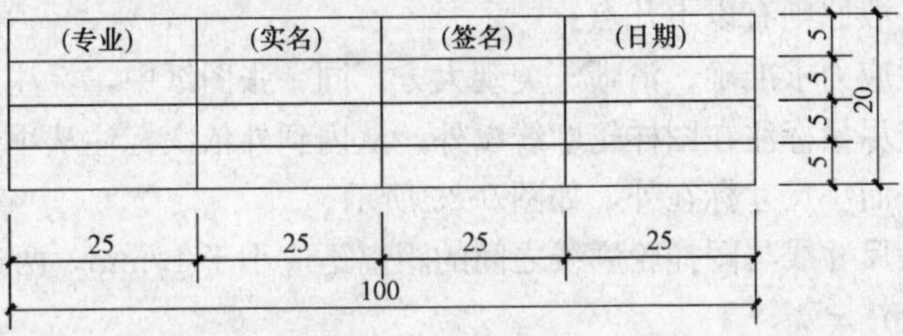

图 9-24　会签栏格式

此外，需要微缩复制的图纸，其一个边上应附有一段准确米制尺度，四个边上均附有对中标志。米制尺度的总长应为100mm，分格应为10mm。对中标志应画在图纸各边长的中点处，线宽应为0.35mm，伸入框内应为5mm。

2. 线型要求

建筑图纸主要由各种线条构成，不同的线型表示不同的对象和不同的部位，代表着不同的含义。为了使图面能够清晰、准确、美观地表达设计思想，工程实践中采用了一套常用的线型，并规定了它们的使用范围，其统计如表9-3所示。

图线宽度 b，宜从下列线宽中选取（mm）：1.4、1.0、0.7、0.5、0.35、0.25、0.18、0.13。不同的 b 值，产生不同的线宽组。在同一张图纸内，各不同线宽组中的细线，可以统一采用较细的线宽组中的细线。对于需要微缩的图纸，线宽不宜≤0.18mm。

常用线型统计表　　　　　　　表9-3

名称	线型		线宽	适用范围
实线	粗	———————	b	建筑平面图、剖面图、构造详图的被剖切主要构件截面轮廓线；建筑立面图外轮廓线；图框线；剖切线。总图中的新建建筑物轮廓
	中	———————	$0.5b$	建筑平、剖面中被剖切的次要构件的轮廓线；建筑平、立、剖面图构配件的轮廓线；详图中的一般轮廓线
	细	———————	$0.25b$	尺寸线、图例线、索引符号、材料线及其他细部刻画用线等
虚线	中	－－－－－－	$0.5b$	主要用于构造详图中不可见的实物轮廓；平面图中的起重机轮廓；拟扩建的建筑物轮廓
	细	－－－－－－	$0.25b$	其他不可见的次要实物轮廓线
点画线	细	—·—·—·—	$0.25b$	轴线、构配件的中心线、对称线等
折断线	细	——∧——	$0.25b$	省画图样时的断开界线
波浪线	细	～～～～	$0.25b$	构造层次的断开界线，有时也表示省略画出是断开界线

3. 尺寸标注

尺寸标注的一般原则有以下几点：

（1）尺寸标注应力求准确、清晰、美观大方。同一张图纸中，标注风格应保持一致。

（2）尺寸线应尽量标注在图样轮廓线以外，从内到外依次标注从小到大的尺寸，不能将大尺寸标在内，而小尺寸标在外，如图9-25所示。

（3）最内一道尺寸线与图样轮廓线之间的距离不应小于10mm，两道尺寸线之间的距离一般为7～10mm。

（4）尺寸界线朝向图样的端头距图样轮廓的距离应≥2mm，不宜直接与之相连。

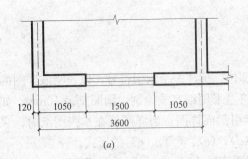 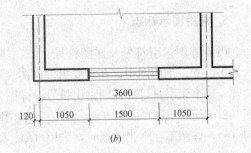

图 9-25 尺寸标注正误对比
(a) 正确；(b) 错误

(5) 在图线拥挤的地方，应合理安排尺寸线的位置，但不宜与图线、文字及符号相交；可以考虑将轮廓线用作尺寸界线，但不能作为尺寸线。

(6) 室内设计图中连续重复的构配件等，当不易标明定位尺寸时，可在总尺寸的控制下，定位尺寸不用数值而用"均分"或"EQ"字样表示，如图 9-26 所示。

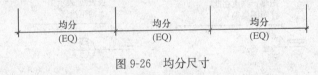

图 9-26 均分尺寸

4. 文字说明

在一幅完整的图纸中用图线方式表现得不充分和无法用图线表示的地方，就需要进行文字说明，例如：设计说明、材料名称、构配件名称、构造做法、统计表及图名等。文字说明是图纸内容的重要组成部分，制图规范对文字标注中的字体、字的大小、字体字号搭配等方面做了一些具体规定。

(1) 一般原则：字体端正，排列整齐，清晰准确，美观大方，避免过于个性化的文字标注。

(2) 字体：一般标注推荐采用仿宋字，大标题、图册封面、地形图等的汉字，也可书写成其他字体，但应易于辨认。

字形示例如下：

仿宋：建筑（小四）；建筑（四号）；建筑（二号）

黑体：**建筑**（四号）；**建筑**（小二）

楷体：建筑（二号）

字母、数字及符号：0123456789abcdefghijk‰@

(3) 字的大小：标注的文字高度要适中。同一类型的文字采用同一大小的字。较大的字用于较概括性的说明内容，较小的字用于较细致的说明内容。文字的字高，应从如下系列中选用：3.5、5、7、10、14、20（mm）。如需书写更大的字，其高度应按 $\sqrt{2}$ 的比值递增。注意字体及大小搭配的层次感。

5. 常用图示标志

(1) 详图索引符号及详图符号

平、立、剖面图中，在需要另设详图表示的部位，标注一个索引符号，以表明该详图的位置，这个索引符号即详图索引符号。详图索引符号采用细实线绘制，圆圈直径 10mm。如图 9-27 所示，图中 (d)、(e)、(f)、(g) 用于索引剖面详图；当详图就在本张图纸时，采用 (a)，详图不在本张图纸时，采用 (b)、(c)、(d)、(e)、(f)、(g) 的形式。

详图符号即详图的编号，用粗实线绘制，圆圈直径 14mm，如图 9-28 所示。

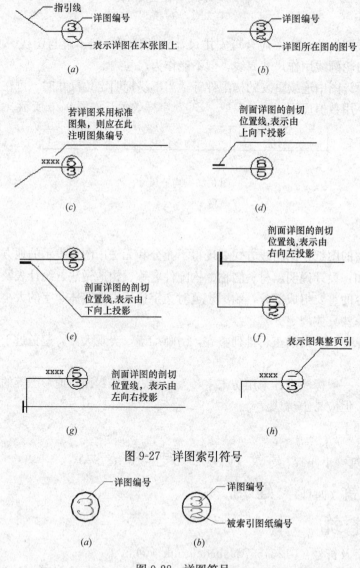

图 9-27　详图索引符号

图 9-28　详图符号

(2) 引出线

由图样引出一条或多条线段指向文字说明，该线段就是引出线。引出线与水平方向的夹角一般采用 0°、30°、45°、60°、90°，常见的引出线形式如图 9-29 所示。图中，(a)、 (b)、(c)、(d) 为普通引出线，(e)、(f)、(g)、(h) 为多层构造引出线。使用多层构造引出线时，应注意构造分层的顺序应与文字说明的分层顺序一致。文字说明可以放在引出线的端头如图 9-29 (a)～(h) 所示，也可放在引出线水平段之上，如图 9-29 (i) 所示。

(3) 内视符号

内视符号标注在平面图中，用于表示室内立面图的位置及编号，建立平面图和室内立面图之间的联系。内视符号的形式如图 9-30 所示。图中立面图编号可用英文字母或阿拉伯数字表示，黑色的箭头指向表示的立面方向；图中，(a) 为单向内视符号，(b) 为双向内视符号，(c) 为四向内视符号，A、B、C、D 顺时针标注。

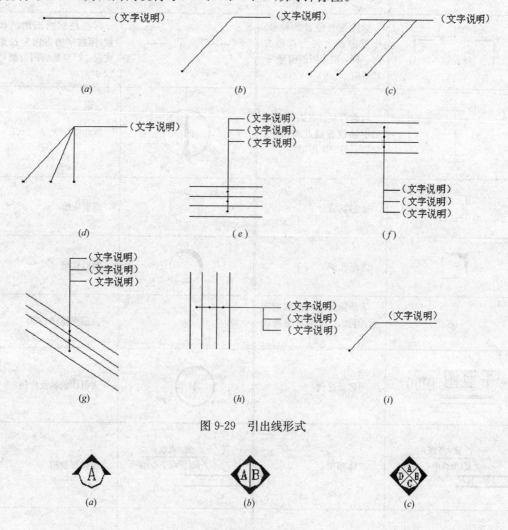

图 9-29　引出线形式

图 9-30　内视符号

其他符号图例统计如表 9-4 和表 9-5 所示。

6. 常用材料符号

建筑图中经常应用材料图例来表示材料，在无法用图例表示的地方，也采用文字说明。为方便读者，我们将常用的图例汇集如表 9-6 所示。

建筑常用符号图例 表9-4

符 号	说 明	符 号	说 明
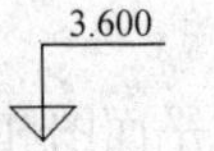 3.600 ▽	标高符号，线上数字为标高值，单位为m。下面一个在标注位置比较拥挤时采用	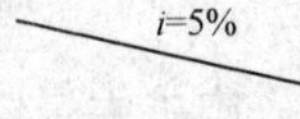 i=5%	表示坡度
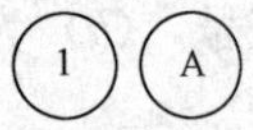 ① Ⓐ	轴线号	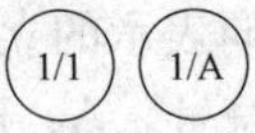 1/1 1/A	附加轴线号
1 1	标注剖切位置的符号，标数字的方向为投影方向，"1"与剖面图的编号"9-1"对应	2 2	标注绘制断面图的位置，标数字的方向为投影放向，"2"与断面图的编号"2-2"对应
 （对称符号图）	对称符号。在对称图形的中轴位置画此符号，可以省画另一半图形	 （指北针图）	指北针
 （方形坑槽图）	方形坑槽	 （圆形坑槽图）	圆形坑槽
（方形孔洞图）	方形孔洞	 （圆形孔洞图）	圆形孔洞
@	表示重复出现的固定间隔，例如，"双向木格栅@500"	Φ	表示直径，如φ30
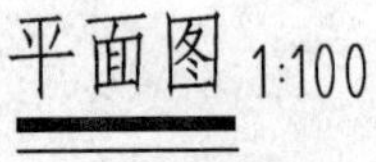 平面图 1:100	图名及比例	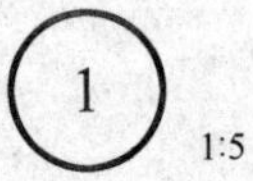 ① 1:5	索引详图名及比例
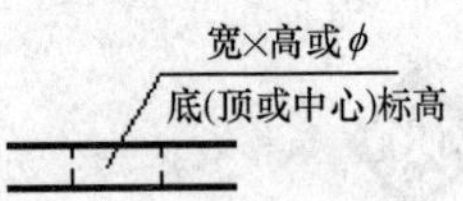 宽×高或φ / 底(顶或中心)标高	墙体预留洞	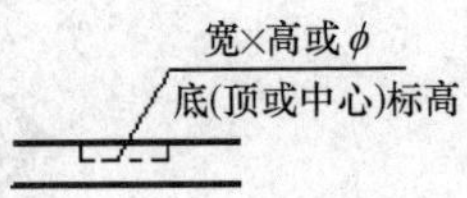 宽×高或φ / 底(顶或中心)标高	墙体预留槽
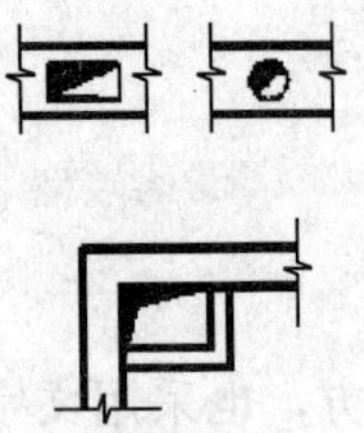 （烟道图）	烟道	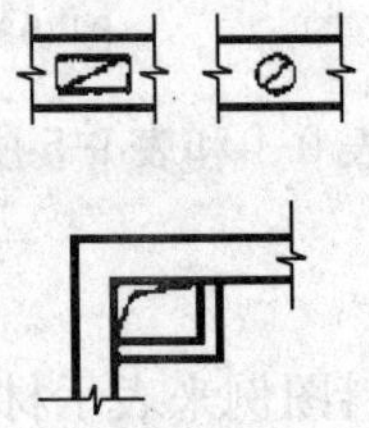 （通风道图）	通风道

总图常用图例 表9-5

符 号	说 明	符 号	说 明
	新建建筑物。粗线绘制 需要时,表示出入口位置▲及层数 X 轮廓线以±0.00处外墙定位轴线或外墙皮线为准 需要时,地上建筑用中实线绘制,地下建筑用细虚线绘制		原有建筑。细线绘制
	拟扩建的预留地或建筑物。中虚线绘制		新建地下建筑或构筑物。粗虚线绘制
	拆除的建筑物。用细实线表示		建筑物下面的通道
	广场铺地		台阶,箭头指向表示向上
	烟囱。实线为下部直径,虚线为基础 必要时,可注写烟囱高度和上下口直径		实体性围墙
	通透性围墙		挡土墙。被挡土在"突出"的一侧
	填挖边坡。边坡较长时,可在一端或两端局部表示		护坡。边坡较长时,可在一端或两端局部表示
X323.38 Y586.32	测量坐标	A123.21 B789.32	建筑坐标
32.36(±0.00)	室内标高	32.36	室外标高

第9章 建筑设计基本理论

常用材料图例   表9-6

材料图例	说　　明	材料图例	说　　明
	自然土壤		夯实土壤
	毛石砌体		普通砖
	石材		砂、灰土
	空心砖		松散材料
	混凝土		钢筋混凝土
	多孔材料		金属
	矿渣、炉渣		玻璃
	纤维材料		防水材料 上、下两种根据绘图比例大小选用
	木材		液体，须注明液体名称

7. 常用绘图比例

下面列出常用绘图比例，读者根据实际情况灵活使用。

(1) 总图：1∶500，1∶1000，1∶2000；
(2) 平面图：1∶50，1∶100，1∶150，1∶200，1∶300；
(3) 立面图：1∶50，1∶100，1∶150，1∶200，1∶300；
(4) 剖面图：1∶50，1∶100，1∶150，1∶200，1∶300；
(5) 局部放大图：1∶10，1∶20，1∶25，1∶30，1∶50；
(6) 配件及构造详图：1∶1，1∶2，1∶5，1∶10，1∶15，1∶20，1∶25，1∶30，1∶50。

9.3.3 建筑制图的内容及编排顺序

1. 建筑制图内容

建筑制图的内容包括总图、平面图、立面图、剖面图、构造详图和透视图、设计说明、图纸封面、图纸目录等方面。

2. 图纸编排顺序

图纸编排顺序一般应为图纸目录、总图、建筑图、结构图、给水排水图、暖通空调图、电气图等。对于建筑专业，一般顺序为目录、施工图设计说明、附表（装修做法表、门窗表等）、平面图、立面图、剖面图、详图等。

9.4 建筑制图常见错误辨析

在建筑制图的过程中，由于经验的欠缺或疏忽，容易出现一些常见的错误，下面以一个简单的平面图为例讲解一下一些容易出现的错误，以引起读者的注意。

其中图 9-31 为正确的建筑平面图，图 9-32 为对应的错误的图形。对比分析如下：

(1) ❶处的问题是表示轴线序号的字母与数字位置出现错误。一般轴线序号的表示方法是纵向用字母，横向用数字。

(2) ❷处问题是尺寸标注终端出现错误，建筑制图中尺寸标注终端一般用斜线而不用箭头。

(3) ❸处问题是尺寸防止顺序错误，一般小尺寸在里，大尺寸在外。

(4) ❹处问题是尺寸线间隔不均匀，一般在建筑制图中，平行尺寸线之间的距离要大约相等。

(5) ❺处问题是漏标尺寸，结构长度表达不清楚。

(6) ❻处问题是结构图线遗漏。在建筑平面图中，假想剖切平面下的可见轮廓要完整绘制出来。

(7) ❼处问题是文字和示意图线没有绘制。在建筑制图中，有时一些必要的示意画法配合文字说明能够表达视图很难表达清楚的结构。

(8) ❽处问题是没有标注标高，标高是一种重要的尺寸，表达建筑结构的高度尺寸。

第9章 建筑设计基本理论

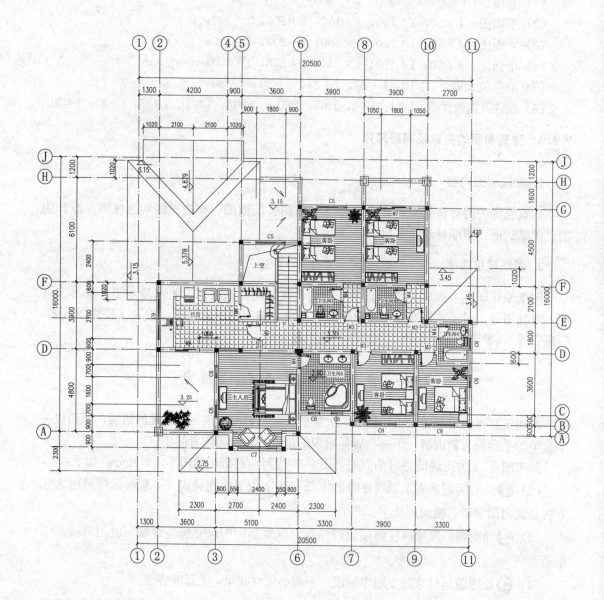

二层平面图

图 9-31　正确的建筑平面图

（9）❾处问题是墙体宽度绘制错误。一般情况下，建筑外墙的宽度都是标准值（通常为240），并且各处宽度相等，只是有些不重要的内部隔墙的宽度可以相对小一些。

（10）❿处问题是建筑设备和建筑单元的尺寸与整体大小不协调，电视柜相对整个房间和床而言，尺寸过大，显得不真实。

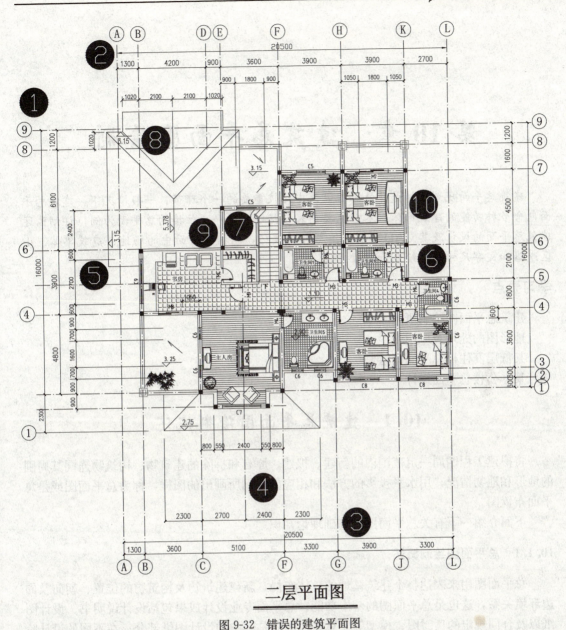

图 9-32 错误的建筑平面图

第 10 章 建筑总平面图绘制

建筑总平面规划设计是建筑工程设计中比较重要的一个环节，一般情况下，建筑总平面包含多种功能的建筑群体。本章主要内容包括以别墅和商住楼的总平面为例，详细论述建筑总平面的设计及其CAD绘制方法与相关技巧，包括总平面中的场地、建筑单体、小区道路和文字尺寸等的绘制和标注方法。

学习要点

建筑总平面图绘制概述
地形图的处理及应用
某低层商住楼总平面图绘制
某办公楼总平面设计

10.1 建筑总平面图绘制概述

将拟建工程四周一定范围内的新建、拟建、原有和拆除的建筑物、构筑物连同其周围的地形和地物情况，用水平投影的方法和相应的图例所画出的图样，称为总平面图或是总平面布置图。

下面介绍一下有关总平面图的基础理论知识。

10.1.1 总平面图绘制概述

总平面图用来表达整个建筑基地的总体布局，新建建筑物及构筑物的位置、朝向及周边环境关系，这也是总平面图的基本功能。总平面专业设计成果包括设计说明书、设计图纸以及合同规定的鸟瞰图、模型等。总平面图只是其中的设计图纸部分，在不同的设计阶段，总平面图除了具备其基本功能外，还表达了设计意图的不同深度和倾向。

在方案设计阶段，总平面图着重体现新建建筑物的体积大小、形状及周边道路、房屋、绿地、广场和红线之间的空间关系，同时传达室外空间的设计效果。因此，方案图在具有必要的技术性的基础上，还应强调艺术性的体现。就目前情况来看，除了绘制CAD线条图外，还需对线条图进行套色、渲染处理或制作鸟瞰图、模型等。

在初步设计阶段，需要推敲总平面设计中涉及的各种因素和环节（如道路红线、建筑红线或用地界线、建筑控制高度、容积率、建筑密度、绿地率、停车位数以及总平面布局、周围环境、空间处理、交通组织、环境保护、文物保护、分期建设等），以及方案的合理性、科学性和可实施性，从而进一步准确落实各项技术指标，深化竖向设计，为施工图设计做准备。

10.1.2 建筑总平面图中的图例说明

(1) 新建的建筑物：采用粗实线表示，如图 10-1 所示。需要时可以在右上角用点或是数字来表示建筑物的层数，如图 10-2 和图 10-3 所示。

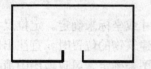 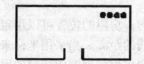 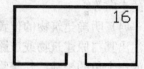

图 10-1　新建建筑物图例　　　图 10-2　以点表示层数（4 层）　　　图 10-3　以数字表示层数（16 层）

(2) 旧有的建筑物：采用细实线来表示，如图 10-4 所示。同新建建筑物图例一样，也可以采用在右上角用点数或是数字来表示建筑物的层数。

(3) 计划扩建的预留地或建筑物：采用虚线来表示，如图 10-5 所示。

(4) 拆除的建筑物：采用打上叉号的细实线来表示，如图 10-6 所示。

  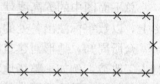

图 10-4　旧有建筑物图例　　　图 10-5　计划扩建的建筑物图例　　　图 10-6　拆除的建筑物图例

(5) 坐标：如图 10-7 和图 10-8 所示。注意两种不同的坐标表示方法。

图 10-7　测量坐标图例　　　　　　　　图 10-8　施工坐标图例

(6) 新建的道路：如图 10-9 所示。其中，"R8"表示道路的转弯半径为 8m，"30.10"为路面中心的标高。

(7) 旧有的道路：如图 10-10 所示。

图 10-9　新建的道路图例　　　　　　　　图 10-10　旧有的道路图例

(8) 计划扩建的道路：如图 10-11 所示。

(9) 拆除的道路：如图 10-12 所示。

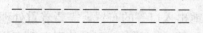 
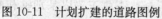

图 10-11　计划扩建的道路图例　　　　　　图 10-12　拆除的道路图例

10.1.3 详解阅读建筑总平面图

(1) 了解图样比例、图例和文字说明。总平面图所体现的范围一般都比较大，所以要采用比较小的比例。一般情况下，对于总平面图来说，1∶500 算是最大的比例，可以使用 1∶1000 或是 1∶2000 的比例。总平面图上的尺寸标注，要以"m"为单位。

（2）了解工程的性质和地形地貌。例如，从等高线的变化可以知道地势的走向。

（3）了解建筑物周围的情况。例如，南边有池塘，其他方向有旧有的建筑物，了解道路的走向等。

（4）明确建筑物的位置和朝向。房屋的位置可以用定位尺寸或坐标来确定。定位尺寸应注出其与原建筑物或道路中心线的距离。当采用坐标来表示建筑物的位置时，宜注出房屋的三个角的坐标。建筑物的朝向可以根据图中所画的风玫瑰图来确定。风玫瑰图中箭头的方向为北向。

（5）从图中所注的底层地面和等高线的标高，可知该区域的地势高低、雨水排向，并可以计算挖填土方的具体数量。

10.1.4　标高投影知识

总平面图中的等高线就是一种立体的标高投影。所谓标高投影，就是在形体的水平投影上，以数字标注出各处的高度来表示形体的形状的一种图示方法。

众所周知，地形对建筑物的布置和施工都有很大的影响。一般情况下，都要对地形进行人工改造，例如平整场地和修建道路等。所以要在总平面图上把建筑物周围的地形表示出来。如果还是采用原来的正投影、轴侧投影等方法来表示，则无法表示出复杂地形的形状。因此，需要采用标高投影法来表示这种复杂的地形。

总平面图中的标高是绝对标高。所谓绝对标高就是以我国青岛市外的黄海海平面作为零点来测定的高度尺寸。在标高投影中，一般通过画出立体上的平面或是曲面上的等高线来表示该立体。山地一般都是不规则的曲面，就是以一系列整数标高的水平面与山地相截，把所截得的等高截交线正投影到水平面上，在所得的一系列的不规则形状的等高线上标注相应的标高值即可。所得的图形一般称为地形图。

10.1.5　建筑总平面图绘制步骤

一般情况下，使用 AutoCAD 中绘制总平面图的步骤如下：

1. 地形图的处理

包括地形图的插入、描绘、整理、应用等。地形图是总平面图设绘制的基础，包括三方面的内容：一是图廓处的各种标记，二是地物和地貌，三是用地范围。本书不详细介绍，读者可参看相关书籍。

2. 总平面布置

包括建筑物、道路、广场、停车场、绿地、场地出入口等的布置，需要着重处理好它们之间的空间关系，及其与四邻、水体、地形之间的关系。本章主要以某别墅和商住楼的方案设计总平面图为例。

3. 各种文字及标注

包括文字、尺寸、标高、坐标、图表、图例等。

4. 布图

包括插入图框、调整图面等。

10.2 地形图的处理及应用

建筑设计的展开与建筑基地状况息息相关。建筑师一般通过两个方面来了解基地状况，一方面是地形图（或称地段图）及相关文献资料，二是实地考察。地形图是总平面图设计的主要依据之一，是总图绘制的基础。科学、合理、熟练地应用地形图是建筑师必备的技能。在本节中，我们首先介绍地形图识图的常识，然后介绍在 AutoCAD2011 中应用和处理地形图的方法和技巧。

10.2.1 地形图识读

建筑师需要能够熟练地识读反映基地状况的地形图，并在脑海里建立起基地状况的空间形象。地形图识读内容大致分为三个方面：一是图廓处的各种注记，二是地物和地貌，三是用地范围。下面简要介绍。

1. 各种注记

这些注记包括测绘单位、测绘时间、坐标系、高程系、等高距、比例、图名、图号等信息，如图 10-13、图 10-14 所示。

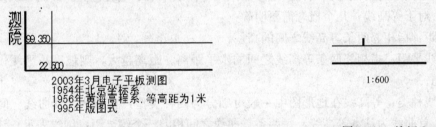

图 10-13　注记 1　　　　　　　图 10-14　注记 2

一般情况，地形图的纵坐标为 x 轴，指向正北方向，横坐标为 y 轴，指向正东方向。地形图上的坐标称为测量坐标，常以 50m×50m 或 100m×100m 的方格网表示。地形图中标有测量控制点，如图 10-15 所示。施工图中需要借助测量控制点来定位房屋的坐标及高程。

2. 地物和地貌

（1）地物

地物是指地面上人工建造或自然形成的固定性物体，例如房屋、道路、水库、水塔、湖泊、河流、林木、文物古迹等。在地形图上，地物通过各种符号来表示。这些符号有比例符号、半比例符号和非比例符号之别。比例符号

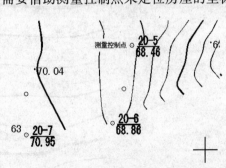

图 10-15　测量控制点

是将地物轮廓按地形图比例缩小绘制而成，比如房屋、湖泊轮廓等。半比例符号是指对于电线、管线、围墙等线状地物，忽略其横向尺寸，而纵向按比例绘制。非比例符号是指较小地物，无法按比例绘制，而用符号在相应位置标注，比如单棵树木，烟囱、水塔等。参见图 10-16。认识这些地物情况，便于在进行总图设计时，综合考虑这些因素，合理处理好新建房屋与地物之间的关系。

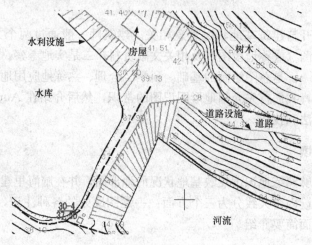

图 10-16　各种地物表示方法示意

（2）地貌

地貌是指地面上的高低起伏变化。地形图上用等高线来表示地貌特征。因此，识读等高线是重点。对于等高线，几个概念需要明确：

1）等高距：指相邻两条等高线之间的高差。

2）等高线平距：指相邻两条等高线之间的水平距离。距离越大，则坡度越平缓；反之，则越陡峭。

3）等高线种类：等高线在地形图中一般可细分为四种类型：首曲线、计曲线、间曲线和助曲线。首曲线为基本等高线，每两条首曲线之间相差一个等高距，细线表示。计曲线是指每隔 4 条首曲线加粗的一条首曲线。间曲线是指两条首曲线之间的半距等高线。助曲线是指四分之一等高距的等高线。参见图 10-17。

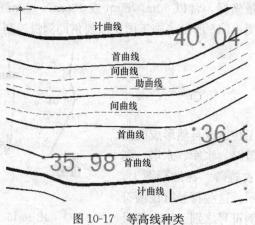

图 10-17　等高线种类

常见地貌类型有山谷、山脊、山丘、盆地、台地、边坡、悬崖、峭壁等。山谷与山脊的区别是，山脊处等高线向低处凸出，山谷处等高线向高处凸出。山丘与盆地的区别是，山丘逐渐缩小的闭合等高线海拔越来越高，而盆地逐渐缩小的闭合等高线海拔越来越低。参见图10-18～图10-21。

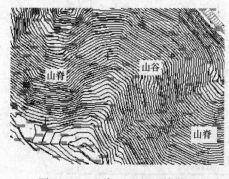

图10-18　山脊、山谷地貌类型

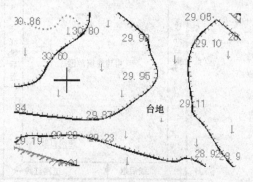

图10-19　台地地貌类型

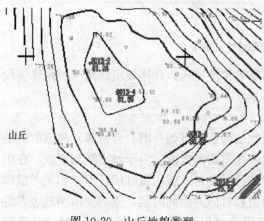

图10-20　山丘地貌类型

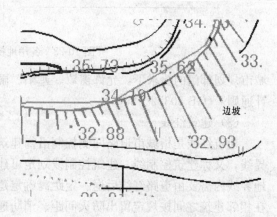

图10-21　边坡地貌类型

3. 用地范围

建筑师手中得到的地形图（或基地图）中一般都标明了本建设项目的用地范围。实际上，并不是所有用地范围内都可以布置建筑物。在这里，关于场地界限的几个概念及其关系需要明确，也就是常说的红线及退红线问题。

（1）建设用地边界线

建设用地边界线指业主获得土地使用权的土地边界线，也称为地产线、征地线，如图10-22所示的ABCD范围。用地边界线范围表明地产权所属，是法律上权利和义务关系界定的范围。但并不是所有用地面积都可以用来开发建设。如果其中包括城市道路或其他公共设施，则要保证它们的正常使用（图10-22中的用地界限内就包括了城市道路）。

（2）道路红线

道路红线是指规划的城市道路路幅的边界线。也就是说，两条平行的道路红线之间为城市道路（包括居住区级道路）用地。建筑物及其附属设施的地下、地表部分如基础、地下室、台阶等不允许突出道路红线。地上部分主体结构不允许突入道路红线，在满足当地

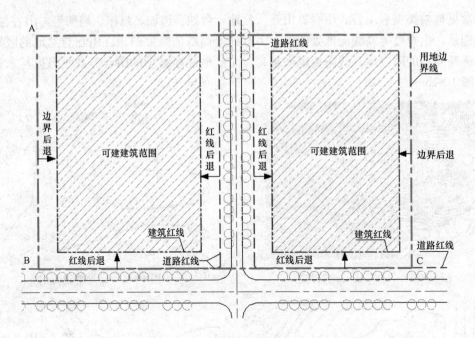

图 10-22　各用地控制线之间的关系

城市规划部门的要求下,允许窗罩、遮阳、雨篷等构件突入,具体规定详见《民用建筑设计通则》(GB 50352—2005)。

(3) 建筑红线

建筑红线是指城市道路两侧控制沿街建筑物或构筑物(如外墙、台阶等)靠临街面的界线,又称建筑控制线。建筑控制线划定可建造建筑物的范围。由于城市规划要求,在用地界线内需要由道路红线后退一定距离确定建筑控制线,这就叫做红线后退。如果考虑到在相邻建筑之间按规定留出防火间距、消防通道和日照间距的时候,也需要由用地边界后退一定的距离,这叫做后退边界。在后退的范围内可以修建广场、停车场、绿化、道路等,但不可以修建建筑物。至于建筑突出物的相关规定,与道路红线相同。

在拿到基地图时,除了明确地物、地貌外,就是要搞清楚其中对用地范围的具体限定,为建筑设计做准备。

10.2.2　地形图的插入及处理

1. 地形图的格式简介

建筑师得到的地形图有可能是纸质地形图、光栅图像或 AutoCAD 的矢量图形电子文件。对于不同来源的地形图,计算机操作有所不同。

(1) 纸质地形图

纸质地形图是指测绘形成的图纸,首先需要将它扫描到计算机里形成图像文件(tif、jpg、bmp 等光栅图像)。扫描时注意分辨率的设置,如果分辨率太小,那么在图纸放大打印时不能满足精度要求,出现马赛克现象。一般地,如果仅在电脑屏幕上显示,图像分辨率在 72 像素/厘米以上就能清晰显示,但如果用于打印,分辨率则需要 100 像素/厘米以上，才能保证打印清晰度要求。在满足这个最低要求的基础上，则根据具体情况选择分辨率的设置。如果分辨率设置太高，图像文件太大，也不便于操作。扫描前后图像分辨率和图纸尺寸之间存在如下计算关系：

"扫描分辨率(像素/厘米或英寸)×扫描区域图纸尺寸(厘米或英寸)＝图像分辨率(像素/厘米或英寸)×图像尺寸(厘米或英寸)"

事先搞清楚扫描到电脑里的图像尺寸需要多大，相应的分辨率多高，反过来就可以求出扫描分辨率。

> **说 明**
>
> 操作中须注意分辨率单位"像素/厘米"与"像素/英寸"的区别，其本质是"1厘米＝0.3937英寸"的换算关系。如在慌乱中搞错，则会带来不必要的麻烦。

(2) 电子文件地形图

如果得到的地形图是电子文件，不论是光栅图像还是 DWG 文件，在 AutoCAD 中使用起来都比较方便。因特网上有一些小程序可以将光栅图像转为 DWG 文件，在有的情况下的确更方便一点，但也要看具体情况；如没有必要，也不必费工夫。

2. 插入地形图

如前所述，AutoCAD 中使用的地形图文件有光栅图像和 DWG 文件两种，下面分别介绍操作要点：

(1) 建立一个新图层来专门放置地形图。

(2) 光栅图像插入：选择菜单栏中的"插入"→"光栅图像参照"命令来实现（如图10-23 所示）。

图 10-23　插入"光栅图像"菜单

1) 选择菜单栏中的"插入"→"光栅图像参照"命令，系统打开"选择图像文件"对话框，找到需要插入的图形，点击打开。注意顺便留心可以插入的文件类型。如图10-24 所示。

2) 接着，打开"图像"对话框，给出相应的插入点、缩放比例和旋转角度等参数，确定后插入图像，如图 10-25 所示。

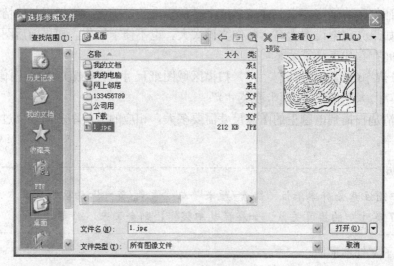

图 10-24　选择地形图文件

图 10-25　图像文件参数设置

3）选择在屏幕上点取插入点；如果缩放比例暂无法确定，可以先以原有大小插入，最后再调整比例。结果如图 10-26 所示。

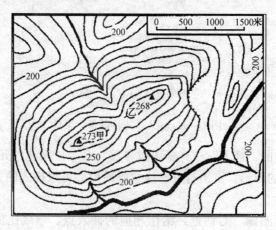

图 10-26　插入后的地形图

4) 比例调整:首先测定图片中的尺寸比例与 AutoCAD 中长度单位比例相差多少,然后将它进行比例缩放,使得比例协调一致。建议将图片的比例调为 1∶1,也就是地形图上表示的长度为多少毫米,在 AutoCAD 中测量出的长度也就是多少毫米。

这样,就完成地形图片插入。

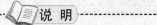 说明

可以借助"测量距离"命令来测定图片的尺寸大小。菜单栏中"测量距离"命令为"工具>查询>距离",命令别名为"DI"。可以选中图片按"CTRL+1"在特性中修改比例,还可以借助特性窗口中"比例"文本框右侧的快捷计算功能进行辅助计算。

(3) DWG 文件插入。对于 DWG 文件,一般有两种方式来处理:

1) 直接打开地形图文件,另存为一个新的文件,然后在这个文件上进行后续操作。注意不要直接在原图上操作,以免修改后无法还原。

2) 以"外部参照"的方式插入。这种方式的优点是暂用空间小,缺点是不能对插入的"参照"进行图形修改。

3. 地形图的处理

插入地形图后,在正式进行总平面图布置前,往往需要对地形图做适当的处理,以适应下一步工作。根据地形图的文件格式和工程地段的复杂程度的不同,具体的处理操作存在一些差异。下面介绍一般的处理方法,供读者参考。

(1) 地形图为光栅图像。综合使用"直线"、"样条曲线"或"多段线"等绘图命令,以地形图为底图,将以下内容准确描绘出来:

1) 地段周边主要的地貌、地物(如道路、房屋、河流、等高线等),与工程相关性较小的部分可以略去;

2) 用地红线范围以及有关规划控制要求;

3) 场地内需要保留的文物、古建、房屋、古树等地物,以及需保留的一些地貌特征。

接下来,可以将地形图所在图层关闭,留下简洁、明了的地段图(如图 10-27 所示),需要参看时再打开。如果地形图片用途不大,也可以将它删除。

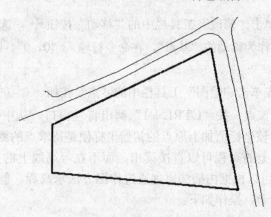

图 10-27 处理后的地段图

(2) 地形图为 DWG 文件。可以直接将不必要地物、地貌图形综合应用"删除"、"修剪"等命令删除掉，留下简洁、明了的地段图。如果地形特征比较复杂，修改工作量较大，也可以将红线和必要的地物、地貌特征提取出来，如同前面光栅图像描绘结果一样，完成总图布置后再考虑重合到原来位置上去。

> **说明**
>
> 插入光栅图像后，不能将原来的图片文件删除或移动位置，否则下次打开图形文件时，将无法加载图片，如图 10-28 显示。这一点，特别是在拷贝文件到其他地方时注意，需要将图片一同拷走。

图 10-28 无法加载图片

> **实讲实训**
> **多媒体演示**
>
> 多媒体演示参见配套光盘中的\\视频\第10章\地形图应用.avi。

10.2.3 地形图应用操作举例

在总图设计时，有可能碰到利用地形图求出某点的坐标、高程、两点距离、用地面积、坡度，绘制地形断面图和选择路线等操作。这些操作在图纸上操作较为麻烦，但在 AutoCAD 里面，却变得比较简单了。

1. 求坐标和高程

（1）坐标。为了便于坐标查询，事先在插入地形图后，将地形图中的坐标原点或者地段附近具有确定坐标值的控制点移动到原点位置。这样，将图上任意点在 AutoCAD 图形中的坐标加上地形图原点或控制点的测量坐标，就是该点在地形图上的测量坐标。具体操作如下：

1）移动地形图：单击"修改"工具栏中的"移动"按钮 ✥，选中整个地形图，以地形图坐标原点或控制点作为移动的"基点"，在命令行输入"0，0"，回车完成，如图 10-29 所示。

2）查询坐标：首先单击"绘图"工具栏中的"点"按钮 ·，在打算求取坐标的点上绘一个点；然后，选中该点，按"CTRL＋1"调出特性窗口，从中查到点的坐标（如图 10-30 所示）；最后，将该坐标值加上原点的初始坐标便是待求点的测量坐标。

（2）高程。等高线上的高程可以直接读出，而不在等高线上的点则需通过内插法求得。在 AutoCAD 中，可以根据内插法原理通过作图方法求高程。例如：求图 10-31 中 A 点的高程（等高距为 1m），操作如下：

1）单击"绘图"工具栏中的"点"按钮 ·，在 A 点处绘一个点。

10.2 地形图的处理及应用

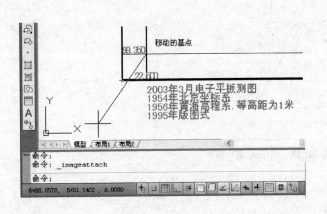

图 10-29　移动地形图

图 10-30　点坐标

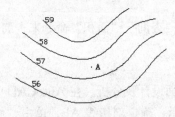

图 10-31　待求高程点 A

2) 单击"绘图"工具栏中的"构造线"按钮 ，捕捉 A 点为第一点，然后拖动鼠标捕捉相邻等高线上的"垂足"点 B 为通过点，绘出一条过 A 点并垂直于相邻等高线的构造线 1，交另一侧等高线于 C。如图 10-32 所示。

3) 单击"修改"工具栏中的"偏移"按钮 ，由构造线 1 偏移 1（等高距）复制出另一条构造线 2；过点 B 作线段 BD 垂直于该构造线 2。如图 10-33 所示。

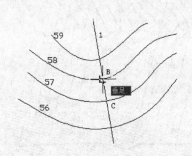

图 10-32　绘制构造线 1

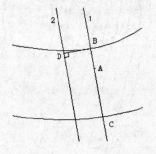

图 10-33　构造线 2 及线段 BD

4) 连接 CD，单击"修改"工具栏中的"复制"按钮 ，以 B 点为基点复制 BD 到 A 点，交 CD 于 E，如图 10-34 所示。

选择菜单栏中的"工具"→"查询"→"距离"命令，查出 AE 长度为 0.71，则 A 点高程为 57+0.71=57.71m。

· 315 ·

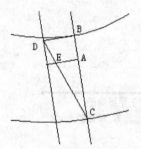

图 10-34　作出线段 AE

2. 求距离和面积

（1）求距离

选择菜单栏中的"工具"→"查询"→"距离"命令来查询。

（2）求面积

选择菜单栏中的"工具"→"查询"→"面积"命令来查询。

3. 绘制地形断面图

地形断面图可用于建筑剖面设计及分析。在 AutoCAD 中借助等高线来绘制地形断面图的方法如下：如图 10-35 所示，确定剖切线 AB。单击"修改"工具栏中的"复制"按钮，AB 复制出 CD。

单击"修改"工具栏中的"偏移"按钮。

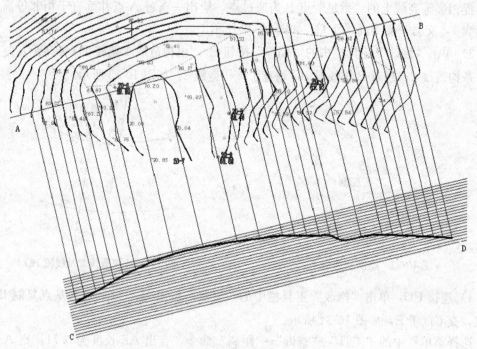

图 10-35　地形断面绘制示意

由 CD 依次偏移 1 个等高距，复制出一系列平行线。

依次由剖切线 AB 与等高线的交点向平行线上垂线。

用样条曲线依次连接每个垂足，形成一条光滑曲线，即为所求断面。

总之，只要明白等高线的原理和 AutoCAD 的相关功能，就可以活学活用，不拘一格。其他方面的应用不再赘述，读者可自行尝试。

10.3 某低层商住楼总平面图绘制

商住楼的特点是亦商亦住，一般底层作为商铺或写字间，上层作为住宅。这种建筑一般适合于中小城市交通很方便的非商业核心区或大城市不繁华的街道区域。它属于一种比较灵活、方便业主改变使用形态的建筑形式。由于受使用环境所限，这种建筑一般以低层为主。

> **实讲实训**
> **多媒体演示**
> 多媒体演示参见配套光盘中的\\视频\第10章\某低层商住楼总平面图绘制.avi。

下面以某低层商住楼总平面图的绘制过程为例，深入讲解各种不同结构类型总平面图的绘制方法与技巧。

10.3.1 设置绘图参数

1. 设置单位

在总平面图中一般以"m"为单位，进行尺寸标注，但在绘图时，以"mm"为单位进行绘图。

2. 设置图形边界

将模型空间设置为 420000×297000。命令行操作如下：

命令：LIMITS↙

重新设置模型空间界限：

指定左下角点或 [开(ON)/关(OFF)] <0.0000,0.0000>:↙

指定右上角点 <12.0000,9.0000>:420000,297000↙

3. 设置图层

根据图样内容，按照不同图样划分到不同图层中的原则，设置图层。其中包括设置图层名、图层颜色、线型、线宽等。设置时要考虑线型、颜色的搭配和协调。商住楼图层的设置如图 10-36 所示。

10.3.2 建筑物布置

1. 绘制建筑物轮廓

(1) 绘制轮廓线。打开"图层"工具栏，将"建筑"图层设置为当前图层。调用"多段线"命令，绘制建筑物周边的可见轮廓线。

(2) 轮廓线加粗。选中多段线，按 Ctrl+1 组合键，打开"多段线"特性窗口，如图

第 10 章 建筑总平面图绘制

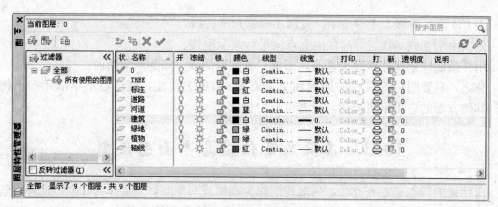

图 10-36 图层的设置

10-37 所示。可以通过在"几何图形"选项中设置"全局宽度",或是在"基本"选项中设置"线宽"来加粗轮廓线。结果如图 10-38 所示。

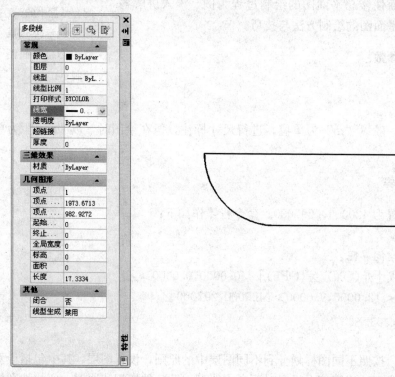

图 10-37 "多段线"特性　　　　　　　　　　图 10-38 绘制轮廓线

2. 建筑物定位

用户可以根据坐标来定位建筑物,即根据国家大地坐标系或测量坐标系引出定位坐标。对于建筑物定位,一般至少应给出 3 个角点坐标。这种方式精度高,但比较复杂。

用户也可以根据相对距离来进行建筑物定位,即参照已有的建筑物和构筑物、场地边界、围墙、道路中心等的边缘位置,以相对距离来确定新建筑物的设计位置。这种方式比较简单,但精度低。本商住楼临街外墙与街道平行,以外墙定位轴线为定位基准,采用相对距离进行定位比较方便。

（1）绘制辅助线。打开"图层"工具栏，将"轴线"图层设置为当前图层。调用"直线"命令，绘制一条水平中心线和一条竖直中心线，然后调用"偏移"命令，将水平中心线向上偏移 64000，将竖直中心线向右偏移 77000，形成道路中心线，结果如图 10-39 所示。

（2）建筑物定位。调用"偏移"命令，将下侧的水平中心线向上偏移 17000，将右侧的竖直中心线向左偏移 10000。然后，调用"移动"命令，移动建筑物轮廓线，结果如图 10-40 所示。

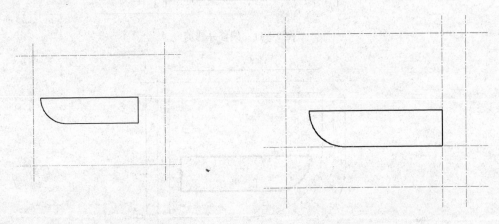

图 10-39 绘制道路中心线　　　　　　　　图 10-40 建筑定位

10.3.3 场地道路、绿地等布置

1. 绘制道路

（1）打开"图层"工具栏，将"道路"图层设置为当前图层。

（2）调用"偏移"命令，将最下侧的水平中心线分别向两侧偏移 6000，将其余的中心线分别向两侧偏移 5000，选择所有偏移后的直线，设置为"道路"图层，即可得到主要的道路。然后，调用"修剪"命令，修剪掉道路多余的线条，使得道路整体连贯。结果如图 10-41 所示。

（3）调用"圆角"命令，将道路进行圆角处理，左下角的圆角半径分别为 30000、32000 和 34000，其余圆角半径为 10000。结果如图 10-42 所示。

2. 绘制河道

调用"直线"命令，绘制河道，结果如图 10-43 所示。

3. 绘制街头花园

将街面与河道之间的空地设置为街头花园。

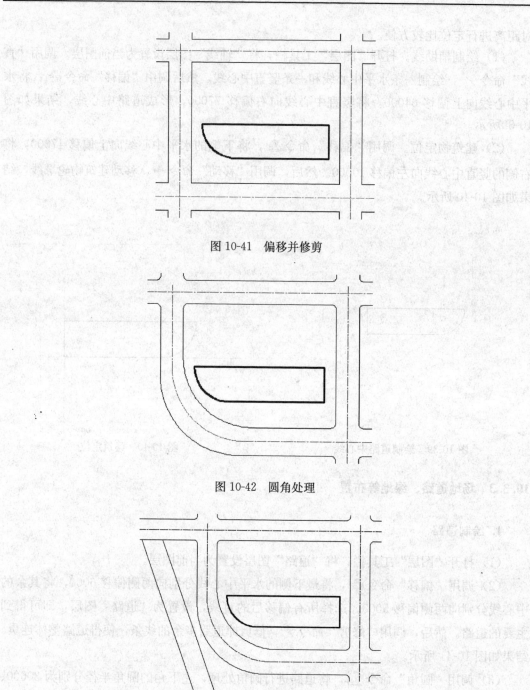

图 10-41 偏移并修剪

图 10-42 圆角处理

图 10-43 绘制河道

(1) 调出"标准"工具栏,选择工具选项板命令图标,在工具选项板中选择合适的乔木、灌木图例,然后调用"缩放"命令,把图例放大到合适尺寸。

(2) 调用"复制"命令,将相同的图标复制到合适的位置,完成乔木、灌木等图例的绘制。

(3) 调用"图案填充"命令 ▦，绘制草坪。完成街头花园的绘制，结果如图 10-44 所示。

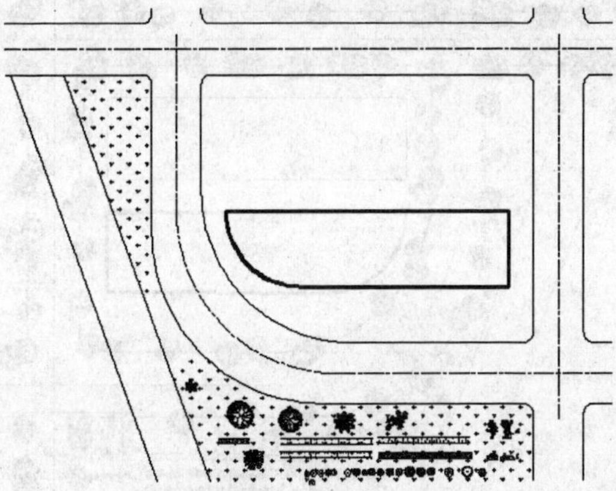

图 10-44　绘制街头花园

4. 绘制已有建筑物

新建建筑物后面为已有的旧建筑物。调用"直线"命令 ╱ 和"偏移"命令 ⊆，绘制已有建筑物。结果如图 10-45 所示。

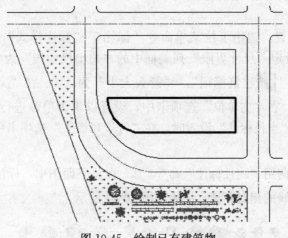

图 10-45　绘制已有建筑物

5. 布置绿化

在道路两侧布置绿化。从设计中心中找到相应的"绿化"图块，调用"插入块"命令 ，插入"绿化"图块。然后调用"复制"命令 ❄ 或"阵列"命令 ▦，将"绿化"图块复制到合适的位置。结果如图 10-46 所示。

10.3.4　各种标注

1. 尺寸、标高和坐标标注

在总平面图上标注新建建筑房屋的总长、总宽及其与周围建筑物、构筑物、道路、

第10章 建筑总平面图绘制

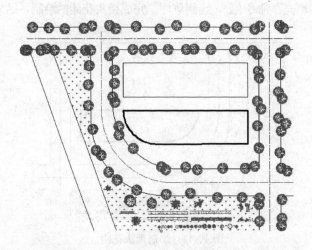

图 10-46 布置绿化

红线之间的距离。标高标注应标注室内地平标高和室外整平标高,两者均为绝对值。初步设计及施工设计图设计阶段的总平面图中还需要准确标注建筑物角点的测量坐标或建筑坐标。总平面图上测量坐标代号用"X、Y"来表示,建筑坐标代号用"A、B"来表示。

(1) 尺寸样式设置。调用下拉菜单命令"标注"→"标注样式",设置尺寸样式。在"直线"选项卡中,设定"尺寸界限"列表框中的"超出尺寸线"为 400。在"符号和箭头"选项卡中,设定" 建筑标记","箭头大小"为 400。在"文字"选项卡,设定"文字高度"为 1200。在"主单位"选项卡中,设置以米为单位进行标注,"比例因子"设为 0.001。在进行"半径标注"设置时,在"符号和箭头"选项卡中,将"第二个"箭头选为实心闭合箭头。

(2) 尺寸标注。调用"线性标注"命令 ,在总平面图中,标注建筑物的尺寸和新建建筑物到道路中心线的相对距离,结果如图 10-47 所示。

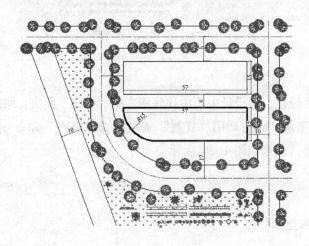

图 10-47 尺寸标注

2. 标高标注

调用"插入块"命令，将"标高"图块插入到总平面图中，再调用"多行文字"命令，标注相应的标高，结果如图10-48所示。

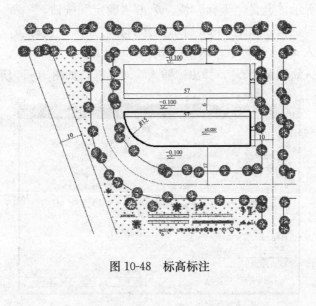

图 10-48　标高标注

3. 坐标标注

（1）绘制指引线。调用"直线"命令，由轴线或外墙面角点引出指引线。

（2）定义属性。单击"绘图"→"块"→"定义属性"命令，弹出"属性定义"对话框，如图10-49所示。在该对话框中进行对应的属性设置，在"属性"选项组中的"标记"文本框中输入"$x=$"，在"提示"文本框中输入"输入x坐标值"。在"文字设置"选项组中，将"文字高度"设为1200。单击"确定"按钮，在屏幕上指定标记位置。

图 10-49　"属性定义"对话框

(3) 重复上述命令,在"属性"选项组中的"标记"文本框中输入"y=",在"提示"文本框中输入"输入 y 坐标值",单击"确定"按钮,完成属性定义。结果如图 10-50 所示。

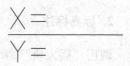

图 10-50 定义属性

(4) 定义块。调用"创建块"命令,打开"块定义"对话框,如图 10-51 所示,定义"坐标"块。单击"确定"按钮,打开"编辑属性"对话框,如图 10-52 所示。分别在"输入 x 坐标值"文本框和输入"y 坐标"文本框中输入 x、y 坐标值。结果如图 10-53 所示。

(5) 调用"插入块"命令,弹出"插入"对话框,如图 10-54 所示。

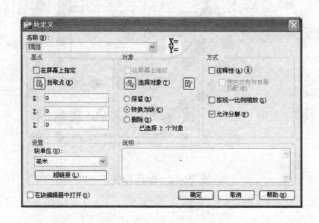

图 10-51 "块定义"对话框

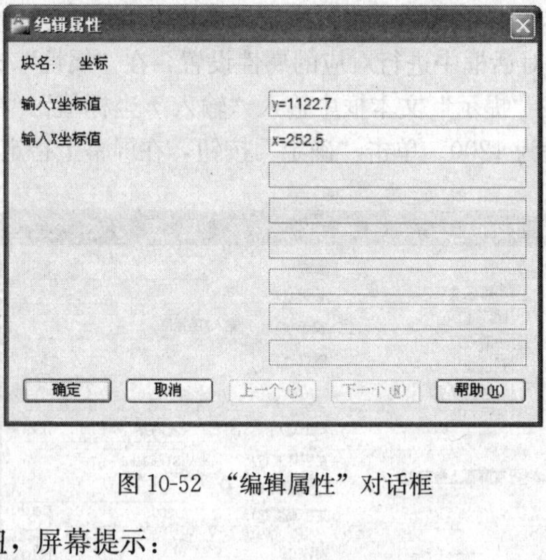

图 10-52 "编辑属性"对话框

单击"确定"按钮,屏幕提示:
命令:_insert✓
指定插入点或 [基点(B)/比例(S)/X/Y/Z/旋转(R)]:✓
输入 X 比例因子,指定对角点,或 [角点(C)/XYZ(XYZ)] <1>:✓
输入 Y 比例因子或 <使用 X 比例因子>:✓
输入属性值

输入 y 坐标值：y=226.0↙
输入 x 坐标值：x=1208.3↙
重复上述步骤完成坐标的标注，结果如图 10-55 所示。

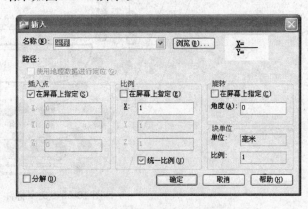

图 10-53　填写坐标值　　　　　　　图 10-54　"插入"对话框

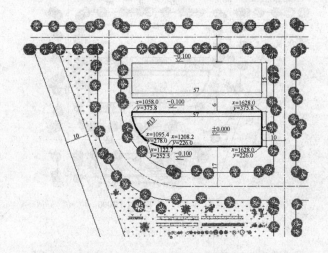

图 10-55　坐标标注

4. 文字标注

（1）打开"图层"工具栏，将"文字标注"图层设置为当前层。

（2）调用"多行文字"命令 A，标注入口、道路等，结果如图 10-56 所示。

5. 图名标注

调用"多行文字"命令 A 和"直线"命令，标注图名，结果如图 10-57 所示。

6. 绘制指北针

调用"圆"命令，绘制一个圆，然后调用"直线"命令，绘制指北针，最终完成总平面图的绘制，结果如图 10-58 所示。

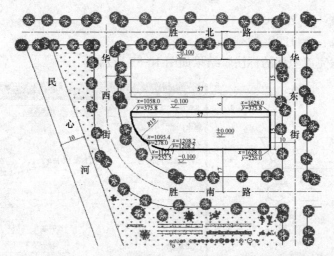

图 10-56　文字标注

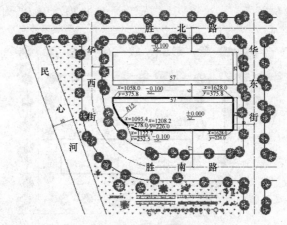

图 10-57　图名标注

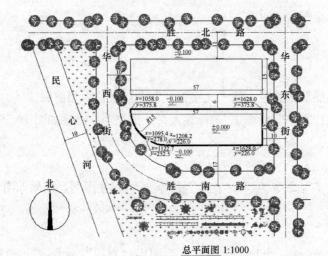

图 10-58　总平面图

10.4 某办公楼总平面设计

就绘图工作而言,整理完地形图后,接下来就可以进行总平面图的布置。总平面布置包括建筑物、道路、广场、绿地、停车场等内容,着重处理好它们之间的空间关系,及其与四邻、古树、文物古迹、水体、地形之间的关系。在本节中,我们介绍在 AutoCAD 2011 中布置这些内容的操作方法和注意事项。在讲解中,主要以某综合办公楼方案设计总平面图为例,如图 10-59 所示。

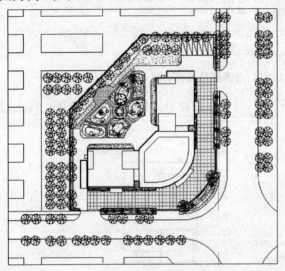

> 实讲实训
> 多媒体演示
>
> 多媒体演示参见配套光盘中的\\视频\第10章\某办公楼总平面图.avi。

图 10-59 某办公楼总平面布置

10.4.1 单位及图层设置说明

鉴于总图中的图样内容与其他建筑图纸(平、立、剖)存在一些差异,在此有必要对绘图单位及图层设置作一个简单说明。

1. 单位

虽然总图一般以"m"为单位标注尺寸,仍然将单位设置为"mm"。以"mm"为单位的实际尺寸绘制。

2. 图层

由于图样内容不一样,所以图层划分的内容也不一样。总体上仍然按照不同图样对象划分到不同的图层中去的原则,其中酌情考虑线型、颜色的搭配和协调。如图 10-60 所示。

10.4.2 建筑物布置

1. 整理建筑物图样

为了便捷绘图,可以将屋顶平面图复制过来,适当增绘一些平面正投影下看得到的建

第10章 建筑总平面图绘制

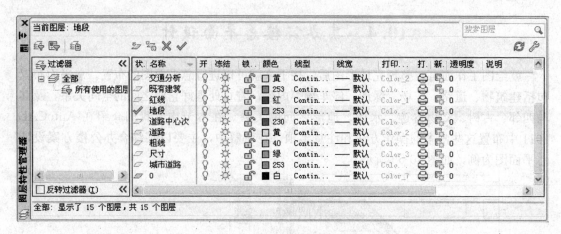

图 10-60　总图图层设置示例

筑附属设施（如地面台阶、雨篷等）后，作为总图建筑图样的底稿；然后，将它做成一个图块。如图 10-61 所示。

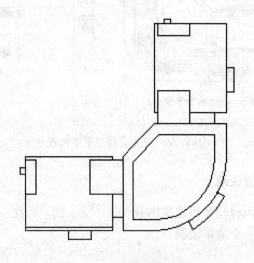

图 10-61　整理建筑图样

2. 绘制建筑物轮廓

（1）绘制轮廓线。选择菜单栏中的"绘图"→"多段线"命令，沿建筑周边将建筑物±0.00标高处的可见轮廓线描绘出来，如图 10-62 所示。注意最后将多段线闭合，便于用它来查询建筑用地面积。

（2）多段线加粗。我们单独把轮廓线加粗，加粗的方法有两个，可以酌情选择：

1）调整全局宽度。选中多段线，按"CTRL＋1"打开特性窗口，调整其全局宽度。如图 10-63 所示。由于其宽度值随出图比例的变化而变化，因此，需要将它放大出图比例所缩小的倍数。例如：出图比例为 1∶500，则 1mm 的线宽输入 500。

2）为对象指定线宽。将"特性"窗口中的线宽值设为需要宽度，如图 10-64 所示。该线宽值不会随比例变化。

10.4 某办公楼总平面设计

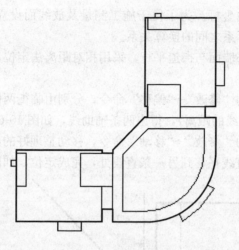

图 10-62 绘制轮廓线

图 10-63 "多段线"特性

图 10-64 绘制轮廓线

3. 建筑物定位

常用的定位方式有两种：一种相对距离法，另一种是坐标定位法。相对距离法是参照现有建筑物和构筑物、场地边界或围墙、道路中心线或边缘的位置。以纵横相对距离来确定新建筑的设计位置。这种方式比较简便，但精度较坐标定位法低，在方案设计阶段使用较多。坐标定位法是指依据国家大地坐标系或测量坐标系引出定位坐标的方法。对于建筑定位，一般至少应给出三个角点的坐标；当平面形式和位置关系简单、外墙与坐标轴线平行时，也可以标注其对角坐标。为了便于施工测量及放线而设立的相对场地施工坐标系统，必须给出与国家坐标系之间的换算关系。

本节中办公楼临街外墙面与街道平行，采用相对距离法定位，并以外墙定位轴线为定位的基准。操作步骤是：

（1）选择菜单栏中的"修改"→"偏移"命令，分别由临街两侧的用地界线向场地内偏移 15000（外墙轴线退红线的距离），得出两条辅助线，如图 10-65 所示。

（2）选择菜单栏中的"修改"→"移动"命令，移动整理好的建筑图样，使它先与一条辅助线对齐，然后再沿直线平移到另一条直线处，完成定位，如图 10-66 所示。

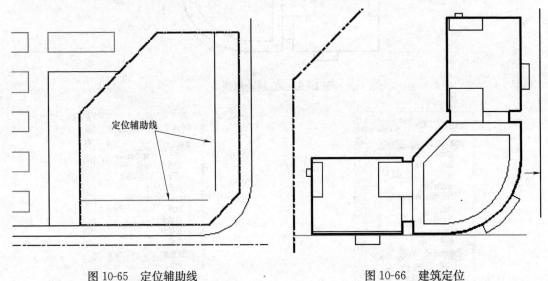

图 10-65　定位辅助线　　　　　　　　图 10-66　建筑定位

> **说　明**
>
> 将"对象捕捉"和"正交绘图模式"打开，便于操作。

> **说　明**
>
> 建筑轮廓线尺寸可以根据外墙轴线绘出，也可以根据外墙外轮廓绘出。在方案阶段，如果尚不能准确确定外墙的大小，可以外墙轴线为准表示轮廓的大小。具体绘图时，以哪个位置（轴线或墙面）来定位建筑物，需在说明中注明。

10.4.3　场地道路、广场、停车场、出入口、绿地等布置

完成建筑布置后，其余的道路、广场、出入口、停车场、绿地等内容都可以在此基础上进行布置。布置时不妨抓住三个要点：一是找准场地布置起控制作用的因素；二是注意布置对象的必要尺寸及其相对距离关系；三是注意布置对象的几何构成特征，充分利用绘图功能。

本例布置结果如图 10-67 所示，起控制作用的因素是地下车库出入口、道路、广场、和停车场，在此基础上再考虑绿地布置。只要场地设计充分，利用好辅助线，结合"移动"、"复制"、"镜像"、"阵列"等命令来实施，难度是不大的。下面叙述其操作要点。

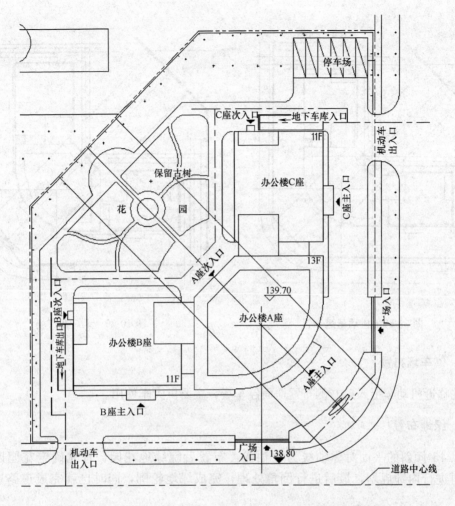

图 10-67　地下车库出入口、道路、广场、绿地、停车场等布置

1. 地下停车库出入口布置

本例地下停车库位置如图 10-67 中粗虚线所示范围，综合考虑机动车流线要求、场地特征及出入口坡道的宽度和长度等因素，将停车库出入口分开设置于办公楼 B、C 座的两端。

2. 广场、道路布置

（1）广场。本例沿街面空地设置为广场，其内外两侧适当设置绿化带，广场上考虑机动车行走。

（2）道路布置。本例打算沿建筑后侧周边布置机动车行道路，在道路与建筑外墙之间考虑设置一定宽度的绿地隔离带。基于此打算，不妨先确定绿地隔离带的宽度，然后确定道路的宽度，完成车道的大致布置。如图 10-68 所示。

（3）场地出入口布置。综合考虑人流、车流特点布置场地人流、车流出入口。结合一部分绿地的布置完成道路、广场的边沿的绘制。如图 10-69 所示。

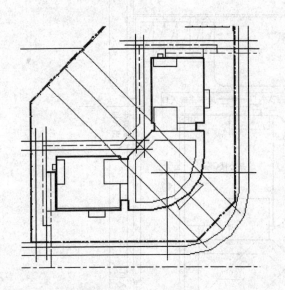
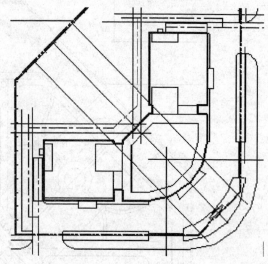

图 10-68　机动车道布置　　　　　　　图 10-69　入口及广场

3. 停车场布置

在临近机动车上入口右侧布置地面停车场，主要供大车使用。

4. 绿地布置

以 45°倾斜的平面对称轴线为中轴线，布置后院绿地花园。首先确定花园四周轮廓，再进行内部规划，最后进行倒角处理，完成绿地轮廓，同时也就完成道路边沿的绘制。

5. 围墙布置

沿后侧用地界线后退 0.5m 布置围墙，如图 10-70 所示。围墙图例长线为粗实线，短线为细线。可以由用地界线偏移 500 复制出来后在修改，短线用选择菜单栏中的"修改"→"阵列"命令、选择菜单栏中的"修改"→"偏移"等命令处理，最后建议将它做成图块。

6. 绿化

在道路两侧、绿地上面布置各种绿化，注意乔木、灌木、花卉、草坪之间的搭配。
（1）乔木和灌木

从设计中心找到"光盘：\图库\建筑图库.dwg"，打开图块内容，里面有一部分绿化图块。找到所需的树种，点击鼠标右键弹出"插入"对话框，给出相应比例，确定完成插入，如图 10-71 所示。同类树种可以通过选择菜单栏中的"修改"→"复制"命令和选择菜单栏中的"修改"→"阵列"命令等操作来实现。

10.4 某办公楼总平面设计

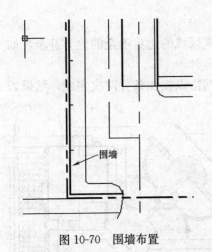

图 10-70 围墙布置

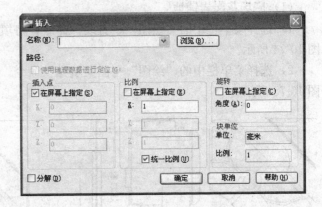

图 10-71 "插入"对话框设置

> **说 明**
>
> 需要说明的是，工作中收集到的图块，由于来源不一样，其单位设置有可能不一样。所以，需注意"插入"对话框中显示的图块单位，换算出缩放比例。比如本例，图块单位为"英寸"，比"毫米"大 25 倍，故输入比例"0.04"。

（2）绿篱

如没有现成的绿篱图块，则可以用选择菜单栏中的"绘图"→"修订云线"或选择菜单栏中的"绘图"→"样条曲线"来绘制，如图 10-72 所示。

图 10-72 绿篱绘制

（3）草坪

草坪可以用选择菜单栏中的"绘图"→"点"命令来点表示，也可以填充"GRASS"图案来完成，如图 10-73 所示。

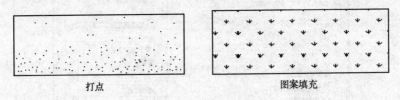

图 10-73 草坪绘制

7. 铺地

铺地一般采用图案填充来实现。本例铺地包括三个部分：广场花岗岩铺地、人行道水泥砖铺地、人行道卵石铺地。

(1) 广场花岗岩铺地

1) 选择菜单栏中的"绘图"→"直线"命令,将填充区域的边界不全的地方补全,如图 10-74 所示。

2) 选择菜单栏中的"绘图"→"图案填充"命令。网格纵横线条分两次完成,结果如图 10-75 所示。

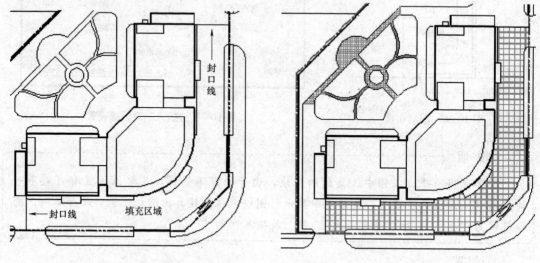

图 10-74　补全填充区域边界　　　　　图 10-75　填充结果

3) 重复"图案填充"命令,水平线条的填充参数如图 10-76 所示。

4) 重复"图案填充"命令,竖直线条填充参数如图 10-77 所示。

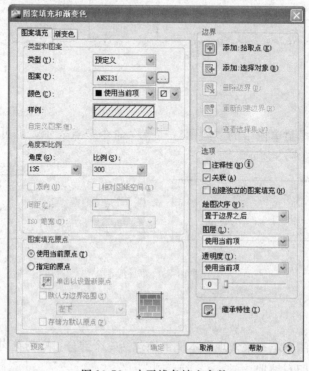

图 10-76　水平线条填充参数

10.4 某办公楼总平面设计

图 10-77 竖直线条填充参数

(2) 人行道水泥砖铺地

重复"图案填充"命令,结果如图 10-78 所示,填充参数如图 10-79 所示。

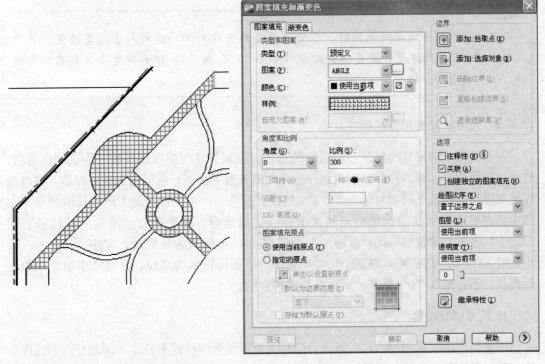

图 10-78 人行道水泥砖铺地　　　图 10-79 水泥砖铺地填充参数

(3) 卵石铺地

重复"图案填充"命令，卵石铺地，如图 10-80 所示。填充参数如图 10-81 所示。

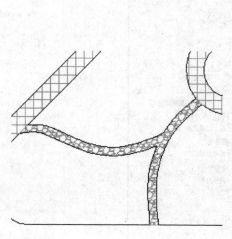

图 10-80 卵石铺地

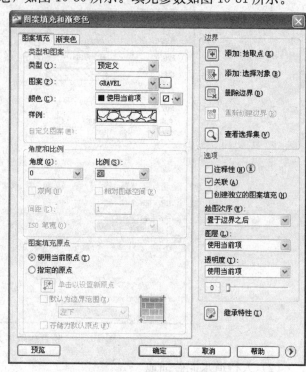

图 10-81 卵石铺地填充参数

> **说明**
>
> 在绘制道路、绿地轮廓线时，尽量将线条接头处封闭，这样利于图案填充。虽然 AutoCAD 2011 允许用户设置接头空隙（如图 10-82 所示），但是对复杂边界有时会出错，而且会增加分析时间。

10.4.4 尺寸、标高和坐标标注

总平面图上的尺寸应标注新建房屋的总长、总宽及其与周围建筑物、构筑物、道路、红线之间的间距。标高应标注室内地坪标高和室外整平标高，它们均为绝对标高。室内地坪绝对标高即建筑底层相对标高±0.000 位置。此外，初步设计及施工图设计阶段总平面图中还需要准确标注建筑物角点测量坐标或建筑坐标。总平面图上测量坐标代号宜用 "X、Y"表示；建筑坐标代号宜用"A、B"表示。坐标值为负数时，应注"—"号；为正数时，"+"号可省略。总图上尺寸、标高、坐标值以米为单位，并应至少取至小数点后两位，不足时以"0"补齐。下面结合实例介绍。

1. 尺寸样式设置

对比前面第 3 章用过的尺寸样式，这里为总图设置的样式有几个不同之处：①线性标注精度；②测量单位比例因子；③尺寸数字"消零"设置；④全局比例因子；⑤在同一样

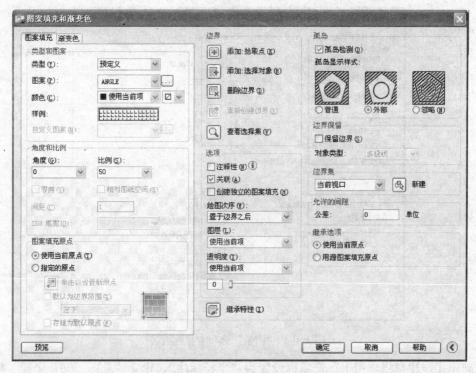

图 10-82　填充边界间隙设置

式中为尺寸、角度、半径、引线设置不同风格。下面讲解具体设置过程及内容，请特别留心与前面相关内容不同之处。

（1）新建总图样式：选择菜单栏中的"格式"→"标注样式"命令，弹出"创建标注样式"对话框，如图 10-83 所示，在原有样式基础上建立新样式，注意将"用于"选项框设置为"所有标注"。

（2）修改"调整"选项卡：如图 10-84 所示，将全局比例因子改为 500，以适应 1：500 的出图比例。

图 10-83　新建"总图_500"样式

（3）修改"主单位"选项卡：如图 10-85 所示，线性标注精度调整为"0.00"以满足保留尺寸两位小数的要求；小数分隔符调为句点"."；比例因子调为"0.001"，以符合尺寸单位为米的要求，因为绘制尺寸为毫米；消零选项去掉，可以为不足的小数点位数补零。

（4）建立半径标注样式：在标注样式管理器中，单击"新建"按钮，以"总图_500"

· 337 ·

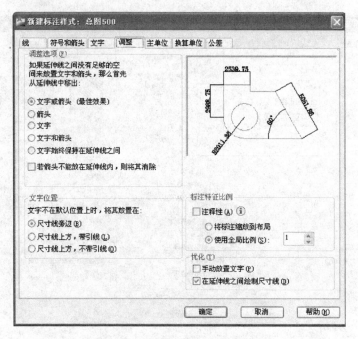

图 10-84 "调整"选项卡修改内容

为基础样式,注意将"用于"选项框设置为"半径标注",建立"总图_500:半径"样式,然后,点击"继续"。如图 10-86 所示。

这两个选项卡修改结束后,确定回到上一级对话框。

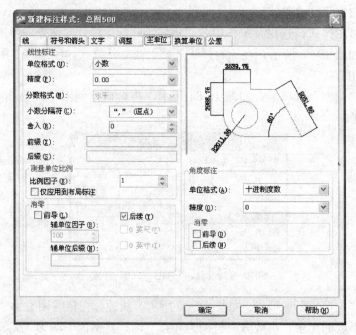

图 10-85 "主单位"选项卡修改内容

(5) 半径标注样式设置:在"符号和箭头"选项卡中,将"第二个"箭头选为实心闭合箭头(如图 10-87 所示),确定后完成设置。

图 10-86 新建半径标注样式

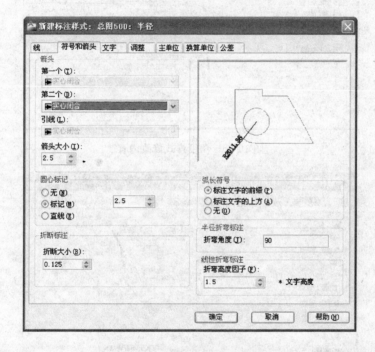

图 10-87 半径样式修改内容

(6) 角度样式设置：采用半径样式同样的操作方法，建立角度，其修改内容依次参见图 10-88。

(7) 引线样式设置：建立引线样式，其修改内容依次参见图 10-89。

(8) 完成后的"总图_500"样式，如图 10-90 所示。

2. 尺寸标注

选择菜单栏中的"标注"→"线性标注"命令或选择菜单栏中的"标注"→"对齐标注"命令，对距离尺寸进行标注，如图 10-91 所示。

3. 角度、半径标注

选择菜单栏中的"标注"→"角度标注"命令或选择菜单栏中的"标注"→"半径标注"命令，对角度、半径进行标注，如图 10-92 所示。

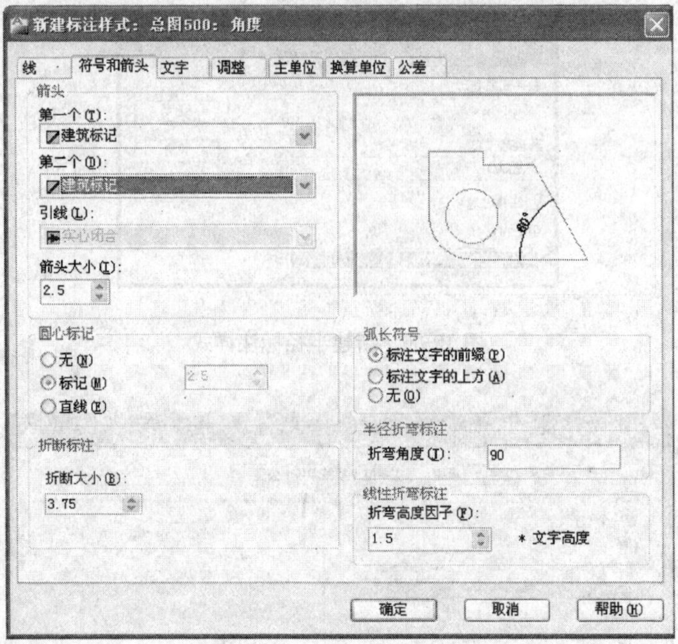

图 10-88 角度样式修改内容

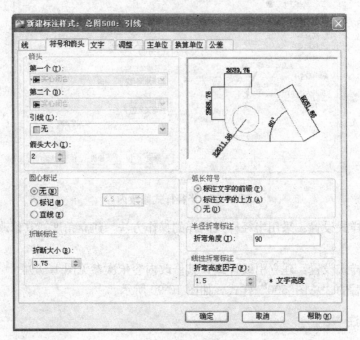

图 10-89 引线样式修改内容

4. 标高标注

标高标注利用事先做好的带标高属性的图块来标注。操作步骤是：

(1) 选择菜单栏中的"工具"→"选项板"→"设计中心"命令，打开设计中心，找到"光盘：\图库\建筑图块.DWG"文件，打开图块内容，找到标高符号。

10.4 某办公楼总平面设计

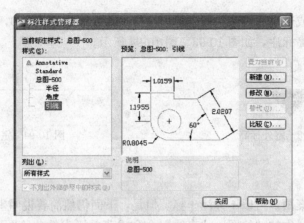

图 10-90 完成后的"总图_500"样式

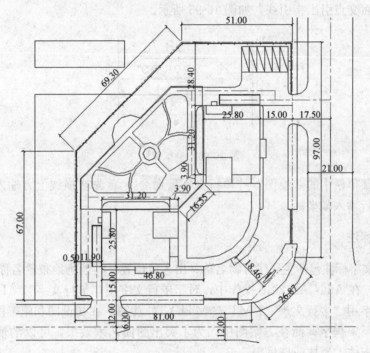

图 10-91 距离尺寸标注

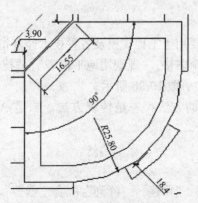

图 10-92 半径和角度标注

(2) 双击图块或通过右键菜单插入标高符号,输入缩放比例500,在命令行输入相应的标高值,完成标高标注,如图10-93、图10-94所示。

图 10-93　室外标高　　　　　　　　　图 10-94　室内标高

5. 坐标标注

在本例中属方案图,可以不标注坐标。但是,下面仍然简要说明坐标标注法。

(1) 选择菜单栏中的"绘图"→"直线"命令或菜单栏中的"绘图"→"多段线"命令,由轴线或外墙面交点引出指引线,如图10-95所示。

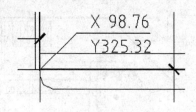

图 10-95　坐标标注

(2) 选择菜单栏中的"绘图"→"单行文字"命令,首先在横线上方输入纵坐标,回车后,在下一行输入横坐标。

10.4.5　文字标注

总图中的文字标注包括主要建筑物名称、出入口位置、其他场地布置名称、建筑层数、即文字说明等。在AutoCAD 2010操作中,对于单行文字用"单行文字"(DT,DTEXT)注写,多行文字用"多行文字"(MT,*MTEXT)注写。在初设图和施工图中,字体建议使用".shx"工程字;而在方案图中,为了突出图面艺术效果,可以酌情使用其他的规范字体,如宋体、黑体或楷体等。

10.4.6　统计表格制作

总平面图中统计表格主要用于工程规模及各种技术经济指标的统计,例如某住宅小区修建性规划总平面图中的三个表格:"规划用地平衡表"、"技术经济指标一览表"、"公建项目一览表"等,如图10-96~图10-98所示。

下面介绍三种表格制作的方法:一是传统方法,二是AutoCAD的表格绘制,三是OLE链接方法。

1. 传统方法

传统方法是指用"直线"、"偏移"、"阵列"配合"修剪"、"延伸"等命令绘制好表格后填写文字的方法。该方法在绘制表格时比较繁琐,但是能够根据需要随意绘制表格形式,

10.4 某办公楼总平面设计

规划用地平衡表

项目		面积(hm²)	百分比(%)	人均面积(m²/人)
规划可用地		2.7962	100	9.99
其中	住宅用地	1.517	54.3	5.42
	公建用地	0.408	14.6	1.46
	道路用地	0.282	10.1	1.01
	公共绿地	0.5892	21.0	2.10

技术经济指标一览表

项目		单位	数量	备注
可建设用地面积		万平方米	2.7962	
规划总建筑面积		万平方米	10.612	
其中	规划住宅建筑面积	万平方米	9.683	
	配套公建建筑面积	万平方米	0.929	
容积率			3.795	
总建筑密度		%	29.6	
居住人口		人	2800	
居住户数		户	800	
人口毛密度		人/公顷	1001.4	
平均每户建筑面积		平方米/户	121	
绿地率		%	45.3	
日照间距			1:1.2	
停车率		%	0.8	
停车位		个	640	其中地下634个

图 10-96 规划用地平衡表　　　　图 10-97 技术经济指标一览表

公建项目一览表

编号	项目	数量(处)	占地面积(平方米)	建筑面积(平方米)
1	会所及配套公建	1	1000	3000
2	底层商业	1	2100	6290
3	地下人防兼停车库	3	21000	21000

图 10-98 公建项目一览表

图 10-96～图 10-98 中的表格就是采用该方法制作。该方法操作难度不大，请读者自行尝试。

2. 表格绘制

（1）执行命令：选择菜单栏中的"绘图"→"表格"命令，系统打开"插入表格"对话框，如图 10-99 所示。

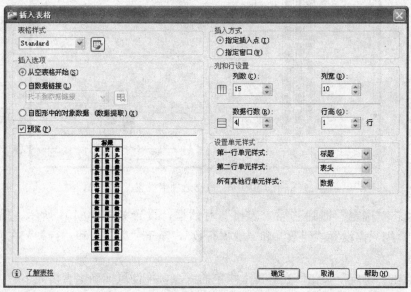

图 10-99 "插入表格"对话框

（2）创建表格样式：选择菜单栏中的"表格"→"表格样式"命令，系统打开"表格样式"对话框，如图 10-100 所示。

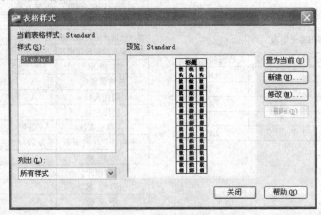

图 10-100　"表格样式"对话框

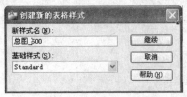

图 10-101　创建表格样式

（3）点击"新建"按钮，创建"总图_500"样式，点击"继续"，如图 10-101 所示。

（4）数据单元设置：文字选项卡设置如图 10-102 所示，关键注意"字高"、"对齐"、"单元边距"的设置。

（5）常规选项卡设置如图 10-103 所示。

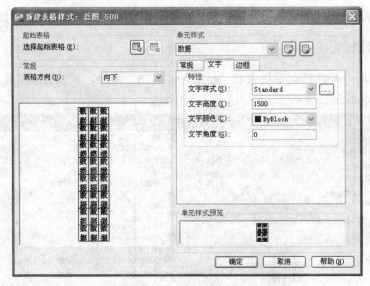

图 10-102　数据选项卡设置

（6）点击"确定"回到"插入表格"对话框，设置如图 10-104 所示。插入方式为"指定窗口"则只需设置"列数"和"数据行数"，至于"列宽"和"行高"在屏幕上拖动鼠标来确定。

（7）点击"确定"按钮，在屏幕上指定插入点，拖动鼠标确定表格大小后，点击左键弹出文字输入窗口，依次输入相应文字，如图 10-105 所示。输完一个单元格后，按

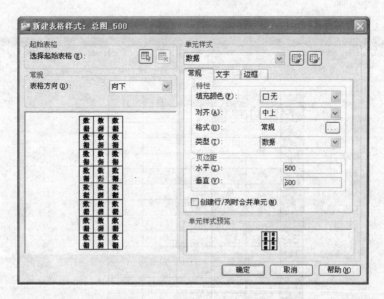

图 10-103 列标题选项卡设置

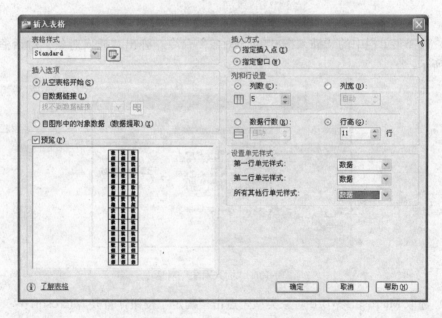

图 10-104 "插入表格"对话框

"Tab"键可以切换到下一个单元格。

3. OLE 链接方法

OLE 链接方法是指在 Microsoft Word 或 Excel 中做好表格，然后通过 OLE 链接方式插入到 AutoCAD 图形文件中。需要修改表格和数据时，双击表格即可回到 Microsoft Word 或 Excel 软件中。这种方法便于表格的制作和表格数据的处理。下面介绍 OLE 链接方式插入表格的方法。

方法一：插入对象

图 10-105 输入数据

(1) 选择菜单栏中的"插入"→"OLE 对象"命令,弹出"插入对象"对话框,如图 10-106 所示。

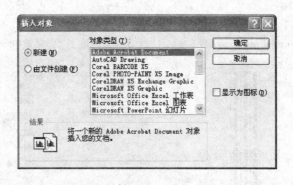

图 10-106 "插入对象"对话框

(2) 选取 Microsoft Word 对象类型,点击"确定"按钮,打开 Microsoft Word 程序。在 Word 界面中创建所需表格,如图 10-107 所示。

(3) 完成后,关闭 Word 窗口,回到 AutoCAD 界面,刚才所绘表格即显示在图形文件中,如图 10-108 所示。可以拖动四角对表格大小进行调整。

方法二:复制·粘贴

(1) 首先在 Word 或 Excel 中作好表格,然后将表格全选中,选择菜单栏中的"编辑"→"复制"命令,进行复制。

(2) 回到 AutoCAD 中,选择菜单栏中的"编辑"→"粘贴"命令,进行粘贴。其他操作同方法一。

上述各种表格制作方法各有其优缺点,请读者在实践中权衡使用。

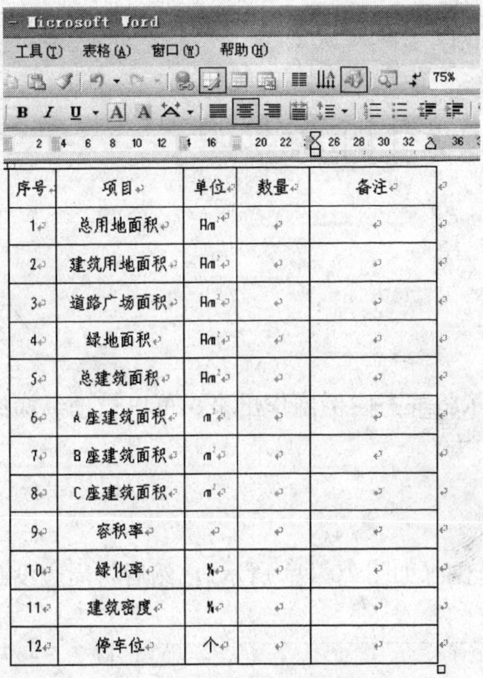

序号	项目	单位	数量	备注
1	总用地面积	hm^2		
2	建筑用地面积	hm^2		
3	道路广场面积	hm^2		
4	绿地面积	hm^2		
5	总建筑面积	hm^2		
6	A座建筑面积	m^2		
7	B座建筑面积	m^2		
8	C座建筑面积	m^2		
9	容积率			
10	绿化率	%		
11	建筑密度	%		
12	停车位	个		

图 10-107 Word 中制作表格

序号	项 目	单 位	数 量	备 注
1	总用地面积	hm^2	22	
2	建筑用地面积	hm^2	22	
3	道路广场面积	hm^2	22	
4	绿化面积	hm^2	22	
5	总建筑面积	hm^2	22	
6	A座建筑面积	m^2	22	
7	B座建筑面积	m^2	22	
8	C座建筑面积	m^2	22	
9	容积率		3.1	
10	绿化率	%	36.3	
11	建筑密度	%	22	
12	停车位	个	22	

图 10-108 “插入对象”对话框

10.4.7 图名、图例及布图

1. 图名及比例、比例尺、指北针或风向玫瑰图

(1) 图名、及比例、比例尺及指北针如图 10-109 所示。

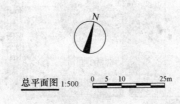

图 10-109 图名及比例、比例尺

(2) 图名的下划线为粗线，选择菜单栏中的“绘图”→“多段线”命令绘制，然后在其特性中调整全局宽度。

(3) 一般标注了比例后，比例尺可以不标注。但是考虑到方案图有时不按比例打印，特别是转入到 Photoshop 等图像处理软件中套色时后，出图比例容易改变，所以，同时标上比例尺便于识别图形大小。

(4) 总平面图一般按上北下南方向绘制。根据场地形状或布局，可向左或右偏转，但不宜超过 45°，用指北针或风向玫瑰图表明具体方位。

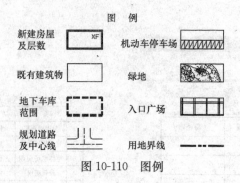

图 10-110　图例

2. 图例

综合应用绘图、文字等命令如图 10-110 所示将补充图例制作出来。可以借助纵横线条来帮助排布整齐,也可以将图例组织到表格中去。

3. 布图及图框

(1) 用一个矩形框确定场地中需要保留的范围(如图 10-111 所示),然后将周边没必要的部分修剪或删除掉。

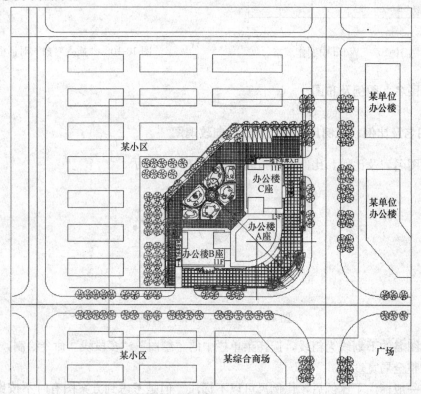

图 10-111　总平面图保留范围

(2) 选择菜单栏中的"工具"→"查询"→"距离查询"命令测量出保留下的图面大小,然后除以 500,确定所需图框大小。

(3) 插入图框,将图面中各项内容编排组织到图框内。结果参见图 10-112。

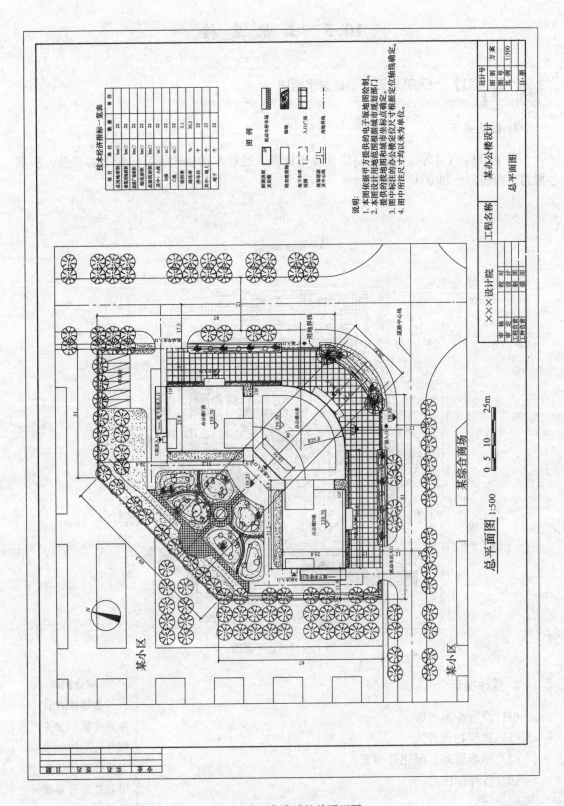

图 10-112 完成后的总平面图

10.5 上机实验

【实验 1】 绘制高层商住小区总平面图

1. 目的要求

图 10-113 所示为一个高层商住楼总平面图。通过本实验的练习，帮助读者进一步掌握总平面图的绘制方法与思路。

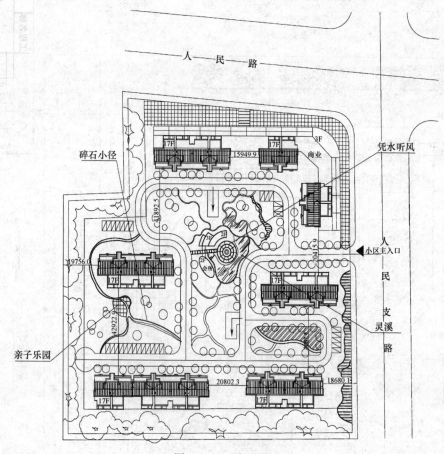

图 10-113　总平面图

2. 操作提示

(1) 设置绘图参数。
(2) 建筑物布置。
(3) 场地道路、绿化等布置。
(4) 各种标注。

**实讲实训
多媒体演示**

多媒体演示参见配套光盘中的\\参考视频\第10章\高层商住小区总平面图.avi。

【实验 2】 绘制生活小区总平面图

1. 目的要求

图 10-114 所示为一个比较复杂的生活小区总平面图。通过练习，使读者掌握总平面图的绘制方法。

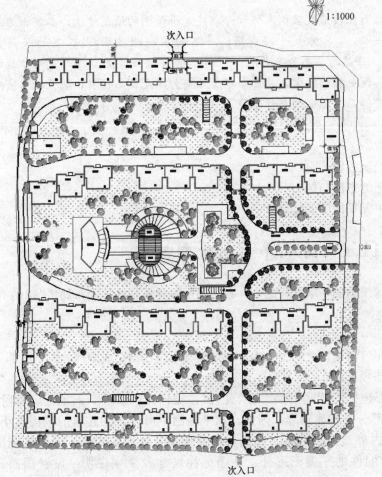

图 10-114 某小区总平面图

> **实讲实训 多媒体演示**
>
> 多媒体演示参见配套光盘中的\\参考视频\第10章\生活小区总平面图.avi。

2. 操作提示

(1) 设置绘图环境。
(2) 建筑布局。
(3) 绘制道路与停车场。
(4) 绘制建筑周围环境。
(5) 各种标注。

第 11 章 低层商住楼建筑平面图绘制

本章将结合一个低层商住楼建筑实例，详细介绍建筑平面图的绘制方法。本实例为某城市商住楼，共 6 层，一、二层为大开间商场，一层的层高为 3.6m，二层的层高为 3.9m，三层以上为住宅，每层的层高为 2.8m。一层和二层主要安排为商场，大部分属于公共空间，用来满足公共商业购物的需求；三层以上主要为单元商品住房，属于较私密的空间，给业主提供一个安静而又温馨的居住环境。

学习要点

了解建筑平面图的绘制过程
掌握绘制建筑平面图的方法与技巧
掌握各种基本建筑单元平面图的绘制方法

11.1 建筑平面图绘制概述

建筑平面图是表达建筑物的基本图样之一，它主要反映建筑物的平面布局情况。

11.1.1 建筑平面图概述

建筑平面图是假想在门窗洞口之间用一水平剖切面将建筑物剖切成两部分，下半部分在水平面上（H 面）的正投影图。

平面图中的主要图形包括剖切到的墙、柱、门窗、楼梯，以及看到的地面、台阶、楼梯等的剖切面以下的部分的构建轮廓。因此，从平面图中可以看到建筑的平面大小、形状、空间平面布局、内外交通及联系、建筑构配件大小及材料等内容，除了按制图知识和规范绘制建筑构配件的平面图形外，还需标注尺寸及文字说明，设置图面比例等。

由于建筑平面图能突出地表达建筑的组成和功能关系等方面的内容，因此一般建筑设计都从平面设计入手。在平面设计中应从建筑整体出发，考虑建筑空间组合的效果，照顾建筑剖面和立面的效果和体型关系。在设计的各个阶段中，都应有建筑平面图样，但表达的深度不同。

一般的建筑平面图可以使用粗、中、细三种线来绘制。被剖切到的墙、柱断面的轮廓线用粗线来绘制；被剖切到的次要部分的轮廓线，如墙面抹灰、轻质隔墙以及没有剖切到的可见部分的轮廓如窗台、墙身、阳台、楼梯段等，均用中实线绘制；没有剖切到的高窗、墙洞和不可见部分的轮廓线都用中虚线绘制；引出线、尺寸标注线等用细实线绘制；

定位轴线、中心线和对称线等用细点化线绘制。

11.1.2 建筑平面图的图示要点

(1) 每个平面图对应一个建筑物楼层，并注有相应的图名。

(2) 可以表示多层的平面图称为标准层平面图。标准层平面图中的各层的房间数量、大小和布置都必须一样。

(3) 建筑物左右对称时，可以将两层的平面图绘制在同一张图纸上，左边一半和右边一半分别绘制出各层的一半，同时中间要注上对称符号。

(4) 如果建筑平面较大时，可以进行分段绘制。

11.1.3 建筑平面图的图示内容

建筑平面图的主要内容包括：

(1) 表示墙、柱、门、窗等的位置和编号，房间的名称或编号，轴线编号等。

(2) 标注出室内外的有关尺寸及室内楼标准层、地面的标高。如果本层是建筑物的底层，则标高为±0.000。

(3) 表示出电梯、楼梯的位置以及楼梯的上下方向和主要尺寸。

(4) 表示阳台、雨篷、踏步、斜坡、雨水管道、排水沟等的具体位置以及尺寸。

(5) 画出卫生器具、水池、工作台以及其他的重要设备的位置。

(6) 画出剖面图的剖切符号以及编号。根据绘图习惯，一般只在底层平面图中绘制出来。

(7) 标注出有关部位的上节点详图的索引符号。

(8) 标注出指北针。根据绘图习惯，一般只在底层平面图中绘制指北针。

11.1.4 建筑平面图绘制的一般步骤

建筑平面图绘制的一般步骤如下：

(1) 绘图环境设置。
(2) 轴线绘制。
(3) 墙线绘制。
(4) 柱绘制。
(5) 门窗绘制。
(6) 阳台绘制。
(7) 楼梯、台阶绘制。
(8) 室内布置。
(9) 室外周边景观（底层平面图）。
(10) 尺寸、文字标注。

11.2 某低层商住楼平面图绘制

本节以商住楼平面图绘制过程为例，继续讲解平面图的一般绘制方法与技巧。

11.2.1 绘制一层平面图

1. 设置绘图环境

(1) LIMITS 命令设置图幅：420000×297000。

(2) 用 LAYER 命令，创建"轴线"、"墙线"、"柱"、"标注"、"楼梯"等图层，结果如图 11-1 所示。

> **实讲实训**
> **多媒体演示**
> 多媒体演示参见配套光盘中的\\视频\第11章\某低层商住楼一层平面图.avi。

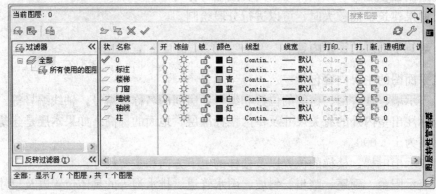

图 11-1 设置图层

2. 绘制轴线网

(1) 开"图层"工具栏，选择图层特性管理器图标，系统打开"图层特性管理器"对话框，将"轴线"图层设置为当前图层。

(2) 用"构造线"命令，绘制一条水平构造线和一条竖直构造线，组成"十"字构造线。调用"偏移"命令，让水平构造线分别往上偏移 2665、3635、1800、300、1500 和 3100，得到水平方向的辅助线。让竖直构造线分别往右偏移 349、1432、3119、3300、2400、3600、3600、3300、2100、1200、1200、2100、3300、3600、3600、1800、1500、2100、1200、1200、2100、3300 和 3600，得到竖直方向的辅助线。竖直辅助线和水平辅助线一起构成正交的辅助线网。然后将辅助线网进行修改，得到一层建筑轴线网格，如图 11-2 所示。

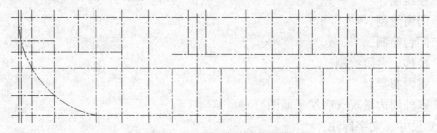

图 11-2 一层建筑轴线网格

3. 绘制柱

(1) 开"图层"工具栏，选择图层特性管理器图标，则系统打开"图层特性管理器"对话框,将"柱"图层设置为当前图层。

(2) 建立柱图块。调用"矩形"命令 ▢,绘制 500×400 的矩形,调用"图案填充"命令 ▨,选择"SOLID"图样填充矩形,完成混凝土柱的绘制。调用"创建块"命令 ▣,建立柱图块。

(3) 柱布置。调用"插入块"命令 ▣ 和"移动"命令 ✥,并以矩形的中点作为插入基点将柱图块插入到相应的位置上。结果如图 11-3 所示。

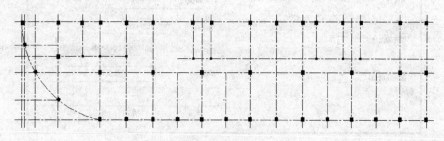

图 11-3 绘制柱

4. 绘制墙线

(1) 打开"图层"工具栏,选择图层特性管理器图标 ▣,则系统打开"图层特性管理器"对话框,将"墙线"图层设置为当前图层。

(2) 墙体绘制。调用下拉菜单命令"格式"→"多线样式",打开"多线样式"对话框,如图 11-4 所示。单击"新建"按钮,打开"新建多线样式"对话框,新建多线样式"240",将"图元"选项组中的元素偏移量设为 120 和 −120,如图 11-5 所示。

图 11-4 "多线样式"对话框

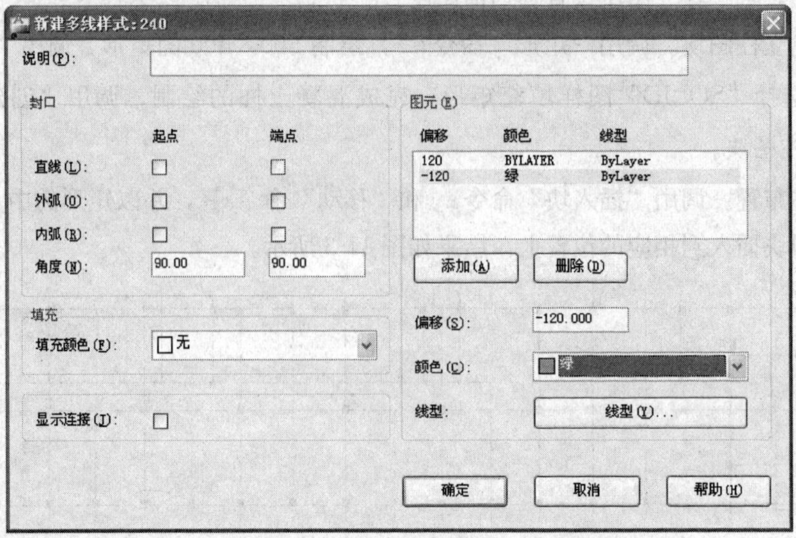

图 11-5 "新建多线样式"对话框

将多线样式"240"置为当前样式,完成"240"墙体多线的设置。调用"多线"命令,对正方式设为"无",多线比例设为"1",绘制墙线。命令行操作如下:

命令:_mline
当前设置:对正=上,比例=20.00,样式=STANDARD
指定起点或 [对正(J)/比例(S)/样式(ST)]:j↙
输入对正类型 [上(T)/无(Z)/下(B)] <上>:z↙
当前设置:对正=无,比例=20.00,样式=STANDARD
指定起点或 [对正(J)/比例(S)/样式(ST)]:s↙
输入多线比例 <20.00>:1↙
当前设置:对正=无,比例=1.00,样式=STANDARD
指定起点或 [对正(J)/比例(S)/样式(ST)]:(适当指定一点)
指定下一点:(适当指定一点)
⋮
指定下一点或 [闭合(C)/放弃(U)]:↙

(3) 墙体修整。本商住楼墙体为填充墙,不参与结构承重,主要起分隔空间的作用,其中心线位置不一定与定位轴线重合,因此有时会出现偏移一定距离的情况。修整结果如图 11-6 所示。

5. 绘制门窗

(1) 打开"图层"工具栏,选择图层特性管理器图标 ,则系统打开"图层特性管理器"对话框,将"门窗"图层设置为当前图层。

(2) 绘制门窗洞口。借助辅助线确定门窗洞口的位置,然后将洞口处的墙线修剪掉,并将墙线封口。结果如图 11-7 所示。

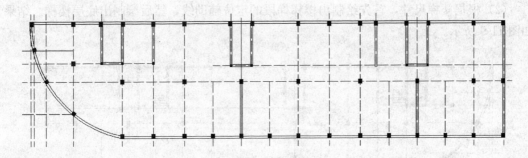

图 11-6 绘制墙线

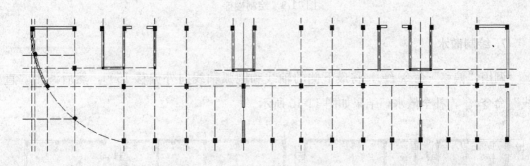

图 11-7 绘制门窗洞口

(3) 绘制门窗。采用别墅平面图中门窗的绘制方法来绘制商住楼的门窗,结果如图 11-8 所示。

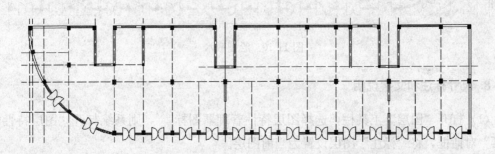

图 11-8 绘制门窗

6. 绘制楼梯

一层楼梯分为商场用楼梯和住宅用楼梯,商场用楼梯宽度为 3.6m,梯段长度为 1.6m,楼梯设计为双跑(等跑)楼梯,踏步高度为 163.6mm,宽为 300mm,需要 22 级。住宅用楼梯宽度为 2.4m,梯段长度为 1m,设计楼梯踏步高度为 167mm,宽为 260mm。

(1) 打开"图层"工具栏,选择图层特性管理器图标 ,则系统打开"图层特性管理器"对话框,将"楼梯"图层设置为当前图层。

(2) 根据楼梯尺寸,首先绘制出楼梯梯段的定位辅助线,然后绘制出底层楼梯。结果如图 11-9 所示。

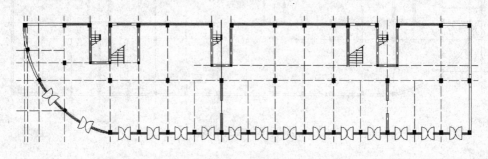

图 11-9 绘制楼梯

7. 绘制散水

调用"偏移"命令,将最下侧的轴线和圆弧轴线向外偏移 1500,然后调用"直线"命令,补全散水,结果如图 11-10 所示。

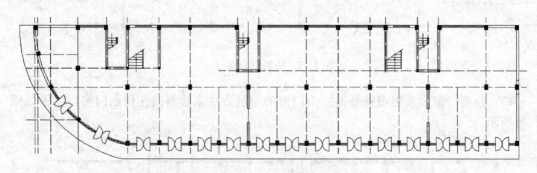

图 11-10 绘制散水

8. 尺寸标注和文字说明

(1) 打开"图层"工具栏,选择图层特性管理器图标,则系统打开"图层特性管理器"对话框,将"标注"图层设置为当前图层。

(2) 调用"线性标注"命令、"连续标注"命令和"多行文字"命令,进行尺寸标注和文字说明,完成一层平面图的绘制,结果如图 11-11 所示。

11.2.2 绘制二层平面图

> **实讲实训**
> **多媒体演示**
>
> 多媒体演示参见配套光盘中的\\视频\第 11 章\某低层商住楼二层平面图.avi。

1. 设置绘图环境

(1) 用 LIMITS 命令设置图幅:420000×297000。

(2) 调用 LAYER 命令,创建"轴线"、"墙线"、"柱"、"标注"、"楼梯"等图层,结果如图 11-12 所示。

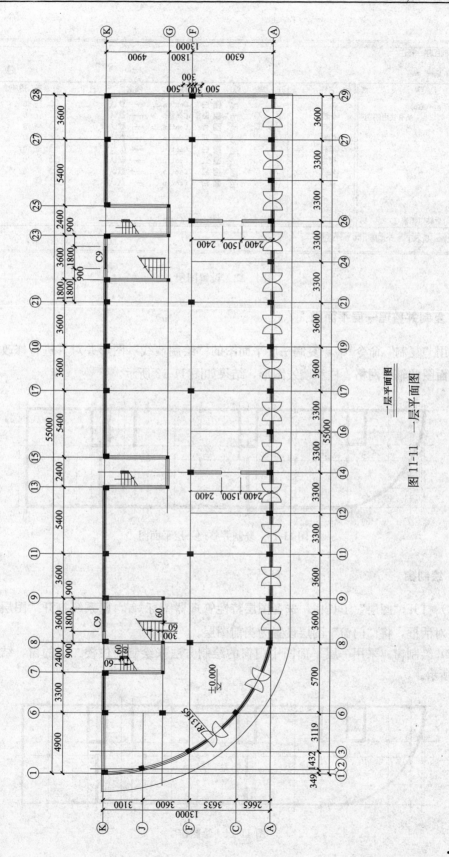

图 11-11 一层平面图

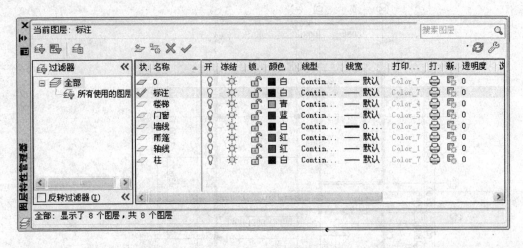

图 11-12 设置图层

2. 复制并整理一层平面图

调用"复制"命令 ，复制一层平面图的"绘制墙线"图形并对其进行修改,得到二层平面图的轴线网格、柱和墙线图形,结果如图 11-13 所示。

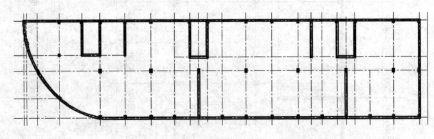

图 11-13 复制并整理一层平面图

3. 绘制窗

(1) 打开"图层"工具栏,选择图层特性管理器图标 ,则系统打开"图层特性管理器"对话框,将"门窗"图层设置为当前图层。

(2) 绘制窗。采用一层平面图中门窗的绘制方法来绘制商住楼二层的窗,结果如图 11-14 所示。

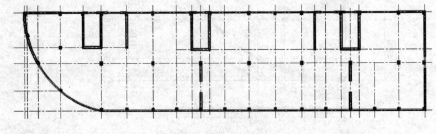

图 11-14 绘制窗

4. 绘制雨篷

（1）打开"图层"工具栏，选择图层特性管理器图标，则系统打开"图层特性管理器"对话框，将"雨篷"图层设置为当前图层。

（2）调用"偏移"命令，将最上侧的轴线向上偏移1320，将楼梯间的轴线向外侧偏移120。调用"修剪"命令，将偏移后的直线进行修剪，然后将修剪后的直线向内侧偏移60，并将这些直线设置为"雨篷"图层，完成雨篷的绘制。结果如图11-15所示。

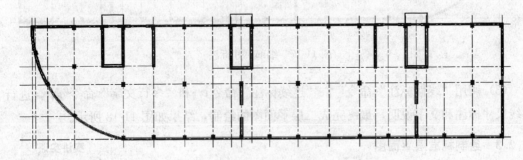

图11-15　绘制雨篷

5. 绘制楼梯

（1）打开"图层"工具栏，选择图层特性管理器图标，则系统打开"图层特性管理器"对话框，将"楼梯"图层设置为当前图层。

（2）根据楼梯尺寸，首先绘制出楼梯梯段的定位辅助线，然后绘制出二层楼梯。结果如图11-16所示。

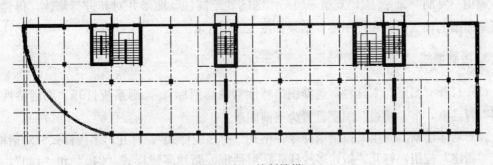

图11-16　绘制楼梯

6. 尺寸标注和文字说明

（1）打开"图层"工具栏，选择图层特性管理器图标，则系统打开"图层特性管理器"对话框，将"标注"图层设置为当前图层。

（2）调用"线性标注"命令、"连续标注"命令和"多行文字"命令，标注标高和细部尺寸，结果如图11-17所示。

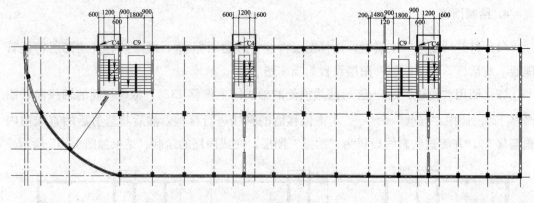

图 11-17 细部尺寸标注

（3）调用"线性标注"命令 、"连续标注"命令 和"多行文字"命令 ，进行轴线尺寸标注和文字说明，最终完成二层平面图的绘制，结果如图 11-18 所示。

11.2.3 绘制标准层平面图

> **实讲实训**
> **多媒体演示**
>
> 多媒体演示参见配套光盘中的\\视频\第 11 章\某低层商住楼标准层平面图.avi。

1. 设置绘图环境

（1）用 LIMITS 命令设置图幅：420000×297000。
（2）调用 LAYER 命令，创建"轴线"、"墙线"、"柱"、"标注"、"楼梯"等图层，结果如图 11-19 所示。

2. 复制并整理一层平面图

调用"复制"命令 ，复制一层平面图的"绘制柱"图形并对其进行修改，得到标准层平面图的轴线网格和柱图形，结果如图 11-20 所示。

3. 绘制墙线

（1）打开"图层"工具栏，选择图层特性管理器图标 ，则系统打开"图层特性管理器"对话框，将"墙线"图层设置为当前图层。

（2）墙体绘制。调用下拉菜单命令"格式"→"多线样式"，打开"多线样式"对话框，单击"新建"按钮，打开"新建多线样式"对话框，新建多线样式"240"和"120"，然后调用"多线"命令，绘制墙线。结果如图 11-21 所示。

4. 绘制门窗

（1）打开"图层"工具栏，选择图层特性管理器图标 ，则系统打开"图层特性管理器"对话框，将"门窗"图层设置为当前图层。

（2）绘制门窗洞口。调用"偏移"命令 、"修剪"命令 和"直线"命令 ，绘制门窗洞口，结果如图 11-22 所示。

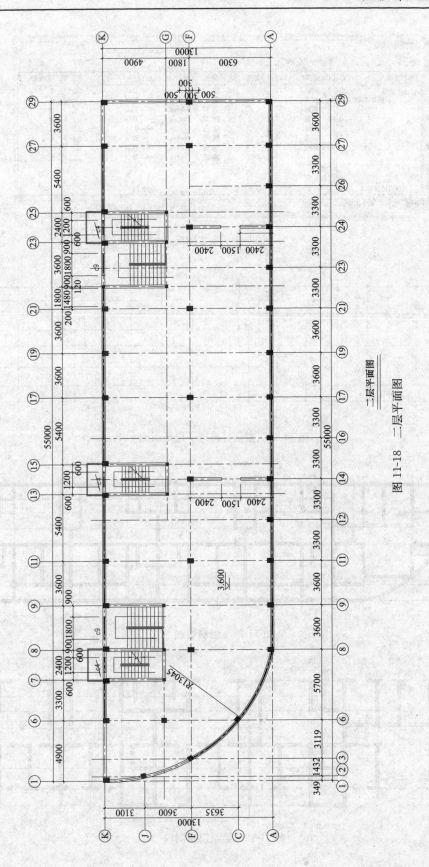

图 11-18 二层平面图

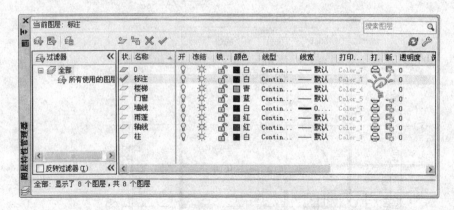

图 11-19 设置图层

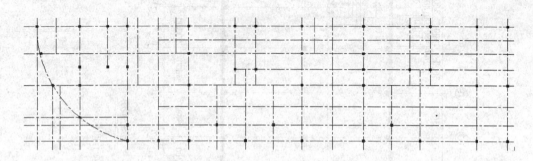

图 11-20 复制并整理一层平面图

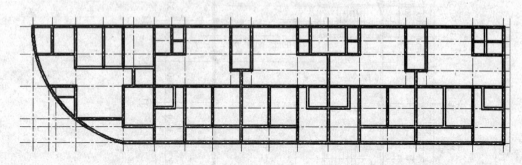

图 11-21 绘制墙线

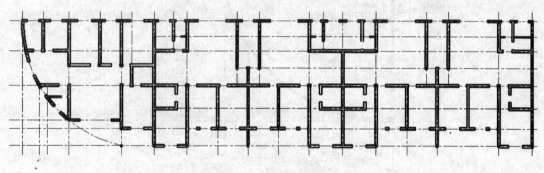

图 11-22 绘制门窗洞口

(3) 绘制门窗。单击下拉菜单"格式"→"多线样式"命令，在打开的"多线样式"对话框中，新建多线"窗"，并将"门窗"多线样式置为当前层。单击下拉菜单"绘图"→"多线"命令绘制窗。然后调用"直线"命令 和"圆弧"命令，绘制门，结果如图 11-23 所示。

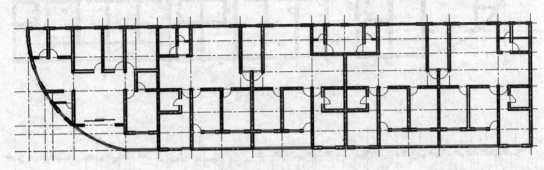

图 11-23　绘制门窗

5. 绘制楼梯

(1) 打开"图层"工具栏，选择图层特性管理器图标，则系统打开"图层特性管理器"对话框，将"楼梯"图层设置为当前图层。

(2) 根据楼梯尺寸，绘制出标准层楼梯。结果如图 11-24 所示。

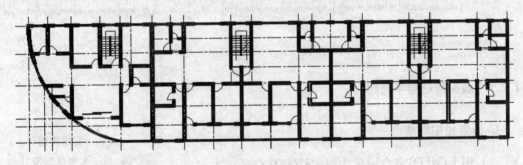

图 11-24　绘制楼梯

6. 尺寸标注和文字说明

(1) 打开"图层"工具栏，选择图层特性管理器图标，则系统打开"图层特性管理器"对话框，将"标注"图层设置为当前图层。

(2) 调用"线性标注"命令、"连续标注"命令和"多行文字"命令，标注门窗尺寸，结果如图 11-25 所示。

(3) 调用"线性标注"命令、"连续标注"命令和"多行文字"命令，标注标高和细部尺寸，结果如图 11-26 所示。

(4) 用同样方法，进行轴线尺寸标注和文字说明，最终完成标准层平面图的绘制，结果如图 11-27 所示。

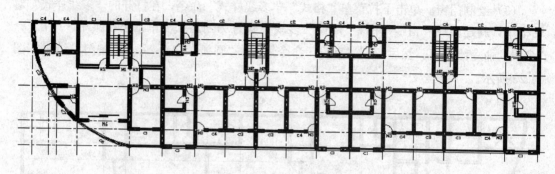

图 11-25 标注门窗尺寸

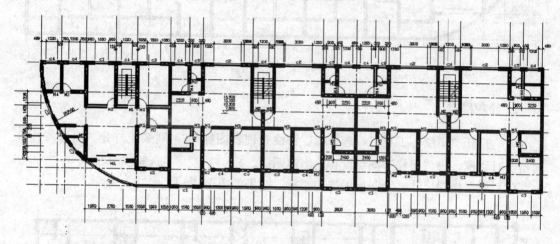

图 11-26 标注标高和细部尺寸

11.2.4 绘制隔热层平面图

1. 设置绘图环境

（1）用 LIMITS 命令设置图幅：420000×297000。

（2）调用 LAYER 命令，创建"轴线"、"墙线"、"柱"、"泛水"、"门窗"等图层，结果如图 11-28 所示。

2. 复制并整理标准层平面图

调用"复制"命令，复制标准层平面图的"绘制柱"图形并对其进行修改，得到标准层平面图的轴线网格和柱图形，结果如图 11-29 所示。

3. 绘制墙线

（1）打开"图层"工具栏，选择图层特性管理器图标，则系统打开"图层特性管理器"对话框，将"墙线"图层设置为当前图层。

> **实讲实训**
> **多媒体演示**
>
> 多媒体演示参见配套光盘中的\\视频\第 11 章\某低层商住楼隔热层平面图.avi。

11.2 某低层商住楼平面图绘制

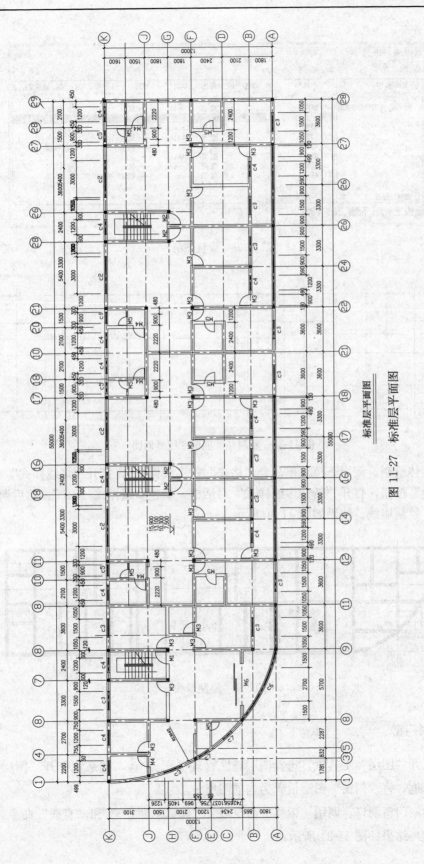

图 11-27 标准层平面图

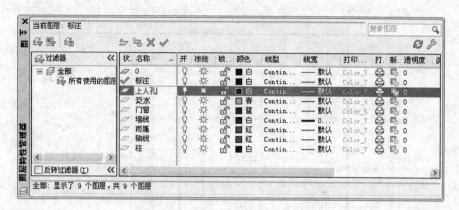

图 11-28 设置图层

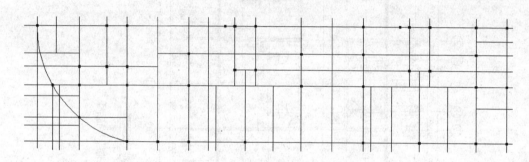

图 11-29 复制并整理标准层平面图

(2) 墙体绘制。调用下拉菜单命令"格式"→"多线样式",打开"多线样式"对话框,单击"新建"按钮,打开"新建多线样式"对话框,新建多线样式"240",然后调用"多线"命令,绘制墙线。结果如图 11-30 所示。

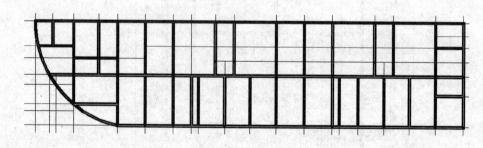

图 11-30 绘制墙线

4. 绘制门窗

(1) 打开"图层"工具栏,选择图层特性管理器图标 ,则系统打开"图层特性管理器"对话框,将"门窗"图层设置为当前图层。

(2) 绘制门窗洞口。调用"偏移"命令 、"修剪"命令 和"直线"命令 ,绘制门窗洞口,结果如图 11-31 所示。

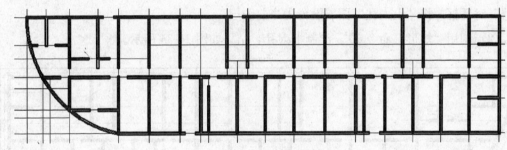

图 11-31 绘制门窗洞口

(3) 绘制窗。单击下拉菜单"格式"→"多线样式"命令,在打开的"多线样式"对话框中,新建多线"窗",并将"门窗"多线样式置为当前样式。单击下拉菜单"绘图"→"多线"命令绘制窗。结果如图 11-32 所示。

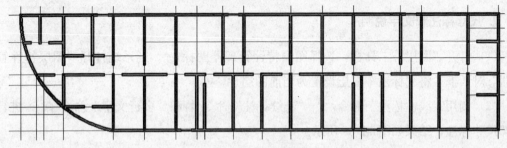

图 11-32 绘制窗

5. 绘制泛水

(1) 打开"图层"工具栏,选择图层特性管理器图标 ,则系统打开"图层特性管理器"对话框,将"泛水"图层设置为当前图层。

(2) 调用"偏移"命令 ,将轴线向外侧依次偏移 500、940 和 1000 并对其进行修改,然后调用"直线"命令 、"圆"命令 和"多段线"命令 ,绘制雨水管和箭头。完成泛水的绘制,结果如图 11-33 所示。

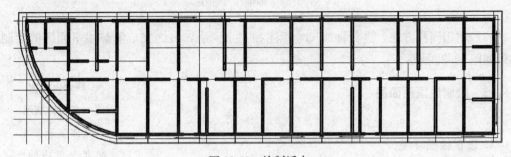

图 11-33 绘制泛水

6. 绘制上人孔

(1) 打开"图层"工具栏,选择图层特性管理器图标 ,则系统打开"图层特性管理器"对话框,将"上人孔"图层设置为当前图层。

(2) 调用"矩形"命令□,绘制上人孔,结果如图 11-34 所示。

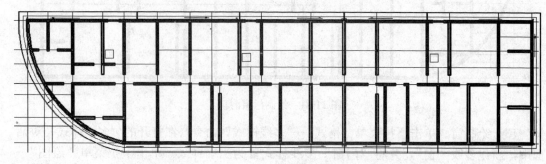

图 11-34　绘制上人孔

7. 尺寸标注和文字说明

(1) 打开"图层"工具栏,选择图层特性管理器图标,则系统打开"图层特性管理器"对话框,将"标注"图层设置为当前图层。

(2) 调用"线性标注"命令、"连续标注"命令和"多行文字"命令,进行细部尺寸标注,结果如图 11-35 所示。

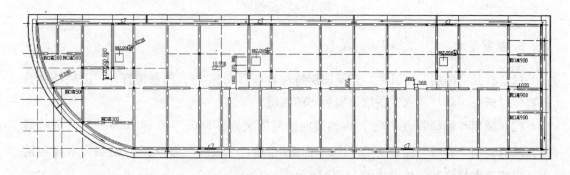

图 11-35　细部尺寸标注

(3) 利用同样方法,进行轴线尺寸标注和文字说明,最终完成隔热层平面图的绘制,结果如图 11-36 所示。

11.2.5　绘制屋顶平面图

1. 设置绘图环境

(1) 用 LIMITS 命令设置图幅:420000×297000。

(2) 调用 LAYER 命令,创建"轴线"、"墙线"、"标注"、"泛水"、"老虎窗"等图层,结果如图 11-37 所示。

> **实讲实训**
> **多媒体演示**
>
> 多媒体演示参见配套光盘中的\\视频\第 11 章\某低层商住楼屋顶平面图.avi。

· 370 ·

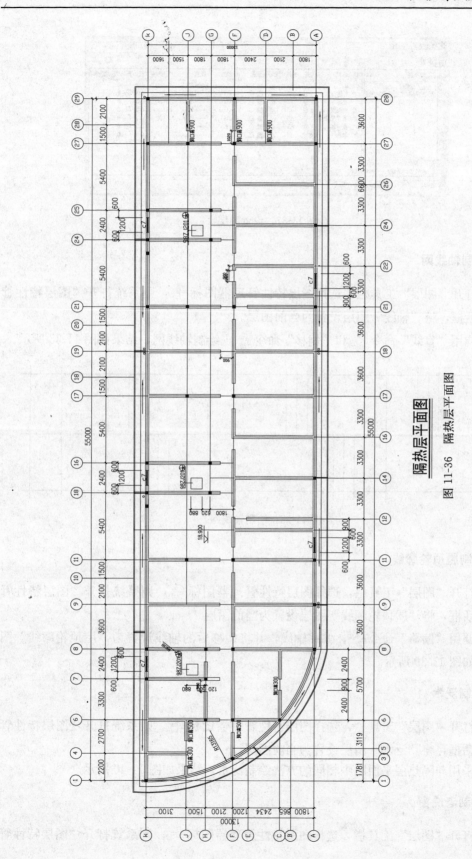

图 11-36 隔热层平面图

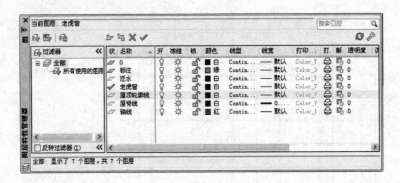

图 11-37　设置图层

2. 绘制轴线网

（1）打开"图层"工具栏，选择图层特性管理器图标 ，则系统打开"图层特性管理器"对话框，将"轴线"图层设置为当前图层。

（2）调用"直线"命令 和"偏移"命令 ，绘制轴线网，结果如图 11-38 所示。

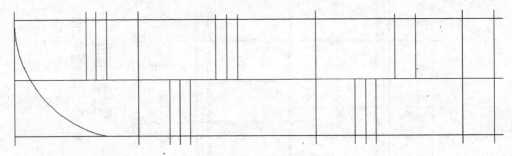

图 11-38　绘制轴线网

3. 绘制屋顶轮廓线

（1）打开"图层"工具栏，选择图层特性管理器图标 ，则系统打开"图层特性管理器"对话框，将"屋顶轮廓线"图层设置为当前图层。

（2）调用"偏移"命令 ，偏移轴线，并将偏移后的轴线设置为"屋顶轮廓线"图层，结果如图 11-39 所示。

4. 绘制泛水

（1）打开"图层"工具栏，选择图层特性管理器图标 ，则系统打开"图层特性管理器"对话框，将"泛水"图层设置为当前图层。

（2）采用与隔热层平面图中相同的方法绘制泛水，结果如图 11-40 所示。

5. 绘制老虎窗

（1）打开"图层"工具栏，选择图层特性管理器图标 ，则系统打开"图层特性管

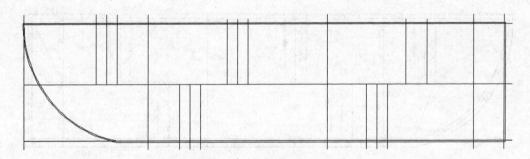

图 11-39 绘制屋顶轮廓线

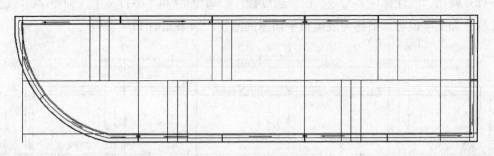

图 11-40 绘制泛水

理器"对话框,将"老虎窗"图层设置为当前图层。

(2) 调用"直线"命令 ,绘制老虎窗,结果如图 11-41 所示。

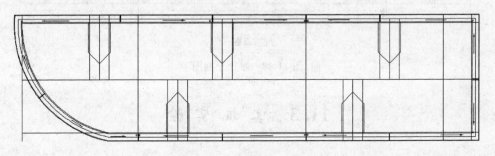

图 11-41 绘制老虎窗

6. 绘制屋脊线

(1) 打开"图层"工具栏,选择图层特性管理器图标 ,则系统打开"图层特性管理器"对话框,将"屋脊线"图层设置为当前图层。

(2) 调用"直线"命令 ,绘制屋脊线,结果如图 11-42 所示。

7. 尺寸标注和文字说明

(1) 打开"图层"工具栏,选择图层特性管理器图标 ,则系统打开"图层特性管理器"对话框,将"标注"图层设置为当前图层。

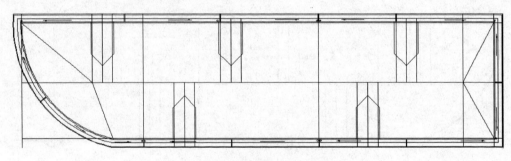

图 11-42 绘制屋脊线

(2) 调用"线性标注"命令 、"连续标注"命令 和"多行文字"命令 ，进行尺寸标注和文字说明，最终完成屋顶平面图的绘制，结果如图 11-43 所示。

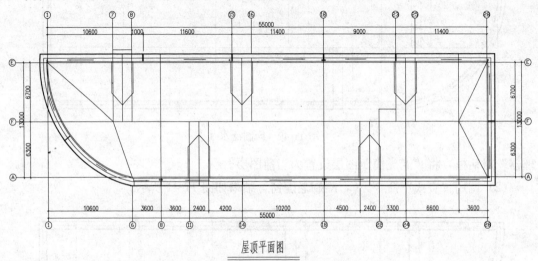

图 11-43 屋顶平面图

11.3 上机实验

【实验 1】 绘制某高层商住楼地下一层平面图

1. 目的要求

如图 11-44 所示，本实验和后面的几个实验一起绘制一套高层商住楼的建筑平面图，地下层设计采用灵活划分的方式，布置有自行车库、机电设备用房。通过本实验的练习，帮助读者初步掌握平面图的绘制方法与思路。

2. 操作提示

(1) 设置绘图参数。

**实讲实训
多媒体演示**

多媒体演示参见配套光盘中的\\参考视频\第 11 章\高层商住楼地下一层平面图.avi。

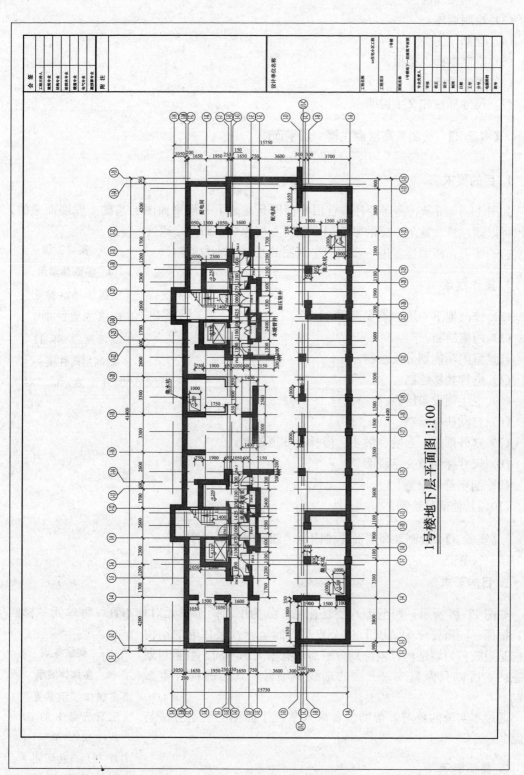

图 11-44 地下一层建筑平面图

(2) 绘制轴线网。
(3) 绘制墙体。
(4) 绘制门。
(5) 绘制电梯、楼梯。
(6) 绘制设备。
(7) 尺寸标注和文字说明。

【实验 2】 绘制某高层商住楼一层平面图

1. 目的要求

如图 11-45 所示，高层商住楼首层平面图是在地下一层平面图的基础上发展而来的，所以可以通过修改地下一层的平面图，获得首层建筑平面图。通过本实验的练习，帮助读者进一步掌握平面图的绘制方法与思路。

> **实讲实训**
> **多媒体演示**
> 多媒体演示参见配套光盘中的\\参考视频\第 11 章\高层商住楼一层平面图.avi。

2. 操作提示

(1) 修改地下一层建筑平面图。
(2) 门窗绘制。
(3) 室内功能划分及绘制。
(4) 电梯楼梯绘制。
(5) 卫生间设备绘制。
(6) 自动扶梯绘制。
(7) 室外雨篷、台阶、散步、楼梯、坡道绘制。
(8) 尺寸标注及文字说明。
(9) 剖切符号绘制。
(10) 其他部分绘制。

【实验 3】 绘制某高层商住楼四至十四层组合平面图

1. 目的要求

如图 11-46 所示，四至十八层是住宅，分为甲乙两个单元对称布置，每单元一梯四户，根据不同需要分为 ABCD 四个户型。四至十八层住宅的结构同样是短肢剪力墙结构，内部划分跟商场有很大的不同，要重新划分室内，所以只保留二、三层的轴线和轴号，其他的构件重新绘制。

通过本实验的练习，帮助读者深入掌握平面图的绘制方法与思路。

> **实讲实训**
> **多媒体演示**
> 多媒体演示参见配套光盘中的\\参考视频\第 11 章\高层商住楼四至十四层平面图.avi。

2. 操作提示

(1) 修改地下一层层建筑平面图。

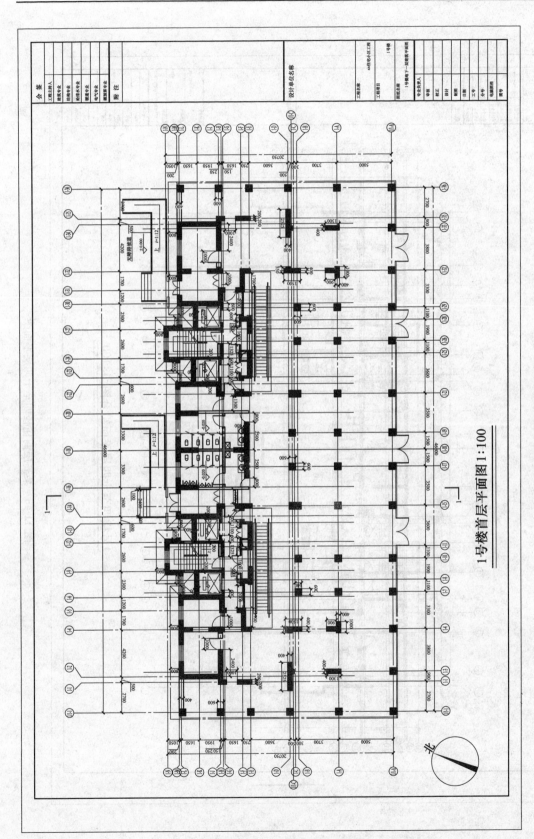

图 11-45 高层商住楼首层建筑平面图

第 11 章 低层商住楼建筑平面图绘制

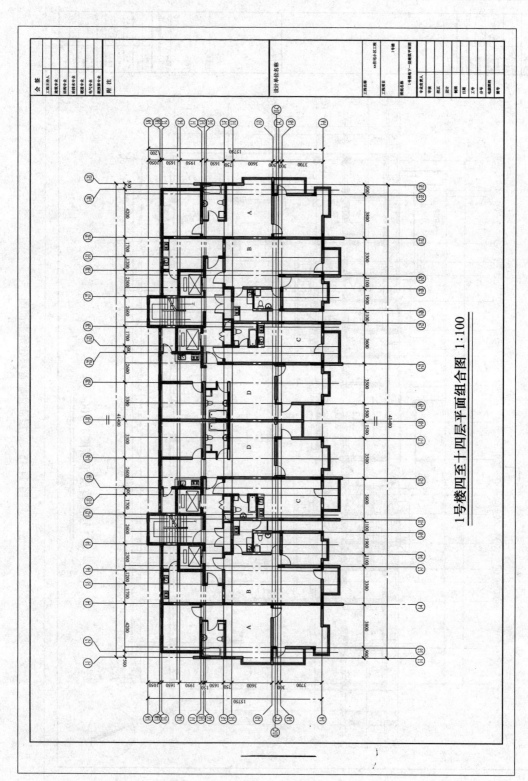

图 11-46 某高层商住楼四至十四层平面图

(2) 墙体绘制。
(3) 绘制门窗。
(4) 绘制电梯、楼梯、管道。
(5) 绘制卫生间、厨房设备。
(6) 绘制乙单元平面图。
(7) 尺寸标注和文字说明。

【实验 4】 绘制某高层商住楼四至十四层甲单元平面图

1. 目的要求

如图 11-47 所示，四至十八层的平面图绘制方法一样，现在绘制四至十四层甲单元平面图，其他楼层，大家只需要修改正立面阳台的大小和楼层标高即可。由于甲、乙单元完全对称，因此我们这里只讲解四至十四层甲单元的绘制方法。

通过本实验的练习，帮助读者深入掌握平面图绘制方法与思路。

 实讲实训 多媒体演示

多媒体演示参见配套光盘中的\\参考视频\第 11 章\高层商住楼四至十四层甲单元平面图.avi。

2. 操作提示

(1) 修改四至十四层平面组合图。
(2) 绘制建筑构件。
(3) 尺寸标注及文字说明。

【实验 5】 绘制某高层商住楼屋顶设备层平面图

1. 目的要求

如图 11-48 所示，设备层主要是电梯机房。部分是屋顶平面。通过本实验的练习，帮助读者完整掌握平面图的绘制方法与思路。

 实讲实训 多媒体演示

多媒体演示参见配套光盘中的\\参考视频\第 11 章\高层商住楼屋顶设备层平面图.avi。

2. 操作提示

(1) 设置绘图参数。
(2) 绘制轴线网。
(3) 绘制屋顶平面。
(4) 尺寸标注和文字说明。

【实验 6】 绘制某高层商住楼屋顶层平面图

1. 目的要求

如图 11-49 所示，屋顶是建筑物最上层起覆盖作用的外围护构件，用以抵抗雨雪、避

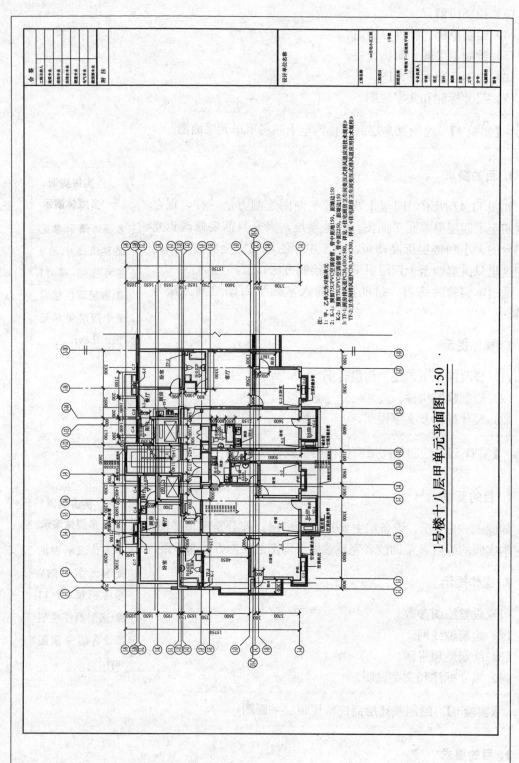

图 11-47 十八层甲单元建筑平面图

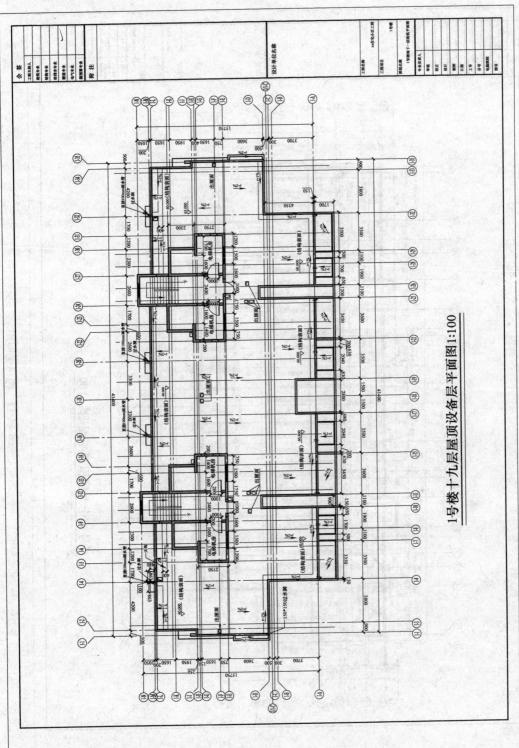

图 11-48 屋顶设备层平面图

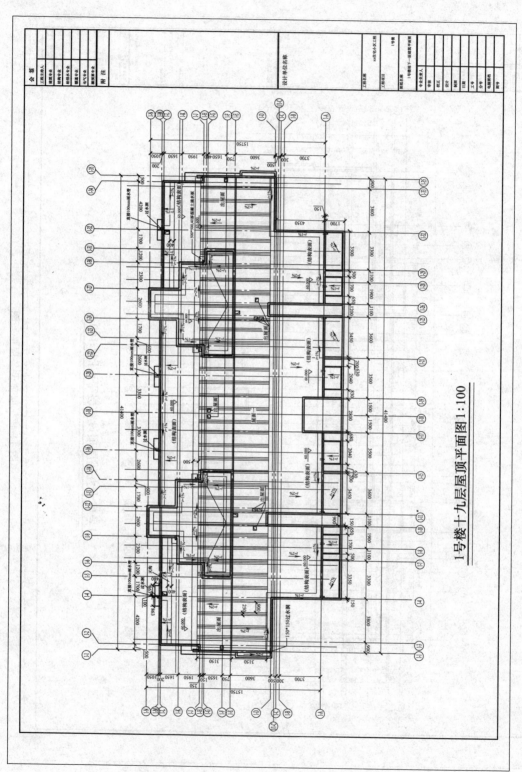

图 11-49 屋顶平面图

免日晒等自然元素的影响。屋顶由面层和承重结构两部分组成。

通过本实验的练习，帮助读者完整掌握平面图的绘制方法与思路。

多媒体演示参见配套光盘中的\\参考视频\第11章\高层商住楼层顶层平面图.avi。

2. 操作提示

（1）修改屋顶设备层平面图。
（2）屋架栅格绘制。
（3）尺寸标注和文字说明。

第12章 别墅建筑平面图绘制

本章将结合一栋二层小别墅建筑实例,详细介绍建筑平面图的绘制方法。本别墅总建筑面积约为 $250m^2$,拥有客厅、卧室、卫生间、车库、厨房等各种不同功能的房间及空间。别墅首层主要安排客厅、餐厅、厨房、工人房、车库等房间,大部分属于公共空间,用来满足业主会客和聚会等方面的需求;二层主要安排主卧室、客房、书房等房间,属于较私密的空间,给业主提供一个安静而又温馨的居住环境。

学习要点

了解建筑施工平面图的绘制过程
掌握绘制建筑施工平面图的方法与技巧
掌握各种基本建筑单元平面图的绘制方法

12.1 别墅首层平面图的绘制

绘制基本思路为:首先绘制这栋别墅的定位轴线,接着在已有轴线的基础上绘出别墅的墙线,然后借助已有图库或图形模块绘制别墅的门窗和室内的家具、洁具,最后进行尺寸和文字标注。以下就按照这个思路绘制别墅的首层平面图(如图12-1所示)。

12.1.1 设置绘图环境

1. 创建图形文件

选择菜单栏中的"文件"→"新建"命令,或单击"标准"工具栏上的"新建" 按钮,打开"选择样板"对话框,如图12-2所示。选择默认的图形样板,单击"打开"按钮,新建一个图形文件。

2. 命名图形

在"标准"工具栏中单击"保存"按钮 ,打开"图形另存为"对话框。在"文件名"下拉列表框中输入图形名称"别墅首层平面图.dwg",如图12-3所示。单击"保存"按钮,建立图形文件。

3. 设置图层

单击"图层"工具栏中的"图层特性管理器"按钮 ,打开"图层特性管理器"对

> 实讲实训
> 多媒体演示
>
> 多媒体演示参见配套光盘中的\\视频\第12章\别墅首层平面图.avi。

12.1 别墅首层平面图的绘制

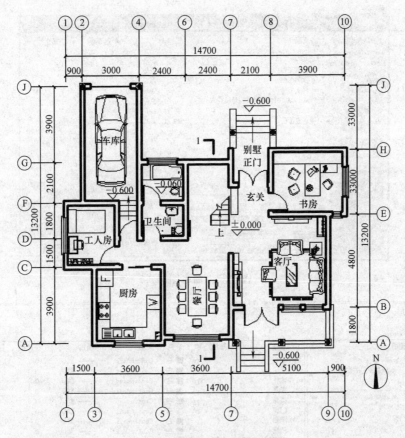

图 12-1 别墅的首层平面图

图 12-2 "选择样板"对话框

话框，依次创建平面图中的基本图层，如轴线、墙体、楼梯、门窗、家具、地坪、标注和文字等，如图 12-4 所示。

第12章 别墅建筑平面图绘制

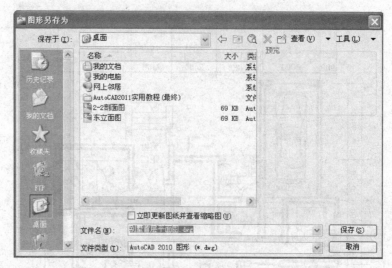

图 12-3 命名图形

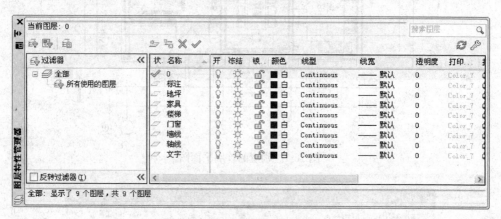

图 12-4 图层特性管理器

> **注意**
>
> 在使用 AutoCAD 2011 绘图过程中，应经常性地保存已绘制的图形文件，以避免因软件系统的不稳定导致软件的瞬间关闭而无法及时保存文件，丢失大量已绘制的信息。AutoCAD 2011 软件有自动保存图形文件的功能，使用者只需在绘图时，将该功能激活即可。设置步骤如下：
>
> 选择"工具"下拉菜单，点击"选项"，弹出"选项"对话框。单击"打开和保存"选项卡，在"文件安全措施"中勾选"自动保存"，根据个人需要输入"保存间隔分钟数"，然后单击"确定"按钮，完成设置，如图 12-5 所示。

12.1.2 绘制建筑轴线

建筑轴线是在绘制建筑平面图时布置墙体和门窗的依据，同样也是建筑施工定位的重要依据。在轴线的绘制过程中，主要使用的绘图命令是"直线"命令和"偏移"命令。

如图 12-6 所示为绘制完成的别墅平面轴线。

12.1 别墅首层平面图的绘制

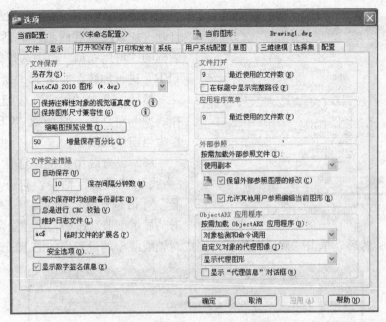

图 12-5 "自动保存"设置

具体绘制方法为：

1. 设置"轴线"特性

（1）在"图层"下拉列表中选择"轴线"图层，将其设置为当前图层，如图 12-7 所示。

（2）加载线型：单击"图层"工具栏中的"图层特性管理器"按钮，打开"图层管理器"对话框，单击"轴线"图层栏中的"线型"名称，打开"选择线型"对话框，如图 12-8 所示。

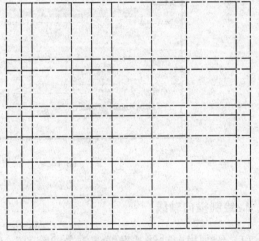

图 12-6 别墅平面轴线

图 12-7 将"轴线"图层设为当前图层

图 12-8 "选择线型"对话框

在该对话框中，单击"加载…"按钮，打开"加载或重载线型"对话框，在该对话框的"可用线型"栏中选择线型"CENTER"进行加载，如图12-9所示。

然后，点击"确定"按钮，返回"选择线型"对话框，将线型"CENTER"设置为当前使用线型。

（3）设置线型比例：选择菜单栏中的"格式"→"线型"命令，打开"线型管理器"对话框；选择线型"CENTER"，点击"显示细节"按钮，将"全局比例因子"

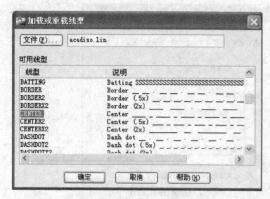

图12-9 加载线型"CENTER"

设置为"20"；然后，单击"确定"按钮，完成对轴线线型的设置，如图12-10所示。

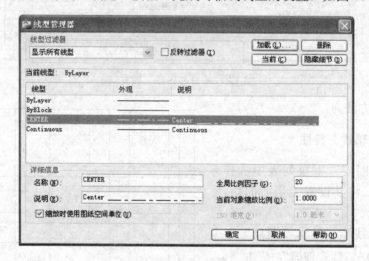

图12-10 设置线型比例

2. 绘制横向轴线

（1）绘制横向轴线基准线：单击"绘图"工具栏中的"直线"按钮，绘制一条横向基准轴线，长度为14700，如图12-11所示。

图12-11 绘制横向基准轴线

（2）绘制其余横向轴线：单击"修改"工具栏中的"偏移"按钮，将横向基准轴线依次向下偏移，偏移量分别为3300、3900、6000、6600、7800、9300、11400、13200，如图12-12所示依次完成横向轴线的绘制。

3. 绘制纵向轴线

（1）绘制纵向轴线基准线：单击"绘图"工具栏中的"直线"按钮，以前面绘制的横向基准轴线的左端点为起点,垂直向下绘制一条纵向基准轴线,长度为13200,如图12-13所示。

(2)绘制其余纵向轴线:单击"修改"工具栏中的"偏移"按钮 ⚎,将纵向基准轴线依次向右偏移,偏移量分别为为 900、1500、3900、5100、6300、8700、10800、13800、14700,如图12-14所示依次完成纵向轴线的绘制。

图 12-12 利用"偏移"命令绘制横向轴线 　　　图 12-13 绘制纵向基准轴线

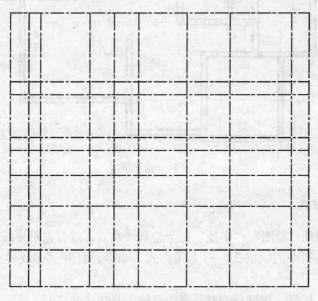

图 12-14 利用"偏移"命令绘制纵向轴线

⚠ 注意

在绘制建筑轴线时,一般选择建筑横向、纵向的最大长度为轴线长度,但当建筑物形体过于复杂时,太长的轴线往往会影响图形效果,因此,也可以仅在一些需要轴线定位的建筑局部绘制轴线。

12.1.3 绘制墙体

在建筑平面图中,墙体用双线表示,一般采用轴线定位的方式,以轴线为中心,具有很强的对称关系,因此绘制墙线通常有三种方法。

(1) 单击"修改"工具栏中的"偏移"按钮 ,直接偏移轴线,将轴线向两侧偏移一定距离,得到双线,然后将所得双线转移至墙线图层。

(2) 选择菜单栏中的"绘图"→"多线"命令,直接绘制墙线。

(3) 当墙体要求填充成实体颜色时,可以单击"绘图"工具栏中的"多段线"按钮 ,将线宽设置为墙厚即可。

在本例中,笔者推荐选用第二种方法,即选择菜单栏中的"绘图"→"多线"命令绘制墙线,如图12-15所示为绘制完成的别墅首层墙体平面。

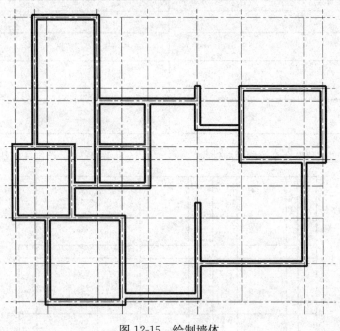

图 12-15 绘制墙体

1. 定义多线样式

选择菜单栏中的"绘图"→"多线"命令绘制墙线前,应首先对多线样式进行设置。

(1) 选择菜单栏中的"格式"→"多线样式"命令,打开"多线样式"对话框,如图12-16所示。

点击"新建"按钮,在打开的对话框中,输入新样式名"240墙",如图12-17所示。

(2) 点击"继续"按钮,打开"新建多线样式"对话框,如图12-18所示。在该对话框中进行以下设置:选择直线起点和端点均封口;元素偏移量首行设为"120",第二行设为"-120"。

(3) 点击"确定"按钮,返回"多线样式"对话框,在"样式"列表栏中选择多线样式"240墙",将其置为当前,如图12-19所示。

图 12-16 "多线样式"对话框

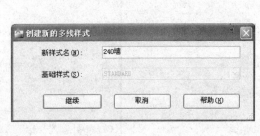

图 12-17 命名多线样式

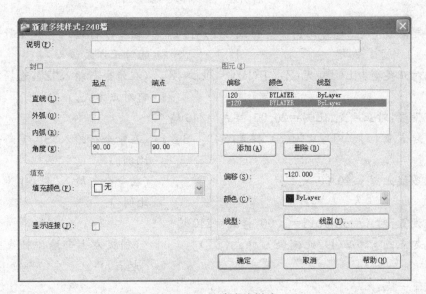

图 12-18 新建多线样式

2. 绘制墙线

(1) 在"图层"下拉列表中选择"墙体"图层,将其设置为当前图层,并且将该图层线宽设为 0.30mm。

(2) 选择菜单栏中的"绘图"→"多线"命令,绘制墙线,绘制结果如图 12-20 所示。命令行中的操作与提示如下:

命令:_mline✓

当前设置:对正＝上,比例＝20.00,样式＝240 墙

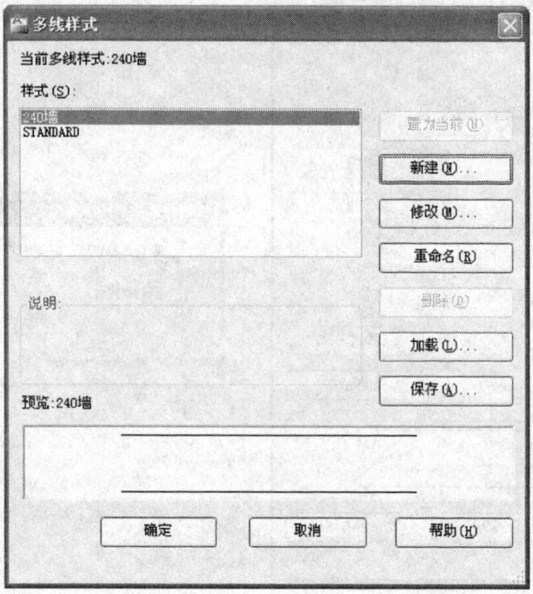

图 12-19　将所建"多线样式"置为当前

指定起点或 [对正(J)/比例(S)/样式(ST)]：J↙　　(在命令行输入"J"，重新设置多线的对正方式。)

输入对正类型 [上(T)/无(Z)/下(B)] <上>：Z↙　(在命令行输入"Z"，选择"无"为当前对正方式。)

当前设置：对正＝无，比例＝20.00，样式＝240 墙

指定起点或 [对正(J)/比例(S)/样式(ST)]：S↙　　(在命令行输入"S"，重新设置多线比例。)

输入多线比例 <20.00>：1↙　　　　　　　　　　(在命令行输入"1"，作为当前多线比例。)

当前设置：对正＝无，比例＝1.00，样式＝240 墙

指定起点或 [对正(J)/比例(S)/样式(ST)]：　　　(捕捉左上部墙体轴线交点作为起点。)

指定下一点：

………　　　　　　　　　　　　　　　　　　　(依次捕捉墙体轴线交点，绘制墙线。)

指定下一点或 [放弃(U)]：↙　　　　　　　　　(绘制完成后，点击回车键结束命令。)

3. 编辑和修整墙线

(1) 选择菜单栏中的"修改"→"对象"→"多线"命令，打开"多线编辑工具"对话框，如图 12-21 所示。该对话框中提供十二种多线编辑工具，可根据不同的多线交叉方式选择相应的工具进行编辑。

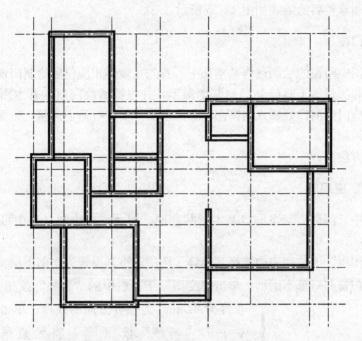

图 12-20 用"多线"工具绘制墙线

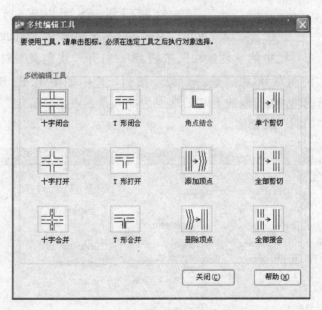

图 12-21 "多线编辑工具"对话框

(2) 少数较复杂的墙线结合处无法找到相应的多线编辑工具进行编辑,可以单击"修改"工具栏中的"分解"按钮 ,将多线分解,然后单击"修改"工具栏中的"修剪"按钮 ,对该结合处的线条进行修整。

另外,一些内部墙体并不在主要轴线上,可以通过添加辅助轴线,并单击"修改"工具栏中的"修剪"按钮 或"延伸"按钮 ,进行绘制和修整。

经过编辑和修整后的墙线如图 12-15 所示。

12.1.4 绘制门窗

建筑平面图中门窗的绘制过程基本如下：首先在墙体相应位置绘制门窗洞口；接着使用直线、矩形和圆弧等工具绘制门窗基本图形，并根据所绘门窗的基本图形创建门窗图块；然后在相应门窗洞口处插入门窗图块，并根据需要进行适当调整，进而完成平面图中所有门和窗的绘制。

具体绘制方法为：

1. 绘制门、窗洞口

在平面图中，门洞口与窗洞口基本形状相同，因此，在绘制过程中可以将它们一并绘制。

（1）在"图层"下拉列表中选择"墙体"图层，将其设置为当前图层。

（2）绘制门窗洞口基本图形：单击"绘图"工具栏中的"直线"按钮 ，绘制一条长度为 240mm 的垂直方向的线段；单击"修改"工具栏中的"偏移"按钮 ，将竖直线段向右偏移 1000mm，即得到门窗洞口基本图形，如图 12-22 所示。

图 12-22 门窗洞口基本图形

（3）绘制门洞：下面以正门门洞（1500mm×240mm）为例，介绍平面图中门洞的绘制方法。

单击"绘图"工具栏中的"创建块"按钮 ，打开"块定义"对话框，在"名称"下拉列表中输入"门洞"；单击"选择对象"按钮，选中如图 12-22 所示的图形；单击"拾取点"按钮，选择左侧门洞线上端的端点为插入点；点击"确定"按钮，如图 12-23 所示，完成图块"门洞"的创建。

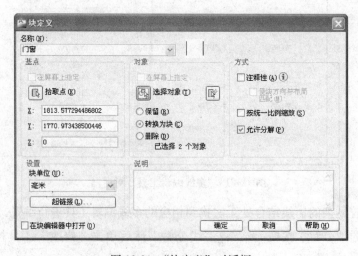

图 12-23 "块定义"对话框

单击"绘图"工具栏中的"插入块"按钮 ，打开"插入"对话框，在"名称"下拉列表中选择"门洞"，在"缩放比例"一栏中将 X 方向的比例设置为"1.5"如图 12-24

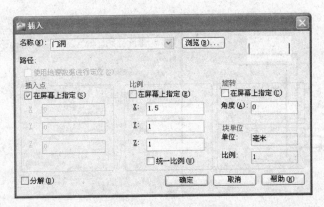

图 12-24 "插入"对话框

所示。

点击"确定"按钮,在图中点选正门入口处左侧墙线交点作为基点,插入"门洞"图块,如图 12-25 所示。

单击"修改"工具栏中的"移动"按钮,在图中点选已插入的正门门洞图块,将其水平向右移动,距离为 300mm,如图 12-26 所示。

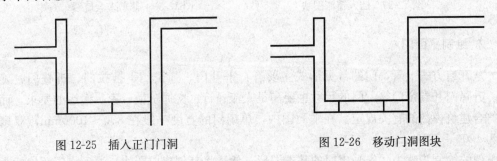

图 12-25 插入正门门洞   图 12-26 移动门洞图块

单击"修改"工具栏中的"修剪"按钮,修剪洞口处多余的墙线,完成正门门洞的绘制,如图 12-27 所示。

(4) 绘制窗洞:下面以卫生间窗户洞口(1500mm×240mm)为例,介绍如何绘制窗洞。

首先,单击"绘图"工具栏中的"插入块"按钮,打开"插入"对话框,在"名称"下拉列表中选择"窗洞",将 X 方向的比例设置为"1.5",如图 12-28 所示。由于门窗洞口基本形状一致,因此没有必要创建新的窗洞图块,可以直接利用已有门洞图块进行绘制。

接着,单击"确定"按钮,在图中点选左侧墙线交点作为基点,插入"门洞"图块(在本处实为窗洞)。

单击"修改"工具栏中的"移动"按钮,在图中点选已插入的窗洞图块,将其向右移动,距离为 480mm。如图 12-29 所示。

单击"修改"工具栏中的"修剪"按钮,修剪窗洞口处多余的墙线,完成卫生间窗洞的绘制,如图 12-30 所示。

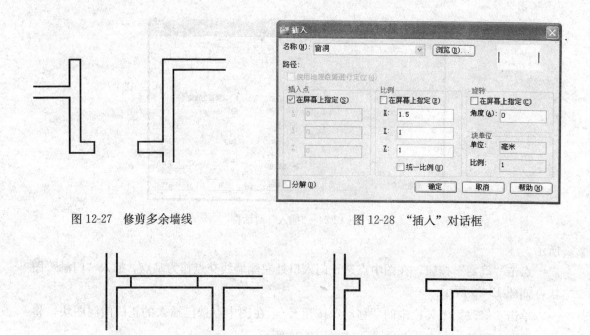

图 12-27　修剪多余墙线　　　　　　　图 12-28　"插入"对话框

图 12-29　插入窗洞图块　　　　　　　图 12-30　修剪多余墙线

2. 绘制平面门

从开启方式上看,门的常见形式主要有:平开门、弹簧门、推拉门、折叠门、旋转门、升降门和卷帘门等。门的尺寸主要满足人流通行、交通疏散、家具搬运的要求,而且应符合建筑模数的有关规定。在平面图中,单扇门的宽度一般在 800~1000mm,双扇门则为 1200~1800mm。

门的绘制步骤为:先画出门的基本图形,然后将其创建成图块,最后将门图块插入到已绘制好的相应门洞口位置,在插入门图块的同时,还应调整图块的比例大小和旋转角度以适应平面图中不同宽度和角度的门洞口。

下面通过两个有代表性的实例来介绍一下别墅平面图中不同种类的门的绘制。

(1) 单扇平开门:单扇平开门主要应用于卧室、书房和卫生间等这一类私密性较强、来往人流较少的房间。

下面以别墅首层书房的单扇门(宽 900mm)为例,介绍单扇平开门的绘制方法。

① 在"图层"下拉列表中选择"门窗"图层,将其设置为当前图层。

② 单击"绘图"工具栏中的"矩形"按钮 ▭,绘制一个尺寸为 40mm×900mm 的矩形门扇,如图 12-31 所示。

单击"绘图"工具栏中的"圆弧"按钮 ⌒,以矩形门扇右上角顶点为起点,右下角顶点为圆心,绘制一条圆心角为 90°,半径为 900mm 的圆弧,得到如图 12-32 所示的单扇平开门图形。

③ 单击"绘图"工具栏中的"创建块"按钮,打开"块定义"对话框,如图 12-33 所示,在"名称"下拉列表中输入"900 宽单扇平开门";单击"选择对象"按钮,

选取如图 12-32 所示的单扇平开门的基本图形为块定义对象；单击"拾取点"按钮，选择矩形门扇右下角顶点为基点；最后，单击"确定"按钮，完成"单扇平开门"图块的创建。

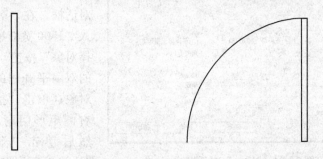

图 12-31　矩形门扇　　　　图 12-32　900 宽单扇平开门

④ 单击"修改"工具栏中的"复制"按钮，将门窗图块复制到书房左侧适当位置，单击"绘图"工具栏中的"插入块"按钮，打开"插入"对话框，如图 12-34 所示，在"名称"下拉列表中选择"900 宽单扇平开门"，输入"旋转"角度为"－90°"，然后单击"确定"按钮，在平面图中点选书房门洞右侧墙线的中点作为插入点，插入门图块，单击"修改"工具栏中的"分解"按钮，将门洞图块分解，单击"修改"工具栏中的"移动"按钮，将分解的上边的墙线移动到适当位置，单击"修改"工具栏中的"修剪"按钮，将图形进行修剪，如图 12-35 所示，完成书房门的绘制。

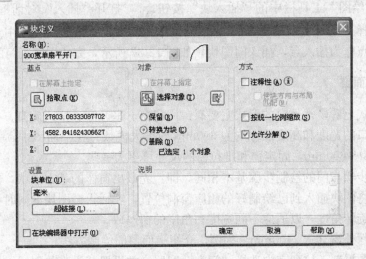

图 12-33　"块定义"对话框

(2) 双扇平开门：在别墅平面图中，别墅正门以及客厅的阳台门均设计为双扇平开门。下面以别墅正门（宽 1500mm）为例，介绍双扇平开门的绘制方法。
① 在"图层"下拉列表中选择"门窗"图层，将其设置为当前图层；
② 参照上面所述单扇平开门画法，绘制宽度为 750mm 的单扇平开门；
③ 单击"修改"工具栏中的"镜像"按钮，将已绘得的"750 宽单扇平开门"进行水平方向的镜像操作，得到宽 1500mm 的双扇平开门，如图 12-36 所示。

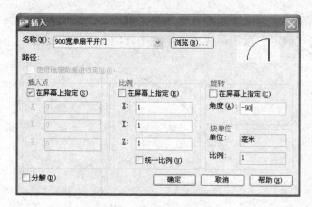

④ 单击"绘图"工具栏中的"创建块"按钮，打开"块定义"对话框，在"名称"下拉列表中输入"1500 宽双扇平开门"；单击"选择对象"按钮，选取如图 12-36 所示的双扇平开门的基本图形为块定义对象；单击"拾取点"按钮，选择右侧矩形门扇右下角顶点为基点；然后单击"确定"按钮，完成"1500 宽双扇平开门"图块的创建。

图 12-34 "插入"对话框

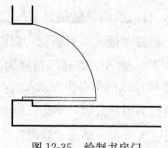

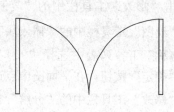

图 12-35 绘制书房门　　　图 12-36 1500 宽双扇平开门

⑤ 单击"绘图"工具栏中的"插入块"按钮，打开"插入"对话框，在"名称"下拉列表中选择"1500 宽双扇平开门"，然后，单击"确定"按钮，在图中点选正门门洞右侧墙线的中点作为插入点，插入门图块，如图 12-37 所示，完成别墅正门的绘制。

3. 绘制平面窗

从开启方式上看，常见窗的形式主要有：固定窗、平开窗、横式旋窗、立式转窗和推拉窗等。窗洞口的宽度和高度尺寸均为 300mm 的扩大模数；在平面图中，一般平开窗的窗扇宽度为 400～600mm，固定窗和推拉窗的尺寸可更大一些。

窗的绘制步骤与门的绘制步骤基本相同，即：先画出窗体的基本形状，然后将其创建成图块，最后将图块插入到已绘制好的相应窗洞位置，在插入窗图块的同时可以调整图块的比例大小和旋转角度，以适应不同宽度和角度的窗洞口。

下面以餐厅外窗（宽 2400mm）为例，介绍平面窗的绘制方法。

（1）在"图层"下拉列表中选择"门窗"图层，并设置其为当前图层。

（2）单击"绘图"工具栏中的"直线"按钮，绘制第一条水平窗线，长度为 1000mm，如图 12-38 所示。

（3）单击"修改"工具栏中的"阵列"按钮，打开"阵列"对话框，如图 12-39 所示，在对话框中选择"矩形阵列"；点击"选择对象"按钮，返回绘图区域，点选上一步所绘窗线；然后单击鼠标右键，再次回到"阵列"对话框，设置行数为"4"、列数为"1"、行偏移量为"80"、列偏移量为"0"；最后，点击"确定"按钮，完成窗的基本图形的绘制，如图 12-40 所示。

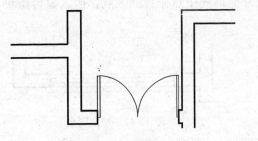

图 12-37　绘制别墅正门　　　　　　　图 12-38　绘制第一条水平窗线

（4）单击"绘图"工具栏中的"创建块"按钮，打开"块定义"对话框，在"名称"下拉列表中输入"窗"；单击"选择对象"按钮，选取如图 12-40 所示的窗的基本图形为"块定义对象"；单击"拾取点"按钮，选择第一条窗线左端点为基点；然后，单击"确定"按钮，完成"窗"图块的创建。

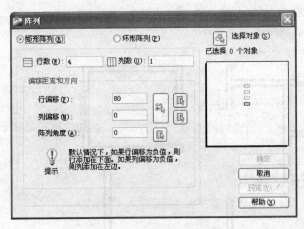

图 12-39　"阵列"对话框　　　　　　　图 12-40　窗的基本图形

（5）在"图层"下拉列表中选择"墙线"图层，将其设置为当前图层。单击"绘图"工具栏中的"直线"按钮，绘制竖直直线，单击"修改"工具栏中的"偏移"按钮，将绘制的竖直直线向左偏移 2400mm，餐厅门洞绘制完成。在"图层"下拉列表中选择"门窗"图层，将其设置为当前图层。单击"绘图"工具栏中的"插入块"按钮，打开"插入"对话框，在"名称"下拉列表中选择"窗"，将 X 方向的比例设置为"2.4"；然后，单击"确定"按钮，在图中点选餐厅窗洞左侧墙线的上端点作为插入点，插入窗图块，如图 12-41 所示。

（6）绘制窗台：单击"绘图"工具栏中的"矩形"按钮，绘制尺寸为 1000mm×100mm 的矩形。

单击"绘图"工具栏中的"创建块"按钮，将所绘矩形定义为"窗台"图块，将矩形上侧长边的中点设置为图块基点。

单击"绘图"工具栏中的"插入块"按钮，打开"插入"对话框，在"名称"下拉列表中选择"窗台"，并将 X 方向的比例设置为"2.6"。

最后，单击"确定"按钮，点选餐厅窗最外侧窗线中点作为插入点，插入窗台图块，如图12-42所示。

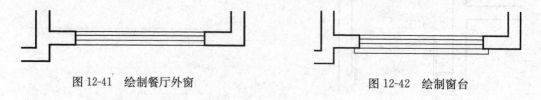

图12-41 绘制餐厅外窗　　　　　　　　图12-42 绘制窗台

4. 绘制其余门和窗

根据以上介绍的平面门窗绘制方法，利用已经创建的门窗图块，完成别墅首层平面所有门和窗的绘制，如图12-43所示。

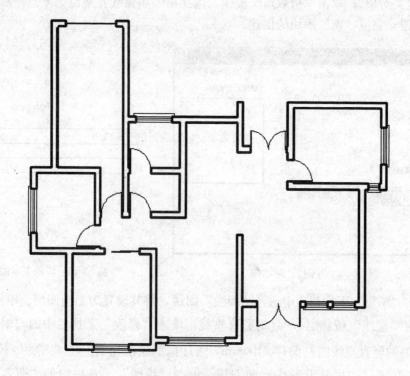

图12-43 绘制平面门窗

以上所讲的是AutoCAD中最基本的门、窗绘制方法，下面介绍另外两种绘制门窗的方法。

（1）在建筑设计中，门和窗的样式、尺寸随着房间功能和开间的变化而不同。逐个绘制每一扇门和每一扇窗是既费时又费力的事。因此，绘图者常常选择借助图库来绘制门窗。通常来说，在图库中有多种不同样式和大小的门、窗可供选择和调用，这给设计者和绘图者提供了很大的方便。在本例中，笔者推荐使用门窗图库。在本例别墅的首层平面图中，共有8扇门。其中，4扇为900宽的单扇平开门，2扇为1500宽的双扇平开门，1扇为推拉门，还有1扇为车库升降门。在图库中，很容易就可以找到以上这几种样式的门的图形模块（参见随书光盘）。

AutoCAD 图库的使用方法很简单,主要步骤如下:

① 打开图库文件,在图库中选择所需的图形模块,并将选中对象进行复制;

② 将复制的图形模块粘贴到所要绘制的图纸中;

③ 根据实际情况的需要,利用"旋转"、"镜像"或"比例缩放"等工具对图形模块进行适当的修改和调整。

(2) 在 AutoCAD 2011 中,还可以借助"工具选项板"中"建筑"选项卡提供的"公制样例"来绘制门窗。利用这种方法添加门窗时,可以根据需要直接对门窗的尺度和角度进行设置和调整,使用起来比较方便。然而,需要注意的是,"工具选项板"中仅提供普通平开门的绘制,而且利用其所绘制的平面窗中玻璃为单线形式,而非建筑平面图中常用的双线形式,因此,不推荐初学者使用这种方法绘制门窗。

12.1.5 绘制楼梯和台阶

楼梯和台阶都是建筑的重要组成部分,是人们在室内和室外进行垂直交通的必要建筑构件。在本例别墅的首层平面中,共有一处楼梯和三处台阶,如图 12-44 所示。

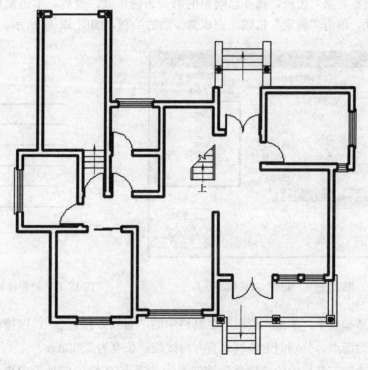

图 12-44 楼梯和台阶

1. 绘制楼梯

楼梯是上下楼层之间的交通通道,通常由楼梯段、休息平台和栏杆(或栏板)组成。在本例别墅中,楼梯为常见的双跑式。楼梯宽度为 900mm,踏步宽为 260mm,高 175mm;楼梯平台净宽 960mm。本节只介绍首层楼梯平面画法,至于二层楼梯画法,将

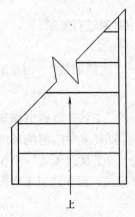

在后面的章节中进行介绍。

首层楼梯平面的绘制过程分为三个阶段：首先绘制楼梯踏步线；然后在踏步线两侧（或一侧）绘制楼梯扶手；最后绘制楼梯剖断线以及用来标识方向的带箭头引线和文字，进而完成楼梯平面的绘制。如图 12-45 所示为首层楼梯平面图。

图 12-45 首层楼梯平面图

具体绘制方法为：

（1）将"楼梯"图层置为当前图层。

（2）绘制楼梯踏步线：单击"绘图"工具栏中的"直线"按钮，以平面图上相应位置点作为起点（通过计算得到的第一级踏步的位置），绘制长度为 1020mm 的水平踏步线。

单击"修改"工具栏中的"阵列"按钮，在打开的"阵列"对话框中进行以下设置，如图 12-46 所示：输入行数为"6"、列数为"1"、行偏移量为"260"、列偏移量为"0"；单击"选择对象"按钮，选择已绘制的第一条踏步线；最后，单击鼠标右键，返回"阵列"对话框，单击"确定"按钮，完成踏步线的绘制，如图 12-47 所示。

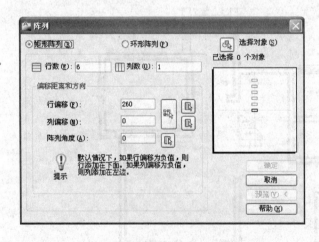

图 12-46 "阵列"对话框　　　　　　图 12-47 绘制楼梯踏步线

（3）绘制楼梯扶手：单击"绘图"工具栏中的"直线"按钮，以楼梯第一条踏步线两侧端点作为起点，分别向上绘制垂直方向线段，长度为 1500mm。

单击"修改"工具栏中的"偏移"按钮，将所绘两线段向梯段中央偏移，偏移量为 60mm（即扶手宽度），如图 12-48 所示。

（4）绘制剖断线：单击"绘图"工具栏中的"构造线"按钮，设置角度为 45°，绘制剖断线并使其通过楼梯右侧栏杆线的上端点。

单击"绘图"工具栏中的"直线"按钮，绘制"Z"字形折断线；单击"修改"工具栏中的"修剪"按钮，修剪楼梯踏步线和栏杆线，如图 12-49 所示。

图 12-48 绘制楼梯踏步边线
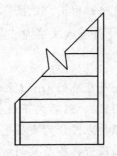
图 12-49 绘制楼梯剖断线

(5) 绘制带箭头引线：在命令行中输入"QLEADER"命令，在命令行中输入"S"，设置引线样式。

在打开的"引线设置"对话框中进行如下设置：在"引线和箭头"选项卡中，选择"引线"为"直线"、"箭头"为"实心闭合"，如图 12-50 所示；在"注释"选项卡中，选择"注释类型"为"无"，如图 12-51 所示。

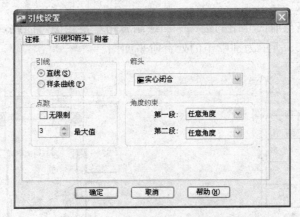
图 12-50 引线设置——引线和箭头

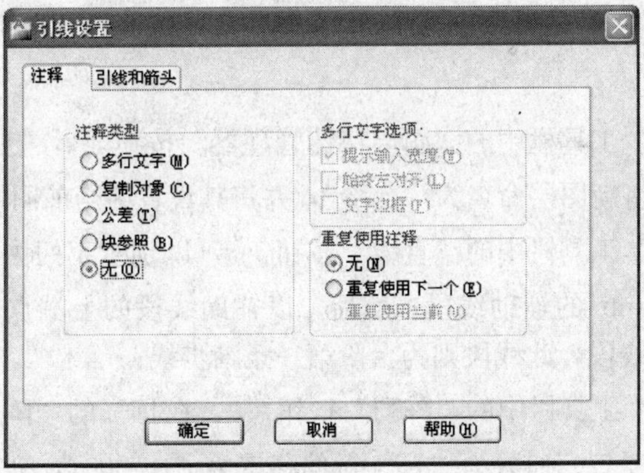

图 12-51 引线设置——注释

以第一条楼梯踏步线中点为起点，垂直向上绘制长度为 750mm 的带箭头引线；单击"改"工具栏中的"移动"按钮，将引线垂直向下移动 60mm，如图 12-52 所示。

(6) 标注文字：单击"绘图"工具栏中的"多行文字"按钮 A，设置文字高度为"300"，在引线下端输入文字为"上"，如图 12-52 所示。

> **注意**
>
> 楼梯平面图是距地面 1m 以上位置，用一个假想的剖切平面，沿水平方向剖开（尽量剖到楼梯间的门窗），然后向下做投影得到的投影图。楼梯平面一般来说是分层绘制的，在绘制时，按照特点可分为底层平面、标准层平面和顶层平面。
>
> 在楼梯平面图中，各层被剖切到的楼梯，按国标规定，均在平面图中以一根 45°的折断线表示。在每一梯段处画有一个长箭头，并注写"上"或"下"字标明方向。
>
> 楼梯的底层平面图中，只有一个被剖切的梯段及栏板，和一个注有"上"字的长箭头。

2. 绘制台阶

本例中，有三处台阶，其中室内台阶一处，室外台阶两处。下面以正门处台阶为例，介绍台阶的绘制方法。

台阶的绘制思路与前面介绍的楼梯平面绘制思路基本相似，因此，可以参考楼梯画法进行绘制。如图 12-53 所示为别墅正门处台阶平面图。

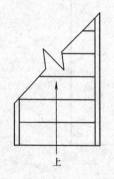
图 12-52 添加箭头和文字

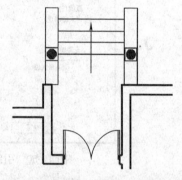
图 12-53 正门处台阶平面图

具体绘制方法为：

(1) 单击"图层"工具栏中的"图层特性管理器"按钮，打开"图层管理器"对话框，创建新图层，将新图层命名为"台阶"，并将其设置为当前图层；

(2) 单击"绘图"工具栏中的"直线"按钮，以别墅正门中点为起点，垂直向上绘制一条长度为 3600mm 的辅助线段；然后，以辅助线段的上端点为中点，绘制一条长度为 1770mm 的水平线段，此线段则为台阶第一条踏步线；

(3) 单击"修改"工具栏中的"阵列"按钮，在打开的"阵列"对话框中进行以下设置：输入行数为"4"、列数为"1"、行偏移量为"－300"，列偏移量为"0"；单击"选择对象"按钮，在绘图区域点选第一条踏步线后，单击鼠标右键，返回"阵列"对话框；单击"确定"按钮，完成第二、三、四条踏步线的绘制，如图 12-54 所示；

(4) 单击"绘图"工具栏中的"矩形"按钮，在踏步线的左右两侧分别绘制两个尺寸为340mm×1980mm的矩形，为两侧条石平面；

（5）绘制方向箭头：在命令行中输入"QLEADER"命令，在台阶踏步的中间位置绘制带箭头的引线，标示踏步方向，如图12-55所示。

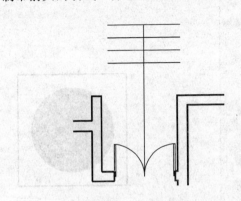
图12-54　绘制台阶踏步线

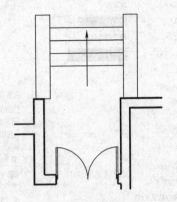
图12-55　绘制方向箭头

（6）绘制立柱：在本例中，两个室外台阶处均有立柱，其平面形状为圆形，内部填充为实心，下面为方形基座。由于立柱的形状、大小基本相同，可以将其做成图块，再把图块插入各相应点即可。具体绘制方法如下：

单击"图层"工具栏中的"图层特性管理器"按钮，打开"图层管理器"对话框，创建新图层，将新图层命名为"立柱"，并将其设置为当前图层；

单击"绘图"工具栏中的"矩形"按钮，绘制边长为320mm的正方形基座。

单击"绘图"工具栏中的"圆"按钮，绘制直径为240mm的圆形柱身平面。

单击"绘图"工具栏中的"图案填充"按钮，打开"图案填充和渐变色"对话框，如图12-56所示，选择填充类型为"预定义"、图案为"SOLID"，在"边界"一栏点击"添加：选择对象"按钮，在绘图区域选择已绘的圆形柱身为填充对象，如图12-57所示。

单击"绘图"工具栏中的"创建块"按钮，将图12-57所示的图形定义为"立柱"图块。

单击"绘图"工具栏中的"插入块"按钮，将定义好的"立柱"图块，插入平面图中相应位置，如图12-53所示，完成正门处台阶平面的绘制。

12.1.6　绘制家具

在建筑平面图中，通常要绘制室内家具，以增强平面方案的视觉效果。在本例别墅的首层平面中，共有七种不同功能的房间，分别是客厅、工人休息室、厨房、餐厅、书房、卫生间和车库。不同功能种类的房间内所布置的家具也有所不同，对于这些种类和尺寸都不尽相同的室内家具，如果利用直线、偏移等简单的二维线条编辑工具——绘制，不仅绘制过程反复繁琐容易出错，而且浪费绘图者的时间和精力。因此，笔者推荐借助AutoCAD图库来完成平面家具的绘制。

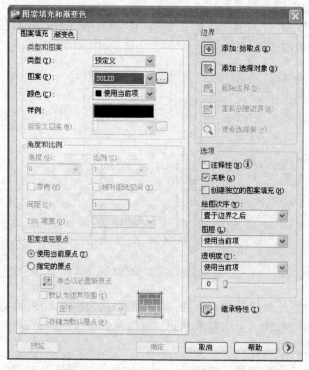
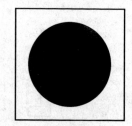

图 12-56 "图案填充和渐变色"对话框　　　　图 12-57 绘制立柱平面

AutoCAD 图库的使用方法,在前面介绍门窗画法的时候曾有所提及。下面将结合首层客厅家具和卫生间洁具的绘制实例,详细讲述一下 AutoCAD 图库的用法。

1. 绘制客厅家具

客厅是主人会客和休闲的空间,因此,在客厅里通常会布置沙发、茶几、电视柜等家具,如图 12-58 所示。

(1) 单击"标准"工具栏中的"打开"按钮，在打开的"选择文件"对话框中,通过"光盘:源文件\图库"路径,找到"CAD 图库.dwg"文件并将其打开,如图 12-59 所示。

(2) 在名称为"沙发和茶几"的一栏中,选择名称为"组合沙发—002P"的图形模块,如图 12-60 所示,选中该图形模块,然后点击鼠标右键,在快捷菜单中选择"复制"命令。

(3) 返回"别墅首层平面图"的绘图界面,打开"编辑"下拉菜单,选择

图 12-58 客厅平面家具

"粘贴为块"命令,将复制的组合沙发图形,插入客厅平面相应位置。

(4) 在图库中,在名称为"灯具和电器"的一栏中,选择"电视柜 P"图块,如图 12-61 所示,将其复制并粘贴到首层平面图中;单击"修改"工具栏中的"旋转"按钮 ○,使该图形模块以自身中心点为基点旋转 90°,然后将其插入客厅相应位置。

(5) 按照同样方法,在图库中选择"电视墙 P"、"文化墙 P"、"柜子—01P"和"射灯组 P"图形模块分别进行复制,并在客厅平面内依次插入这些家具模块,绘制结果如图 12-58 所示。

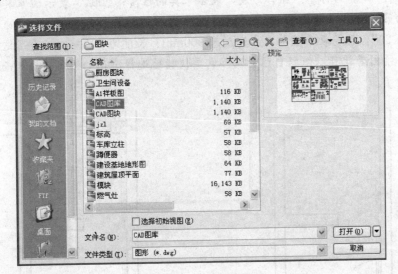

图 12-59 打开图库文件

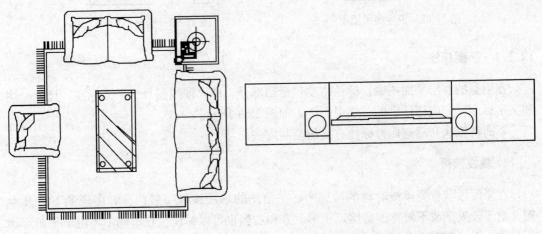

图 12-60 组合沙发模块　　　　　　　　图 12-61 电视柜模块

2. 绘制卫生间洁具

卫生间主要是供主人盥洗和沐浴的房间,因此,卫生间内应设置浴盆、马桶,洗手池和洗衣机等设施,如图 12-62 所示的卫生间,由两部分组成。在家具安排上,外间设置洗手盆和洗衣机;内间则设置浴盆和马桶。下面介绍一下卫生间洁具的绘制步骤。

(1) 在"图层"下拉列表中选择"家具"图层,将其设置为当前图层。

(2) 打开CAD图库,在"洁具和厨具"一栏中,选择适合的洁具模块,进行复制后,依次粘贴到平面图中的相应位置,绘制结果如图12-63所示。

> **注意**
>
> 在图库中,图形模块的名称经常很简要,除汉字外还经常包含英文字母或数字,通常来说,这些名称都是用来表明该家具的特性或尺寸的。例如,前面使用过的图形模块"组合沙发—004P",其名称中"组合沙发"表示家具的性质;"004"表示该家具模块是同类型家具中的第四个;字母"P"则表示这是该家具的平面图形。例如,一个床模块名称为"单人床9×20",就是表示该单人床宽度为900mm、长度为2000mm。有了这些简单又明了的名称,绘图者就可以依据自己的实际需要快捷地选择有用的图形模块,而无需费神地辨认、测量了。

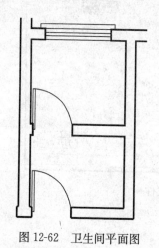

图12-62　卫生间平面图

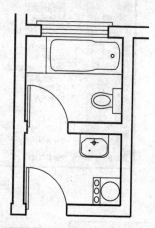

图12-63　绘制卫生间洁具

12.1.7　平面标注

在别墅的首层平面图中,标注主要包括四部分,即:轴线编号、平面标高、尺寸标注和文字标注。完成标注后的首层平面图,如图12-1所示。

下面将依次介绍这四种标注方式的绘制方法。

1. 轴线编号

在平面形状较简单或对称的房屋中,平面图的轴线编号一般标注在图形的下方及左侧。对于较复杂或不对称的房屋,图形上方和右侧也可以标注。在本例中,由于平面形状不对称,因此需要在上、下、左、右四个方向均标注轴线编号。

具体绘制方法为:

(1) 单击"图层"工具栏中的"图层特性管理器"按钮,打开"图层管理器"对话框,打开"轴线"图层,使其保持可见。

创建新图层,将新图层命名为"轴线编号",并将其设置为当前图层。

(2) 单击平面图上左侧第一根纵轴线,将十字光标移动至轴线下端点处单击,将夹持点激活（此时，夹持点成红色），然后鼠标向下移动，在命令行中输入"3000"后，敲击回车键，完成第一条轴线延长线的绘制。

（3）单击"绘图"工具栏中的"圆"按钮 ⊙，以已绘的轴线延长线端点作为圆心，绘制半径为 350mm 的圆。

单击"修改"工具栏中的"移动"按钮 ✥，向下移动所绘圆，移动距离为 350mm，如图 12-64 所示。

（4）重复上述步骤，完成其他轴线延长线及编号圆的绘制。

（5）单击"绘图"工具栏中的"多行文字"按钮 A，设置文字"样式"为"仿宋 GB 2312"，文字高度为"300"；在每个轴线端点处的圆内输入相应的轴线编号，如图 12-65 所示。

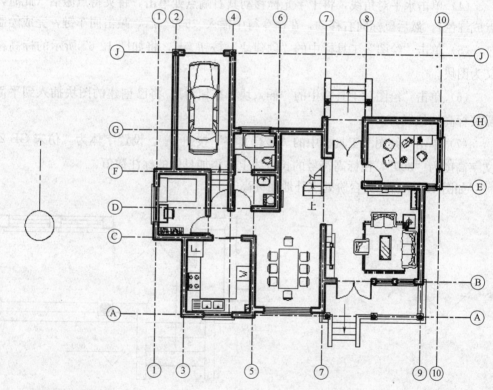

图 12-64 绘制第一条轴线
　　　　的延长线及编号圆

图 12-65 添加轴线编号

⚠ 注意

平面图上水平方向的轴线编号用阿拉伯数字，从左向右依次编写；垂直方向的编号，用大写英文字母自下而上顺次编写。I、O 及 Z 三个字母不得作轴线编号，以免与数字 1、0 及 2 混淆。

如果两条相邻轴线间距较小而导致它们的编号有重叠时，可以通过"移动"命令 ✥ 将这两条轴线的编号分别向两侧移动少许距离。

2. 平面标高

建筑物中的某一部分与所确定的标准基点的高度差称为该部位的标高，在图纸中通常用标高符号结合数字来表示。建筑制图标准规定，标高符号应以直角等腰三角形表示，如图 12-66 所示。

具体绘制方法为：

（1）在"图层"下拉列表中选择"标注"图层，将其设置为当前图层。

（2）单击"绘图"工具栏中的"正多边形"按钮⬠，绘制边长为 350mm 的正方形。

（3）单击"修改"工具栏中的"旋转"按钮⟳，将正方形旋转 90 度；单击"绘图"工具栏中的"直线"按钮✏，连接正方形左右两个端点，绘制水平对角线。

（4）单击水平对角线，将十字光标移动其右端点处单击，将夹持点激活（此时，夹持点成红色），然后鼠标向右移动，在命令行中输入"600"后，敲击回车键，完成绘制。

（5）单击"绘图"工具栏中的"创建块"按钮，将如图 12-67 所示的标高符号定义为图块。

（6）单击"绘图"工具栏中的"插入块"按钮，将已创建的图块插入到平面图中需要标高的位置。

（7）单击"绘图"工具栏中的"多行文字"按钮 A，设置字体为"仿宋 GB 2312"、文字高度为"300"，在标高符号的长直线上方添加具体的标注数值。

如图 12-67 所示为台阶处室外地面标高。

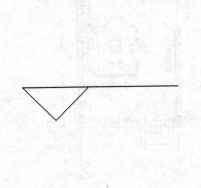

图 12-66　标高符号

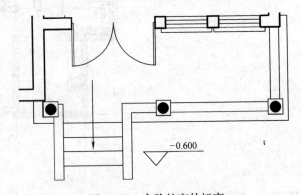

图 12-67　台阶处室外标高

⚠ 注意

一般来说，在平面图上绘制的标高反映的是相对标高，而不是绝对标高。绝对标高指的是一我国青岛市附近的黄海海平面作为零点面测定的高度尺寸。

通常情况下，室内标高要高于室外标高，主要使用房间标高要高于卫生间、阳台标高。在绘图中，常见的是将建筑首层室内地面的高度设为零点，标作"±0.000"；低于此高度的建筑部位标高值为负值，在标高数字前加"—"号；高于此高度的部位标高值为正值，标高数字前不加任何符号。

3. 尺寸标注

本例中采用的尺寸标注分两道，一道为各轴线之间的距离，另一道为平面总长度或总宽度。具体绘制方法为：

（1）将"标注"图层置为当前图层。

（2）设置标注样式：单击"样式"工具栏中的"标注样式"按钮，打开"标注样式管理器"对话框，如图12-68所示；单击"新建"按钮，打开"创建新标注样式"对话框，在"新样式名"一栏中输入"平面标注"，如图12-69所示。

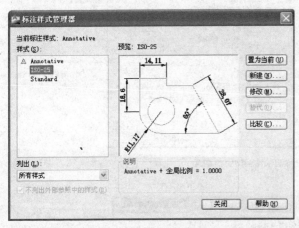 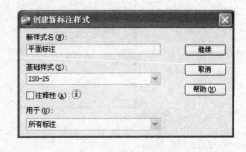

图12-68 "标注样式管理器"对话框　　　　图12-69 "创建新标注样式"对话框

单击"继续"按钮，打开"新建标注样式：平面标注"对话框，进行以下设置：

选择"符号和箭头"选项卡，在"箭头"选项组中的"第一项"和"第二个"下拉列表中均选择"建筑标记"，在"引线"下拉列表中选择"实心闭合"，在"箭头大小"微调框中输入100，如图12-70所示。

选择"文字"选项卡，在"文字外观"选项组中的"文字高度"微调框中输入300，如图12-71所示。

单击"确定"按钮，回到"标注样式管理器"对话框。在"样式"列表中激活"平面标注"标注样式，单击"置为当前"按钮，如图12-72所示。单击"关闭"按钮，完成标注样式的设置。

（3）单击"标注"工具栏中的"线性标注"按钮和"连续标注"按钮，标注相邻两轴线之间的距离。

（4）单击"标注"工具栏中的"线性标注"按钮，在已绘制的尺寸标注的外侧，对建筑平面横向和纵向的总长度进行尺寸标注。

（5）完成尺寸标注后，单击"图层"工具栏中的"图层特性管理器"按钮，打开"图层特性管理器"对话框，关闭"轴线"图层，如图12-73所示。

4. 文字标注

在平面图中，各房间的功能用途可以用文字进行标识。下面以首层平面中的厨房为

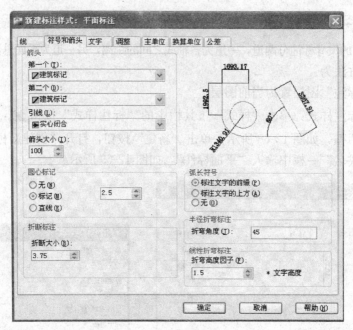

图 12-70 "符号和箭头"选项卡

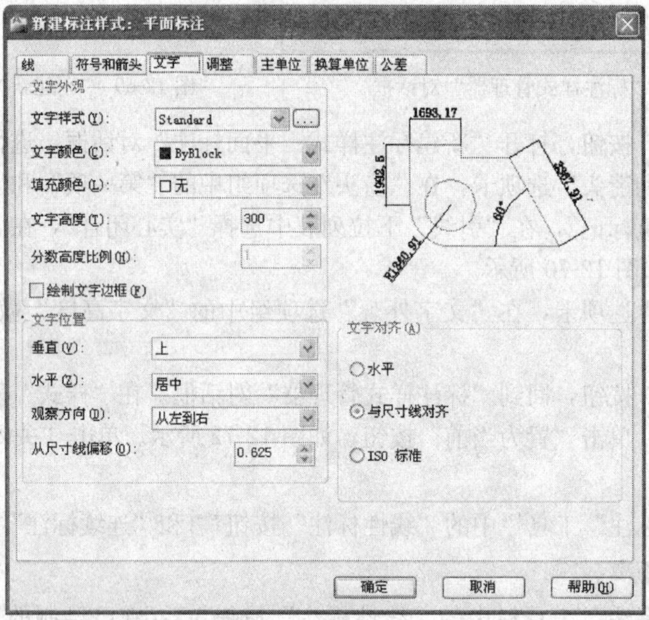

图 12-71 "文字"选项卡

例,介绍文字标注的具体方法。

(1) 将"文字"图层置为当前图层。

(2) 单击"绘图"工具栏中的"多行文字"按钮 **A**,在平面图中指定文字插入位置后,打开的"多行文字编辑器"对话框,如图 12-74 所示;在对话框中设置文字样式为"Standard"、字体为"仿宋 GB2312"、文字高度为"300"。

12.1 别墅首层平面图的绘制

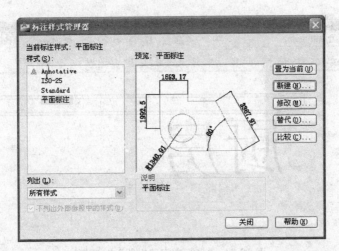

图 12-72 "标注样式管理器"对话框

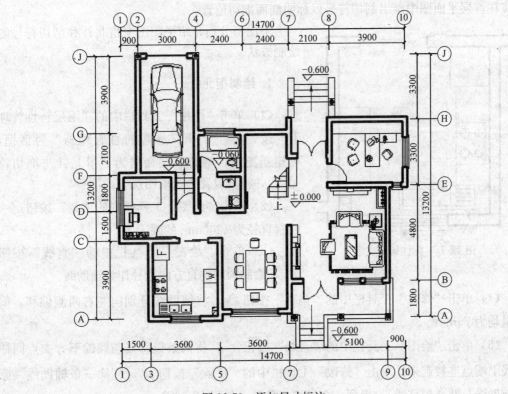

图 12-73 添加尺寸标注

（3）在"文字编辑框"中输入文字"厨房"，并拖动"宽度控制"滑块来调整文本框的宽度，然后，点击"确定"按钮，完成该处的文字标注。

文字标注结果如图 12-75 所示。

12.1.8 绘制指北针和剖切符号

在建筑首层平面图中应绘制指北针以标明建筑方位；如果需要绘制建筑的剖面图，则

· 413 ·

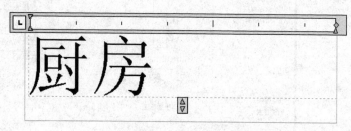

图 12-74 "多行文字编辑器"对话框

还应在首层平面图中画出剖切符号以标明剖面剖切位置。

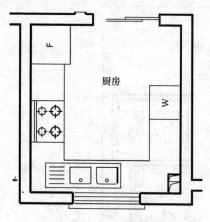

图 12-75 标注厨房文字

下面将分别介绍平面图中指北针和剖切符号的绘制方法。

1. 绘制指北针

(1) 单击"图层"工具栏中的"图层特性管理器"按钮，打开"图层特性管理器"对话框，创建新图层，将新图层命名为"指北针与剖切符号"，并将其设置为当前图层。

(2) 单击"绘图"工具栏中的"圆"按钮，绘制直径为 1200mm 的圆。

(3) 单击"绘图"工具栏中的"直线"按钮，绘制圆的垂直方向直径作为辅助线。

(4) 单击"修改"工具栏中的"偏移"按钮，将辅助线分别向左右两侧偏移，偏移量均为 75mm。

(5) 单击"绘图"工具栏中的"直线"按钮，将两条偏移线与圆的下方交点同辅助线上端点连接起来；单击"修改"工具栏中的"删除"按钮，删除三条辅助线（原有辅助线及两条偏移线），得到一个等腰三角形，如图 12-76 所示。

(6) 单击"绘图"工具栏中的"图案填充"按钮，打开"图案填充和渐变色"对话框，选择填充类型为"预定义"、图案为"SOLID"，对所绘的等腰三角形进行填充。

(7) 单击"绘图"工具栏中的"多行文字"按钮，设置文字高度为 500mm，在等腰三角形上端顶点的正上方书写大写的英文字母"N"，标示平面图的正北方向，如图 12-77 所示。

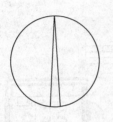
图 12-76 圆与三角形

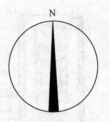
图 12-77 指北针

2. 绘制剖切符号

（1）单击"绘图"工具栏中的"直线"按钮，在平面图中绘制剖切面的定位线，并使得该定位线两端伸出被剖切外墙面的距离均为 1000mm，如图 12-78 所示；

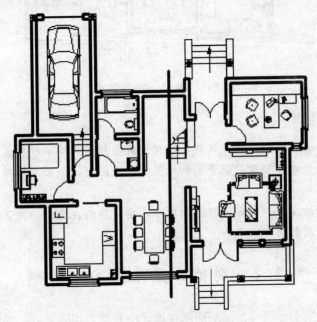
图 12-78 绘制剖切面定位线

（2）单击"绘图"工具栏中的"直线"按钮，分别以剖切面定位线的两端点为起点，向剖面图投影方向绘制剖视方向线，长度为 500mm；

（3）单击"绘图"工具栏中的"圆"按钮，分别以定位线两端点为圆心，绘制两个半径为 700mm 的圆；

（4）单击"修改"工具栏中的"修剪"按钮，修剪两圆之间的投影线条；然后删除两圆，得到两条剖切位置线；

（5）将剖切位置线和剖视方向线的线宽都设置为 0.30mm；

（6）单击"绘图"工具栏中的"多行文字"按钮，设置文字高度为 300mm，在平面图两侧剖视方向线的端部书写剖面剖切符号的编号为"1"，如图 12-79 所示，完成首层平面图中剖切符号的绘制。

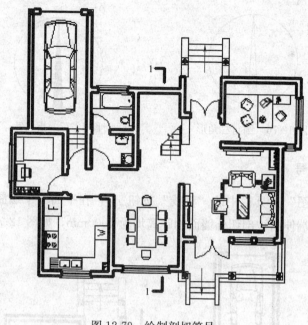

图 12-79 绘制剖切符号

注意

剖面的剖切符号，应由剖切位置线及剖视方向线组成，均应以粗实线绘制。剖视方向线应垂直于剖切位置线，长度应短于剖切位置线，绘图时，剖面剖切符号不宜与图面上的图线相接触。

剖面剖切符号的编号，宜采用阿拉伯数字，按顺序由左至右，由下至上连续编排，并应注写在剖视方向线的端部。

12.2 别墅二层平面图的绘制

在本例中，二层平面图与首层平面图在设计中有很多相同之处，两层平面的基本轴线关系是一致的，只有部分墙体形状和内部房间的设置存在着一些差别。因此，可以在首层平面图基础上对已有图形元素进行修改和添加，进而完成别墅二层平面图绘制。如图12-80 所示。

12.2.1 设置绘图环境

1. 建立图形文件

打开随书源文件中的"别墅首层平面图 .dwg"文件，选择菜单栏中的"文件"→"另存为"命令，打开"图形另存为"对话框，如图 12-81 所示。在"文件名"下拉列表框中输入新的图形文件的名称为"别墅二层平面图 .dwg"，单击"保存"按钮，建立图形

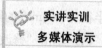

实讲实训
多媒体演示

多媒体演示参见配套光盘中的\\视频\第 12 章\别墅二层平面图.avi。

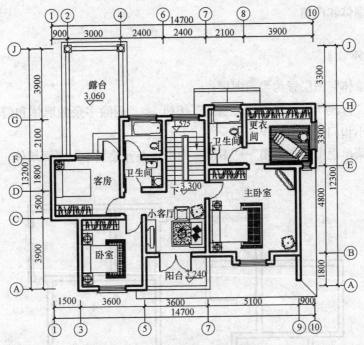

图 12-80 别墅二层平面图

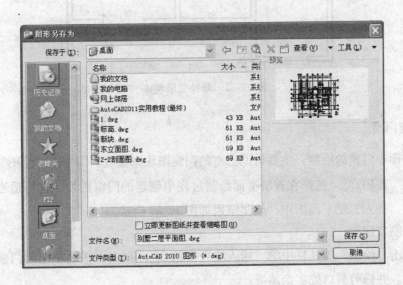

图 12-81 "图形另存为"对话框

文件。

2. 清理图形元素

单击"修改"工具栏中的"删除"按钮 ,删除首层平面图中所有家具、文字和室内外台阶等图形元素;单击"图层"工具栏中的"图层特性管理器"按钮 ,打开"图层管理器"对话框,关闭"轴线"、"家具"、"轴线编号"和"标注"图层。

12.2.2 修整墙体和门窗

1. 修补墙体

(1) 将"墙体"图层置为当前图层;

(2) 单击"修改"工具栏中的"删除"按钮 ![], 删除多余的墙体和门窗(与首层平面中位置和大小相同的门窗可保留);

(3) 选择菜单栏中的"绘图"→"多线"命令,补充绘制二层平面墙体,绘制结果如图 12-82 所示。

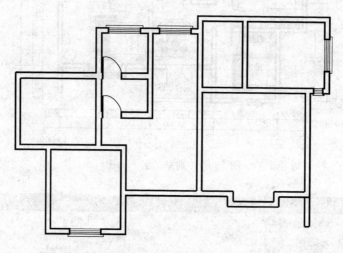

图 12-82 修补二层墙体

2. 绘制门窗

二层平面中门窗的绘制,主要借助已有的门窗图块来完成,即单击"绘图"工具栏中的"插入块"按钮 ![], 选择在首层平面绘制过程中创建的门窗图块,进行适当的比例和角度调整后,插入二层平面图中。绘制结果如图 12-83 所示。

具体绘制方法为:

(1) 单击"绘图"工具栏中的"插入块"按钮 ![], 在二层平面相应的门窗位置插入门窗洞图块,并修剪洞口处多余墙线;

(2) 单击"绘图"工具栏中的"插入块"按钮 ![], 在新绘制的门窗洞口位置,根据需要插入门窗图块,并对该图块作适当的比例或角度调整;

(3) 在新插入的窗平面外侧绘制窗台,具体做法可参考前面章节。

12.2.3 绘制阳台和露台

在二层平面中,有一处阳台和一处露台,两者绘制方法较相似,主要单击"绘图"工具栏中的"矩形"按钮 ![] 和单击"修改"工具栏中的"修剪"按钮 ![], 进行绘制。

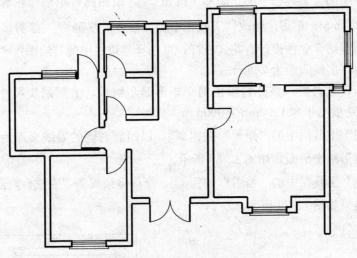

图 12-83 绘制二层平面门窗

下面分别介绍阳台和露台的绘制步骤。

1. 绘制阳台

阳台平面为两个矩形的组合，外部较大矩形长 3600mm，宽 1800mm；较小矩形，长 3400mm，宽 1600mm。

（1）单击"图层"工具栏中的"图层特性管理器"按钮，打开"图层管理器"对话框，创建新图层，将新图层命名为"阳台"，并将其设置为当前图层；

（2）单击"绘图"工具栏中的"矩形"按钮，指定阳台左侧纵墙与横向外墙的交点为第一角点分别绘制尺寸为 3600mm×1800mm 和 3400mm×1600mm 的两个矩形，如图 12-84 所示；

（3）单击"修改"工具栏中的"修剪"按钮，修剪多余线条，完成阳台平面的绘制，绘制结果如图 12-85 所示。

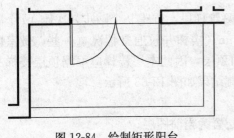

图 12-84 绘制矩形阳台

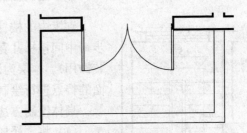

图 12-85 修剪阳台线条

2. 绘制露台

（1）单击"图层"工具栏中的"图层特性管理器"按钮，打开"图层管理器"对话框，创建新图层，将新图层命名为"露台"，并将其设置为当前图层；

(2) 单击"绘图"工具栏中的"矩形"按钮□，绘制露台矩形外轮廓线，矩形尺寸为 3720mm×6240mm；单击"修改"工具栏中的"修剪"按钮⊬，修剪多余线条；

(3) 露台周围结合立柱设计有花式栏杆，可选择菜单栏中的"绘图"→"多线"命令进行绘制扶手平面，多线间距为 200mm；

(4) 绘制门口处台阶：该处台阶由两个矩形踏步组成，上层踏步尺寸为 1500mm×1100mm；下层踏步尺寸为 1200mm×800mm。

单击"绘图"工具栏中的"矩形"按钮□，以门洞右侧的墙线交点为第一角点，分别绘制这两个矩形踏步平面，如图 12-86 所示。

单击"修改"工具栏中的"修剪"按钮⊬，修剪多余线条，完成台阶的绘制。

露台绘制结果如图 12-87 所示。

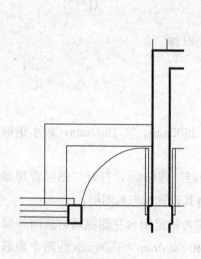

图 12-86 绘制露台门口处台阶

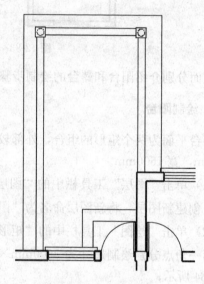

图 12-87 绘制露台

12.2.4 绘制楼梯

别墅中的楼梯共有两跑梯段，首跑 9 个踏步，次跑 10 个踏步，中间楼梯井宽 240mm（楼梯井较通常情况宽一些，做室内装饰用）。本层为别墅的顶层，因此本层楼梯应根据顶层楼梯平面的特点进行绘制，绘制结果如图 12-88 所示。

具体绘制方法为：

(1) 将"楼梯"图层置为当前图层；

(2) 单击"修改"工具栏中的"偏移"按钮，补全楼梯踏步和扶手线条，如图 12-89 所示；

(3) 在命令行中输入"QLEADER"命令，在梯段的中央位置绘制带箭头引线并标注方向文字，如图 12-90 所示；

(4) 在楼梯平台处添加平面标高。

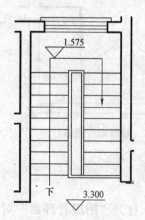

图 12-88 绘制二层平面楼梯

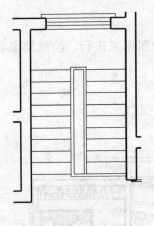
图 12-89　修补楼梯线

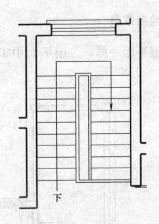
图 12-90　添加剖断线和方向文字

> **注意**
> 在顶层平面图中,由于剖切平面在安全栏板之上,该层楼梯的平面图形中应包括:两段完整的梯段、楼梯平台以及安全栏板。
> 在顶层楼梯口处有一个注有"下"字的长箭头,表示方向。

12.2.5　绘制雨篷

在别墅中有两处雨篷,其中一处位于别墅北面的正门上方,另一处则位于别墅南面和东面的转角部分。

下面以正门处雨篷为例介绍雨篷平面的绘制方法。

正门处雨篷宽度为 3660mm,其出挑长度为 1500mm。

具体绘制方法为:

(1) 单击"图层"工具栏中的"图层特性管理器"按钮，打开"图层管理器"对话框,创建新图层,将新图层命名为"雨篷",并将其设置为当前图层;

(2) 单击"绘图"工具栏中的"矩形"按钮，绘制尺寸为 3660mm×1500mm 的矩形雨篷平面;

单击"修改"工具栏中的"偏移"按钮，将雨篷最外侧边向内偏移 150mm,得到雨篷外侧线脚;

(3) 单击"修改"工具栏中的"修剪"按钮，修剪被遮挡的部分矩形线条,完成雨篷的绘制,如图 12-91 所示。

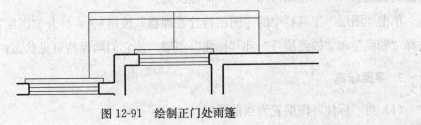
图 12-91　绘制正门处雨篷

12.2.6 绘制家具

同首层平面一样，二层平面中家具的绘制要借助图库来进行，绘制结果如图 12-92 所示。

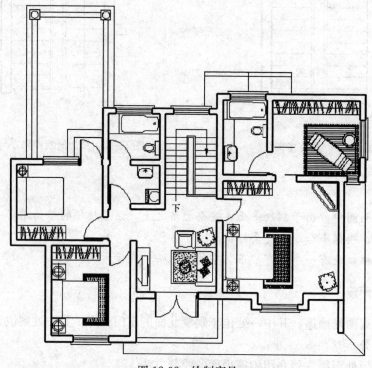

图 12-92 绘制家具

（1）将"家具"图层置为当前图层；

（2）单击"标准"工具栏中的"打开"按钮 ，在打开的"选择文件"对话框中，通过"光盘：源文件\图库"路径，找到"CAD 图库.dwg"文件并将其打开；

（3）在图库中选择所需家具图形模块进行复制，依次粘贴到二层平面图中相应位置。

12.2.7 平面标注

1. 尺寸标注与定位轴线编号

二层平面的定位轴线和尺寸标注与首层平面基本一致，无需另做改动，直接沿用首层平面的轴线和尺寸标注结果即可。具体做法为：

单击"图层"工具栏中的"图层特性管理器"按钮 ，打开"图层管理器"对话框，选择"轴线"和"轴线编号"和"标注"图层，使它们均保持可见状态；

2. 平面标高

（1）将"标注"图层置为当前图层；

(2) 单击"绘图"工具栏中的"插入块"按钮 ![icon]，将已创建的图块插入到平面图中需要标高的位置；

(3) 单击"绘图"工具栏中的"多行文字"按钮 ![A]，在标高符号的长直线上方添加具体的标注数值。

3. 文字标注

(1) 将"文字"图层置为当前图层；

(2) 单击"绘图"工具栏中的"多行文字"按钮 ![A]，字体为"仿宋 GB 2312"、文字高度为"300"，标注二层平面中各房间的名称。

12.3 屋顶平面图的绘制

在本例中，别墅的屋顶设计为复合式坡顶，由几个不同大小、不同朝向的坡屋顶组合而成。因此，在绘制过程中应认真分析它们之间的结合关系，并将这种结合关系准确地表现出来。

别墅屋顶平面图的主要绘制思路为：首先，根据已有平面图绘制出外墙轮廓线；接着，偏移外墙轮廓线得到屋顶檐线，并对屋顶的组成关系进行分析，确定屋脊线条；然后，绘制烟囱平面和其他可见部分的平面投影；最后，对屋顶平面进行尺寸和文字标注。下面就按照这个思路绘制别墅的屋顶平面图。如图 12-93 所示。

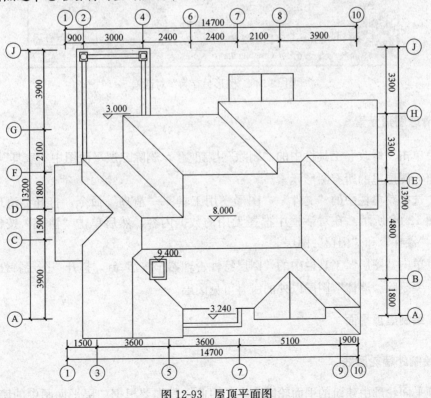

图 12-93 屋顶平面图

12.3.1 设置绘图环境

1. 创建图形文件

> **实讲实训**
> **多媒体演示**
> 多媒体演示参见配套光盘中的\\视频\第 12 章\别墅屋顶平面图.avi。

由于屋顶平面图以二层平面图为生成基础，因此不必新建图形文件，可借助已经绘制的二层平面图进行创建。

打开已绘制的"别墅二层平面图.dwg"图形文件，单击"标准"工具栏中的"保存"按钮 ![save]，打开"图形另存为"对话框，如图 12-94 所示，在"文件名"下拉列表框中输入新的图形名称为"别墅屋顶平面图.dwg"；然后，单击"保存"按钮，建立图形文件。

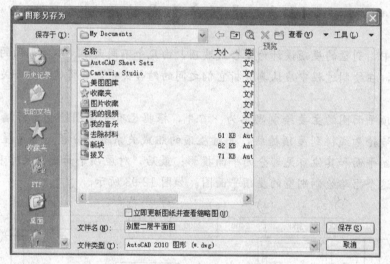

图 12-94 "图形另存为"对话框

2. 清理图形元素

（1）单击"修改"工具栏中的"删除"按钮 ![del]，删除二层平面图中"家具"、"楼梯"和"门窗"图层里的所有图形元素。

（2）选择菜单栏中的"文件"→"图形实用工具"→"清理"命令，打开"清理"对话框，如图 12-95 所示。在对话框中选择无用的数据内容，然后单击"清理"按钮，删除"家具"、"楼梯"和"门窗"图层。

（3）单击"图层"工具栏中的"图层特性管理器"按钮 ![lyr]，打开"图层特性管理器"对话框，关闭除"墙体"图层以外的所有可见图层。

12.3.2 绘制屋顶平面

1. 绘制外墙轮廓线

屋顶平面轮廓由建筑的平面轮廓决定，因此，首先要根据二层平面图中的墙体线条，生成外墙轮廓线。

（1）单击"图层"工具栏中的"图层特性管理器"按钮，打开"图层管理器"对话框，创建新图层，将新图层命名为"外墙轮廓线"，并将其设置为当前图层；

（2）单击"绘图"工具栏中的"多段线"按钮，在二层平面图中捕捉外墙端点，绘制闭合的外墙轮廓线，如图12-96所示。

2. 分析屋顶组成

本例别墅的屋顶是由几个坡屋顶组合而成的。在绘制过程中，可以先将屋顶分解成几部分，将每部分单独绘制后，再重新组合。在这里，笔者推荐将该屋顶划分为五部分，如图12-97所示。

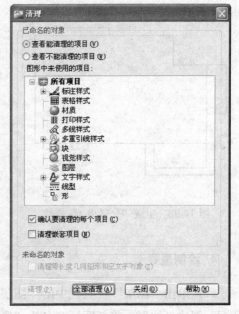

图12-95 "清理"对话框

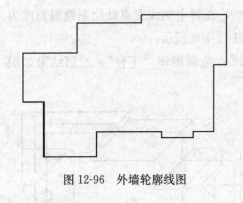

图12-96 外墙轮廓线图

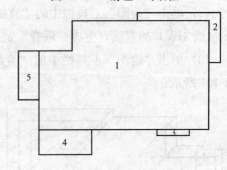

图12-97 屋顶分解示意

3. 绘制檐线

坡屋顶出檐宽度一般根据平面的尺寸和屋面坡度确定。在本别墅中，双坡顶出檐500mm或600mm，四坡顶出檐900mm，坡屋顶结合处的出檐尺度视结合方式而定。

下面以"分屋顶4"为例，介绍屋顶檐线的绘制方法。

（1）单击"图层"工具栏中的"图层特性管理器"按钮，打开"图层管理器"对话框，创建新图层，将新图层命名为"檐线"，并将其设置为当前图层；

（2）单击"修改"工具栏中的"偏移"按钮，将"平面4"的两侧短边分别向外偏移600mm、前侧长边向外偏移500mm；

（3）单击"修改"工具栏中的"延伸"按钮，将偏移后的三条线段延伸，使其相交，生成一组檐线，如图12-98所示；

（4）按照上述画法依次生成其他分组屋顶的檐线；单击"修改"工具栏中的"修剪"按钮，对檐线结合处进行修整，结果如图12-99所示。

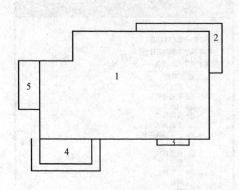 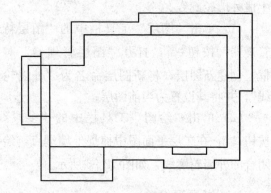

图 12-98　生成"分屋顶 4"檐线　　　　　图 12-99　生成屋顶檐线

4．绘制屋脊

（1）单击"图层"工具栏中的"图层特性管理器"按钮，打开"图层管理器"对话框，创建新图层，将新图层命名为"屋脊"，并将其设置为当前图层；

（2）单击"绘图"工具栏中的"直线"按钮，在每个檐线交点处绘制倾斜角度为 45°（或 315°）的直线，生成"垂脊"定位线，如图 12-100 所示；

（3）单击"绘图"工具栏中的"直线"按钮，绘制屋顶"平脊"，绘制结果如图 12-101 所示；

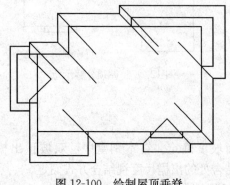 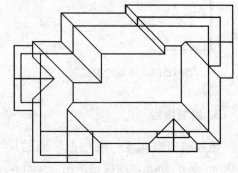

图 12-100　绘制屋顶垂脊　　　　　图 12-101　绘制屋顶平脊

（4）单击"修改"工具栏中的"删除"按钮，删除外墙轮廓线和其他辅助线，完成屋脊线条的绘制，如图 12-102 所示。

5．绘制烟囱

（1）单击"图层"工具栏中的"图层特性管理器"按钮，打开"图层管理器"对话框，创建新图层，将新图层命名为"烟囱"，并将其设置为当前图层；

（2）单击"绘图"工具栏中的"矩形"按钮，绘制烟囱平面，尺寸为 750mm× 900mm；单击"修改"工具栏中的"偏移"按钮，将得到的矩形向内偏移，偏移量为

120mm（120mm 为烟囱材料厚度）；

（3）将绘制的烟囱平面插入屋顶平面相应位置，并修剪多余线条，绘制结果如图 12-103 所示。

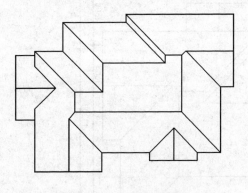

图 12-102 屋顶平面轮廓

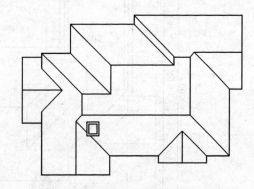

图 12-103 绘制烟囱

6. 绘制其他可见部分

（1）单击"图层"工具栏中的"图层特性管理器"按钮，打开"图层管理器"对话框，打开"阳台"、"露台"、"立柱"和"雨篷"图层；

（2）单击"修改"工具栏中的"删除"按钮，删除平面图中被屋顶遮住的部分。绘制结果如图 12-104 所示。

12.3.3 尺寸标注与标高

1. 尺寸标注

（1）将"标注"图层置为当前图层；

（2）单击"标注"工具栏中的"线性"按钮，在屋顶平面图中添加尺寸标注。

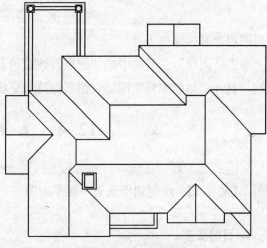

图 12-104 屋顶平面

2. 屋顶平面标高

（1）单击"绘图"工具栏中的"插入块"按钮，在坡屋顶和烟囱处添加标高符号；

（2）单击"绘图"工具栏中的"多行文字"按钮，在标高符号上方添加相应的标高数值，如图 12-105 所示。

3. 绘制轴线编号

由于屋顶平面图中的定位轴线及编号都与二层平面相同，因此可以继续沿用原有轴线

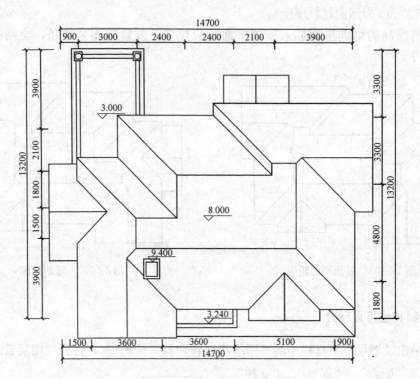

图 12-105 添加尺寸标注与标高

编号图形。具体操作为：

单击"图层"工具栏中的"图层特性管理器"按钮，打开"图层特性管理器"对话框，打开"轴线编号"图层，使其保持可见状态，对图层中的内容无需作任何改动。

12.4 上机实验

【实验 1】 绘制别墅地下一层平面图

1. 目的要求

如图 12-106 所示，本实验和后面的几个实验一起绘制一套别墅的建筑平面图，别墅的地下层为娱乐空间，所以布局一般比较简单，多为娱乐设备。通过本实验的练习，帮助读者初步掌握平面图的绘制方法与思路。

2. 操作提示

（1）设置绘图参数。
（2）绘制轴线网。
（3）绘制墙体。
（4）绘制混凝土柱。

> 实讲实训
> 多媒体演示
>
> 多媒体演示参见配套光盘中的\\参考视频\第 12 章\别墅地下一层平面图.avi。

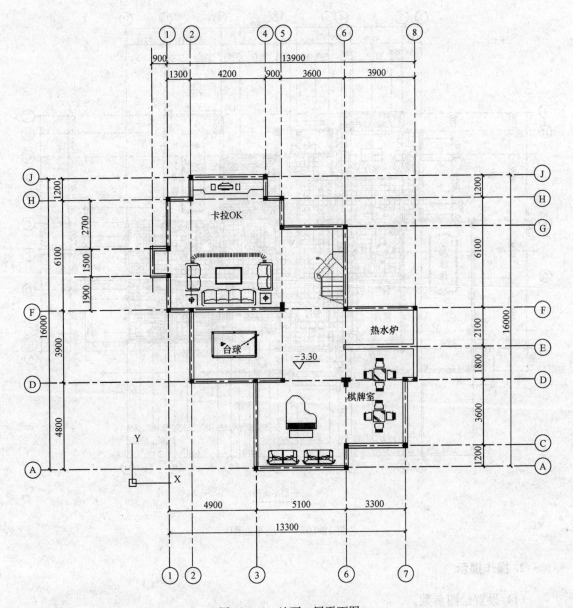

图 12-106 地下一层平面图

(5) 绘制楼梯。
(6) 室内布置。
(7) 尺寸标注和文字说明。

【实验 2】 绘制别墅一层平面图

1. 目的要求

如图 12-107 所示,别墅的一层一般为起居空间,所以布局一般比较复杂。通过本实验的练习,帮助读者进一步掌握平面图的绘制方法与思路。

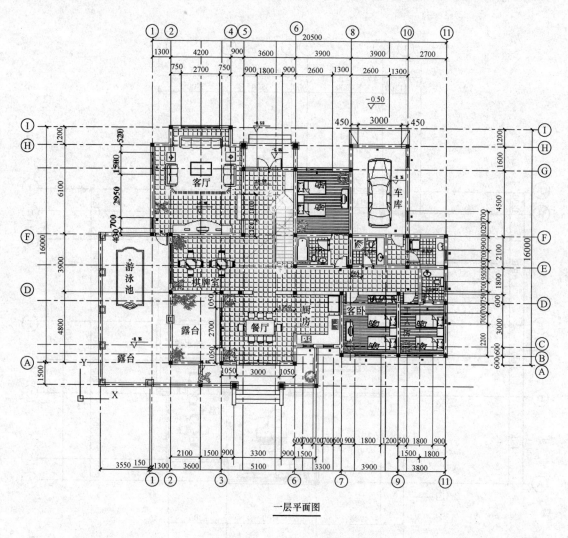

图 12-107 一层平面图

2. 操作提示

(1) 设置绘图参数。

(2) 绘制轴线网。

(3) 绘制墙体。

(4) 绘制混凝土柱。

(5) 绘制门窗。

(6) 绘制客厅台阶。

(7) 绘制楼梯。

(8) 室内布置。

(9) 室内铺地。

(10) 室内装饰。

(11) 绘制室外台阶和坡道。

实讲实训
多媒体演示

多媒体演示参见配套光盘中的\\参考视频\第12章\别墅一层平面图.avi。

(12) 尺寸标注和文字说明。

【实验3】 绘制别墅二层平面图

1. 目的要求

如图 12-108 所示，别墅的二层一般为休息空间，所以布局一般以卧室为主。通过本实验的练习，帮助读者深入掌握平面图的绘制方法与思路。

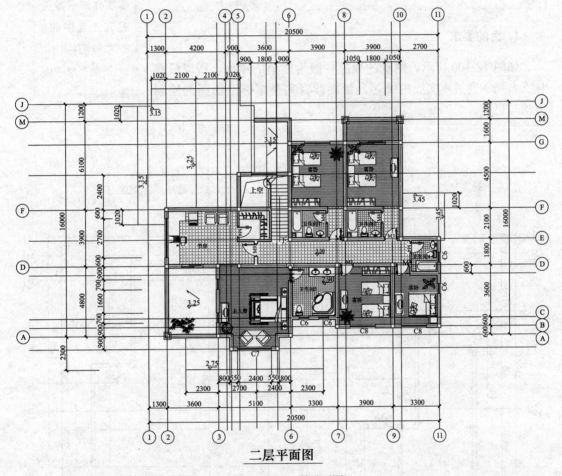

图 12-108 二层平面图

2. 操作提示

(1) 设置绘图参数。
(2) 绘制轴线网。
(3) 绘制墙体。
(4) 绘制混凝土柱。
(5) 绘制门窗。
(6) 绘制一层屋顶面。

实讲实训
多媒体演示

多媒体演示参见配套光盘中的\\参考视频\第 12 章\别墅二层平面图.avi。

(7) 绘制楼梯。
(8) 室内布置。
(9) 室内铺地。
(10) 室内装饰。
(11) 绘制室外台阶和坡道。
(12) 尺寸标注和文字说明。

【实验 4】 绘制别墅顶层平面图

> **实讲实训**
> **多媒体演示**
>
> 多媒体演示参见配套光盘中的\\参考视频\第 12 章\别墅顶层平面图.avi。

1. 目的要求

如图 12-109 所示，别墅的顶层一般为简单的屋面，所以没有什么布局。通过本实验的练习，帮助读者完整掌握平面图的绘制方法与思路。

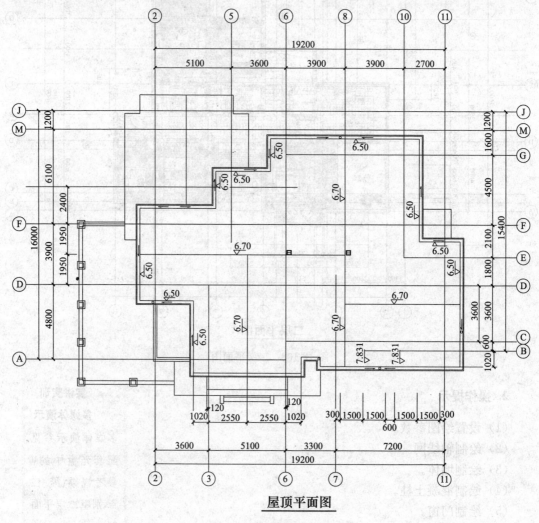

屋顶平面图

图 12-109 顶层平面图

2. 操作提示

（1）设置绘图参数。
（2）绘制轴线网。
（3）绘制屋顶平面。
（4）尺寸标注和文字说明。

第13章　低层商住楼建筑立面图绘制

　　建筑立面图是将建筑的不同侧表面，投影到铅直投影面上而得到的正投影图。它主要表现建筑的外貌形状，反映屋面、门窗、阳台、雨篷、台阶等的形式和位置，建筑垂直方向各部分高度，建筑的艺术造型效果和外部装饰做法等。

　　本章将结合上一个低层商住楼建筑实例，详细介绍建筑立面图的绘制方法。

学习要点

　　建筑立面图绘制基础
　　某低层商住楼立面图绘制

13.1　建筑立面图绘制基础

　　建筑立面图是用来研究建筑立面的造型和装修的图样。立面图主要是反映建筑物的外貌和立面装修的做法，这是因为建筑物给人的美感主要来自其立面的造型和装修。

13.1.1　建筑立面图的概念及图示内容

　　立面图是用直接正投影法将建筑各个墙面进行投影所得到的正投影图。一般情况下，立面图上的图示内容包括墙体外轮廓及内部凹凸轮廓、门窗（幕墙）、入口台阶及坡道、雨篷、窗台、窗楣、壁柱、檐口、栏杆、外露楼梯、各种小的细部可以简化或用比例来代替。例如门窗的立面，可以再画踢脚线等。从理论上讲，立面图上所有建筑配件的正投影图均要反映在立面图上。实际上，一些比例较有代表性的位置仔细绘制出时，可以绘制展开立面图。圆形或多边形平面的建筑物可通过分段展开来绘制立面图窗扇、门扇等细节，而同类门窗则用其轮廓表示即可。在施工图中立面图上的不足。

　　此外，当立面转折、曲折较复杂，如果门窗不是引用有关门窗图集，则其细部构造需要通过绘制大样图来表示，这就弥补了。为了图示明确，在图名上均应注明"展开"二字，在转角处应准确标明轴线号。

13.1.2　建筑立面图的命名方式

　　建筑立面图命名的目的在于能够使读者一目了然地识别其立面的位置。因此，各种命名方式都是围绕"明确位置"这一主题来实施的。至于采取哪种方式，则视具体情况而定。

1. 以相对主入口的位置特征来命名

如果以相对主入口的位置特征来命名，则建筑立面图称为正立面图、背立面图和侧立面图。这种方式一般适用于建筑平面方正、简单，入口位置明确的情况。

2. 以相对地理方位的特征来命名

如果以相对地理方位的特征来命名，则建筑立面图常称为南立面图、北立面图、东立面图和西立面图。这种方式一般适用于建筑平面图规整、简单，而且朝向相对正南、正北偏转不大的情况。

3. 以轴线编号来命名

以轴线编号来命名是指用立面图的起止定位轴线来命名，例如①-⑥立面图、E-A立面图等。这种命名方式准确，便于查对，特别适用于平面较复杂的情况。

根据《建筑制图标准》（GB/T 50104—2010），有定位轴线的建筑物，宜根据两端定位轴线号来编注立面图名称。无定位轴线的建筑物，可按平面图各面的朝向来确定名称。

13.1.3 建筑立面图绘制的一般步骤

从总体上来说，立面图是通过在平面图的基础上引出定位辅助线确定立面图样的水平位置及大小，然后根据高度方向的设计尺寸来确定立面图样的竖向位置及尺寸，从而绘制出一系列的图样。因此，立面图绘制的一般步骤如下：

（1）绘图环境设置。

（2）确定定位辅助线，包括墙、柱定位轴线、楼层水平定位辅助线及其他立面图样的辅助线。

（3）立面图样的绘制，包括墙体外轮廓及内部凹凸轮廓、门窗（幕墙）、入口台阶及坡道、雨篷、窗台、窗楣、壁柱、檐口、栏杆、外露楼梯、各种踢脚线等。

（4）配景，包括植物、车辆、人物等。

（5）尺寸、文字标注。

（6）线型、线宽设置。

13.2 某低层商住楼立面图绘制

下面以商住楼立面图的绘制过程为例，继续讲述立面图的绘制方法和技巧。

13.2.1 南立面图绘制

1. 设置绘图环境

（1）用 LIMITS 命令设置图幅：42000×29700。

（2）调用 LAYER 命令，创建"立面"图层。

实讲实训
多媒体演示

多媒体演示参见配套光盘中的\\视频\第13章\低层商住楼南立面图.avi。

2. 绘制定位辅助线

(1) 打开"图层"工具栏，选择图层特性管理器图标，打开"图层特性管理器"对话框，将当前图层设置为"立面"图层。

(2) 复制一层平面图，并将暂时不用的图层关闭。调用"直线"命令，在一层平面图下方绘制一条地平线，地平线上方需留出足够的绘图空间。

(3) 调用"直线"命令，由一层平面图向下引出竖向定位辅助线，结果如图13-1所示。

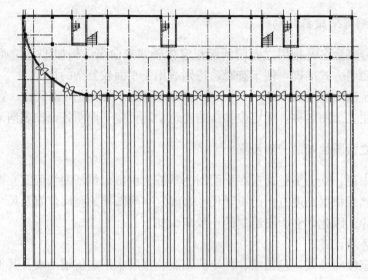

图 13-1　绘制一层竖向辅助线

(4) 调用"偏移"命令，根据室内外高度差、各层层高、屋面标高等绘制楼层定位辅助线。结果如图13-2所示。

图 13-2　绘制楼层定位辅助线

3. 绘制一层立面图

(1) 绘制室内外地平线。调用"直线"命令和"偏移"命令，绘制室内外地平线，室内外高度差为100，结果如图13-3所示。

图 13-3　绘制室内外地平线

(2) 绘制一层窗户。一层和二层为大开间商场，所以设计全玻璃窗户，这既符合建筑个性，也能够获得大面积采光。调用"直线"命令 ✎，根据定位辅助线绘制一层窗户，结果如图 13-4 所示。

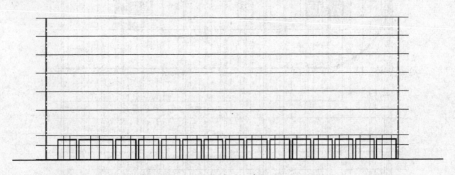

图 13-4　绘制一层窗户

(3) 绘制一层门。调用"直线"命令 ✎，根据定位辅助线绘制一层门，结果如图 13-5所示。

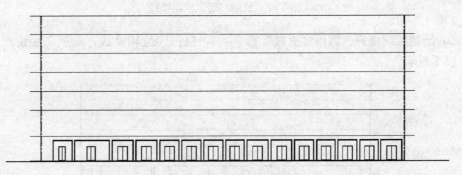

图 13-5　绘制一层门

(4) 细化一层立面图。调用"直线"命令 ✎ 和"偏移"命令 ⌂，细化一层立面图，结果如图 13-6 所示。

4. 绘制二层立面图

(1) 绘制二层定位辅助线。复制二层平面图，然后调用"直线"命令 ✎，由二层平

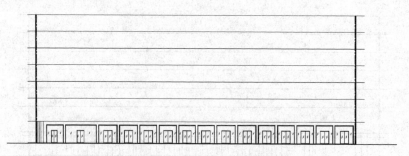

图 13-6　细化一层立面图

面图向下引出竖向定位辅助线,再调用"偏移"命令🗒,绘制横向定位辅助线,结果如图 13-7 所示。

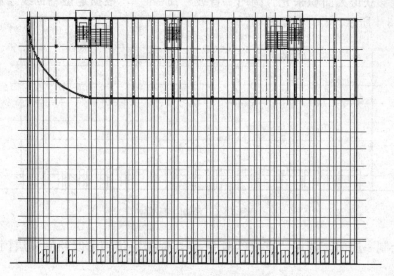

图 13-7　绘制二层定位辅助线

(2)绘制二层窗户。调用"直线"命令✏,根据定位辅助线,绘制二层窗户,结果如图 13-8 所示。

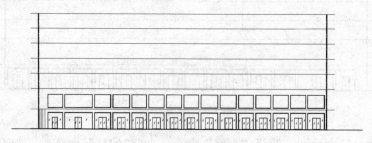

图 13-8　绘制二层窗户

(3)细化二层立面图。调用"直线"命令✏和"偏移"命令🗒,细化二层立面图,结果如图 13-9 所示。

(4)绘制二层屋檐。根据定位辅助直线,调用"直线"命令✏、"偏移"命令🗒和

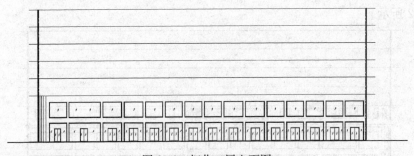

图 13-9　细化二层立面图

"修剪"命令，绘制二层屋檐。结果如图 13-10 所示。

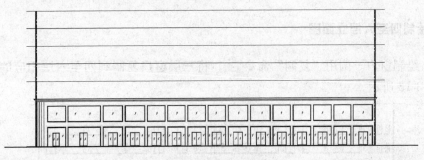

图 13-10　绘制二层屋檐

5. 绘制三层立面图

（1）绘制三层定位辅助线。复制三层平面图，然后调用"直线"命令，由三层平面图向下引出竖向定位辅助线，再调用"偏移"命令，绘制横向定位辅助线，结果如图 13-11 所示。

（2）绘制三层窗户。调用"直线"命令，根据定位辅助线，绘制三层窗户，结果

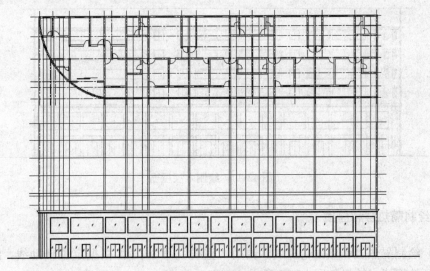

图 13-11　绘制三层定位辅助线

如图 13-12 所示。

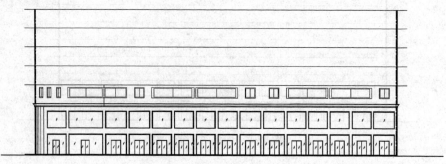

图 13-12　绘制三层窗户

6. 绘制四至六层立面图

（1）绘制窗户。调用"复制"命令，将三层窗户复制到四至六层相应的位置，结果如图 13-13 所示。

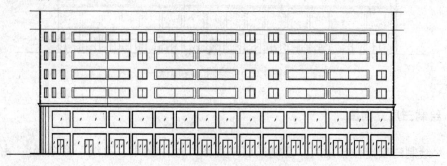

图 13-13　绘制四至六层窗户

（2）绘制六层屋檐。调用"复制"命令，将二层屋檐复制到六层相应的位置，结果如图 13-14 所示。

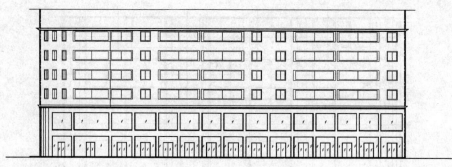

图 13-14　绘制六层屋檐

7. 绘制隔热层和屋顶

（1）绘制隔热层和屋顶轮廓线。调用"直线"命令，根据定位辅助线，绘制隔热层和屋顶轮廓线，结果如图 13-15 所示。

图 13-15　绘制隔热层和屋顶轮廓线

（2）绘制老虎窗。调用"直线"命令和"矩形"命令，绘制老虎窗，结果如图 13-16 所示。

图 13-16　绘制老虎窗

8. 文字说明和标高标注

调用"直线"命令和"多行文字"命令，进行标高标注和文字说明，最终完成南立面图的绘制，结果如图 13-17 所示。

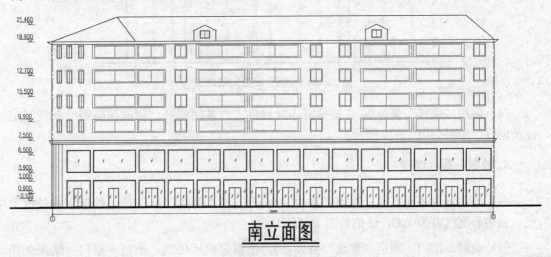

图 13-17　南立面图

13.2.2 北立面图绘制

1. 设置绘图环境

(1) 用 LIMITS 命令设置图幅：42000×29700。
(2) 调用 LAYER 命令，创建"立面"图层。

实讲实训
多媒体演示

多媒体演示参见配套光盘中的\\视频\第13章\低层商住楼北立面图.avi。

2. 绘制定位辅助线

(1) 打开"图层"工具栏，选择图层特性管理器图标，打开"图层特性管理器"对话框，将当前图层设置为"立面"图层。

(2) 复制一层平面图，并将暂时不用的图层关闭。调用"旋转"命令，将一层平面图旋转180°，调用"直线"命令，在一层平面图下方绘制一条地平线，在地平线上方，需留出足够的绘图空间。

(3) 调用"直线"命令，由一层平面图向下引出竖向定位辅助线，结果如图 13-18 所示。

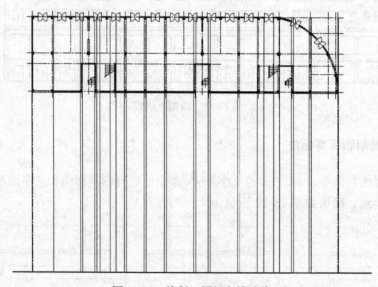

图 13-18 绘制一层竖向辅助线

(4) 调用"偏移"命令，根据室内外高度差、各层层高、屋面标高等绘制楼层定位辅助线。结果如图 13-19 所示。

3. 绘制一层立面图

(1) 绘制室内外地平线。调用"直线"命令和"偏移"命令，绘制室内外地平线，室内外高度差为100，结果如图 13-20 所示。

(2) 绘制一层门。调用"直线"命令，根据定位辅助线，绘制一层门，结果如图 13-21 所示。

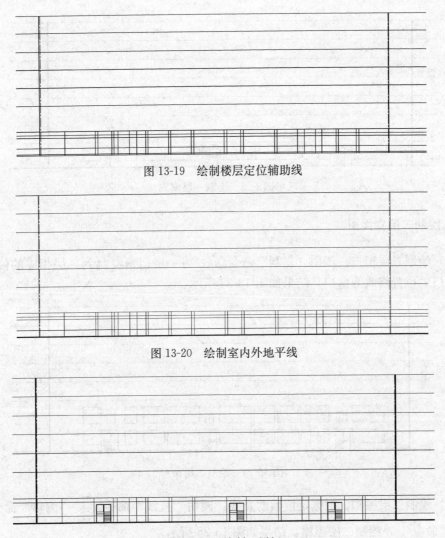

图 13-19 绘制楼层定位辅助线

图 13-20 绘制室内外地平线

图 13-21 绘制一层门

(3) 绘制雨篷。调用"直线"命令 ，绘制雨篷,结果如图 13-22 所示。

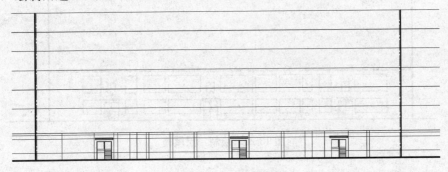

图 13-22 绘制雨篷

(4) 绘制一层窗户。调用"直线"命令 ，根据定位辅助线,绘制一层窗户,结果如图 13-23 所示。

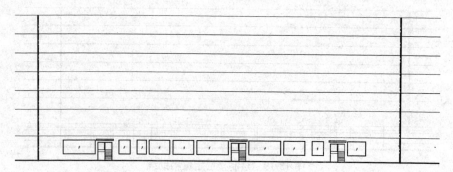

图 13-23　绘制一层窗户

4. 绘制二层立面图

(1) 绘制二层窗户。调用"复制"命令 ，将一层门窗复制到二层相应的位置，并将一层门的位置修改为窗户，结果如图 13-24 所示。

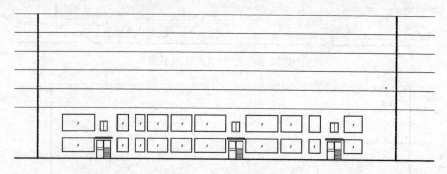

图 13-24　绘制二层窗户

(2) 绘制二层屋檐。根据定位辅助直线，调用"直线"命令 、"偏移"命令 和"修剪"命令 ，绘制二层屋檐。结果如图 13-25 所示。

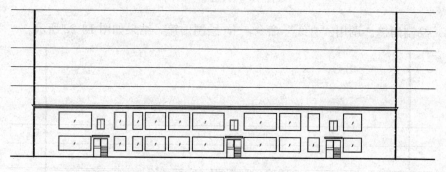

图 13-25　绘制二层屋檐

5. 绘制三层立面图

(1) 绘制三层定位辅助线。根据绘制一、二层定位辅助线的方法，绘制三层定位辅助线，结果如图 13-26 所示。

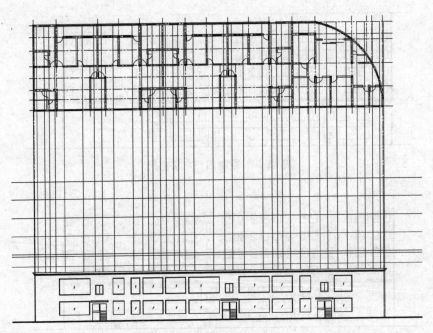

图 13-26 绘制三层定位辅助线

（2）绘制三层窗户。调用"直线"命令 ![line], 根据定位辅助线绘制三层窗户, 结果如图 13-27 所示。

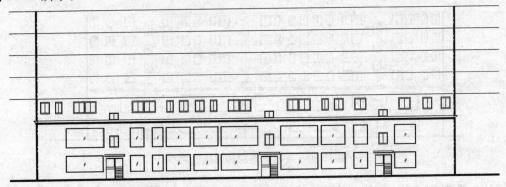

图 13-27 绘制三层窗户

6. 绘制四～六层立面图

（1）绘制窗户, 调用"复制"命令 ![copy], 将三层窗户复制到四～六层相应的位置, 结果如图 13-28 所示。

（2）绘制六层屋檐。调用"复制"命令 ![copy], 将二层屋檐复制到六层相应的位置, 结果如图 13-29 所示。

7. 绘制隔热层和屋顶

（1）绘制隔热层和屋顶轮廓线。调用"直线"命令 ![line], 根据定位辅助线, 绘制隔热

· 445 ·

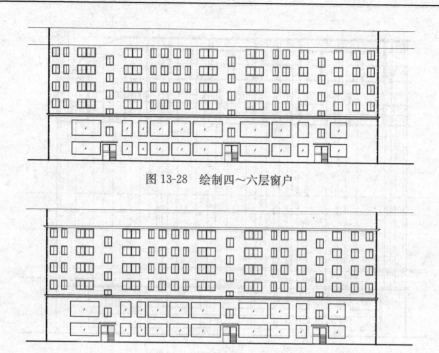

图 13-28　绘制四～六层窗户

图 13-29　绘制六层屋檐

层和屋顶轮廓线，结果如图 13-30 所示。

图 13-30　绘制隔热层和屋顶轮廓线

(2) 绘制老虎窗。调用"直线"命令 ／ 和"矩形"命令 □，绘制老虎窗，结果如图 13-31 所示。

图 13-31　绘制老虎窗

8. 文字说明和标高标注

调用"直线"命令和"多行文字"命令，进行标高标注和文字说明，最终完成北立面图的绘制，结果如图 13-32 所示。

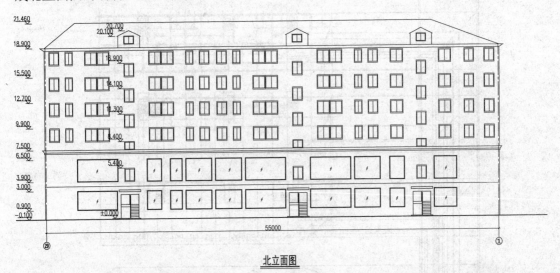

图 13-32　北立面图

13.2.3　西立面图绘制

1. 设置绘图环境

(1) 用 LIMITS 命令设置图幅：42000×29700。

(2) 调用 LAYER 命令，创建"立面"图层。

2. 绘制定位辅助线

(1) 打开"图层"工具栏，选择图层特性管理器图标，打开"图层特性管理器"对话框，将当前图层设置为"立面"图层。

(2) 采用与商住楼南立面图定位辅助线相同的绘制方法，绘制商住楼西立面图的定位辅助线，结果如图 13-33 所示。

3. 绘制一层立面图

(1) 绘制室内外地平线。调用"直线"命令和"偏移"命令，绘制室内外地平线，室内外高度差为 100，然后调用"修剪"命令，修改定位辅助线，结果如图 13-34 所示。

(2) 绘制一层门。调用"直线"命令，根据定位辅助线，绘制一层门，结果如图 13-35 所示。

实讲实训
多媒体演示

多媒体演示参见配套光盘中的\\视频\第13章\低层商住楼西立面图.avi。

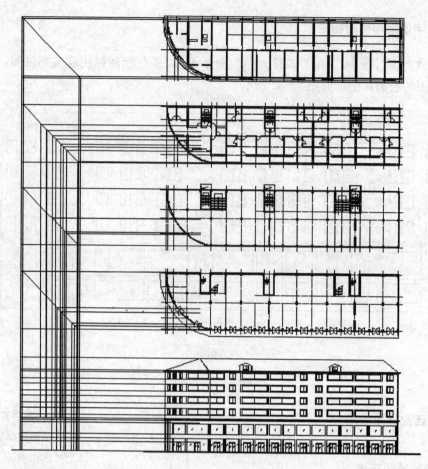

图 13-33 绘制商住楼西立面图定位辅助线

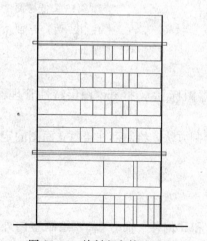

图 13-34 绘制室内外地平线

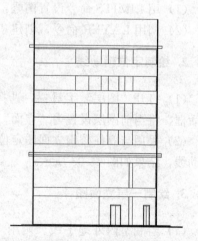

图 13-35 绘制一层门

(3) 绘制一层窗户。调用"直线"命令，根据定位辅助线，绘制二层窗户，结果如图 13-36 所示。

(4) 绘制雨篷。调用"直线"命令，绘制雨篷，结果如图 13-37 所示。

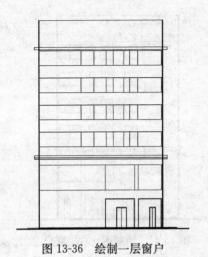

图 13-36 绘制一层窗户

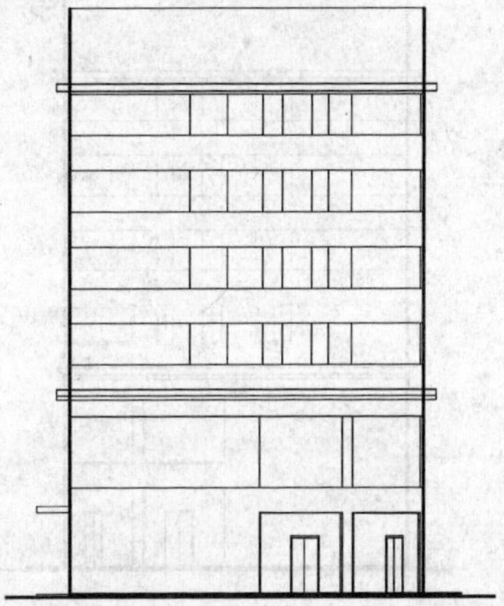

图 13-37 绘制雨篷

4. 绘制二层立面图

（1）绘制二层窗户。调用"直线"命令，根据定位辅助线，绘制二层窗户，结果如图 13-38 所示。

（2）绘制二层屋檐。根据定位辅助直线，调用"直线"命令、"偏移"命令和"修剪"命令，绘制二层屋檐。结果如图 13-39 所示。

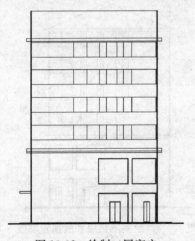

图 13-38 绘制二层窗户

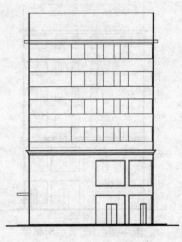

图 13-39 绘制二层屋檐

5. 绘制三层立面图

调用"直线"命令，根据定位辅助线，绘制三层窗户，结果如图 13-40 所示。

6. 绘制四~六层立面图

（1）绘制四~六层窗户。调用"复制"命令，将三层窗户复制到四~六层相应的位置，结果如图 13-41 所示。

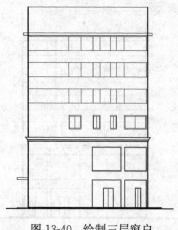
图 13-40 绘制三层窗户

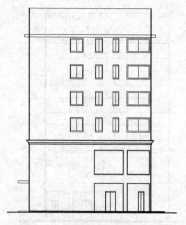
图 13-41 绘制四～六层窗户

(2) 绘制六层屋檐。调用"复制"命令，将二层屋檐复制到六层相应的位置，结果如图 13-42 所示。

7. 绘制隔热层和屋顶

调用"直线"命令，根据定位辅助线，绘制隔热层和屋顶轮廓线，结果如图 13-43 所示。

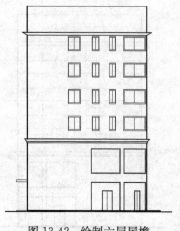
图 13-42 绘制六层屋檐

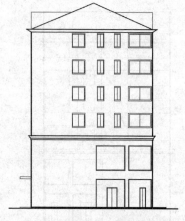
图 13-43 绘制隔热层和屋顶轮廓线

8. 文字说明和标高标注

调用"直线"命令和"多行文字"命令 A，进行标高标注和文字说明，最终完成西立面图的绘制，结果如图 13-44 所示。

13.2.4 东立面图绘制

东立面图与西立面图的轮廓基本相同，而且不涉及门窗的绘制，因此比较简单，在此不再详细描述，绘制结果如图 13-45 所示。

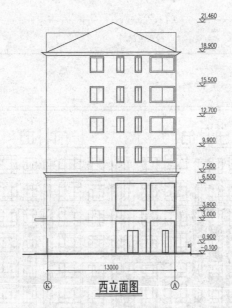

图 13-44 西立面图

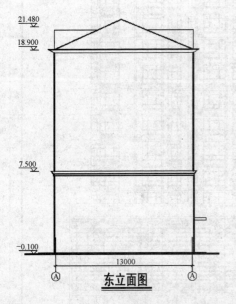

图 13-45 东立面图

> **实讲实训**
> **多媒体演示**
>
> 多媒体演示参见配套光盘中的\\视频\第13章\低层商住楼南东立面图.avi。

13.3 上机实验

 【实验1】 绘制高层商住楼正立面图

1. 目的要求

如图 13-46 所示,正立面布局一般相对复杂。通过本实验的练习,帮助读者初步掌握立面图的绘制方法与思路。

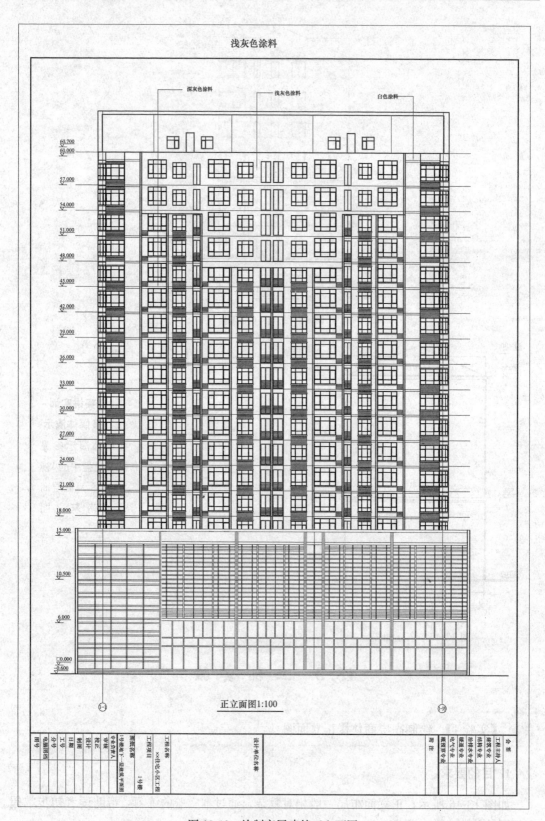

图 13-46 绘制高层建筑正立面图

2. 操作提示

(1) 设置绘图参数。
(2) 绘制定位辅助线。
(3) 绘制裙楼正立面图。
(4) 绘制标准层正立面图。
(5) 绘制十九层设备层正立面图。
(6) 文字说明和标注。

> 实讲实训
> 多媒体演示
>
> 多媒体演示参见配套光盘中的\\参考视频\第13章\高层商住楼正立面图.avi。

【实验 2】 绘制高层商住楼背立面图

1. 目的要求

如图 13-47 所示,背面布局一般也相对复杂。通过本实验的练习,帮助读者进一步掌握立面图的绘制方法与思路。

2. 操作提示

(1) 设置绘图参数。
(2) 绘制定位辅助线。
(3) 绘制各层立面图。
(4) 文字说明和尺寸标注。

> 实讲实训
> 多媒体演示
>
> 多媒体演示参见配套光盘中的\\参考视频\第13章\高层商住楼背立面图.avi。

【实验 3】 绘制高层商住楼侧立面图

1. 目的要求

如图 13-48 所示,侧立面图布局一般以窗为主,相对简单。通过本实验的练习,帮助读者全面掌握立面图的绘制方法与思路。

2. 操作提示

(1) 设置绘图参数。
(2) 绘制定位辅助线。
(3) 绘制各层立面图。
(4) 文字说明和尺寸标注。

> 实讲实训
> 多媒体演示
>
> 多媒体演示参见配套光盘中的\\参考视频\第13章\高层商住楼侧立面图.avi。

第 13 章 低层商住楼建筑立面图绘制

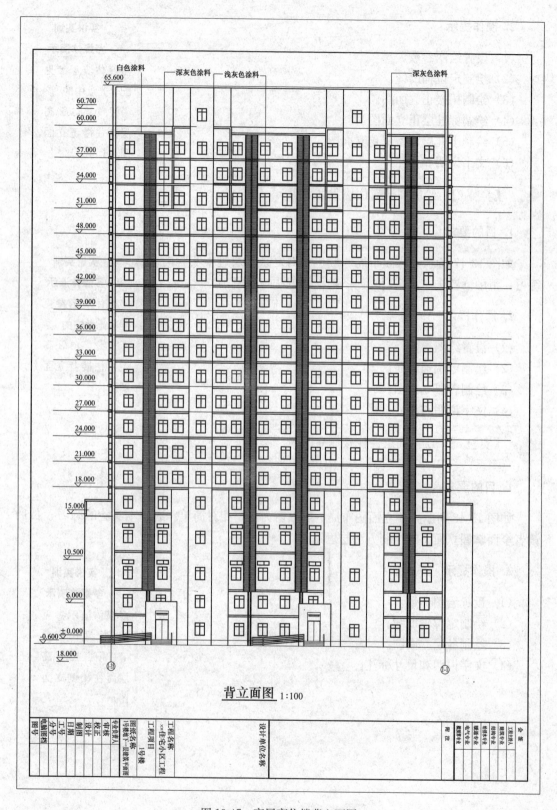

图 13-47 高层商住楼背立面图

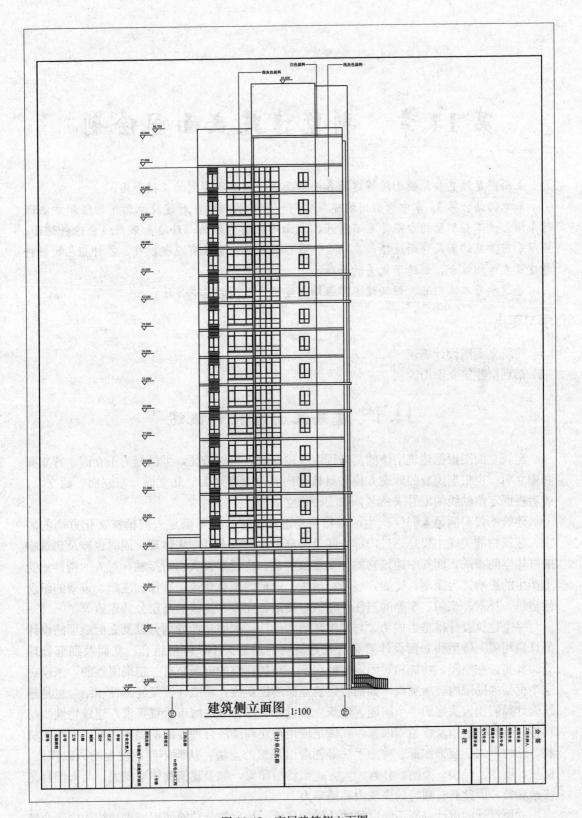

图 13-48 高层建筑侧立面图

第14章　别墅建筑立面图绘制

立面图是用直接正投影法将建筑各个墙面进行投影所得到的正投影图。

本章仍结合第11章中所引用的建筑实例——二层别墙,对建筑立面图的绘制方法进行介绍。该二层别墅的台基为毛石基座,上面设花岗岩铺面;外墙面采用浅色涂料饰面;屋顶采用常见的彩瓦饰面屋顶;在阳台、露台和外廊处皆设有花瓶栏杆,各种颜色的材料与建筑主体相结合,创造了优美的景观。

通过学习本章内容,帮助读者掌握绘制建筑立面图的基本方法。

学习要点

建筑立面图设计概述
某别墅建筑立面图绘制

14.1　建筑立面图设计概述

建筑立面图根据建筑型体的复杂程度及主要出入口的特征,可以分为正立面、背立面和侧立面;也根据观看的地理方位和具体朝向,分为南立面、北立面、东立面、西立面;或者根据定位轴线的编号来命名,如①～⑩立面等。

建筑不仅要满足人们生产生活等物质功能的要求,还要满足人们精神文化方面的需求。建筑物的美观主要是通过内部空间及外部造型的艺术处理来体现,同时也涉及建筑物的群体空间布局,而其中建筑物的外观形象经常、广泛地被人们所接触,对人的精神感受上产生的影响尤为深刻。比如,轻巧、活泼、通透的园林建筑,雄伟、庄严、肃穆的纪念性建筑,朴素、亲切、宁静的居住性建筑,简洁、完整、挺拔的高层公共建筑等。

一个建筑设计得是否成功,与周围环境的设计,平面功能的划分以及立面造型的设计都息息相关。体型和立面设计着重研究建筑物的体量大小、体型组合、立面及细部处理等。其实,在空间,功能相对固定的情况下,高层建筑的创新是有一定局限性的,怎样在这个框架的局限内有所突破,如何将建筑立面的创新性,功能性以及经济性相结合也是建筑设计师们比较头疼的一个问题。建筑立面设计应综合考虑城市景观要求,建筑物性质与功能,建筑物造型及特色等因素,在满足使用功能和经济合理性的前提下,运用不同的材料、结构形式、装饰细部、构图手法等创造出预想的意境,从而不同程度地给人以庄严、挺拔、明朗、轻快、简洁、朴素、大方、亲切的印象,加上建筑物体型庞大,与人们目光接触频繁,因此具有独特的表现力和感染力。

立面设计的设计创新不能以牺牲功能为代价,是在符合功能使用要求和结构构造合理的基础上，紧密结合内部空间设计，对建筑体型作进一步的刻画处理。在外立面的设计中，比例、尺度、色彩、对比，这些都是从美学角度考虑的不变的标准，其中比例的把握是最为重要的。建筑的隔离面可以看作是许多构件，如门、窗、墙、柱、跺、雨篷、屋顶、檐部、台阶、勒脚、凹廊、阳台、花饰等组成，恰当的确定这些组成部分和构件的比例尺度材料质地色彩等，运用构图要点，设计出与整体协调、内容统一、雨内部空间相呼应的建筑立面，就是立面设计的主要任务。

建筑的外墙面对该建筑的特性、风格和艺术的表达起着相当重要的作用，墙面处理的关键问题就是如何把墙、跺、柱、窗、洞等各要素组织在一起，使之有条有理、有秩序、有变化。墙面的处理不能孤立地进行，它必然受到内部房间划分以及柱、梁、板凳结构体系的制约。为此，在组织墙面时，必须充分利用这些内在要素的规律性，来反映内部空间和结构的特点。同时，要是墙面设计具有良好的比例、尺寸，特别是具有各种形式的韵律感。墙面设计首先要巧妙地安排门、窗、窗间墙，恰当地组织阳台、凹廊等。还可以借助窗间墙的墙垛、墙面上的线脚以及为分隔窗用的隔片，为遮阳用的纵横遮阳板等，来赋予墙面更多变化。

立面设计结构构成必须明确划分为水平因素和垂直因素。一般都要使各要素的比例与整体的关系相配，以达成令人愉悦的观感效果，也就是我们通常设计中所说的要"虚中有实、实中带虚、虚实结合"。建筑的"虚"指的是立面上的空虚部分，如玻璃门窗洞口、门廊、空廊、凹廊等，他们给人以不同程度的空透、开敞、轻巧的感觉；"实"指的是立面上的实体部分，如墙面、柱面、台阶踏步、屋面、栏板等，他们给人以不同程度的封闭、厚重、坚实的感觉。以虚为主的手法大多能赋予建筑以轻快、活泼的特点。以实为主的手法大多表现出建筑的厚重、坚实、雄伟的气势。立面凹凸关系的处理，可以丰富立面效果，加强光影变化，组织体量变化，突出重点和安排韵律节奏。

突出建筑立面中的重点，是建筑造型的设计手法，也是建筑使用功能的需要。突出建筑的重点，实质上就是建筑构图中主从设计的一个方面。

总之，在建筑立面设计中，利用阳台、凹廊、凸窗、柱式、门廊、雨篷、台阶、其他不等的凹进凸出，可以收到对比强烈、光影辉映、明暗交错之效。同时，利用窗户的大小、形状、组织变化、重点装饰等手法，也都可以丰富立面的艺术感，更好地表现建筑特色。

14.2 别墅南立面图的绘制

立面图主要是反映房屋的外貌和立面装修的做法，这是因为建筑物给人的外表美感主要来自其立面的造型和装修。建筑立面图是用来进行研究建筑立面的造型和装修的。主要反映主要入口或是比较显著地反映建筑物外貌特征的一面的立面图叫做正立面图，其余的面的立面图相应地称为背立面图和侧立面图。如果按照房屋的朝向来分，可以称为南立面图、东立面图、西立面图和北立面图。如果按照轴线编号来分，也可以有①～⑥立面图、Ⓐ～Ⓓ立面图等。建筑立面图使用大量图例来表示很多细部，这些细部的构造和做法，一般

**实讲实训
多媒体演示**

多媒体演示参见配套光盘中的\\视频\第14章\别墅南立面图.avi。

都另有详图。如果建筑物有一部分立面不平行于投影面，可以将这一部分展开到和投影面平行，再画出其立面图，然后在其图名后注写"展开"字样。

首先，根据已有平面图中提供的信息绘制该立面中各主要构件的定位辅助线，确定各主要构件的位置关系；接着，在已有辅助线的基础上，结合具体的标高数值绘制别墅的外墙及屋顶轮廓线；然后依次绘制台基、门窗、阳台等建筑构件的立面轮廓以及其他建筑细部；最后添加立面标注，并对建筑表面的装饰材料和做法进行必要的文字说明。下面就按照这个思路绘制别墅的南立面图（如图14-1所示）。

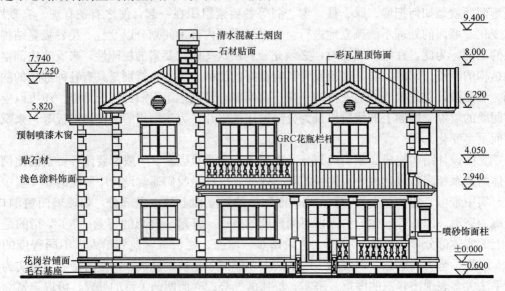

图 14-1 别墅南立面图

14.2.1 绘图准备

1. 创建图形文件

由于建筑立面图是以已有的平面图为生成基础的，因此，在这里，不必新建图形文件，其立面图可直接借助已有的建筑平面图进行创建。具体做法如下：

打开已绘制的"别墅首层平面图.dwg"文件，在"文件"菜单中选择"另存为"命令，打开"图形另存为"对话框，如图14-2所示。在"文件名"下拉列表框中输入新的图形文件名称为"别墅南立面图.dwg"，然后单击"保存"按钮，建立图形文件。

2. 清理图形元素

在平面图中，可作为立面图生成基础的图形元素只有外墙、台阶、立柱和外墙上的门窗等，而平面图中的其他元素对于立面图的绘制帮助很小，因此，有必要对平面图形进行选择性地清理。具体做法为：

（1）选择"删除"命令 ，删除平面图中的所有室内家具、楼梯以及部分门窗图形；

（2）选择"文件"→"图形实用工具"→"清理"命令，弹出"清理"对话框，如图14-3所示，清理图形文件中多余的图形元素。

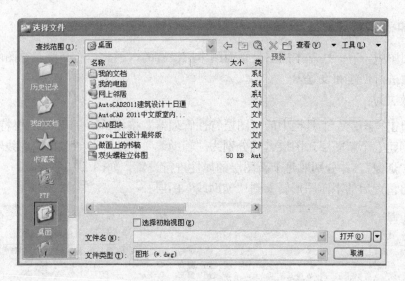

图 14-2 "图形另存为"对话框

经过清理后的平面图形如图 14-4 所示。

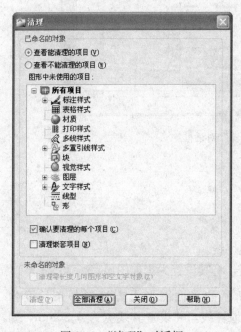

图 14-3 "清理"对话框

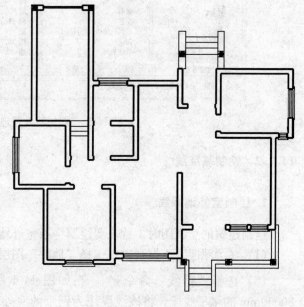

图 14-4 清理后的平面图形

> **注意**
>
> 使用"清理"命令对图形和数据内容进行清理时,要确认该元素在当前图纸中确实毫无作用,避免丢失一些有用的数据和图形元素。
>
> 对于一些暂时无法确定是否该清理的图层,可以先将其保留,仅删去该图层中无用的图形元素;或者将该图层关闭,使其保持不可见状态,待整个图形文件绘制完成后再进行选择性的清理。

3. 添加新图层

在立面图中,有一些基本图层是平面图中所没有的。因此,有必要在绘图的开始阶段对这些图层进行创建和设置。

具体做法为:

(1) 单击"图层"工具栏中的"图层特性管理器"按钮 ,打开"图层特性管理器"对话框,创建五个新图层,图层名称分别为"辅助线"、"地坪"、"屋顶轮廓线"、"外墙轮廓线"和"烟囱",并分别对每个新图层的属性进行设置,如图 14-5 所示;

(2) 将清理后的平面图形转移到"辅助线"图层。

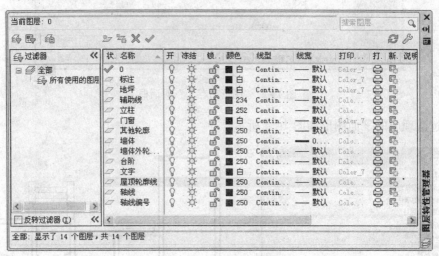

图 14-5 "图层特性管理器"对话框

14.2.2 绘制基准线

1. 绘制室外地坪线

绘制建筑的立面图时,首先要绘制一条室外地坪线。

(1) 在"图层"下拉列表中选择"地坪"图层,将其设置为当前图层;

(2) 选择"直线"命令 ,在如图 14-4 所示的平面图形上方绘制一条长度为 20000mm 的水平线段,将该线段作为别墅的室外地坪线,并设置其线宽为 0.30mm,如图 14-6 所示。命令行提示与操作如下:

命令:_line
指定第一点:(适当指定一点)
指定下一点或[放弃(U)]:@20000,0↙
指定下一点或[放弃(U)]:↙

2. 绘制外墙定位线

(1) 在"图层"下拉列表中选择"外墙轮廓线"图层,将其设置为当前图层;

(2)选择"直线"命令，捕捉平面图形中的各外墙交点，垂直向上绘制墙线的延长线，得到立面的外墙定位线，如图14-7所示。

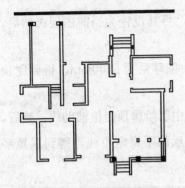

图14-6 绘制室外地坪线

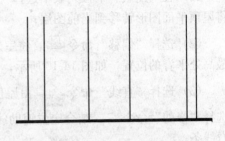

图14-7 绘制外墙定位线

注意

在立面图的绘制中，利用已有图形信息绘制建筑定位线是很重要的。有了水平方向和垂直方向上的双重定位，建筑外部形态就呼之欲出了。在这里，主要介绍如何利用平面图的信息来添加定位纵线，这种定位纵线所确定的是构件的水平位置；而该构件的垂直位置，则可结合其标高，用偏移基线的方法确定。

下面介绍如何绘制建筑立面的定位纵线。

(1)在"图层"下拉列表中，选择定位对象所属图层，将其设置为当前图层（例如，当定位门窗位置时，应先将"门窗"图层设为当前图层，然后在该图层中绘制具体的门窗定位线）；

(2)选择"直线"命令，捕捉平面基础图形中的各定位点，向上绘制延长线，得到与水平方向垂直的立面定位线，如图14-8所示。

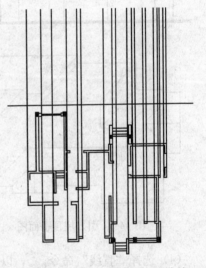

图14-8 由平面图生成立面定位线

14.2.3 绘制屋顶立面

别墅屋顶形式较为复杂，是由多个坡屋顶组合而成的复合式屋顶。在绘制屋顶立面时，要引入屋顶平面图，作为分析和定位的基准。

1. 引入屋顶平面

(1)单击"标准"工具栏中的"打开"按钮，在弹出的"选择文件"对话框中，选择已经绘制的"别墅屋顶平面图.dwg"文件并将其打开；

(2)在打开的图形文件中，选取屋顶平面图形，并将其复制；然后，返回立面图绘制区域，将已复制的屋顶平面图形粘贴到首层平面图的对应位置；

(3) 在"图层"下拉列表中选择"辅助线"图层，将其关闭，如图14-9所示。

2. 绘制屋顶轮廓线

(1) 在"图层"下拉列表中选择"屋顶轮廓线"图层，将其设置为当前图层；然后，将屋顶平面图形转移到当前图层；

(2) 选择"偏移"命令，将室外地坪线向上偏移，偏移量为8600mm，得到屋顶最高处平脊的位置，如图14-10所示；

(3) 选择"直线"命令，由屋顶平面图形向立面图中引绘屋顶定位辅助线；然后，选择"修剪"命令，结合定位辅助线修剪如图14-10所示的平脊定位线，得到屋顶平脊线条；

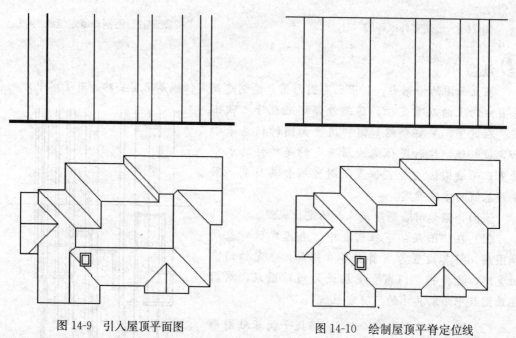

图14-9 引入屋顶平面图　　　　　　图14-10 绘制屋顶平脊定位线

(4) 选择"直线"命令，以屋顶最高处平脊线的两侧端点为起点，分别向两侧斜下方绘制垂脊，使每条垂脊与水平方向的夹角均为30°；

(5) 分析屋顶关系，并结合得到的屋脊交点，确定屋顶轮廓，如图14-11所示。

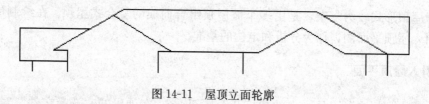

图14-11 屋顶立面轮廓

3. 绘制屋顶细部

A. 当双坡顶的平脊与立面垂直时，双坡屋顶细部绘制方法（以左边数第二个屋顶为例）：

(1) 选择"偏移"命令，以坡屋顶左侧垂脊为基准线，连续向右连续偏移，偏移量依次为 35mm、165mm、25mm 和 125mm；

(2) 绘制檐口线脚：

首先，选择"矩形"命令，自上而下依次绘制"矩形 1"、"矩形 2"、"矩形 3"和"矩形 4"，四个矩形的尺寸分别 810mm×120mm、1050mm×60mm、930mm×120mm 和 810mm×60mm；

接着，选择"移动"命令，调整四个矩形的位置关系，如图 14-12 所示；

然后，选择"矩形 1"图形，单击其右上角点，将该点激活（此时，该点呈红色），将鼠标水平向左移动，在命令行中输入"80"后，敲击回车键，完成拉伸操作；按照同样方法，将"矩形 3"的左上角点激活，并将其水平向左拉伸 120mm，如图 14-13 所示；

选择"移动"命令，以"矩形 2"左上角点为基点，将拉伸后所得图形，移动到屋顶左侧垂脊下端；

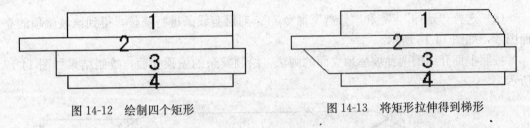

图 14-12 绘制四个矩形　　　　图 14-13 将矩形拉伸得到梯形

最后，选择"修剪"命令，修剪多余线条，完成檐口线脚的绘制，如图 14-14 所示；

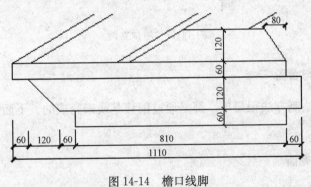

图 14-14 檐口线脚

(3) 选择"直线"命令，以该双坡屋顶的最高点为起点，绘制一条垂直辅助线；

(4) 选择"镜像"命令，将绘制的屋顶左半部分选中，作为镜像对象，以绘制的垂直辅助线为对称轴，通过镜像操作（不删除源对象）绘制屋顶的右半部分；

(5) 选择"修剪"命令，修整多余线条，得到该坡屋顶立面图形，如图 14-15 所示。

B. 当双坡顶的平脊与立面垂直时，坡屋顶细部绘制方法（以左边第一个屋顶为例）：

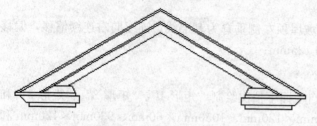

图 14-15 坡屋顶立面 A

图 14-16 坡屋顶立面 B

(1) 选择"偏移"命令，将坡屋顶最左侧垂脊线向右偏移，偏移量为 100mm；向上偏移该坡屋顶平脊线，偏移距离为 60mm；

(2) 选择"偏移"命令，以坡屋顶檐线为基准线，向下方连续偏移，偏移量依次为 60mm、120mm 和 60mm；

(3) 选择"偏移"命令，以坡屋顶最左侧垂脊线为基准线，向右连续偏移，每次偏移距离均为 80mm；

(4) 选择"延伸"和"修剪"命令，对已有线条进行修整，得到该坡屋顶的立面图形，如图 14-16 所示。

按照上面介绍的两种坡屋顶立面的画法，绘制其余的屋顶立面，绘制结果如图 14-17 所示。

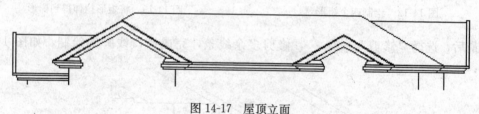

图 14-17 屋顶立面

14.2.4 绘制台基与台阶

台基和台阶的绘制方法很简单，都是通过偏移基线来完成的。下面分别介绍这两种构件的绘制方法。

1. 绘制台基与勒脚

(1) 在"图层"下拉列表中将"屋顶轮廓线"图层暂时关闭，并将"辅助线"图层重新打开；然后，选择"台阶"图层，将其设置为当前图层；

(2) 选择"偏移"命令，将室外地坪线向上偏移，偏移量为 600mm，得到台基线；然后，将台基线继续向上偏移，偏移量为 120mm，得到"勒脚线 1"；

(3) 再次选择"偏移"命令，将前面所绘的各条外墙定位线分别向墙体外侧偏移，偏移量为 60mm；然后选择"修剪"命令，修剪过长的墙线和台基线，如图 14-18 所示；

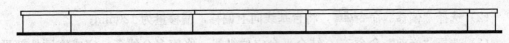

图 14-18 绘制台基

（4）按上述方法，绘制台基上方"勒脚线2"，勒脚高度为80mm，与外墙面之间的距离为30mm，如图14-19所示。

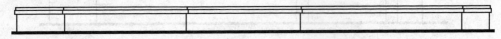

图 14-19 绘制勒脚

2. 绘制台阶

（1）在"图层"下拉列表中选择"台阶"图层，将其设置为当前图层；

（2）选择"阵列"命令 ，在弹出的"阵列"对话框中，选择"矩形阵列"，输入行数为5、列数为1、行偏移量为150、列偏移量为0；选择室外地坪线为"阵列对象"；然后，点击"确定"按钮，完成阵列操作，如图14-20所示。

（3）选择"修剪"命令 ，结合台阶两侧的定位辅助线，对台阶线条进行修剪，得到台阶图形，如图14-21所示。

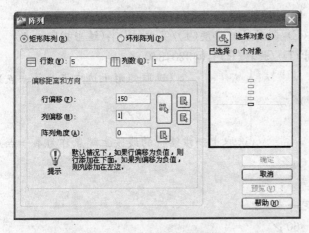

图 14-20 "阵列"对话框　　　　图 14-21 绘制台阶踏步

如图14-22所示为绘制完成的台基和台阶立面。

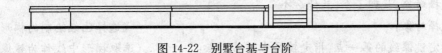

图 14-22 别墅台基与台阶

14.2.5 绘制立柱与栏杆

1. 绘制平台

（1）在"图层"下拉列表中选择"台阶"图层，将其设置为当前图层；

(2) 选择"偏移"命令，将台基线向上偏移，偏移量为 120mm；

(3) 选择"修剪"命令，结合平台定位纵线，修剪多余线条，完成客厅外部平台的绘制，如图 14-23 所示。

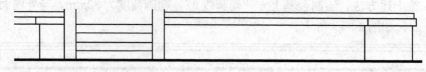

图 14-23　室外平台与台阶

2. 绘制立柱

在本别墅中，有三处设有立柱，即别墅的两个入口和车库大门处。其中，两个入口处的立柱样式和尺寸都是完全相同的；而车库柱尺度较大，在外观样式上也略有不同。

在本节，主要介绍别墅南面入口处立柱画法。

具体绘制方法为：

(1) 在"图层"下拉列表中选择"立柱"图层，将其设置为当前图层。

(2) 绘制柱基：立柱的柱基由一个矩形和一个梯形组成，如图 14-24 所示。矩形宽 320mm，高 840mm；梯形上端宽 240mm，下端宽 320mm，高 60mm。命令行提示与操作如下：

命令：_rectang
指定第一个角点或[倒角(C)/标高(E)/圆角(F)/厚度(T)/宽度(W)]:(适当指定一点)
指定另一个角点或[面积(A)/尺寸(D)/旋转(R)]:@320,840↙
命令：_line 指定第一点：　　　　　　　(选取矩形上边中点为第一点)
指定下一点或[放弃(U)]:@0,60↙
指定下一点或[放弃(U)]:↙
命令：_line 指定第一点：　　　　(选取上一步绘得的线段上端点作为第一点)
指定下一点或[放弃(U)]:@120,0↙
指定下一点或[放弃(U)]:↙
命令：_line 指定第一点:(适当指定一点)
指定下一点或[放弃(U)]:@40,-60↙
指定下一点或[放弃(U)]:↙　　　　(即连接矩形右上角顶点,得到梯形右侧斜边)
命令：MIRROR
选择对象:找到 1 个,总计 2 个
选择对象：　　　　　　　　　　　(选择已经绘制的梯形右半部)
指定镜像线的第一点:指定镜像线的第二点:　　(选取梯形中线作为镜像对称轴)
要删除源对象吗？[是(Y)/否(N)]<N>:↙　　(敲击回车键,即"不删除源对象")

(3) 绘制柱身：立柱柱身立面为矩形，宽 240mm，高 1350mm。选择"矩形"命令，绘制矩形柱身。

(4) 绘制柱头：立柱柱头由四个矩形和一个梯形组成，如图 14-25 所示。其绘制方法可参考柱基画法。

将柱基、柱身和柱头组合，得到完整的立柱立面，如图14-26所示。

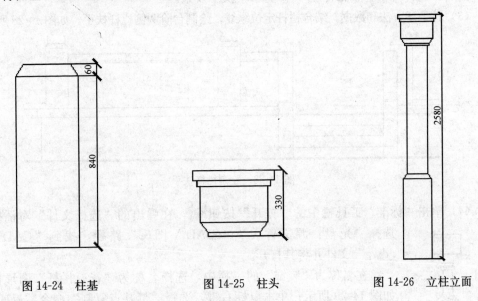

图14-24 柱基　　　　　图14-25 柱头　　　　　图14-26 立柱立面

（5）选择"创建块"命令，将所绘立柱图形定义为图块，命名为"立柱立面1"，并选择立柱基底中点作为插入点。

然后，选择"插入块"命令，结合立柱定位辅助线，将立柱图块插入立面图中相应位置，然后，选择"修剪"命令，修剪多余线条，如图14-27所示。

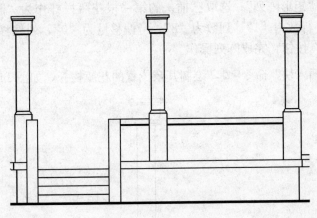

图14-27 插入立柱图块

3. 绘制栏杆

（1）单击"图层"工具栏中的"图层特性管理器"按钮，打开"图层特性管理器"对话框，创建新图层，将新图层命名为"栏杆"，并将其设置为当前图层。

（2）绘制水平扶手：扶手高度为100mm，其上表面距室外地坪线高度差为1470mm。

选择"偏移"命令，向上连续三次偏移室外地坪线，偏移量依次为1350mm、20mm和100mm，得到水平扶手定位线。

然后，选择"修剪"命令，修剪水平扶手线条。

（3）按上述方法和数据，结合栏杆定位纵线，绘制台阶两侧栏杆扶手，如图14-28所示。

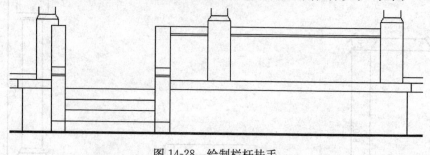

图14-28　绘制栏杆扶手

（4）单击"标准"工具栏中的"打开"按钮，在弹出的"选择文件"对话框中，选择"光盘：源文件 \ AutoCAD \ 图库"路径，找到"CAD图库.dwg"文件并将其打开。

在名称为"装饰"的一栏中，选择名称为"花瓶栏杆"图形模块，如图14-29所示；单击鼠标右键，选择"带基点复制"命令，返回立面图绘图区域。

（5）单击鼠标右键，选择"粘贴为块"命令，在水平扶手右端的下方位置插入第一根栏杆图形。

图14-29　花瓶栏杆

（6）选择"阵列"命令，弹出"阵列"对话框，在对话框中选择"矩形阵列"；选取已插入的第一根花瓶栏杆作为"阵列对象"，并设置行数为"1"、列数为"8"、行偏移量为"0"、列偏移量为"－250"；最后，点击"确定"按钮，完成阵列操作。

（7）选择"插入块"命令，绘制其余位置的花瓶栏杆，如图14-30所示。

图14-30　立柱与栏杆

14.2.6 绘制门窗

门和窗是建筑立面中的重要构件,在建筑立面的设计和绘制中,选用适合的门窗样式,可以使建筑的外观形象更加生动、更富有表现力。

在本别墅中,建筑门窗大多为平开式,还有少量百叶窗,主要起透气、通风的作用,如图 14-31 所示。

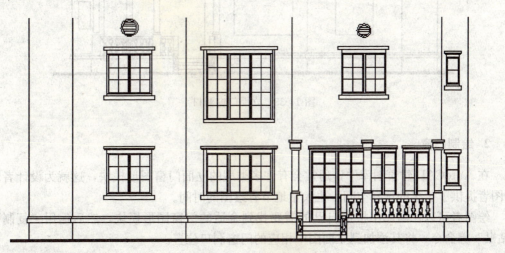

图 14-31 立面门窗

1. 绘制门窗洞口

(1) 在"图层"下拉列表中选择"门窗"图层,将其设置为当前图层。

(2) 选择"直线"命令 ✎,绘制立面门窗洞口的定位辅助线,如图 14-32 所示。

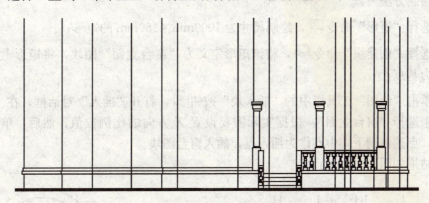

图 14-32 门窗洞口定位辅助线

(3) 根据门窗洞口的标高,确定洞口垂直位置和高度:选择"偏移"命令 ⟳,将室外地坪线向上偏移,偏移量依次为 1500mm、3000mm、4800mm 和 6300mm。

(4) 选择"修剪"命令 ⊹,修剪图中多余的辅助线条,完成门窗洞口的绘制,如图 14-33 所示。

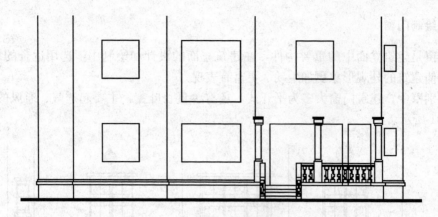

图 14-33 立面门窗洞口

2. 绘制门窗

在 AutoCAD 建筑图库中,通常会有许多类型的立面门窗图形模块,这就为设计者和绘图者提供了更多的选择空间,也大量地节省绘图的时间。

绘图者可以在图库中根据自己的需要找到合适的门窗图形模块,然后运用"复制"、"粘贴"等命令,将其添加到立面图中相应的门窗洞口位置。

具体绘制步骤可参考前面章节中介绍的图库使用方法。

3. 绘制窗台

在本别墅立面中,外窗下方设有 150mm 高的窗台。因此,外窗立面的绘制完成后,还要在窗下添加窗台立面。

具体绘制方法为:

(1) 选择"矩形"命令 ▢,绘制尺寸为 1000mm×150mm 的矩形;

(2) 选择"创建块"命令 ,将该矩形定义为"窗台立面"图块,将矩形上侧长边中点设置为基点;

(3) 单击"绘图"工具栏中的"插入块"按钮 ,打开"插入"对话框,在"名称"下拉列表中选择"窗台立面",根据实际需要设置 X 方向的比例数值;然后,单击"确定"按钮,点选窗洞下端中点作为插入点,插入窗台图块。

绘制结果如图 14-34 所示。

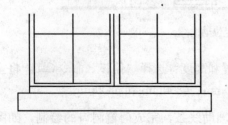

图 14-34 绘制窗台

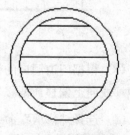

图 14-35 绘制百叶窗

4. 绘制百叶窗

(1) 选择"直线"命令，以别墅二层外窗的窗台下端中点为起点，向上绘制一条长度为 2410mm 的垂直线段；

(2) 选择"圆"命令，以线段上端点为圆心，绘制半径为 240mm 的圆；

(3) 选择"偏移"命令，将所得的圆形向外偏移 50mm，得到宽度为 50mm 的环形窗框；

(4) 选择"图案填充"命令，弹出"图案填充和渐变色"对话框，在图案列表中选择"LINE"作为填充图案、输入填充比例为 25、选择内部较小的圆为填充对象；然后，点击"确定"按钮，完成图案填充操作；

(5) 选择"删除"命令，删除垂直辅助线。

绘制的百叶窗图形，如图 14-35 所示。

14.2.7 完善细节

1. 绘制阳台

(1) 在"图层"下拉列表中选择"阳台"图层，将其设置为当前图层；

(2) 选择"直线"命令，由阳台平面向立面图引定位纵线；

(3) 阳台底面标高为 3.140m。选择"偏移"命令，将室外地坪线向上偏移，偏移量为 3740mm；然后，选择"修剪"命令，参照定位纵线修剪偏移线，得到阳台底面基线；

(4) 绘制栏杆：

首先，在"图层"下拉列表中选择"栏杆"图层，将其设置为当前图层；

选择"偏移"命令，将阳台底面基线向上连续偏移两次，偏移量分别为 150mm 和 120mm，得到栏杆基座；

选择"插入块"命令，在基座上方插入第一根栏杆图形，且栏杆中轴线与阳台右侧边线的水平距离为 180mm；

选择"阵列"命令，得到一组栏杆，相邻栏杆中心间距为 250mm，如图 14-36 所示；

(5) 在栏杆上添加扶手，扶手高度为 100mm，扶手与栏杆之间垫层为 20m 厚。具体做法参看本书 3.1.5 一节中栏杆扶手的画法。

绘制的阳台立面如图 14-36 所示。

2. 绘制烟囱

烟囱的立面形状很简单，它是由四个大小不一但垂直中轴线都在同一直线上的矩形组成的。

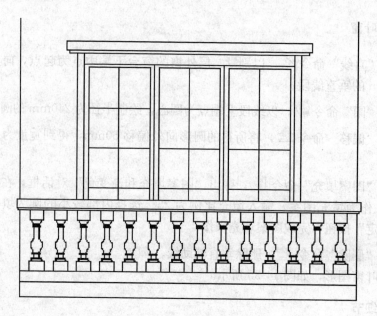

图 14-36 阳台立面

（1）在"图层"下拉列表中选择"屋顶轮廓线"图层，将其打开，使其保持为可见状态；然后，选择"烟囱"图层，将其设置为当前图层；

（2）选择"矩形"命令 ▭，由上至下依次绘制四个矩形，矩形尺寸分别为：750mm×450mm、860mm×150mm、780mm×40mm 和 750mm×1965mm；

（3）将绘得的四个矩形组合在一起，并将组合后的图形插入到立面图中相应的位置（该位置可由定位纵线结合烟囱的标高确定）；

（4）选择"修剪"命令 ⁄⁄，修剪多余的线条，得到如图 14-37 的烟囱立面。

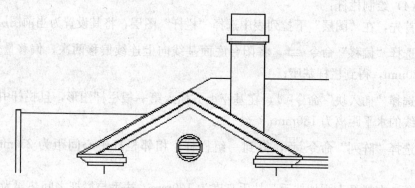

图 14-37 烟囱立面

3. 绘制雨篷

（1）单击"图层"工具栏中的"图层特性管理器"按钮 ⌸，打开"图层管理器"对话框，创建新图层，将新图层命名为"雨篷"，并将其设置为当前图层；

（2）选择"直线"命令 ∕，以阳台底面基线的左端点为起点，向左下方绘制一条与水平方向夹角为 30°的线段；

（3）结合标高，绘出雨篷檐口定位线以及雨篷与外墙水平交线位置；

（4）参考四坡屋顶檐口样式绘制雨篷檐口线脚；

（5）选择"镜像"命令，生成雨篷右侧垂脊与檐口（参见坡屋顶画法）；

（6）雨篷上部有一段短纵墙，其立面形状由两个矩形组成：上面的矩形尺寸为 340mm×810mm；下面的矩形尺寸为 240mm×100mm。选择"矩形"命令，依次绘制这两个矩形。

绘制的雨篷立面如图 14-38 所示。

图 14-38　雨篷立面

4. 绘制外墙面贴石

别墅外墙转角处均贴有石材装饰，由两种大小不同的矩形石上下交替排列。
具体绘制方法为：

（1）单击"图层"工具栏中的"图层特性管理器"按钮，打开"图层管理器"对话框，创建新图层，将新图层命名为"墙贴石"，并将其设置为当前图层。

（2）选择"矩形"命令，绘制两个矩形，其尺寸分别为 250mm×250mm 和 350mm×250mm；

然后，选择"移动"命令，使两个矩形的左侧边保持上下对齐，两个矩形之间的垂直距离为 20mm，如图 14-39 所示。

（3）选择"阵列"命令，弹出"阵列"对话框。在对话框中选择"矩形阵列"；并选择图 14-40 中所示的图形为"阵列对象"；输入行数为"10"、列数为"1"、行偏移量为"-540"、列偏移量为 0；然后，点击"确定"按钮，完成"阵列"操作。

（4）选择"创建块"命令，将阵列后得到的一组贴石图形定义为图块，命名为"贴石组"，并选择从上面数第一块贴石的左上角点作为图块插入点。

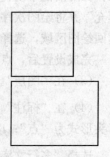

图 14-39　贴石单元

（5）选择"插入块"命令，在立面图中每个外墙转角处插入"贴石组"图块，如图 14-40 所示。

图 14-40 外墙面贴石

14.2.8 材料做法和标高标注

在绘制别墅的立面图时,通常要将建筑外表面基本构件的材料和做法用图形填充的方式表示出来,并配以文字说明;在建筑立面的一些重要位置应绘制立面标高。

1. 立面材料做法标注

下面以台基为例,介绍如何在立面图中表示建筑构件的材料和做法。

(1) 在"图层"下拉列表中选择"台阶"图层,将其设置为当前图层。

(2) 选择"图案填充"命令▨,打开"图案填充和渐变色"对话框,如图 14-41 所示,进行如下设置:单击"图案"下拉列表框右侧的按钮⋯,弹出如图 14-42 所示的"图案填充选项板"对话框,在"其他预定义"选项卡中选择"AR-BRELM"作为填充图案;在对话框中设置填充角度为 0,比例为 4;选择"使用当前原点"、"创建独立的图案填充"并将绘图次序设置为"置于边界之后";在边界栏中选择"添加:拾取点"按钮,返回绘图区域,选择立面图中的台基作为填充对象。

完成设置后,点击"确定"按钮,进行图案填充。填充结果如图 14-43 所示。

(3) 在"图层"下拉菜单中选择"文字"图层,将其设置为当前图层。

(4) 在"标注"下拉菜单中选择"多重引线"命令 ,设置引线箭头大小为 150,箭头形式为"点";以台基立面的内部点为起点,绘制水平引线。

选择"多行文字"命令 A,在引线左端添加文字,设置文字高度为 250,输入文字内容为"毛石基座",如图 14-44 所示。

2. 立面标高

具体绘制方法为:

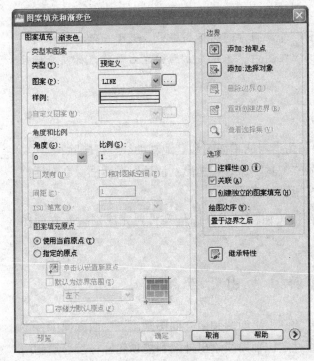

图 14-41 "图案填充和渐变色"对话框

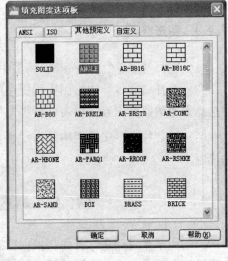

图 14-42 填充图案选项板

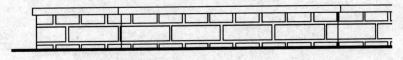

图 14-43 填充台基表面材料

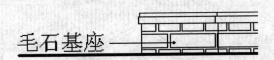

图 14-44 添加引线和文字

(1) 在"图层"下拉菜单中选择"标注"图层,将其设置为当前图层;
(2) 选择"插入块"命令 ,在立面图中的相应位置插入标高符号;
(3) 选择"多行文字"命令,在标高符号上方添加相应的标高数值。
别墅室内外地坪面标高如图 14-45 所示。

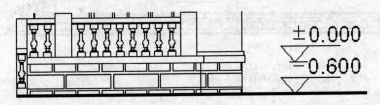

图 14-45 室内外地坪面标高

① 注意

立面图中的标高符号一般画在立面图形外,同方向的标高符号应大小一致排列在同一条铅垂线上。必要时为清楚起见,也可标注在图内。若建筑立面图左右对称,标高应标注在左侧,否则两侧均应标注。

14.2.9 图形整理

(1) 选择"删除"命令 ✐ ,将图中作为参考的平面图和其他辅助线进行删除;

(2) 选择"文件"→"绘图实用程序"→"工具"命令,弹出"清理"对话框。在对话框中选择无用的数据内容,单击"清理"按钮进行清理;

(3) 在"标准"工具栏中单击"保存"按钮 🗐 ,保存图形文件,完成别墅南立面图的绘制。

14.3 别墅西立面图的绘制

绘制的基本思路是:首先,根据已有的别墅平面图和南立面图画出别墅西立面中各主要构件的水平和垂直定位辅助线;然后通过定位辅助线绘出外墙和屋顶轮廓;接着绘制门窗以及其他建筑细部;最后,在绘制的立面图形中添加标注和文字说明,并清理多余的图形线条。下面就按照这个思路绘制别墅的西立面图(如图14-46所示)。

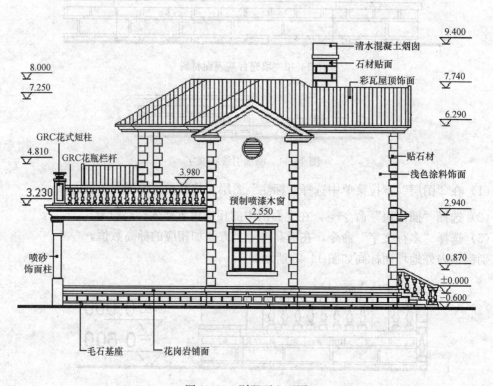

图14-46 别墅西立面图

14.3.1 绘图准备

1. 创建图形文件

打开已绘制的"别墅南立面图.dwg"文件,在"文件"下拉菜单中选择"另存为"命令,打开"图形另存为"对话框。在"文件名"下拉列表框中输入新的图形文件名称为"别墅西立面图.dwg",如图 14-47 所示;单击"保存"按钮,建立图形文件。

> **实讲实训**
> **多媒体演示**
> 多媒体演示参见配套光盘中的\\视频\第14章\别墅西立面图.avi。

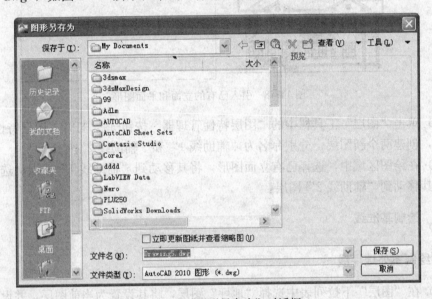

图 14-47 "图形另存为"对话框

2. 引入已知图形信息

(1) 在"标准"工具栏中单击"打开"按钮 ,打开已绘制的"别墅首层平面图.dwg"文件。在该图形文件中,单击"图层"工具栏中的"图层特性管理器"按钮 ,打开"图层管理器"对话框,关闭除"墙体""门窗"、"台阶"和"立柱"以外的其他图层;然后选择现有可见的平面图形,进行复制。

(2) 返回"别墅西立面图.dwg"的绘图界面,将复制的平面图形粘贴到已有的立面图形右上方区域。

(3) 选择"旋转"命令 ,将平面图形旋转 90°。

引入立面和平面图形的相对位置如图 14-48 所示,虚线矩形框内为别墅西立面图的基本绘制区域。

3. 清理图形元素

(1) 选择"文件"→"绘图实用程序"→"清理"命令,在弹出的"清理"对话框中,清理图形文件中多余的图形元素;

第 14 章 别墅建筑立面图绘制

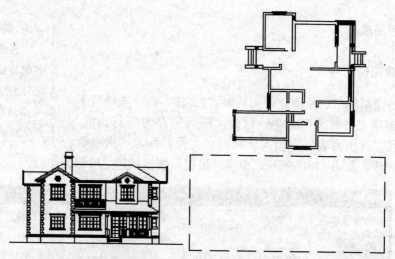

图 14-48 引入已有的立面和平面图形

（2）单击"图层"工具栏中的"图层特性管理器"按钮，打开"图层特性管理器"对话框，创建两个新图层，分别命名为"辅助线 1"和"辅助线 2"；

（3）在绘图区域中，选择已有立面图形，将其移动到"辅助线 1"图层；选择平面图形，将其移动到"辅助线 2"图层。

14.3.2 绘制基准线

1. 绘制室外地坪线

（1）在"图层"下拉列表中选择"地坪"图层，将其设置为当前图层，并设置该图层线宽为 0.30mm；

（2）选择"直线"命令，在南立面图中的室外地坪线的右侧延长线上绘制一条长度为 20000mm 的线段，作为别墅西立面的室外地坪线。

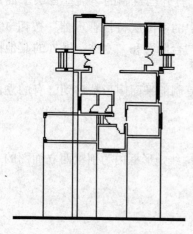

图 14-49 绘制室外地坪线与外墙定位线

2. 绘制外墙定位线

（1）在"图层"下拉列表中选择"外墙轮廓线"图层，将其设置为当前图层；

（2）选择"直线"命令，捕捉平面图形中的各外墙交点，向下绘制垂直延长线，得到墙体定位线，如图 14-49 所示。

3. 绘制屋顶轮廓线

（1）在平面图形的相应位置，引入别墅的屋顶平面图（具体做法参考前面介绍的平面图引入过程）；

（2）单击"图层"工具栏中的"图层特性管理器"按钮，打开"图层特性管理器"对话框，创建新图

层,将其命名为"辅助线3";然后,将屋顶平面图转移到"辅助线3"图层;

关闭"辅助线2"图层,并将"屋顶轮廓线"图层设置为当前图层;

(3)选择"直线"命令,由屋顶平面图和南立面图分别向所绘的西立面图引垂直和水平方向的屋顶定位辅助线,结合这两个方向的辅助线确定立面屋顶轮廓;

(4)绘制屋顶檐口及细部(参看本书2.1.3一节中屋顶的画法);

(5)选择"修剪"命令,根据屋顶轮廓线对外墙线进行修整,完成绘制。

绘制结果如图14-50所示。

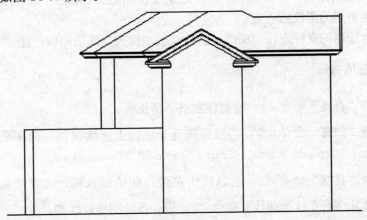

图14-50 绘制屋顶及外墙轮廓线

14.3.3 绘制台基和立柱

1. 绘制台基

台基的绘制可以采用两种方法:

第一种:利用偏移室外地坪线的方法绘制水平台基线(参看本书3.1.3一节中别墅南立面台基画法);

第二种:根据已有的平面和立面图形,依靠定位辅助线,确定台基轮廓。

绘制结果如图14-51所示。

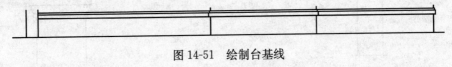

图14-51 绘制台基线

2. 绘制立柱

在本图中,有三处立柱,其中两入口处立柱尺度较小,而车库立柱则尺度更大些。此处仅介绍车库立柱的绘制方法。

(1)在"图层"下拉列表中选择"立柱"图层,将其设置为当前图层;

(2)绘制柱基:柱基由一个矩形和一个梯形组成,其中矩形宽400mm,高1050mm;梯形上端宽320mm,下端宽400mm,高为50mm。选择"矩形"命令,结合"拉伸"

操作，绘制柱基立面；

（3）绘制柱身：柱身立面为矩形宽 320mm，高 1600mm。选择"矩形"命令 ▢，绘制矩形柱身立面；

（4）绘制柱头：立柱柱头由四个矩形和一个梯形组成，选择"矩形" ▢ 命令结合"拉伸"操作，绘制柱头立面；

（5）将柱基、柱身和柱头组合，得到完整的立柱立面，如图 14-52 所示；

（6）选择"创建块"命令 ▦，将所绘立柱立面定义为图块，命名为"车库立柱"，选择柱基下端中点为图块插入点；

（7）结合绘制的立柱定位辅助线，将立柱图块插入立面图相应位置。

3. 绘制柱顶檐部

（1）选择"直线"命令 ／，绘制柱顶水平延长线；

（2）选择"偏移"命令 ▦，将绘得的延长线向上连续偏移，偏移量依次为 50mm、40mm、20mm、220mm、30mm、40mm、50mm 和 100mm；

（3）选择"直线"命令 ／，绘制柱头左侧边线的延长线；选择"偏移"命令 ▦，偏移该延长线并结合"样条曲线"命令 ∿，进一步绘制檐口线脚；

（4）选择"修剪"命令 ╱，修剪多余线条。

绘制结果如图 14-53 所示。

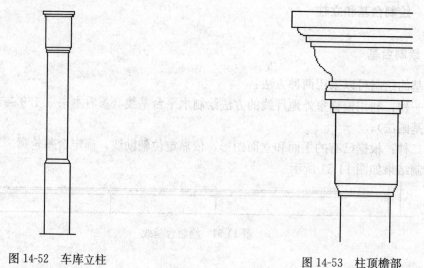

图 14-52　车库立柱　　　　　　图 14-53　柱顶檐部

14.3.4　绘制雨篷、台阶与露台

1. 绘制入口雨篷

在西立面中，可以看见南立面的雨篷一角，和北立面主入口雨篷的一部分，有必要将它们绘制出来。对于这两处雨篷，可以按照前面介绍过的雨篷画法进行绘制；也可以直接

从南立面已绘制的雨篷中截取形状相似的部分，经适当调整后插入本立面相应位置。下面以南侧的雨篷为例，介绍西立面中雨篷可见部分的绘制方法。

具体绘制方法为：

（1）在"图层"下拉列表中选择"雨篷"图层，将其设置为当前图层；

（2）结合平面图和雨篷标高确立雨篷位置，即雨篷檐口距地坪线垂直距离为2700mm，且雨篷可见伸出长度为220mm；

（3）从左侧南立面图中选择雨篷右檐部分，进行复制，并选择其最右侧端点为复制的基点；将其粘贴到西立面图中已确定的雨篷位置；

（4）选择"修剪"命令 ，对多余线条进行修剪，完成雨篷绘制，如图 14-54 所示。

按照同样方法绘制北侧雨篷，如图 14-55 所示。

2. 绘制台阶侧立面

此处台阶指的是别墅南面入口处的台阶，其正立面形象参见图 14-28。台阶共四级踏步，两侧有花瓶栏杆。在西立面图中，该台阶侧面可见，如图 14-56 所示。因此，这里介绍的是台阶侧立面的绘制方法。

（1）在"图层"下拉列表中选择"台阶"图层，将其设置为当前图层；

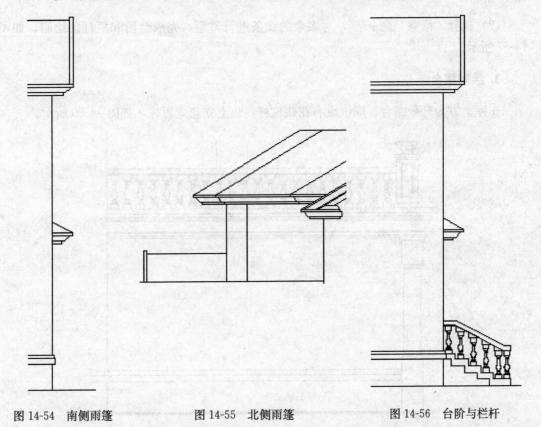

图 14-54　南侧雨篷　　　　图 14-55　北侧雨篷　　　　图 14-56　台阶与栏杆

（2）选择"直线" 和"偏移"命令 ，结合由平面图引入的定位辅助线，绘制台阶踏步侧面，如图 14-57 所示；

（3）选择"矩形"命令 ▭，在每级踏步上方绘制宽 390mm、高 150mm 的栏杆基座；选择"修剪"命令 ⊬，修剪基座线条，如图 14-58 所示；

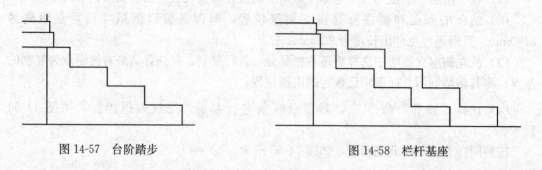

图 14-57　台阶踏步　　　　　　　　　图 14-58　栏杆基座

（4）选择"插入块"命令 ⊡，在"名称"下拉菜单中选择"花瓶栏杆"，在栏杆基座上插入花瓶栏杆；

（5）选择"直线"命令 ╱，连接每根栏杆右上角端点，得到扶手基线；

（6）选择"偏移"命令 ⊂，将扶手基线连续向上偏移两次，偏移量分别为 20mm 和 100mm；

（7）选择"修剪"命令 ⊬，对多余的线条进行整理，完成台阶和栏杆的绘制，如图 14-57 所示。

3. 绘制露台

车库上方为开敞露台，周围设有花瓶栏杆，角上立花式短柱，如图 14-59 所示。

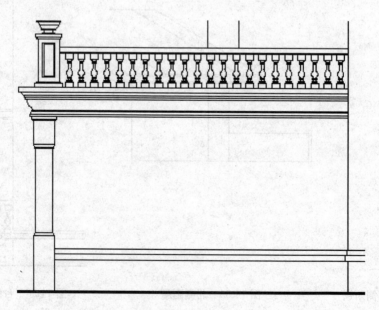

图 14-59　露台立面

具体绘制方法为：

（1）在"图层"下拉列表中选择"露台"图层，将其设置为当前图层；

（2）绘制底座：选择"偏移"命令，将车库檐部顶面水平线向上偏移，偏移量为30mm，作为栏杆底座；

（3）绘制栏杆：选择"插入块"命令，在"名称"下拉菜单中选择"花瓶栏杆"，在露台最右侧距离别墅外墙150mm处，插入第一根花瓶栏杆；

选择"阵列"命令，弹出"阵列"对话框，在对话框中选择"矩形阵列"；设置行数为"1"、列数为"22"、列偏移量为"－250"，并在图中选取上一步插入的花瓶栏杆作为阵列对象；然后，点击"确定"按钮，完成一组花瓶栏杆的绘制；

（4）绘制扶手：选择"偏移"命令，将栏杆底座基线向上连续偏移，偏移量分别为630mm、20mm和100mm；

（5）绘制短柱：打开CAD图库，在图库中选择"花式短柱"图形模块，如图14-60所示。对该图形模块进行适当尺度调整后，将其插入露台栏杆左侧位置，完成露台立面的绘制。

图14-60 花式短柱

14.3.5 绘制门窗

在别墅西立面中，需要绘制的可见门窗有两处：一处为1800mm×1800mm的矩形木质旋窗，如图14-61所示；另一处为直径800mm的百叶窗，如图14-62所示。

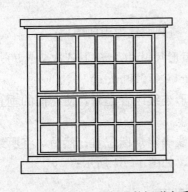

图14-61 1800mm×1800mm的矩形木质旋窗

图14-62 直径800mm的百叶窗

绘制立面门窗的方法，在前面已经有详细的介绍。因此，这里不再详述每一个绘制细节，只介绍一下立面门窗绘制的一般步骤：

（1）通过已有平面图形绘制门窗洞口定位辅助线，确立门窗洞口位置；

（2）打开CAD图库，选择合适的门窗图形模块进行复制，将其粘贴到立面图中相应的门窗洞口位置；

（3）删除门窗洞口定位辅助线；

（4）在外窗下方绘制矩形窗台，完成门窗绘制。

别墅西立面门窗绘制结果，如图14-63所示。

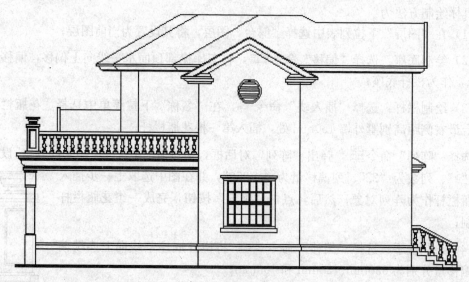

图 14-63　绘制立面门窗

14.3.6　完善细节

1. 绘制烟囱

在别墅西立面图中，烟囱的立面外形仍然是由四个大小不一但垂直中轴线都在同一直线上的矩形组成的，但由于观察方向的变化，烟囱可见面的宽度与南立面图中有所不同。

具体绘制方法为：

（1）在"图层"下拉列表中选择"烟囱"图层，将其设置为当前图层；

（2）选择"矩形"命令 ▭，绘制四个矩形，矩形尺寸由上至下依次为：900mm×450mm、1010mm×150mm、930mm×40mm 和 900mm×1020mm；

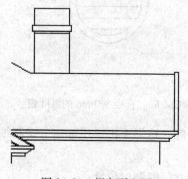

（3）将四个矩形连续组合起来，使它们的垂直中轴线都在同一条直线上；

（4）绘制定位线确定烟囱位置；然后，将所绘烟囱图形插入立面图中，如图 14-64 所示。

2. 绘制外墙面贴石

（1）在"图层"下拉列表中选择"墙贴石"图层，将其设置为当前图层；

图 14-64　烟囱西立面

（2）选择"插入块"命令 ▭，在立面图中每个外墙转角处插入"贴石组"图块，如图 14-65 所示。

14.3.7　材料做法和标高标注

在本立面图中，文字和标高的样式依然沿用南立面图中所使用的样式，标注方法也与前面介绍的基本相同。

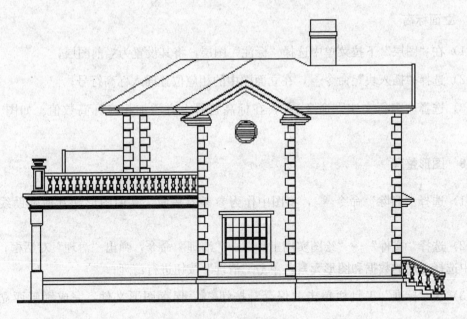

图 14-65　墙面贴石

1. 立面材料做法标注

(1) 选择"图案填充"命令 ▨，用不同图案填充效果表示建筑立面各部分材料和做法；

(2) 在"标注"下拉菜单中选择"多重引线"命令 ⚲，绘制标注引线；

(3) 选择"多行文字"命令 A，在引线一端添加文字说明。

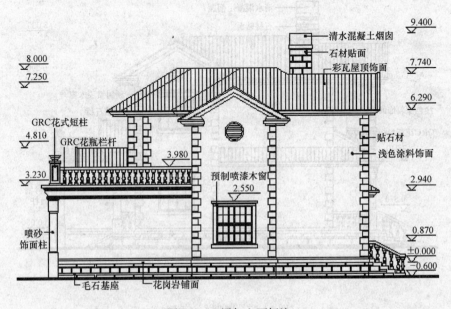

图 14-66　添加立面标注

2. 立面标高

（1）在"图层"下拉菜单中选择"标注"图层，将其设置为当前图层；

（2）选择"插入块"命令，在立面图中的相应位置插入标高符号；

（3）选择"多行文字"命令 A，在标高符号上方添加相应标高数值。如图 14-66 所示。

14.3.8 图形整理

（1）选择"删除"命令，将图中作为参考的平面、立面图形和其他辅助线进行删除；

（2）选择"文件"→"绘图实用工具"→"清理"命令，弹出"清理"对话框；在对话框中选择无用的数据和图形元素，单击"清理"按钮进行清理；

（3）在"标准"工具栏单击"保存"按钮，保存图形文件，完成别墅西立面图绘制。

14.4 别墅东立面图和北立面图的绘制

图 14-67 和图 14-68 为别墅的东、北立面图。读者可参考前面介绍的建筑立面图绘制方法，绘制这两个方向的立面图。

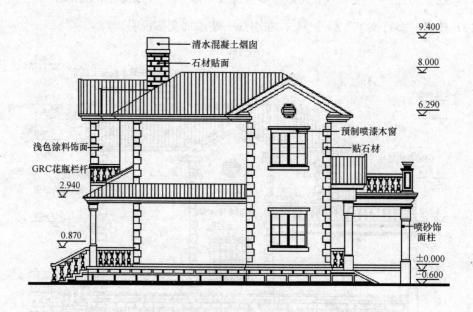

图 14-67　别墅东立面图

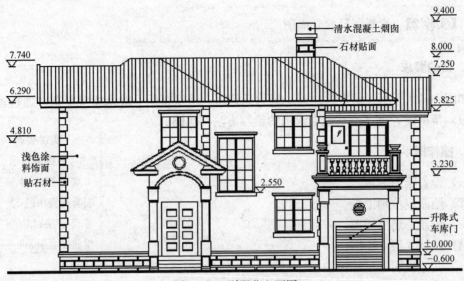

图 14-68 别墅北立面图

14.5 上机实验

 【实验1】 绘制别墅南立面图

1. 目的要求

如图 14-69 所示,别墅的南面一般为其正面,所以布局一般相对复杂。通过本实验的练习,帮助读者初步掌握立面图的绘制方法与思路。

2. 操作提示

(1) 设置绘图参数。
(2) 绘制定位辅助线。
(3) 绘制一层立面图。
(4) 绘制二层立面图。
(5) 文字说明和标注。

实讲实训
多媒体演示

多媒体演示参见配套光盘中的\\参考视频\第14章\别墅南立面图.avi。

图 14-69 南立面图

【实验 2】 绘制别墅北立面图

1. 目的要求

如图 14-70 所示,别墅的北面一般为其背面,所以布局一般也相对复杂。通过本实验的练习,帮助读者进一步掌握立面图的绘制方法与思路。

2. 操作提示

(1) 设置绘图参数。
(2) 绘制定位辅助线。
(3) 绘制一层立面图。
(4) 绘制二层立面图。
(5) 文字说明和尺寸标注。

> **实讲实训 多媒体演示**
> 多媒体演示参见配套光盘中的\\参考视频\第14章\别墅北立面图.avi。

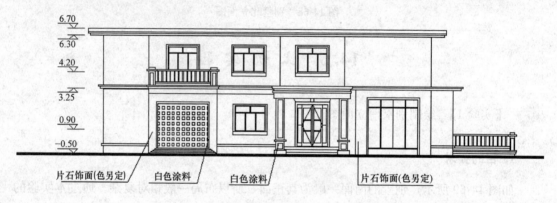

图 14-70 北立面图

【实验 3】 绘制别墅西立面图

1. 目的要求

如图 14-71 所示,别墅的西面一般为其侧面,所以布局一般以窗和栏杆为主。通过本实验的练习,帮助读者深入掌握立面图的绘制方法与思路。

2. 操作提示

(1) 设置绘图参数。
(2) 绘制定位辅助线。
(3) 绘制一层立面图。
(4) 绘制二层立面图。
(5) 文字说明和尺寸标注。

> **实讲实训 多媒体演示**
> 多媒体演示参见配套光盘中的\\参考视频\第14章\别墅西立面图.avi。

西立面图

图 14-71 西立面图

 【实验 4】 绘制别墅东立面图

1. 目的要求

如图 14-72 所示,别墅的东面一般为其反侧面,所以布局一般以窗为主,相对简单。通过本实验的练习,帮助读者全面掌握立面图的绘制方法与思路。

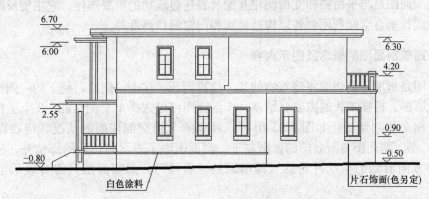

东立面图

图 14-72 东立面图

2. 操作提示

（1）设置绘图参数。
（2）绘制定位辅助线。
（3）绘制一层立面图。
（4）绘制二层立面图。
（5）文字说明和尺寸标注。

实讲实训
多媒体演示

多媒体演示参见配套光盘中的\\参考视频\第14章\别墅东立面图.avi。

第 15 章 建筑剖面图绘制

建筑剖面图主要反映建筑物的结构形式、垂直空间利用、各层构造做法和门窗洞口高度等。本章以低层商住楼和别墅剖面图为例,详细论述建筑剖面图的 CAD 绘制方法与相关技巧。

学习要点

建筑剖面图绘制概述
低层商住楼剖面图绘制
某别墅剖面图绘制

15.1 建筑剖面图绘制概述

建筑剖面图是与平面图和立面图相互配合表达建筑物的重要图样,它主要反映建筑物的结构形式、垂直空间利用、各层构造做法和门窗洞口高度等。

15.1.1 建筑剖面图的概念及图示内容

剖面图是指用一剖切面将建筑物的某一位置剖开,移去一侧后,剩下的一侧沿剖视方向的正投影图。根据工程的需要,绘制一个剖面图可以选择 1 个剖切面、2 个平行的剖切面或 2 个相交的剖切面,如图 15-1 所示。对于两个相交剖切面的情况,应在图中注明"展开"二字。剖面图与断面图的区别在于:剖面图除了表示剖切到的部位外,还应表示出在投射方向看到的构配件轮廓(即所谓的"看线");而断面图只需要表示剖切到的部位。

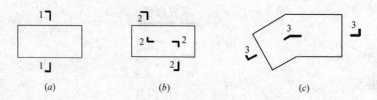

图 15-1 剖切面形式
(a) 1 个剖切面;(b) 2 个平行剖切面;(c) 2 个相交剖切面

对于不同的设计深度,图示内容也有所不同。

方案阶段重点在于表达剖切部位的空间关系、建筑层数、高度、室内外高度差等。剖面图中应注明室内外地坪标高、楼层标高、建筑总高度(室外地面至檐口)、剖面标号、比例或比例尺等。如果有建筑高度控制，还需标明最高点的标高。

初步设计阶段需要在方案图基础上增加主要内外承重墙、柱的定位轴线和编号，更加详细、清晰、准确地表达出建筑结构、构件（剖切到的或看到的墙、柱、门窗、楼板、地坪、楼梯、台阶、坡道、雨篷、阳台等）本身及相互关系。

施工阶段在优化、调整和丰富初设图的基础上，图示内容最为详细。一方面是剖切到的和看到的构配件图样准确、详尽、到位，另一方面是标注详细。除了标注室内外地坪、楼层、屋面突出物、各构配件的标高外，还需要标注竖向尺寸和水平尺寸。竖向尺寸包括外部 3 道尺寸（与立面图类似）和内部地坑、隔断、吊顶、门窗等部位的尺寸；水平尺寸包括两端和内部剖切到的墙、柱定位轴线间的尺寸及轴线编号。

15.1.2　剖切位置及投射方向的选择

根据规定，剖面图的剖切部位应根据图纸的用途或设计深度，选择空间复杂、能反映建筑全貌、构造特征以及有代表性的部位。

投射方向一般宜向左、向上，当然也要根据工程情况而定。剖切符号在底层平面图中，短线指向为投射方向。剖面图编号标注在投射方向那侧，剖切线若有转折，应在转角的外侧加注与该符号相同的编号。

15.1.3　建筑剖面图绘制的一般步骤

建筑剖面图一般在平面图、立面图的基础上，并参照平、立面图进行绘制。剖面图绘制的一般步骤如下：

（1）绘图环境设置。
（2）确定剖切位置和投射方向。
（3）绘制定位辅助线，包括墙、柱定位轴线、楼层水平定位辅助线及其他剖面图样的辅助线。
（4）剖面图样及看线绘制，包括剖切到的和看到的墙柱、地坪、楼层、屋面、门窗（幕墙）、楼梯、台阶及坡道、雨篷、窗台、窗楣、檐口、阳台、栏杆、各种线脚等。
（5）配景，包括植物、车辆、人物等。
（6）尺寸、文字标注。

15.2　某低层商住楼剖面图绘制

本节继续以商住楼剖面图的绘制为例，进一步深入讲解剖面图的绘制方法与技巧。

根据商住楼方案的情况，选择 1-1 和 2-2 剖切位置。1-1 剖切位置为住宅楼楼梯间。2-2 剖切位置为商场楼楼梯间。

> **实讲实训**
> **多媒体演示**
>
> 多媒体演示参见配套光盘中的\\视频\\第15章\\低层商住楼 1-1 剖面图.avi。

15.2.1　1-1 剖面图绘制

1. 设置绘图环境

（1）用 LIMITS 命令，设置图幅：42000×29700。
（2）调用 LAYER 命令，创建"剖面"图层。

2. 绘制定位辅助线

(1) 打开"图层"工具栏，选择图层特性管理器图标；打开"图层特性管理器"对话框，将当前图层设置为"剖面"图层。

(2) 复制一层平面图、三层平面图和南立面图，调用"直线"命令，在立面图左侧同一水平线上绘制室外地平线位置。然后，采用与绘制立面图定位辅助线相同的方法绘制出剖面图的定位辅助线，结果如图 15-2 所示。

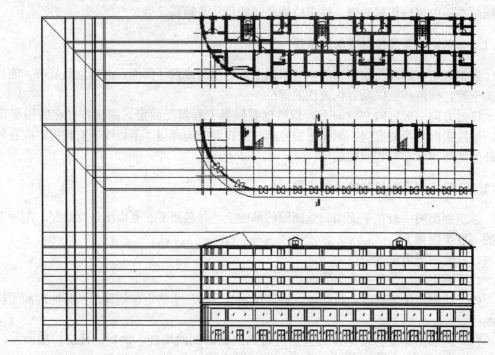

图 15-2 绘制定位辅助线

3. 绘制室外地平线

调用"直线"命令和"偏移"命令，根据平面图中的室内外标高，确定室内外地平线的位置，室内外高度差为 100。然后，将直线设置为粗实线，结果如图 15-3 所示。

4. 绘制墙线

调用"直线"命令，根据定位直线绘制墙线，并将墙线线宽设置为 0.3。结果如图 15-4 所示。

5. 绘制一层楼板

(1) 调用"偏移"命令，根据楼层层高，将室内地平线向上偏移 3600，得到一层楼板的顶面，然后将偏移后的直线依次向下偏移 100 和 600。

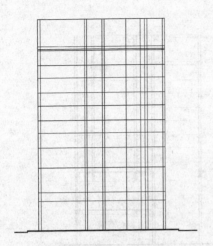
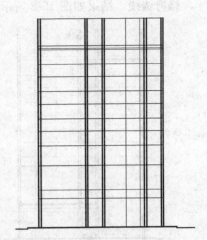

图 15-3 绘制室外地平线　　　　　图 15-4 绘制墙线

(2) 调用"修剪"命令，将偏移后的直线进行修剪，得到一层楼板轮廓。

(3) 调用"图案填充"命令，将楼板层用 SOLID 图案进行填充，结果如图 15-5 所示。

6. 绘制二层楼板和屋檐

重复调用上述命令，绘制二层楼板，并利用"直线"命令、"修剪"命令和"图案填充"命令，绘制屋檐。结果如图 15-6 所示。

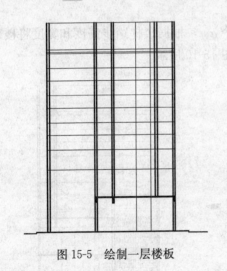

图 15-5 绘制一层楼板　　　　　图 15-6 绘制二层楼板和屋檐

7. 绘制一、二层门窗

(1) 调用"直线"命令、"修剪"命令和"多线"命令，绘制一层门窗，结果如图 15-7 所示。

(2) 调用"复制"命令，将一层门窗复制到二层相应的位置，并调用"修剪"命

令 , 修剪墙线, 结果如图 15-8 所示。

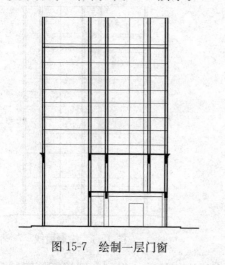

图 15-7 绘制一层门窗

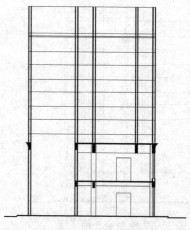

图 15-8 绘制二层门窗

8. 绘制一、二层楼梯

一层层高 3.6m, 二层层高 3.9m, 将一、二层楼梯分为 5 段, 每段楼梯设 9 级台阶, 踏步高度为 167mm, 宽度为 260mm。

(1) 绘制定位直线。调用"偏移"命令 , 将楼梯间左侧的内墙线分别向右偏移 1080 和 1280, 将楼梯间右侧的内墙线分别向左偏移 1100 和 1300 距离。将室内地平线在高度方向上连续偏移 5 次, 间距为 1500, 并将偏移后的直线线型设置为细线, 结果如图 15-9 所示。

(2) 绘制定位网格线。调用"直线"命令 , 根据楼梯踏步高度和宽度将楼梯定位直线等分, 绘制出踏步定位网格线, 结果如图 15-10 所示。

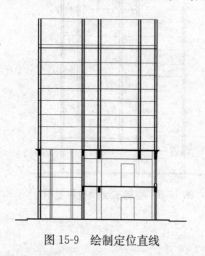

图 15-9 绘制定位直线

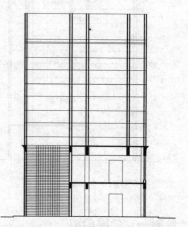

图 15-10 绘制楼梯定位网格线

(3) 绘制平台板和平台梁。调用"直线"命令 和"矩形"命令 , 根据定位网格线绘制出平台板及平台梁, 平台板高 100mm, 平台梁高 400mm, 宽 200mm, 结果如图 15-11 所示。

(4) 绘制梯段。调用"直线"命令和"多段线"命令，根据定位网格线，绘制出楼梯梯段。结果如图 15-12 所示。

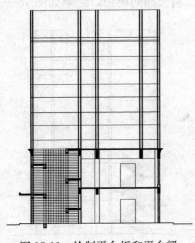

图 15-11 绘制平台板和平台梁

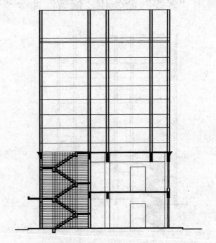

图 15-12 绘制梯段

(5) 图案填充。调用"删除"命令，删除定位网格线，调用"图案填充"命令，将剖切到的梯段层用 SOLID 图案进行填充，结果如图 15-13 所示。

(6) 绘制扶手。扶手高度为 1100mm，调用"直线"命令，从踏步中心出发绘制两条高度为 1100mm 的直线，确定栏杆的高度，然后调用"构造线"命令，绘制出栏杆扶手的上轮廓。调用"偏移"命令，将构造线向下偏移 50，调用"修剪"命令和"直线"命令，绘制楼梯扶手转角，结果如图 15-14 所示。

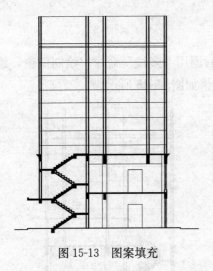

图 15-13 图案填充

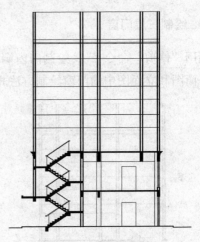

图 15-14 绘制楼梯扶手

(7) 绘制栏杆。调用"矩形"命令，绘制栏杆下轮廓，调用"直线"命令，绘制栏杆的立杆，然后调用"复制"命令，复制绘制好的栏杆到合适位置，完成栏杆的绘制，结果如图 15-15 所示。

9. 绘制二层楼梯间窗户

调用"多线"命令和"修剪"命令，绘制二层楼梯间窗户，结果如图 15-16 所示。

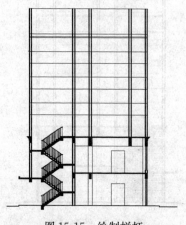

图 15-15　绘制栏杆

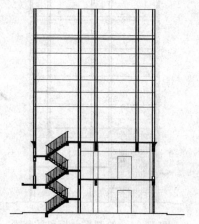

图 15-16　绘制二层楼梯间窗户

10. 绘制三层楼板

（1）调用"偏移"命令，根据楼层层高，将二层楼板向上偏移 2800，得到三层楼板；然后，将楼板底面线依次向下偏移 120 和 300。

（2）调用"修剪"命令，将偏移后的直线进行修剪，得到三层楼板轮廓。

（3）调用"图案填充"命令，将楼板层用 SOLID 图案进行填充，结果如图 15-17 所示。

11. 绘制三层门窗

调用"修剪"命令，绘制门窗洞口，然后调用"多线"命令，绘制门窗，绘制方法与平面图和立面图中的门窗绘制方法相同。结果如图 15-18 所示。

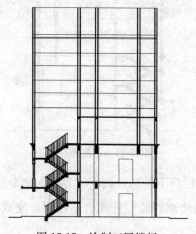

图 15-17　绘制三层楼板

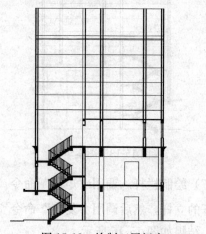

图 15-18　绘制三层门窗

12. 绘制四～六层楼板和门窗

调用"复制"命令,将三层楼板和门窗复制到四～六层相应的位置,并作相应的修改,结果如图 15-19 所示。

13. 绘制四～六层楼梯

四～六层层高为 2.8m,各层楼梯分为两段等跑,每段楼梯设 9 级台阶,踏步高度为 156mm,宽度为 260mm。

(1) 绘制定位网格线。调用"偏移"命令和"直线"命令,绘制出踏步定位网格线,结果如图 15-20 所示。

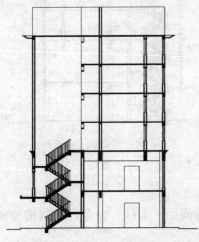

图 15-19 绘制四～六层楼板和门窗

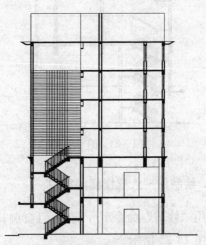

图 15-20 绘制定位网格线

(2) 绘制平台板和平台梁。调用"直线"命令和"矩形"命令,根据定位网格线,绘制出平台板及平台梁,结果如图 15-21 所示。

(3) 绘制梯段。调用"直线"命令和"多段线"命令,根据定位网格线,绘制出楼梯梯段,结果如图 15-22 所示。

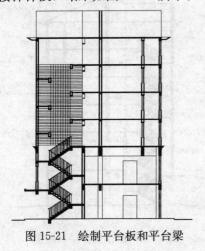

图 15-21 绘制平台板和平台梁

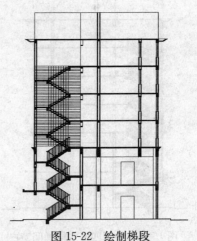

图 15-22 绘制梯段

(4)图案填充。调用"删除"命令，删除定位网格线，调用"图案填充"命令，将剖切到的梯段层用 SOLID 图案进行填充，结果如图 15-23 所示。

(5)绘制扶手和栏杆。调用"偏移"命令、"矩形"命令和"复制"命令，绘制扶手和栏杆，结果如图 15-24 所示。

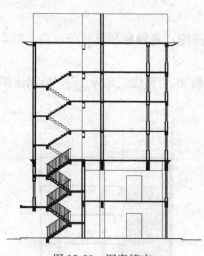

图 15-23 图案填充

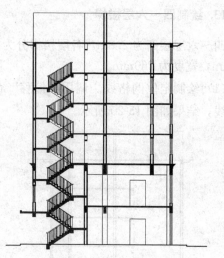

图 15-24 绘制扶手和栏杆

14. 绘制四～六层楼梯间窗户

调用"修剪"命令，绘制门窗洞口，然后调用"多线"命令，绘制楼梯间窗户，结果如图 15-25 所示。

15. 绘制隔热层和屋顶

调用"直线"命令、"偏移"命令、"圆"命令和"图案填充"命令，绘制隔热层和屋顶，结果如图 15-26 所示。

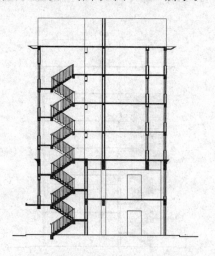

图 15-25 绘制四～六楼梯间窗户

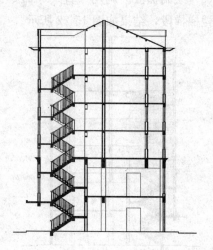

图 15-26 绘制隔热层和屋顶

16. 绘制隔热层窗户

调用"多线"命令，绘制隔热层窗户，结果如图15-27所示。

17. 文字说明和尺寸标注

（1）调用"线性标注"命令 ┌┐、"连续标注"命令 ┠┨ 和"多行文字" A 命令，标注楼梯尺寸，结果如图15-28所示。

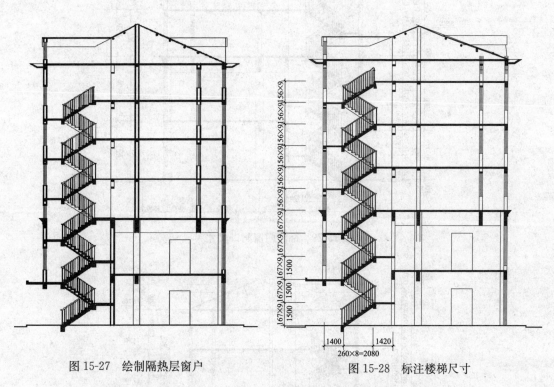

图 15-27　绘制隔热层窗户　　　　　图 15-28　标注楼梯尺寸

（2）重复调用上述命令，标注门窗洞口尺寸，结果如图15-29所示。

（3）调用"线性标注"命令 ┌┐、"连续标注"命令 ┠┨ 和"多行文字" A 命令，标注层高尺寸、总体长度尺寸和标高，结果如图15-30所示。

（4）调用"圆"命令 ⊘、"多行文字"命令 A，和"复制"命令 ○○，进行轴线号标注和文字说明。最终完成1-1剖面图的绘制，结果如图15-31所示。

15.2.2　2-2剖面图绘制

1. 设置绘图环境

（1）用LIMITS命令设置图幅：42000×29700。

（2）调用LAYER命令，创建"剖面"图层。

> **实讲实训**
> **多媒体演示**
> 多媒体演示参见配套光盘中的\\视频\第15章\低层商住楼 2-2 剖面图.avi。

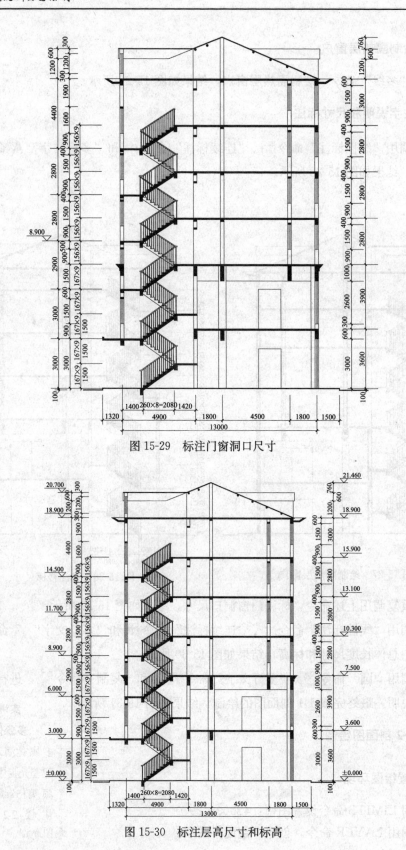

图 15-29 标注门窗洞口尺寸

图 15-30 标注层高尺寸和标高

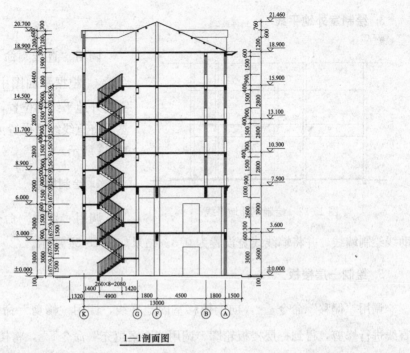

图 15-31　1-1 剖面图

2. 绘制定位辅助线

（1）打开"图层"工具栏，选择图层特性管理器图标 ，打开"图层特性管理器"对话框，将当前图层设置为"剖面"图层。

（2）复制一层平面图和南立面图，调用"直线"命令 ，在立面图左侧同一水平线上绘制室外地平线。然后，采用与绘制立面图定位辅助线相同的方法绘制出剖面图的定位辅助线，结果如图 15-32 所示。

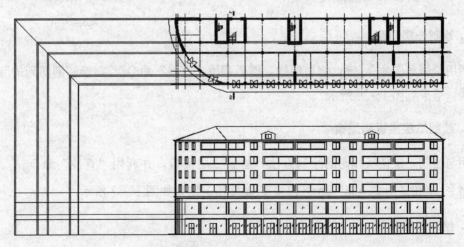

图 15-32　绘制定位辅助线

3. 绘制室外地平线

调用"直线"命令和"偏移"命令，根据平面图中的室内外标高确定室内外地平线的位置，室内外高差为100。然后将直线线型设置为粗实线，结果如图15-33所示。

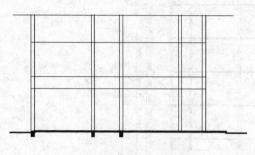

图15-33 绘制室外地平线

4. 绘制墙线

调用"直线"命令，根据定位辅助线绘制墙线，并将墙线线宽设置为0.3。结果如图15-34所示。

5. 绘制一层楼板

调用"偏移"命令，向上偏移室内地平线，调用"修剪"命令，将偏移后的直线进行修剪，得到一层楼板轮廓。调用"图案填充"命令，将楼板层用SOLID图案进行填充，结果如图15-35所示。

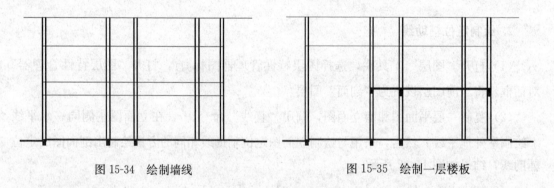

图15-34 绘制墙线　　　　　图15-35 绘制一层楼板

6. 绘制一层门窗

调用"修剪"命令，修剪墙线，然后调用"直线"命令，绘制剖切到的墙及门窗边线。结果如图15-36所示。

7. 绘制二层楼板和屋檐

用与绘制一层楼板相同的绘制方法，绘制二层楼板，并利用"直线"命令、"修剪"命令和"图案填充"命令，绘制屋檐。结果如图15-37所示。

8. 绘制二层门窗

调用"修剪"命令，修剪墙线，调用"直线"命令，绘制剖切到的墙及门窗

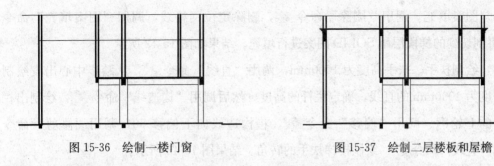

图 15-36 绘制一楼门窗　　　　图 15-37 绘制二层楼板和屋檐

边线,然后调用"多线"命令,绘制窗户。结果如图 15-38 所示。

9. 绘制楼梯

一层层高为 3.6m,将楼梯分为两段等跑,每段楼梯设 11 级台阶,踏步高度为 163.6mm,宽度为 260mm。

(1) 绘制定位网格线。调用"偏移"命令 ⌧ ,将楼梯间左侧的外墙线向右偏移 2000,调用"直线"命令 ⌧ ,根据楼梯踏步高度和宽度,将楼梯定位辅助线等分,绘制出踏步定位网格。结果如图 15-39 所示。

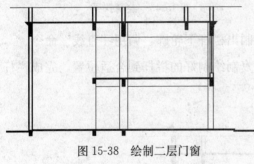

图 15-38 绘制二层门窗　　　　图 15-39 绘制定位网格线

(2) 绘制平台板和平台梁。调用"直线"命令 ⌧ 和"矩形"命令 □ ,根据定位网格线,绘制出平台板及平台梁,平台板高 100mm,左侧平台梁高 400mm,宽 200mm,其余平台梁高 400mm,宽 240mm。结果如图 15-40 所示。

(3) 绘制梯段。调用"直线"命令 ⌧ 和"多段线"命令 ⌧ ,根据定位网格线,绘制出楼梯梯段。结果如图 15-41 所示。

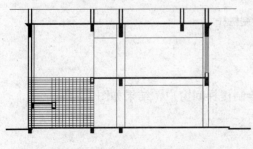
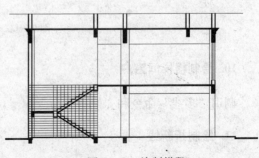

图 15-40 绘制平台板和平台梁　　　　图 15-41 绘制梯段

(4) 图案填充。调用"删除"命令，删除定位网格线，调用"图案填充"命令，将剖切到的梯段层用 SOLID 图案进行填充。结果如图 15-42 所示。

(5) 绘制扶手。扶手高度为 1000mm，调用"直线"命令，从踏步中心出发绘制两条高度为 1000mm 的直线，确定栏杆的高度，然后调用"构造线"命令，绘制出栏杆扶手的上轮廓。调用"偏移"命令，将构造线向下偏移 50，调用"修剪"命令和"直线"命令，绘制楼梯扶手的转角。结果图 15-43 所示。

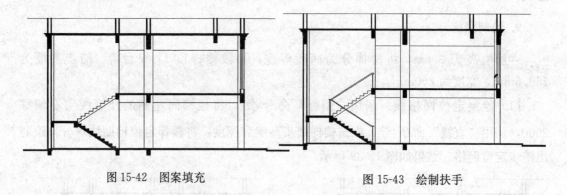

图 15-42　图案填充　　　　　图 15-43　绘制扶手

(6) 绘制栏杆。调用"矩形"命令，绘制出栏杆下轮廓，调用"直线"命令，绘制栏杆的立杆，然后调用"复制"命令，复制绘制好的栏杆到合适位置，完成栏杆的绘制。结果如图 15-44 所示。

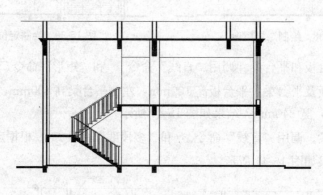

图 15-44　绘制栏杆

10. 绘制楼梯间窗户

调用"多线"命令和"修剪"命令，绘制楼梯间窗户，结果如图 15-45 所示。

11. 绘制折断线

调用"直线"命令，绘制楼层折断线，结果如图 15-46 所示。

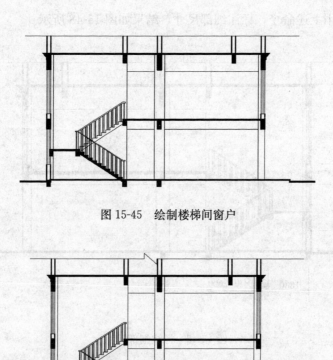

图 15-45 绘制楼梯间窗户

图 15-46 绘制楼层折断线

12. 文字说明和尺寸标注

(1) 调用"线性标注"命令 ⊢⊣、"连续标注"命令 ⊢⊢⊢ 和"多行文字"命令 A，标注楼梯尺寸，结果如图 15-47 所示。

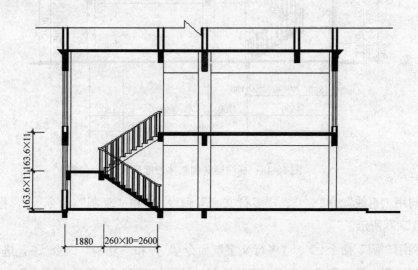

图 15-47 标注楼梯尺寸

(2) 重复调用上述命令，标注细部尺寸，结果如图 15-48 所示。

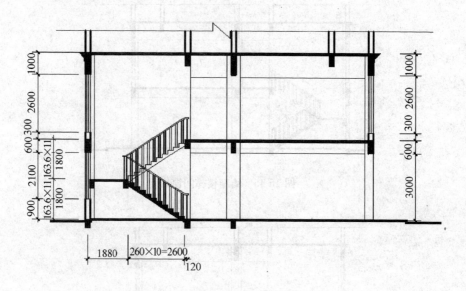

图 15-48　标注细部尺寸

(3) 调用"线性标注"命令 ⊢⊣、"连续标注"命令 ⊢⊢⊣ 和"多行文字"命令 A，标注层高及总体长度尺寸，结果如图 15-49 所示。

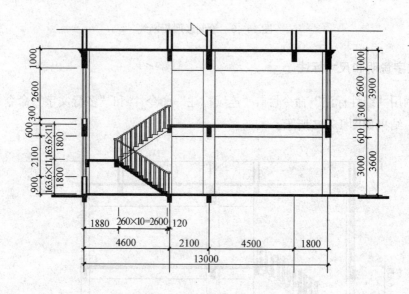

图 15-49　标注层高和总体长度尺寸

(4) 调用"直线"命令 ∕、"多行文字"命令 A 和"复制"命令 ⊙，标注标高，结果如图 15-50 所示。

(5) 调用"圆"命令 ⊙、"多行文字"命令 A，和"复制"命令 ⊙，进行轴线号标注和文字说明。最终完成 2-2 剖面图的绘制，结果如图 15-51 所示。

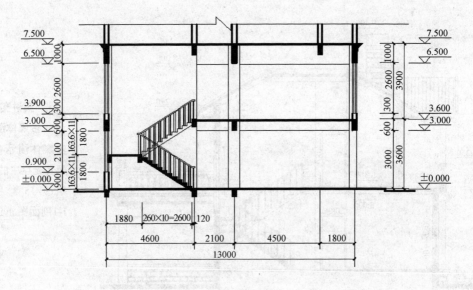

图 15-50 标注标高

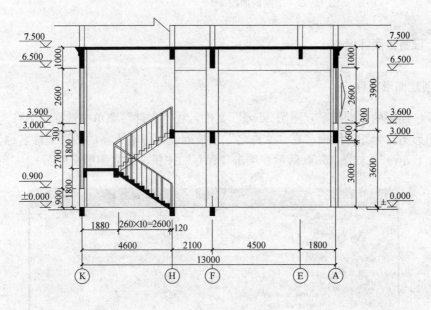

图 15-51 2-2 剖面图

15.3 某别墅 1-1 剖面图绘制

别墅剖面图的主要绘制思路为：首先，根据已有的建筑立面图生成建筑剖面外轮廓线；接着绘制建筑物的各层楼板、墙体、屋顶和楼梯等被剖切的主要构件；然后，绘制剖面门窗和建筑中未被剖切的可见部分；最后，在所绘的剖面图中添加尺寸标注和文字说明。下面就按照这个思路绘制别墅的剖面图 1-1（如图 15-52 所示）。

第 15 章 建筑剖面图绘制

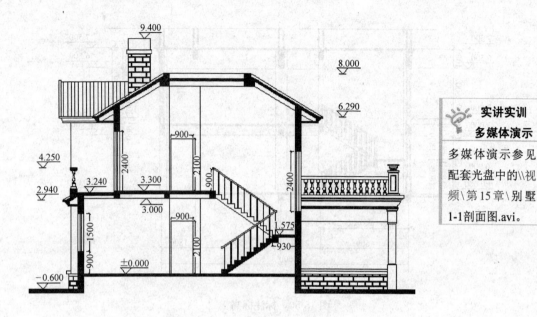

图 15-52 别墅剖面图 1-1

> 实讲实训
> 多媒体演示
> 多媒体演示参见配套光盘中的\\视频\第15章\别墅1-1剖面图.avi。

15.3.1 设置绘图环境

1. 创建图形文件

打开已绘制的"别墅东立面图.dwg"文件,在"文件"菜单中选择"另存为"命令,打开"图形另存为"对话框。在"文件名"下拉列表框中输入新的图形文件名称为"别墅剖面图 1-1.dwg",如图 15-53 所示。单击"保存"按钮,建立图形文件。

图 15-53 "图形另存为"对话框

2. 引入已知图形信息

（1）在"标准"工具栏中单击"打开"按钮，打开已绘制的"别墅首层平面图.dwg"文件，单击工具栏中的"图层特性管理器"按钮，打开"图层特性管理器"对话框，关闭除"墙体""门窗"、"台阶"和"立柱"以外的其他图层；然后选择现有可见的平面图形，进行复制；

（2）返回"别墅剖面图1-1.dwg"的绘图界面，将复制的平面图形粘贴到已有立面图正上方对应位置；

（3）选择"旋转"命令，将平面图形旋转270°。

3. 整理图形元素

（1）选择"文件"→"绘图实用工具"→"清理"命令，在弹出的"清理"对话框中，清理图形文件中多余的图形元素；

（2）单击工具栏中的"图层特性管理器"按钮，打开"图层特性管理器"对话框，创建两个新图层，将新图层分别命名为"辅助线1"和"辅助线2"；

（3）将清理后的平面和立面图形分别转移到"辅助线1"和"辅助线2"图层。

引入立面和平面图形的相对位置如图15-54所示。

4. 生成剖面图轮廓线

（1）选择"删除"命令，保留立面图的外轮廓线及可见的立面轮廓，删除其他多余图形元素，得到剖面图的轮廓线，如图15-55所示。

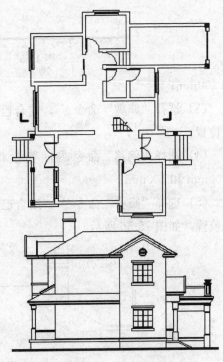

图15-54　引入已知图形信息

（2）单击工具栏中的"图层特性管理器"按钮，打开"图层特性管理器"对话框，创建新图层，将新图层命名为"剖面轮廓线"，并将其设置为当前图层。

（3）将所绘制的轮廓线转移到"剖面轮廓线"图层。

15.3.2　绘制楼板与墙体

1. 绘制楼板定位线

（1）单击工具栏中的"图层特性管理器"按钮，打开"图层特性管理器"对话框，创建新图层，将新图层命名为"楼板"，并将其设置为当前图层；

（2）选择"偏移"命令，将室外地坪线向上连续偏移两次，偏移量依次为500mm

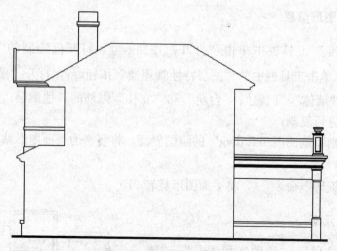

图 15-55 由立面图生成剖面轮廓

和 100mm；

(3) 选择"修剪"命令，结合已有剖面轮廓对所绘偏移线进行修剪，得到首层楼板位置；

(4) 选择"偏移"命令，再次将室外地坪线向上连续偏移两次，偏移量依次为 3200mm 和 100mm；

(5) 选择"修剪"命令，结合已有剖面轮廓对所绘偏移线进行修剪，得到二层楼板位置，如图 15-56 所示。

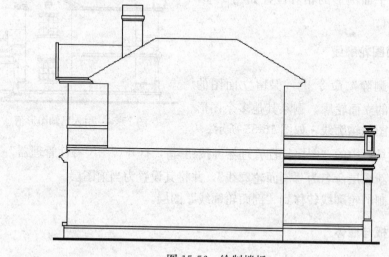

图 15-56 绘制楼板

2. 绘制墙体定位线

(1) 在"图层"下拉菜单中选择"墙体"图层，将其设置为当前图层；

(2) 选择"直线"命令，由已知平面图形向剖面方向引墙体定位线；

(3) 选择"修剪"命令，结合已有剖面轮廓线修剪墙体定位线，如图 15-57 所示。

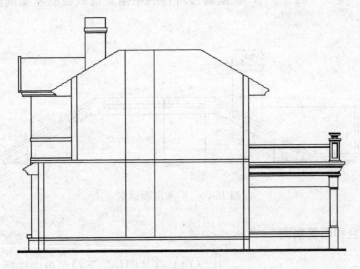

图 15-57　绘制墙体定位线

3. 绘制梁剖面

本别墅主要采用框架-剪力墙结构，将楼板搁置于梁和剪力墙上。

梁的剖面宽度为 240mm；首层楼板下方梁高为 300mm，二层楼板下方梁高为 200mm；梁的剖面形状为矩形。

具体绘制方法为：

(1) 在"图层"下拉列表中选择"楼板"图层，将其设置为当前图层；

(2) 选择"矩形"命令，绘制尺寸为 240mm×100mm 的矩形；

(3) 选择"创建块"命令，将绘制的矩形定义为图块，图块名称为"梁剖面"；

(4) 选择"插入块"命令，在每层楼板下相应位置插入"梁剖面"图块，并根据梁的实际高度调整图块"y"方向比例数值（当该梁位于首层楼板下方时，设置"y"方向比例为 3；当梁位于二层楼板下方时，设置"y"方向比例为 2），如图 15-58 所示。

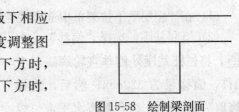

图 15-58　绘制梁剖面

15.3.3　绘制屋顶和阳台

1. 绘制屋顶剖面

(1) 在"图层"下拉菜单中选择"屋顶轮廓线"图层，将其设置为当前图层；

(2) 选择"偏移"命令，将图中坡屋面两侧轮廓线向内连续偏移三次，偏移量分别为 80mm、100mm 和 180mm；

(3) 再次选择"偏移"命令，将图中坡屋面顶部水平轮廓线向下连续偏移三次，偏移量分别为200mm、100mm和200mm；

(4) 选择"直线"命令，根据偏移所得的屋架定位线绘制屋架剖面，如图15-59所示。

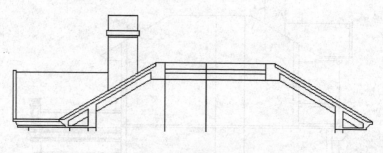

图15-59 屋架剖面示意

2. 绘制阳台和雨篷剖面

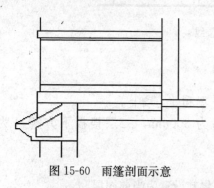

图15-60 雨篷剖面示意

(1) 在"图层"下拉菜单中选择"阳台"图层，将其设置为当前图层；

(2) 选择"偏移"命令，将二层楼板的定位线向下偏移60mm，得到阳台板位置；

然后，选择"修剪"命令，对多余楼板和墙体线条进行修剪，得到阳台板剖面；

(3) 在"图层"下拉菜单中选择"雨篷"图层，将其设置为当前图层；

(4) 按照前面介绍的屋顶剖面画法，绘制阳台下方雨篷剖面，如图15-60所示。

3. 绘制栏杆剖面

(1) 在"图层"下拉菜单中选择"栏杆"图层，将其设置为当前图层；

(2) 绘制基座：选择"偏移"命令，将栏杆基座外侧垂直轮廓线向右偏移，偏移量为320mm；然后，选择"修剪"命令，结合基座水平定位线修剪多余线条，得到宽度为320mm的基座剖面轮廓；

(3) 按照同样的方法绘制宽度为240mm的下栏板、宽度为320mm的栏杆扶手和宽度为240mm的扶手垫层剖面；

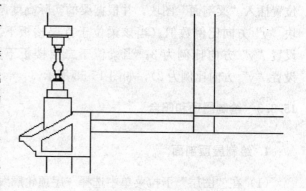

图15-61 阳台剖面

(4) 选择"插入块"命令，在扶手与下栏板之间插入一根花瓶栏杆，使其底面中点与栏杆基座的上表面中点重合，如图15-61所示。

15.3.4 绘制楼梯

本别墅中仅有一处楼梯，该楼梯为常见的双跑形式。第一跑梯段有9级踏步，第二跑有10级踏步；楼梯平台宽度为960mm，平台面标高为1.575m。下面介绍楼梯剖面的绘制方法。

1. 绘制楼梯平台

（1）在"图层"下拉列表中选择"楼梯"图层，将其设置为当前图层；

（2）选择"偏移"命令 ，将室内地坪线向上偏移1575mm，将楼梯间外墙的内侧墙线向左偏移960mm，并对多余线条进行修剪，得到楼梯平台的地坪线；

选择"偏移"命令 ，将得到的楼梯地坪线向下偏移100mm，得到厚度为100mm的楼梯平台楼板；

（3）绘制楼梯梁：选择"插入块"命令 ，在楼梯平台楼板两端的下方插入"梁剖面"图块，并设置"y"方向缩放比例2，如图15-62所示。

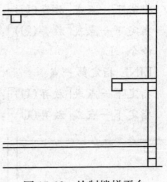

图 15-62　绘制楼梯平台

2. 绘制楼梯梯段

（1）选择"多段线"命令 ，以楼梯平台面左侧端点为起点，由上至下绘制第一跑楼梯踏步线；

命令行提示与操作如下：

命令：_pline　　　　　　　　　　　（点取左侧"绘图"工具栏中" "按钮）

指定起点：　　　　　　　　　　　（点取楼梯平台左侧上角点作为多段线起点）

当前线宽为0

指定下一点或［圆弧(A)……宽度(W)］:175✓　（向下移动鼠标，在命令行中输入"175"后，敲击回车键进行确认）

指定下一点或［圆弧(A)……宽度(W)］:260✓　（向左移动鼠标，在命令行中输入"260"后，敲击回车键进行确认）

指定下一点或［圆弧(A)……宽度(W)］:175✓　（向下移动鼠标，在命令行中输入"175"后，敲击回车键进行确认）

指定下一点或［圆弧(A)……宽度(W)］:260✓　（向左移动鼠标，在命令行中输入"260"后，敲击回车键进行确认）

……　　　　　　　　　　　　　　（多次重复上述操作，绘制楼梯踏步线）

指定下一点或［圆弧(A)……宽度(W)］:175✓　（向下移动鼠标，在命令行中输入"175"后，单击回车键，多段线端点落在室内地坪线上，结束第一跑梯段的绘制）

(2) 绘制第一跑梯段的底面线：

首先，选择"直线"命令 ✎，分别以楼梯第一、二级踏步线下端点为起点，绘制两条垂直定位辅助线，确定梯段底面位置；

命令行提示与操作如下：

命令：L
LINE 指定第一点： （点取第一级踏步左下角点为起点）
指定下一点或[放弃(U)]:120↙ （向下移动鼠标,在命令行中输入"120",并单击回车键）
指定下一点或[放弃(U)]:↙ （单击回车键,完成操作）
命令：L
LINE 指定第一点： （点取第二级踏步左下角点为起点）
指定下一点或[放弃(U)]:120↙ （向下移动鼠标,在命令行中输入"120",并单击回车键）
指定下一点或[放弃(U)]:↙ （单击回车键,完成操作）

再次选择"直线"命令 ✎，连接两条垂直线段的下端点，绘制楼梯底面线条；

然后，选择"延伸"命令 ➞✎，延伸楼梯底面线条，使其与楼梯平台和室内地坪面相交；

最后，修剪并删除其他辅助线条，完成第一跑梯段的绘制，如图 15-63 所示。

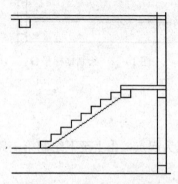

图 15-63　绘制第一跑梯段

(3) 依据同样方法，绘制楼梯第二跑梯段：需要注意的是，此梯段最上面一级踏步高 150mm，不同于其他踏步高度（175mm）。

(4) 修剪多余的辅助线与楼板线。

3. 填充楼梯被剖切部分

由于楼梯平台与第一跑梯段均为被剖切部分，因此需要对这两处进行图案填充。

选择"图案填充"命令 ▨，在弹出的对话框中选择"填充图案"为"SOLID"，然后在绘图界面中选取需填充的楼梯剖断面（包括中部平台），进行填充。填充结果如图 15-64 所示。

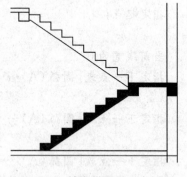

图 15-64　填充梯段及平台剖面

4. 绘制楼梯栏杆

楼梯栏杆的高度为 900mm，相邻两根栏杆的间距为 230mm，栏杆的截面直径为 20mm。

具体绘制方法为：

(1) 在"图层"下拉列表中选择"栏杆"图层，将其设置为当前图层。

(2) 单击"格式"下拉菜单，选择"多线样式"，创建新的多线样式，将其命名为"20mm 栏杆"，在弹出的"新建多线样式"对话框中进行以下设置：选择直线起点和端点均不封口；元素偏移量首行设为"10"，第二行设为"-10"；最后，点击"确定"按钮，完成对新多线样式的设置。

（3）选择"绘图"下拉菜单中的"多线"命令（或者在命令行中输入"ml"，执行多线命令），在命令行中选择多线对正方式为"无"，比例为"1"，样式为"20mm 栏杆"；然后，以楼梯每一级踏步线中点为起点，向上绘制长度为900mm 的多线。

（4）绘制扶手：选择"复制"命令，将楼梯梯段底面线复制并粘贴到栏杆线上方端点处，得到扶手底面线条；接着，选择"偏移"命令，将扶手底面线条向上偏移 50mm，得到扶手上表面线条；然后，选择"直线"命令，绘制扶手端部线条。

（5）选择"图案填充"命令，将楼梯上端护栏剖面填充为实体颜色。

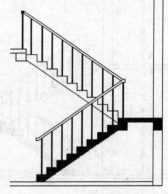

图 15-65 楼梯剖面

绘制完成的楼梯剖面，如图 15-65 所示。

15.3.5 绘制门窗

按照门窗与剖切面的相对位置关系，可以将剖面图中的门窗分为以下两种类型：

第一类为被剖切的门窗。这类门窗的绘制方法近似于平面图中的门窗画法，只是在方向、尺度及其他一些细节上略有不同；

第二类为未被剖切但仍可见的门窗。此类门窗的绘制方法同立面图中的门窗画法基本相同。下面分别通过剖面图中的门窗实例介绍这两类门窗的绘制。

1. 被剖切的门窗

在楼梯间的外墙上，有一处窗体被剖切，该窗高度为 2400mm，窗底标高为 2.500m。下面以该窗体为例介绍被剖切门窗的绘制方法。

（1）在"图层"下拉列表中选择"门窗"图层，将其设置为当前图层；

（2）选择"偏移"命令，将室内地坪线向上连续偏移两次，偏移量依次为 2500mm 和 2400mm；

（3）选择"延伸"命令，使两条偏移线段均与外墙线正交；

然后，选择"修剪"命令，修剪墙体外部多余的线条，得到该窗体的上、下边线；

（4）选择"偏移"命令，将两侧墙线分别向内偏移，偏移量均为 80mm；

然后，选择"修剪"命令，修剪窗线，完成窗体剖面绘制，如图 15-15 所示。

2. 未被剖切但仍可见的门窗

在剖面图中，有两处门可见，即首层工人房和二层客房的房间门。这两扇门的尺寸均为 900mm×2100mm。下面以这两处门为例，介绍未被剖切但仍可见的门窗的绘制方法。

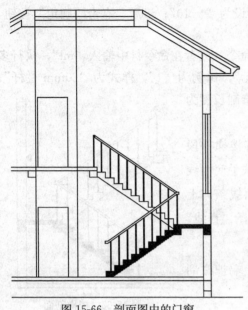

图 15-66　剖面图中的门窗

(1) 在"图层"下拉列表中选择"门窗"图层，将其设置为当前图层；

(2) 选择"偏移"命令，将首层和二层地坪线分别向上偏移，偏移量均为 2100mm；

(3) 选择"直线"命令，由平面图确定这两处门的水平位置，绘制门洞定位线；

(4) 选择"矩形"命令，绘制尺寸为 900mm×2100mm 的矩形门立面，并将其定义为图块，图块名称为"900×2100 立面门"；

(5) 选择"插入块"命令，在已确定的门洞的位置，插入"900×2100 立面门"图块，并删除定位辅助线，完成门的绘制，如图 15-66 所示。

注意

在绘制建筑剖面图中的门窗或楼梯时，除了利用前面介绍的方法直接绘制外，也可借助图库中的图形模块来进行绘制，例如一些未剖切的可见门窗或者一组楼梯栏杆等。在常见的室内图库中，有很多不同种类和尺寸的门窗和栏杆立面可供选择，绘图者只需找到适合的图形模块进行复制，然后粘贴到自己的图中即可。如果图库中提供的图形模块与实际需要的图形之间存在尺寸或角度上的差异，可先将模块分解，然后利用"旋转"或"缩放"命令进行修改，将其调整到满意的结果后，插入图中相应位置。

15.3.6　绘制室外地坪层

(1) 在"图层"下拉列表中选择"地坪"图层，将其设置为当前图层；

(2) 选择"偏移"命令，将室外地坪线向下偏移，偏移量为 150mm，得到室外地坪层底面位置；

(3) 选择"修剪"命令，结合被剖切的外墙，修剪地坪层线条，完成室外地坪层的绘制，如图 15-67 所示。

15.3.7　填充被剖切的梁、板和墙体

在建筑剖面图中，被剖切的构件断面一般用实体填充表示。因此，需要使用"图案填充"命令，将所有被剖切的楼板、地坪、墙体、屋面、楼梯以及梁架等建筑构件的剖断面进行实体填充。具体绘制方法为：

(1) 单击工具栏中的"图层特性管理器"按钮，打开"图层管理器"对话框，创建新图层，将新图层命名为"剖面填充"，并将其设置为当前图层；

(2) 选择"图案填充"命令，在弹出的对话框中选择"填充图案"为"SOLID"，

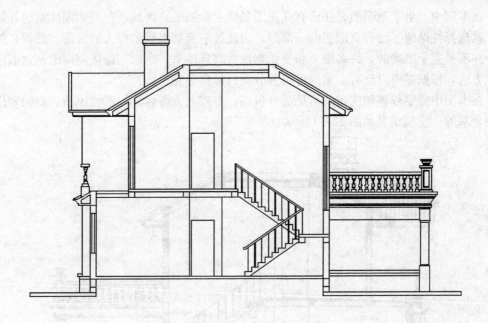

图 15-67　绘制室外地坪层

然后，在绘图界面中选取需填充的构件剖断面，进行填充。填充结果如图 15-68 所示。

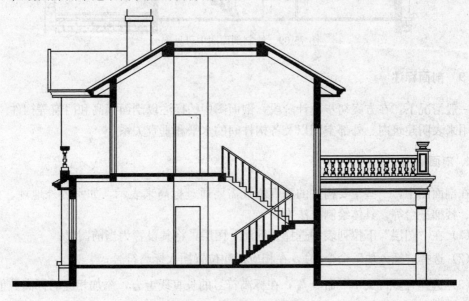

图 15-68　填充构件剖断面

15.3.8　绘制剖面图中可见部分

在剖面图中，除以上绘制的被剖切的主体部分外，在被剖切外墙的外侧还有一些部分是未被剖切到但却可见的。在绘制剖面图的过程中，这些可见部分同样不可忽视。这些可见部分是建筑剖面图的一部分，同样也是建筑立面图的一部分，因此，其绘制方法可参考前面章节介绍的建筑立面图画法。

在本例中，由于剖面图是在已有立面图基础上绘制的，因此，在剖面图绘制的开始阶段，就选择性保留了已有立面图的一部分，为此处的绘制提供了很大的方便。然而，保留部分并不是完全准确的，许多细节和变化都没有表现出来。所以，应该使用绘制立面图的具体方法，根据需要对已有立面的可见部分进行修整和完善。

在本图中需要修整和完善的可见部分包括：车库上方露台、局部坡屋顶、烟囱和别墅室外台基等。绘制结果如图15-69所示。

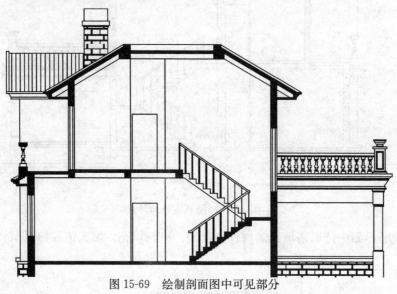

图 15-69 绘制剖面图中可见部分

15.3.9 剖面标注

一般情况下，在方案初步设计阶段，剖面图中的标注以剖面标高和门窗等构件尺寸为主，用来表明建筑内、外部空间以及各构件间的水平和垂直关系。

1. 剖面标高

在剖面图中，一些主要构件的垂直位置需要通过标高来表示，如室内外地坪、楼板、屋面、楼梯平台等。具体绘制方法为：

（1）在"图层"下拉列表中选择"标注"图层，将其设置为当前图层；

（2）选择"插入块"命令，在相应标注位置插入标高符号；

（3）选择"多行文字"命令，在标高符号的长直线上方，添加相应的标高数值。

2. 尺寸标注

在剖面图中，对门、窗和楼梯等构件应进行尺寸标注。具体绘制方法为：

（1）在"图层"下拉列表中选择"标注"图层，将其设置为当前图层；

（2）在"标注"下拉菜单中选择"快速标注"命令，将"平面标注"设置为当前标注样式；

（3）在"标注"下拉菜单中选择"线性标注"命令，对各构件尺寸进行标注。

15.4 上机实验

【实验1】 绘制别墅 1-1 剖面图

1. 目的要求

如图 15-70 所示，别墅的剖面图一般主要表现门、楼梯和墙等内部结构。通过本实验的练习，帮助读者初步掌握剖面图的绘制方法与思路。

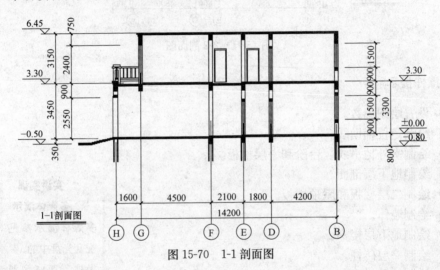

图 15-70　1-1 剖面图

2. 操作提示

(1) 设置绘图参数。
(2) 绘制定位辅助线。
(3) 绘制室外地平线和一层楼板。
(4) 绘制二层楼板和屋顶楼板。
(5) 绘制墙体。
(6) 绘制门窗。
(7) 绘制砖柱。
(8) 绘制栏杆。
(9) 文字说明和尺寸标注。

 实讲实训 多媒体演示

多媒体演示参见配套光盘中的\\参考视频\第15章\别墅1-1剖面图.avi。

【实验2】 绘制别墅 2-2 剖面图

1. 目的要求

如图 15-71 所示，别墅的 2-2 剖面图为别墅另一个方向的剖面图。通过本实验的练习，帮助读者全面掌握剖面图的绘制方法与思路。

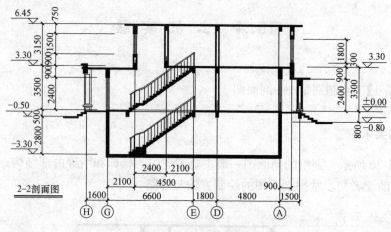

图 15-71 2-2 剖面图

2. 操作提示

（1）设置绘图参数。
（2）绘制定位辅助线。
（3）绘制室外地平线、台阶和一层楼板。
（4）绘制地下层剖面。
（5）绘制二层楼板和屋顶楼板。
（6）绘制墙体。
（7）绘制地下层楼梯。
（8）绘制一层砖柱。
（9）绘制一层门窗。
（10）绘制一层楼梯。
（11）绘制二层门窗。
（12）文字说明和尺寸标注。

> **实讲实训**
> **多媒体演示**
>
> 多媒体演示参见配套光盘中的\\参考视频\第15章\别墅2-2剖面图.avi。

 【实验3】 绘制某高层商住楼 1-1 剖面图

1. 目的要求

如图 15-72 所示，高层商住楼的剖面图一般主要表现门、楼梯和墙等内部结构。通过本实验的练习，帮助读者初步掌握剖面图的绘制方法与思路。

2. 操作提示

（1）设置绘图参数。
（2）绘制定位辅助线。
（3）绘制裙楼剖面图。
（4）绘制标准层剖面图。
（5）文字说明和尺寸标注。

> **实讲实训**
> **多媒体演示**
>
> 多媒体演示参见配套光盘中的\\参考视频\第15章\高层商住楼1-1剖面图.avi。

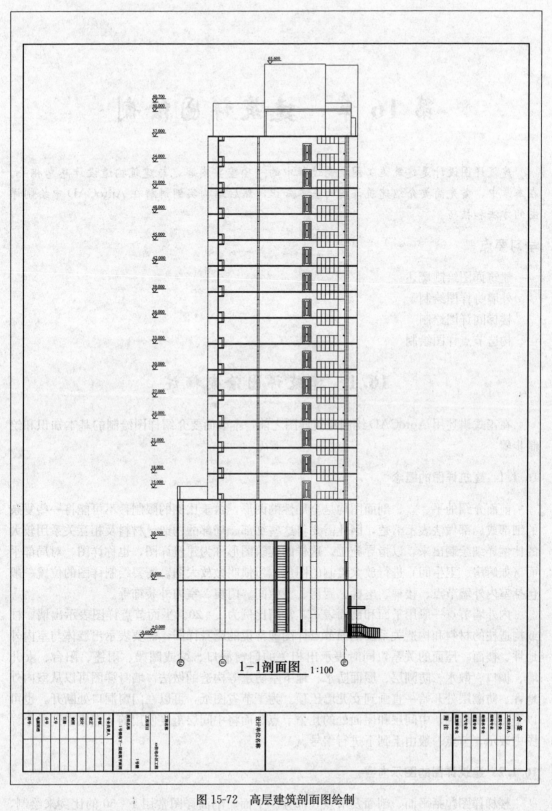

图 15-72 高层建筑剖面图绘制

第 16 章 建筑详图绘制

建筑详图设计是建筑施工图绘制过程中的一项重要内容,与建筑构造设计息息相关。在本章中,首先简要介绍建筑详图的基本知识,然后结构实例讲解在 AutoCAD 中绘制详图的方法和技巧。

学习要点

建筑详图绘制概述
外墙身详图绘制
楼梯间详图绘制
构造节点详图绘制

16.1 建筑详图绘制概述

在正式讲述用 AutoCAD 绘制建筑详图之前,本节简要介绍详图绘制的基本知识和绘制步骤。

16.1.1 建筑详图的概念

前面介绍的平、立、剖面图均是全局性的图形,由于比例的限制,不可能将一些复杂的细部或局部做法表示清楚,因此需要将这些细部、局部的构造、材料及相互关系用较大的比例详细绘制出来,以指导施工。这样的建筑图形称为建筑详图,也称详图。对局部平面(如厨房、卫生间)进行放大绘制的图形,习惯叫做放大图。需要绘制详图的位置一般包括室内外墙节点、楼梯、电梯、厨房、卫生间、门窗、室内外装饰等。

内外墙节点一般用平面和剖面表示,常用比例为 1:20。平面节点详图表示出墙、柱或构造柱的材料和构造关系。剖面节点详图即常说的墙身详图,需要表示出墙体与室内外地坪、楼面、屋面的关系,同时表示出相关的门窗洞口、梁或圈梁、雨篷、阳台、女儿墙、檐口、散水、防潮层、屋面防水、地下室防水等构造的做法。墙身详图可以从室内外地坪、防潮层处开始一直画到女儿墙压顶。为了节省图纸,可以在门窗洞口处断开,也可以重点绘制地坪、中间层和屋面处的几个节点,而将中间层重复使用的节点集中到一个详图中表示。节点一般由上到下进行编号。

16.1.2 建筑详图的图示内容

楼梯详图包括平面、剖面及节点 3 部分。平面、剖面详图常用 1:50 的比例来绘制,而楼梯中的节点详图则可以根据对象大小酌情采用1∶5、1∶10、1∶20等比例。楼梯平面图与建筑平面图不同的是，它只需绘制出楼梯及其四面相接的墙体；而且，楼梯平面图需要准确地表示出楼梯间净空尺寸、梯段长度、梯段宽度、踏步宽度和级数、栏杆（栏板）的大小及位置，以及楼面、平台处的标高等。楼梯剖面图只需绘制出与楼梯相关的部分，其相邻部分可用折断线断开。选择在底层第一跑梯段并能够剖到门窗的位置进行剖切，向底层另一跑梯段方向投射。尺寸需要标注层高、平台、梯段、门窗洞口、栏杆高度等竖向尺寸，还应标注出室内外地坪、平台、平台梁底面等的标高。水平方向需要标注定位轴线及编号、轴线尺寸、平台、梯段尺寸等。梯段尺寸一般用"踏步宽（高）×级数＝梯段宽（高）"的形式表示。此外，楼梯剖面图上还应注明栏杆构造节点详图的索引编号。

电梯详图一般包括电梯间平面图、机房平面图和电梯间剖面图3个部分，常用1∶50的比例进行绘制。平面图需要表示出电梯井、电梯厅、前室相对定位轴线的尺寸及其自身的净空尺寸，还表示出电梯图例及配重位置、电梯编号、门洞大小及开启形式、地坪标高等；机房平面图需表示出设备平台位置及平面尺寸、顶面标高、楼面标高，以及通往平台的梯子形式等；剖面图需要剖切在电梯井、门洞处，表示出地坪、楼层、地坑、机房平台等竖向尺寸和高度，标注出门洞高度。为了节约图纸，中间相同部分可以折断绘制。

厨房、卫生间放大图根据其大小可酌情采用1∶30、1∶40、1∶50的比例进行绘制。需要详细表示出各种设备的形状、大小、位置、地面设计标高、地面排水方向，以及坡度等。对于需要进一步说明的构造节点，则应标明详图索引符号、绘制节点详图，或引用图集。

门窗详图包括立面图、断面图、节点详图等。立面图常用1∶20的比例进行绘制，断面图常用1∶5的比例进行绘制，节点详图常用1∶10的比例进行绘制。标准化的门窗可以引用有关标准图集，说明其门窗图集编号和所在位置。根据《建筑工程设计文件编制深度规定》（2008年版），非标准的门窗、幕墙需绘制详图。如委托加工，则需绘制出立面分格图，标明开启扇、开启方向，说明材料、颜色及其与主体结构的连接方式等。

就图形而言，详图兼有平、立、剖面图的特征，它综合了平、立、剖面图绘制的基本操作方法，并具有自己的特点。只要掌握一定的绘图程序，绘图难度应不大。真正的难度在于对建筑构造、建筑材料、建筑规范等相关知识的掌握。

16.1.3 建筑详图的特点

1. 比例较大

建筑平面图、立面图、剖面图互相配合，反映房屋的全局，而建筑详图是建筑平面图、立面图和剖面图的补充。在详图中尺寸标注齐全，图文说明详尽、清晰。因而，详图常用较大比例。

2. 图示详尽、清楚

建筑详图是建筑细部的施工图，根据施工要求，将建筑平面图、立面图和剖面图中的某些建筑构配件（如门、窗、楼梯、阳台、各种装饰等）或某些建筑剖面节点（如檐口、窗台、明沟或散水以及楼地面层、屋顶层等）的详细构造（包括样式、层次、做法、用料等）用较大比例清楚地表达出来的图样。表示构造合理，用料及做法适宜，因而应该图示详尽、清楚。

3. 尺寸标注齐全

建筑详图的作用在于指导具体施工，更为清楚地了解该局部的详细构造及做法、用料、尺寸等，因此具体的尺寸标准必须齐全。

4. 数量灵活

数量的选择，与建筑的复杂程度及平、立、剖面图的内容及比例有关。建筑详图的图示方法，视细部的构造复杂程度而定。一般来说，墙身剖面图只需要一个剖面详图就能表示清楚，而楼梯间、卫生间就可能需要增加平面详图，门窗玻璃隔断等就可能需要增加立面详图。

16.1.4 建筑详图的具体识别分析

1. 外墙身详图

图 16-1 所示为外墙身详图，根据剖面图的编号 3-3，对照平面图上 3-3 剖切符号，可知该剖面图的剖切位置和投影方向。绘图所用的比例是 1∶20。图中注上轴线的两个编号，表示这个详图适用于Ⓐ、Ⓔ两个轴线的墙身。也就是说，在横向轴线③～⑨的范围内，Ⓐ、Ⓔ两轴线的任何地方（不局限在 3-3 剖面处），墙身各相应部分的构造情况都相同。在详图中，对屋面楼层和地面的构造，采用多层构造说明方法来表示。

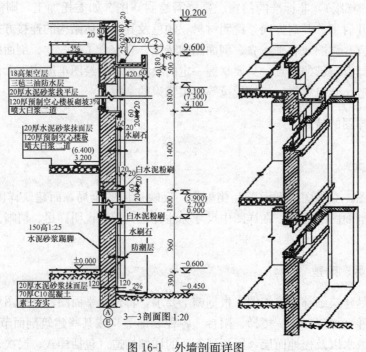

图 16-1 外墙剖面详图

将其局部放大，从图 16-2 檐口部分来看，可知屋面的承重层是预制钢筋混凝土空心板，按 3% 来砌坡，上面有油毡防水层和架空层，以加强屋面的隔热和防漏。檐口外侧做一天沟，并通过女儿墙所留孔洞（雨水口兼通风孔），使雨水沿雨水管集中流到地面。雨水管的位置和数量可从立面图或平面图中查阅。

从楼板与墙身连接部分来看，可了解各层楼板（或梁）的搁置方向及与墙身的关系。在本例中，预制钢筋混凝土空心板是平行纵向布置的，因而它们是搁置在两端的横墙上。在每层的室内墙脚处需做一踢脚板，以保护墙壁，从图中的说明可看到其构造做法。踢脚板的厚度可等于或大于内墙面的粉刷层。如厚度一样时，在其立面图中可不画出其分界线。从图 16-3 中，还可看到窗台、窗过梁（或圈梁）的构造情况。窗框和窗扇的形状和尺寸，需另用详图表示。

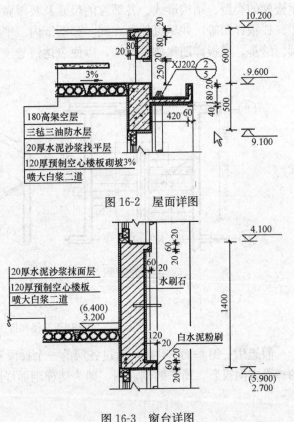

图 16-2　屋面详图

图 16-3　窗台详图

如图 16-4 所示，从勒脚部分，可知房屋外墙的防潮、防水和排水的做法。外（内）墙身的防潮层，一般是在底层室内地面下 60mm 左右（指一般刚性地面）处，以防地下水对墙身的侵蚀。在外墙面，离室外地面 300~500mm 高度范围内（或窗台以下），用坚硬防水的材料做成勒脚。在勒脚的外地面，用 1:2 的水泥砂浆抹面，做出 2% 坡度的散水，以防止雨水或地面水对墙基础的侵蚀。

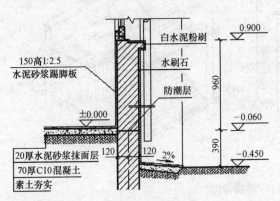

图 16-4　勒脚详图

在上述详图中，一般应注出各部位的标高、高度方向和墙身细部的尺寸。图中标高注写有两个数字时，有括号的数字表示在高一层的标高。从图中有关文字说明，可知墙身内外表面装修的断面形式、厚度及所用的材料等。

2. 楼梯详图

楼梯是多层房屋上下交通的主要设施。楼梯是由楼梯段（简称梯段，包括踏步或斜梁）、平台（包括平台板和梁）和栏板（或栏杆）等组成。楼梯详图主要表示楼梯的类型、结构形式、各部位的尺寸及装修做法。楼梯详图包括平面图、剖面图及踏步、栏板详图等，并尽可能画在同一张图纸内。平面图、剖面图比例要一致，以便对照阅读。踏步、栏板详图比例要大些，以便表达清楚该部分的构造情况。如图 16-5 所示。

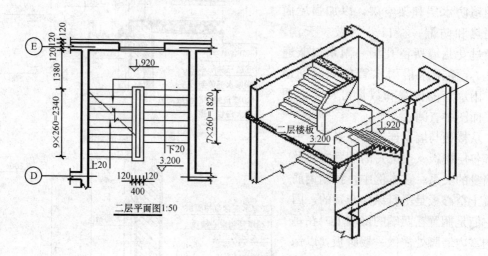

图 16-5　楼梯详图一

假想用一铅垂面（4-4），通过各层的一个梯段和门窗洞，将楼梯剖开，向另一未剖到的梯段方向投影，所作的剖面图，即为楼梯剖面详图。如图 16-6 所示。

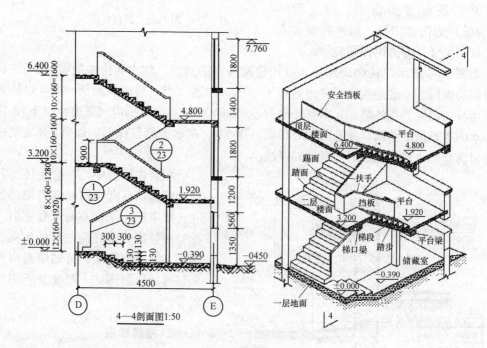

图 16-6　楼梯详图二

从图中的索引符号可知，踏步、扶手和栏板都另有详图，用更大的比例画出它们的形式、大小、材料及构造情况。如图 16-7 所示。

16.2 某别墅建筑详图绘制

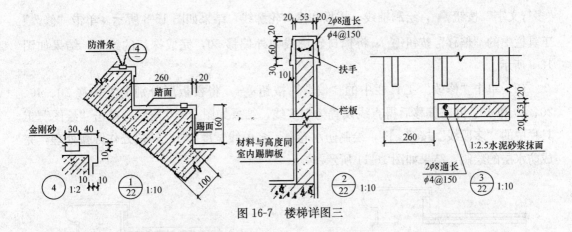

图 16-7 楼梯详图三

16.1.5 建筑详图绘制的一般步骤

详图绘制的一般步骤如下：
（1）图形轮廓绘制，包括断面轮廓和看线。
（2）材料图例填充，包括各种材料图例的选用和填充。
（3）符号、尺寸、文字等标注，包括设计深度要求的轴线及编号、标高、索引、折断符号和尺寸、说明文字等。

16.2 某别墅建筑详图绘制

本节以别墅建筑详图绘制为例，讲述建筑详图绘制的一般方法与技巧。

> **实讲实训 多媒体演示**
>
> 多媒体演示参见配套光盘中的\\视频\第16章\别墅外墙身详图.avi。

16.2.1 外墙身详图绘制

1. 墙身节点①

墙身节点①包括屋面防水、隔热层的做法。

（1）单击"绘图"工具栏中的"直线"按钮、"圆弧"按钮、"圆"按钮和

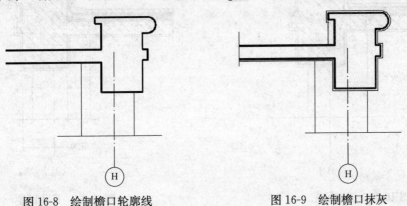

图 16-8 绘制檐口轮廓线　　　　图 16-9 绘制檐口抹灰

"多行文字"按钮 A，绘制轴线、楼板和檐口轮廓线，结果如图 16-8 所示。单击"修改"工具栏中的"偏移"按钮，将檐口轮廓线向外偏移 50，完成抹灰的绘制，结果如图 16-9 所示。

(2) 单击"修改"工具栏中的"偏移"按钮，将楼板层分别向上偏移 20、40、20、10 和 40，并将偏移后得直线设置为细实线，结果如图 16-10 所示。单击"绘图"工具栏中的"多段线"按钮，绘制防水卷材，多段线宽度为 1，转角处作圆弧处理，完成防水层的绘制，结果如图 16-11 所示。

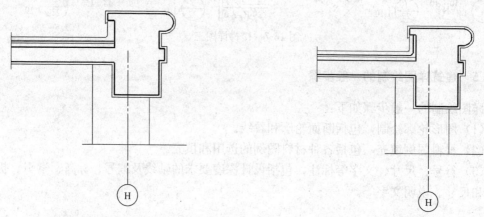

图 16-10　偏移直线　　　　　　　　图 16-11　绘制防水层

(3) 单击"绘图"工具栏中的"图案填充"按钮，依次填充各种材料图例，钢筋混凝土采用"ANSI31"和"AR-CONC"图案的叠加，聚苯乙烯泡沫塑料采用"ANSI37"图案，结果如图 16-12 所示。

(4) 单击"标注"工具栏中的"线性"按钮、"连续"按钮和"半径"按钮，进行尺寸标注，结果如图 16-13 所示。

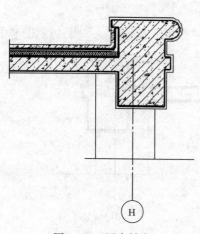
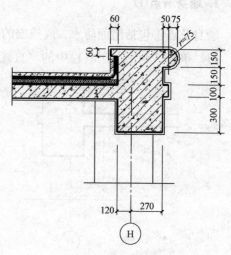

图 16-12　图案填充　　　　　　　　图 16-13　尺寸标注

(5) 单击"绘图"工具栏中的"直线"按钮，绘制引出线，单击"绘图"工具栏中的"多行文字"按钮A，说明屋面防水层的多层次构造，最终完成墙身节点①的绘制。结果如图16-14所示。

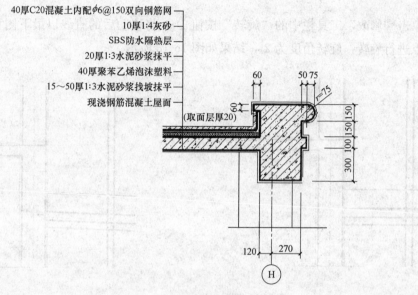

图 16-14 墙身节点①

2. 墙身节点②

墙身节点②包括墙体与室内外地坪的关系以及散水的做法。

（1）绘制墙体及一层楼板轮廓。单击"绘图"工具栏中的"直线"按钮，绘制墙体及一层楼板轮廓，结果如图16-15所示。单击"修改"工具栏中的"偏移"按钮，将墙体及楼板轮廓线向外偏移20，并将偏移后的直线设置为细实线，完成抹灰的绘制，结果如图16-16所示。

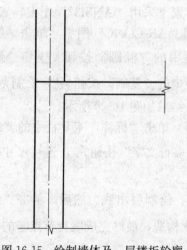

图 16-15 绘制墙体及一层楼板轮廓

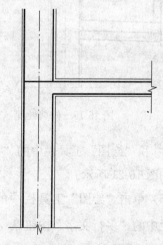

图 16-16 绘制抹灰

(2) 绘制散水。单击"修改"工具栏中的"偏移"按钮，将墙线左侧的轮廓线依次向左偏移615、60，将一层楼板下侧轮廓线依次向下偏移367、182、80、71，然后单击"修改"工具栏中的"移动"按钮，将向下偏移的直线向左移动，结果如图16-17所示。

单击"修改"工具栏中的"旋转"按钮，将移动后的直线以最下侧直线的左端点为基点进行旋转，旋转角度为2°，结果如图16-18所示。

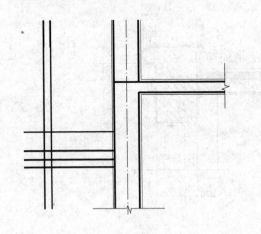

图16-17 偏移直线　　　　　　　　　图16-18 旋转直线

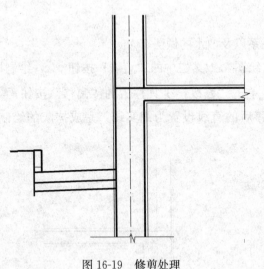

图16-19 修剪处理

单击"修改"工具栏中的"修剪"按钮，修剪图中多余的直线，结果如图16-19所示。

(3) 单击"绘图"工具栏中的"图案填充"按钮，依次填充各种材料图例，钢筋混凝土采用"ANSI31"和"AR-CONC"图案的叠加，砖墙采用"ANSI31"图案，素土采用"ANSI37"图案，素混凝土采用"AR-CONC"图案。单击"绘图"工具栏中的"椭圆"按钮和"修改"工具栏中的"复制"按钮，绘制鹅卵石图案，结果如图16-20所示。

(4) 单击"标注"工具栏中的"线性"按钮和"绘图"工具栏中的"直线"按钮和"多行文字"按钮A，进行尺寸标注，结果如图16-21所示。

(5) 单击"绘图"工具栏中的"直线"按钮，绘制引出线；然后，单击"绘图"工具栏中的"多行文字"按钮A，说明散水的多层次构造，最终完成墙身节点②的绘制。结果如图16-22所示。

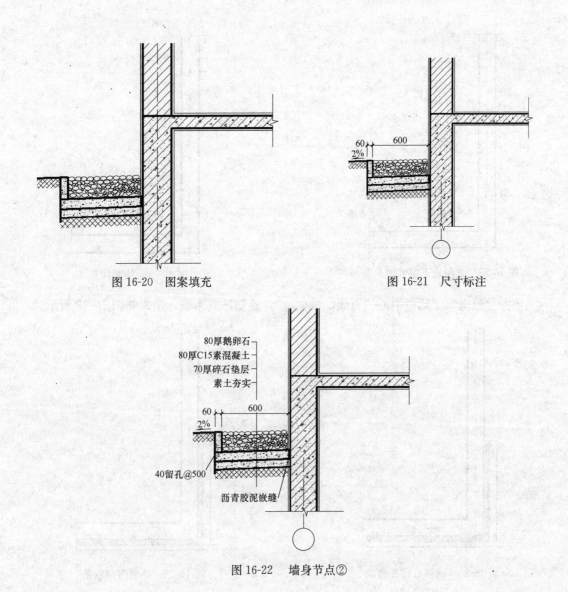

图 16-20　图案填充　　　　　　　　　　图 16-21　尺寸标注

图 16-22　墙身节点②

3. 墙身节点③

墙身节点③包括地下室地坪的做法和墙体防潮层的做法。

(1) 绘制地下室墙体及底部。单击"绘图"工具栏中的"直线"按钮，绘制地下室墙体及底部轮廓，结果如图16-23所示。单击"修改"工具栏中的"偏移"按钮，将轮廓线向外偏移20，并将偏移后的直线设置为细实线，完成抹灰的绘制，结果如图16-24所示。

(2) 绘制防潮层。单击"修改"工具栏中的"偏移"按钮，将墙线左侧的抹灰线依次向左偏移20、16、24、120、106，将底部的抹灰线依次向下偏移20、16、24、80，然后单击"修改"工具栏中的"修剪"按钮，修剪偏移后的直线，再单击"修改"工具栏中的"圆角"按钮，将直角处倒圆角，并修改线段的宽度，结果如图16-25所示。

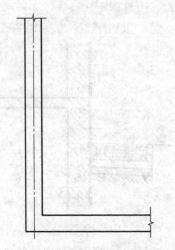
图 16-23 绘制地下室墙体及底部

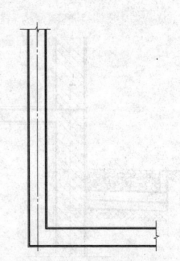
图 16-24 绘制抹灰

单击"绘图"工具栏中的"直线"按钮，绘制防腐木条，结果如图 16-26 所示。

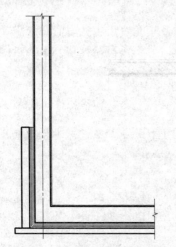
图 16-25 偏移直线并修改

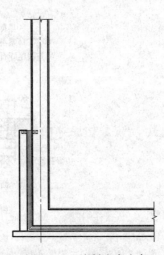
图 16-26 绘制防腐木条

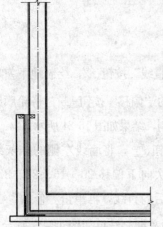
图 16-27 绘制防水卷材

单击"绘图"工具栏中的"多段线"按钮，绘制防水卷材，结果如图 16-27 所示。

（3）单击"绘图"工具栏中的"图案填充"按钮，依次填充各种材料图例，钢筋混凝土采用"ANSI31"和"AR-CONC"图案的叠加，砖墙采用"ANSI31"图案，素土采用"ANSI37"图案，素混凝土采用"AR-CONC"图案，结果如图 16-28 所示。

（4）单击"标注"工具栏中的"线性"按钮和"绘图"工具栏中的"直线"按钮和"多行文字"按钮，进行尺寸标注和标高标注，结果如图 16-29 所示。

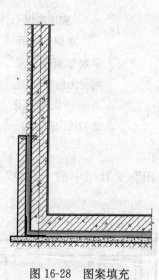

图 16-28 图案填充

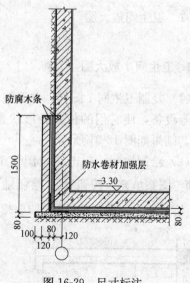

图 16-29 尺寸标注

(5) 单击"绘图"工具栏中的"直线"按钮，绘制引出线，单击"绘图"工具栏中的"多行文字"按钮 A，说明散水的多层次构造，最终完成墙身节点③的绘制。结果如图 16-30 所示。

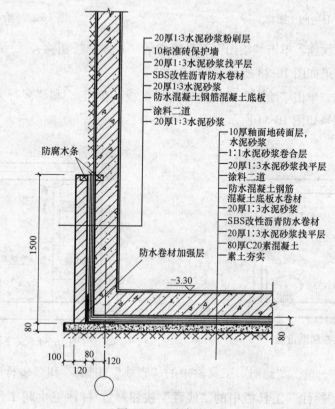

图 16-30 墙身节点③

16.2.2 卫生间放大图

1. 卫生间 1 放大图

(1) 复制卫生间 1 图样,并调整内部浴缸、洗脸盆、坐便器等设备,使它们的位置、形状和设计意图与规范要求相符。结果如图 16-31 所示。

> **实讲实训 多媒体演示**
> 多媒体演示参见配套光盘中的\\视频\第16章\别墅卫生间放大图.avi。

(2) 绘制地漏。单击"绘图"工具栏中的"圆"按钮 ⊙ 和"图案填充"按钮,绘制地漏;然后,单击"绘图"工具栏中的"直线"按钮 ╱,绘制排水方向。结果如图 16-32 所示。

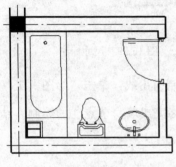

图 16-31　复制卫生间 1 图样

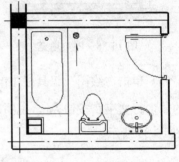

图 16-32　绘制地漏

(3) 绘制辅助设施。单击"绘图"工具栏中的"直线"按钮 ╱,绘制毛巾架、手纸架等辅助设施。结果如图 16-33 所示。

(4) 文字说明。单击"绘图"工具栏中的"直线"按钮 ╱ 和"多行文字"按钮 A,进行文字说明。结果如图 16-34 所示。

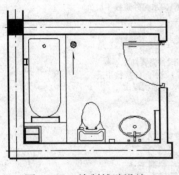

图 16-33　绘制辅助设施

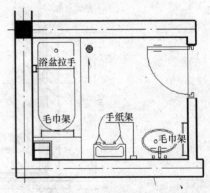

图 16-34　文字说明

(5) 尺寸标注。单击"绘图"工具栏中的"直线"按钮 ╱ 和"多行文字"按钮 A,标注标高;单击"标注"工具栏中的"线性"按钮,标注卫生间 1 尺寸。结果如图 16-35 所示。

(6) 标注轴线编号和文字说明。单击"绘图"工具栏中的"直线"按钮、"圆"按钮和"多行文字"按钮A，标注轴线编号和文字说明，完成卫生间1放大图的绘制。结果如图16-36所示。

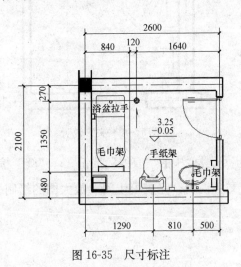

图16-35 尺寸标注

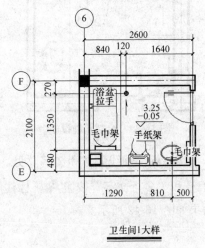

图16-36 卫生间1放大图

2. 卫生间2放大图

(1) 复制卫生间2图样，并调整内部设备。结果如图16-37所示。

(2) 绘制地漏。单击"绘图"工具栏中的"圆"按钮、"图案填充"按钮和"直线"按钮，绘制地漏和排水方向。结果如图16-38所示。

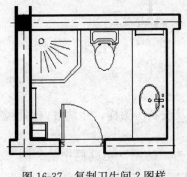

图16-37 复制卫生间2图样

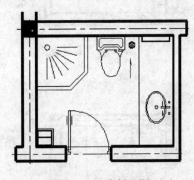

图16-38 绘制地漏

(3) 绘制辅助设施。单击"绘图"工具栏中的"直线"按钮，绘制辅助设施。结果如图16-39所示。

(4) 文字说明。单击"绘图"工具栏中的"直线"按钮和"多行文字"按钮A，进行文字说明。结果如图16-40所示。

(5) 尺寸标注。单击"绘图"工具栏中的"直线"按钮和"多行文字"按钮A，标注标高，单击"标注"工具栏中的"线性"按钮，标注卫生间2尺寸。结果如图16-41所示。

图 16-39 绘制辅助设施

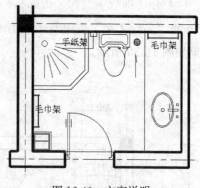

图 16-40 文字说明

（6）标注轴线编号和文字说明。单击"绘图"工具栏中的"直线"按钮、"圆"按钮 和"多行文字"按钮A，标注轴线编号和文字说明，完成卫生间 2 放大图的绘制。结果如图 16-42 所示。

图 16-41 尺寸标注

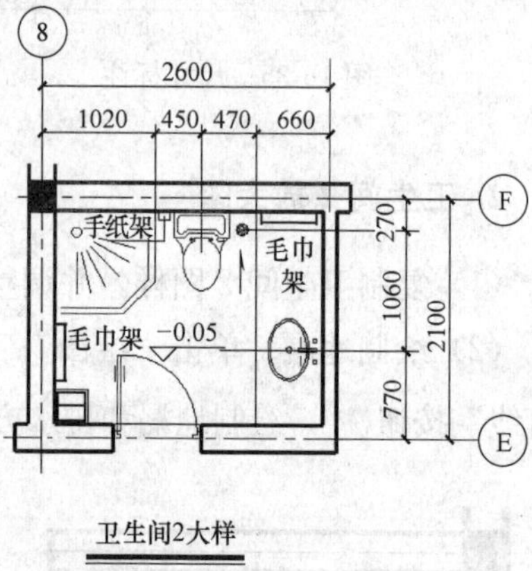

图 16-42 卫生间 2 放大图

3. 卫生间 3 放大图

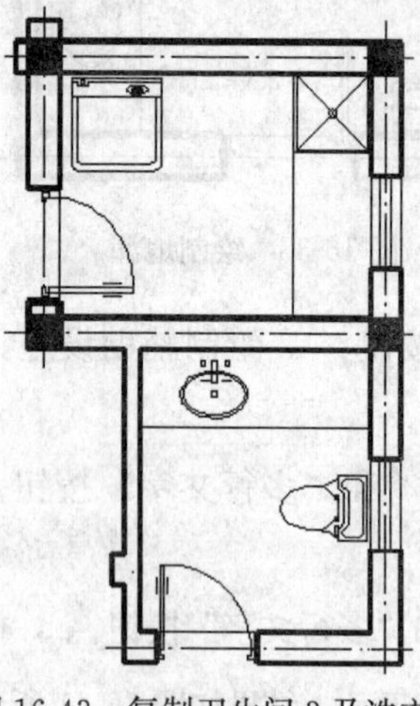

（1）复制卫生间 3 及洗衣房图样，并调整内部设备。结果如图 16-43 所示。

（2）绘制地漏。单击"绘图"工具栏中的"圆"按钮、"图案填充"按钮和"直线"按钮，绘制卫生间和洗衣房的地漏及排水方向。结果如图 16-44 所示。

（3）绘制辅助设施。与用卫生间 1 和 2 绘制辅助设施的方法相同。结果如图 16-45 所示。

（4）文字说明和尺寸标注。单击"绘图"工具栏中的"直线"按钮、"多行文字"按钮A和"标注"工具栏中的"线性"按钮，进行文字说明和尺寸标注。结果如图 16-46 所示。

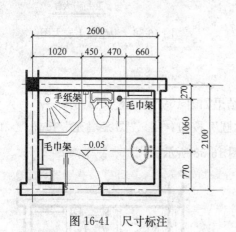

图 16-43 复制卫生间 3 及洗衣房

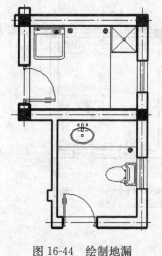
图 16-44 绘制地漏

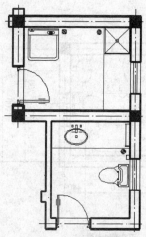
图 16-45 绘制辅助设施

(5) 标注轴线编号和文字说明。单击"绘图"工具栏中的"直线"按钮、"圆"按钮和"多行文字"按钮A，标注轴线编号和文字说明，完成卫生间3放大图的绘制。结果如图16-47所示。

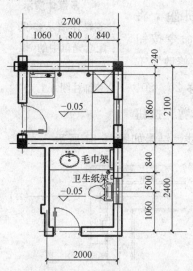
图 16-46 文字说明和尺寸标注

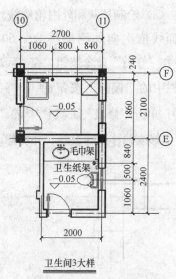
图 16-47 卫生间3放大图

4. 卫生间4、卫生间5 放大图

用上述同样的方法绘制卫生间4和卫生间5的放大图，结果如图16-48和图16-49所示。

16.2.3 装饰柱详图

1. 装饰柱①

(1) 绘制装饰柱①剖面。单击"直线"命令按钮、绘制轴线及装饰柱剖面，单击

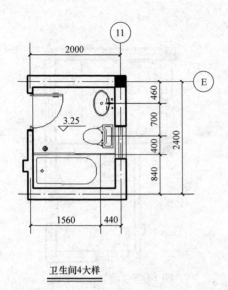

图 16-48 卫生间 4 放大图

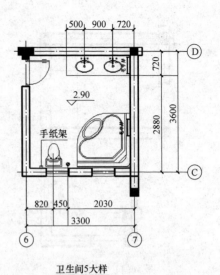

图 16-49 卫生间 5 放大图

"圆"命令按钮⊙和"多行文字"命令按钮 A，标注轴线编号。结果如图 16-50 所示。

（2）绘制抹灰和外围轮廓线。单击"偏移"命令按钮，将剖面线依次向外侧偏移 20、50、100，单击"延伸"命令按钮和"修剪"命令按钮，修改偏移后的直线，单击"修改"工具栏中的"偏移"按钮，将剖面线依次向外侧偏移 20、50、100；单击"修改"工具栏中的"延伸"按钮和"修剪"按钮，修改偏移后的直线，并将修改后的直线设置为细实线。结果如图 16-51 所示。

> **实讲实训**
> **多媒体演示**
>
> 多媒体演示参见配套光盘中的\\视频\第16章\别墅装饰柱图.avi。

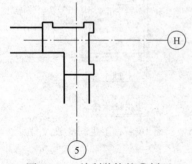

图 16-50 绘制装饰柱①剖面

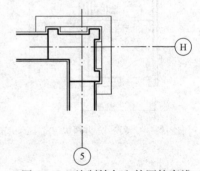

图 16-51 绘制抹灰和外围轮廓线

（3）图案填充。单击"绘图"工具栏中的"图案填充"按钮，填充材料图例，钢筋混凝土采用"ANSI31"和"AR-CONC"图案的叠加，混凝土采用"ANSI31"图案。结果如图 16-52 所示。

（4）尺寸标注。单击"标注"工具栏中的"线性"按钮，进行尺寸标注，完成装饰柱①的绘制。结果如图 16-53 所示。

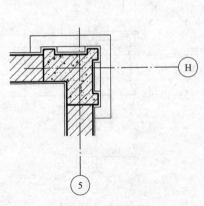
图 16-52　图案填充

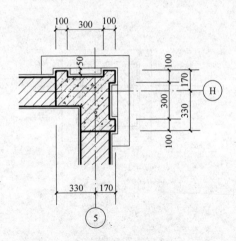
图 16-53　尺寸标注

2. 装饰柱②

（1）绘制装饰柱②剖面。单击"绘图"工具栏中的"直线"按钮，绘制轴线及装饰柱剖面，单击"绘图"工具栏中的"圆"按钮⊙和"多行文字"按钮A，标注轴线编号。结果如图 16-54 所示。

（2）绘制抹灰和外围轮廓线。单击"修改"工具栏中的"偏移"按钮，将剖面线依次向外侧偏移 20、50、100；单击"修改"工具栏中的"延伸"按钮和"修剪"按钮，修改偏移后的直线，并将修改后的直线设置为细实线。结果如图 16-55 所示。

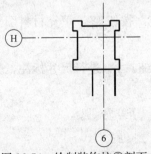
图 16-54　绘制装饰柱②剖面

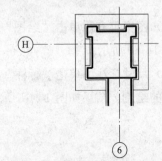
图 16-55　绘制抹灰和外围轮廓线

（3）图案填充。单击"绘图"工具栏中的"图案填充"按钮，填充材料图例。结果如图 16-56 所示。

（4）尺寸标注。单击"标注"工具栏中的"线性"按钮，进行尺寸标注，完成装饰柱②的绘制。结果如图 16-57 所示。

3. 装饰柱③

（1）绘制装饰柱③剖面。单击"绘图"工具栏中的"直线"按钮、"圆"按钮⊙和"多行文字"按钮A，绘制轴线及装饰柱剖面。结果如图 16-58 所示。

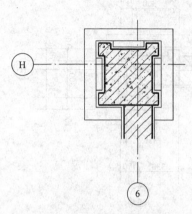
图 16-56 图案填充

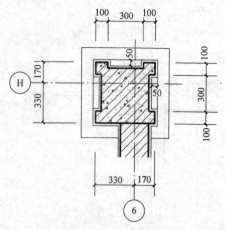
图 16-57 尺寸标注

(2) 绘制抹灰和外围轮廓线。单击"修改"工具栏中的"偏移"按钮、"延伸"按钮和"修剪"按钮，绘制抹灰和外围轮廓线。结果如图 16-59 所示。

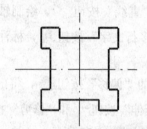
图 16-58 绘制装饰柱③剖面

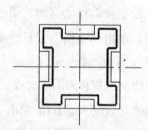
图 16-59 绘制抹灰和外围轮廓线

(3) 图案填充。单击"绘图"工具栏中的"图案填充"按钮，填充材料图例。结果如图 16-60 所示。

(4) 尺寸标注。单击"标注"工具栏中的"线性"按钮，进行尺寸标注，完成装饰柱③的绘制。结果如图 16-61 所示。

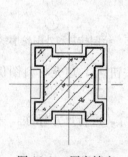
图 16-60 图案填充

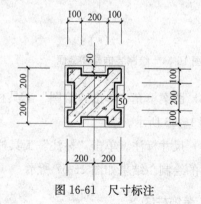
图 16-61 尺寸标注

16.2.4 栏杆详图

(1) 绘制坎墙及楼板剖面。单击"绘图"工具栏中的"直线"按钮，绘制坎墙及楼板轮廓线,结果如图16-62所示。

（2）绘制抹灰。单击"修改"工具栏中的"偏移"按钮凸，将檐口轮廓线向外偏移20，并将偏移后得直线设置为细实线。结果如图16-63所示。

（3）绘制防水层。单击"修改"工具栏中的"偏移"按钮凸，将楼板层分别向上偏移40、20、10和40，并将偏移后得直线设置为细实线,结果如图16-64所示。

（4）绘制防水卷材。单击"绘图"工具栏中的"多段线"按钮⌐⊃，绘制防水卷材，多段线宽度为3，转角处作圆弧处理，结果如图16-65所示。

实讲实训
多媒体演示

多媒体演示参见配套光盘中的\\视频\第16章\别墅栏杆详图.avi。

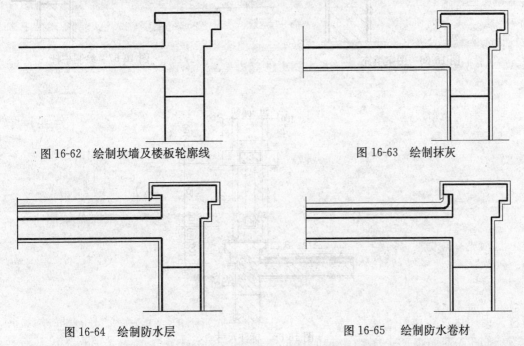

图16-62 绘制坎墙及楼板轮廓线　　图16-63 绘制抹灰

图16-64 绘制防水层　　图16-65 绘制防水卷材

（5）图案填充。单击"绘图"工具栏中的"图案填充"按钮，依次填充各种材料图例，钢筋混凝土采用"ANSI31"和"AR-CONC"图案的叠加，聚苯乙烯泡沫塑料采用"ANSI37"图案，结果如图16-66所示。

（6）绘制栏杆。单击"绘图"工具栏中的"直线"按钮和"修改"工具栏中的"偏移"按钮凸，绘制栏杆轮廓线，然后单击"绘图"工具栏中的"图案填充"按钮，将剖切到的部分进行图案填充。结果如图16-67所示。

（7）尺寸标注。单击"标注"工具栏中的"线性"命令按钮，标注杆尺寸和坎墙尺寸。结果如图16-68所示。

（8）文字说明。单击"绘图"工具栏中的"直线"按钮，绘制引出线，然后单击"绘图"工具栏中的"多行文字"按钮A，说明防水层的多层次构造，最终完成栏杆详图的绘制。结果如图16-69所示。

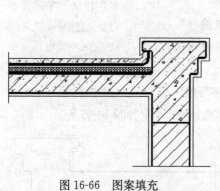

图 16-66　图案填充　　　　　　图 16-67　绘制栏杆

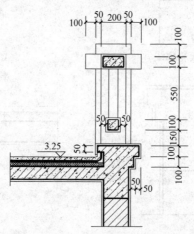

图 16-68　标注尺寸

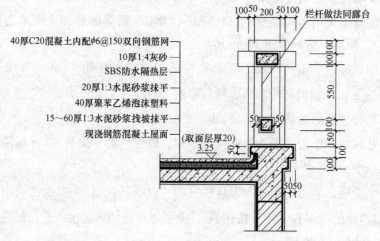

图 16-69　栏杆详图

16.3 某低层商住楼详图绘制

在本节中,我们介绍用 AutoCAD 制作某低层商住楼相关详图的方法。制作的基本思路仍然是尽量考虑复制已有图形进行修改、添加、深入,达到施工详图的深度,但也有自身特点。本节涉及的实例有卫生间、厕所、盥洗室、门窗、建筑台阶、构造节点详图。

实讲实训
多媒体演示

多媒体演示参见配套光盘中的\\视频\第16章\低层商住楼卫生间放大图.avi。

16.3.1 卫生间放大图

为了识别、管理平面放大图,建立起放大图与放大位置的对应关系,制作之前应给放大对象编号,比如"×号卫生间"、"×号厨房"、"×号楼楼梯"等,如图 16-70 所示。

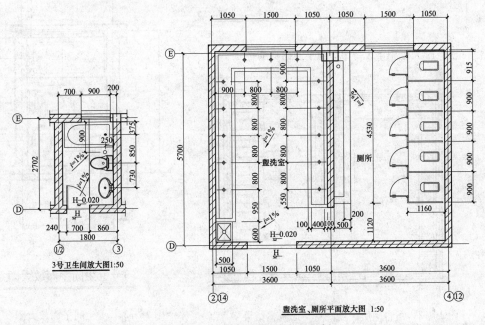

图 16-70 卫生间平面放大图示例

1. 复制并修整平面

(1) 标准层卫生间:以标准层主卧室卫生间放大图制作为例。首先,将卫生间图样连同轴线绘制或者复制出来;然后,检查平面墙体、门窗位置及尺寸的正确性,调整内部洗脸盆、坐便器、浴缸等设备,使它们的位置、形状与设计意图和规范要求相符;接着,确定地面排水方向和地漏位置,选择菜单栏中的"绘图"→"图案填充"命令,完成墙体材料图案填充,如图 16-71 所示。

(2) 底层厕所、盥洗室:采用同样的办法处理底层厕所、盥洗室,结果如图 16-72 所示。

2. 各种标注

（1）标准层卫生间：标注的尺寸有轴线编号及尺寸、门窗洞口尺寸以及洗脸盆、坐便器、浴缸、地漏定位尺寸，标注符号文字有地坪标高、地面排水方向及排水坡度、图名、比例、详图索引符号等。结果如图 16-73 所示。

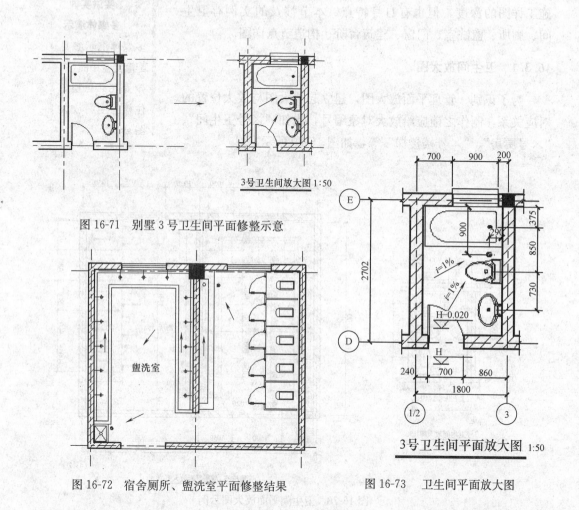

图 16-71 别墅 3 号卫生间平面修整示意

图 16-72 宿舍厕所、盥洗室平面修整结果

图 16-73 卫生间平面放大图

（2）底层厕所、盥洗室：标注的尺寸有轴线编号及尺寸、门窗洞口尺寸以及厕所蹲位定位尺寸、盥洗台、洗涤池、小便槽、水龙头定位尺寸等，其余内容与前一例子相同，结果如图 16-74 所示。

16.3.2 门窗详图

施工图设计中，门窗部分可以采用标准图集。而非标准的门窗则绘制出立面图，标明立面分格尺寸、开启扇和开启方向，说明材料、颜色及门窗性能要求，交与专门厂家进行深化设计，并生产门窗产品。门窗立面图制作参见图 16-75。玻璃幕墙亦可参照此法操作。

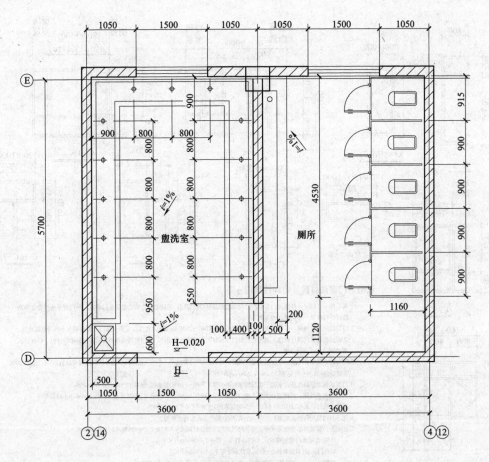

盥洗室、厕所平面放大图 1:50

图 16-74 宿舍厕所、盥洗室平面

16.3.3 建筑台阶详图绘制

建筑详图有很多，如卫生间大样、墙体大样、节点详图等，它们是建筑图纸不可缺少的部分。

本节通过详细论述建筑台阶详图的设计方法与技巧，使读者学习掌握在面对构造复杂的建筑时，如何根据其构造形式，有序而准确地创建出完整的图形。

下面以图 16-76 所示的常见台阶形式为例，说明其绘制方法与技巧。

(1) 选择菜单栏中的"绘图"→"直线"命令和选择菜单栏中的"修改"→"偏移"命令，绘制台阶处的墙体轮廓线。如图 16-77 所示。

(2) 选择菜单栏中的"绘图"→"多段线"命令，绘制台阶轮廓线。如图 16-78 所示。

(3) 选择菜单栏中的"绘图"→"直线"命令，绘制台阶踏步。如图 16-79 所示。

**实讲实训
多媒体演示**

多媒体演示参见配套光盘中的\\视频\第16章\低层商住楼建筑台阶详图.avi。

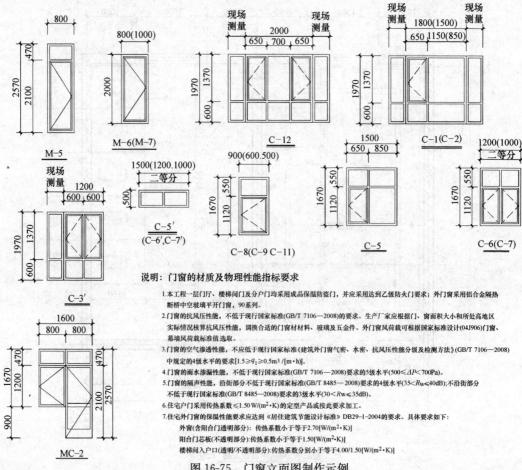

说明：门窗的材质及物理性能指标要求

1. 本工程一层门厅、楼梯间门及分户门均采用成品保温防盗门，并应采用达到乙级防火门要求；外门窗采用铝合金隔热断桥中空玻璃平开门窗，90系列。
2. 门窗的抗风压性能，不低于现行国家标准(GB/T 7106—2008)的要求。生产厂家应根据门、窗面积大小和所处高地区实际情况核算抗风压性能，调换合适的门窗材料、玻璃及五金件。外门窗风荷载可根据国家标准设计(04J906)门窗、幕墙风荷载标准值选取。
3. 门窗的空气渗透性能，不低于现行国家标准《建筑外门窗气密、水密、抗风压性能分级及检测方法》(GB/T 7106—2008)中规定的4级水平的要求[$1.5 \geq q_1 \geq 0.5 m^3 /[m \cdot h]$]。
4. 门窗的雨水渗漏性能，不低于现行国家标准(GB/T 7106—2008)要求的5级水平($500 \leq \Delta P < 700Pa$)。
5. 门窗的隔声性能，沿街部分不低于现行国家标准(GB/T 8485—2008)要求的4级水平($35 < R_W \leq 40dB$);不沿街部分不低于现行国家标准(GB/T 8485—2008)要求的3级水平($30 < R_W \leq 35dB$)。
6. 住宅户门采用传热系数$\leq 1.50 W/(m^2 \cdot K)$的定型产品或按此要求加工。
7. 住宅外门窗的保温性能要求应达到《居住建筑节能设计标准》DB29-1-2004的要求。具体要求如下：
  　外窗(含阳合门透明部分)：传热系数小于等于$2.70[W/(m^2 \cdot K)]$
  　阳合门芯板(不透明部分)：传热系数小于等于$1.50[W/(m^2 \cdot K)]$
  　楼梯间入户口(透明/不透明部分)：传热系数分别小于等于$4.00/1.50[W/(m^2 \cdot K)]$

图 16-75　门窗立面图制作示例

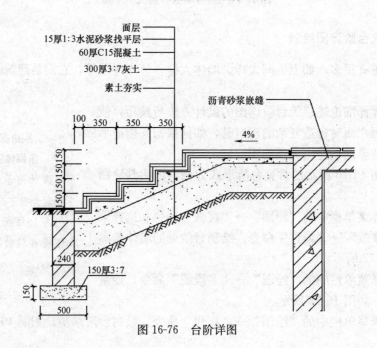

图 16-76　台阶详图

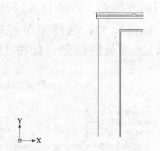
图 16-77　绘制台阶处的墙体

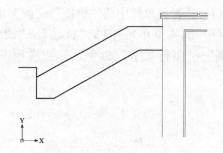
图 16-78　绘制台阶轮廓线

> 说 明
>
> 台阶踏步高度小于或等于 150mm。

（4）创建自然土壤造型，选择菜单栏中的"绘图"→"多段线"命令和选择菜单栏中的"修改"→"偏移"命令，分段即可得到。如图 16-80 所示。

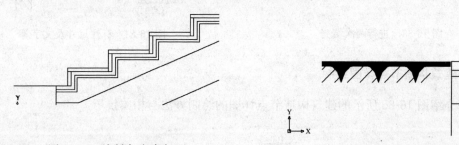

图 16-79　绘制台阶踏步　　　　　　　　　图 16-80　创建自然土壤造型

> 说 明
>
> 需设置 PLINE 不同宽度大小。

（5）选择菜单栏中的"绘图"→"直线"命令和选择菜单栏中的"修改"→"偏移"命令，按上述方法，创建台阶下面的压实土层的造型。如图 16-81 所示。

（6）选择菜单栏中的"绘图"→"直线"命令，创建底部挡土墙造型。如图 16-82 所示。

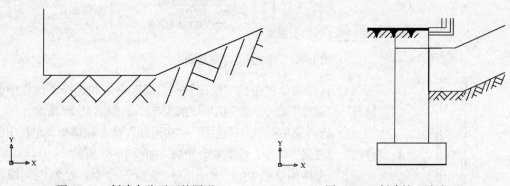

图 16-81　创建台阶下面的图形　　　　　　图 16-82　创建挡土墙造型

（7）选择菜单栏中的"绘图"→"图案填充"命令，进行两次填充。如图 16-83 所示。

（8）选择菜单栏中的"标注"→"线性标注"命令，标注尺寸；选择菜单栏中的"绘图"→"多行文字"命令，标注说明文字和构造做法，完成台阶绘制，如图 16-84 所示。

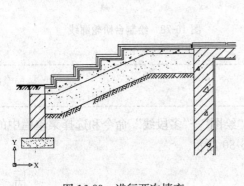

图 16-83 进行两次填充

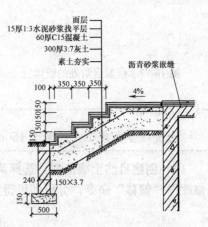

图 16-84 标注尺寸及文字等

16.3.4 建筑构造节点详图绘制

下面介绍图 16-85 所示的建筑构造节点详图的绘制方法与相关技巧。

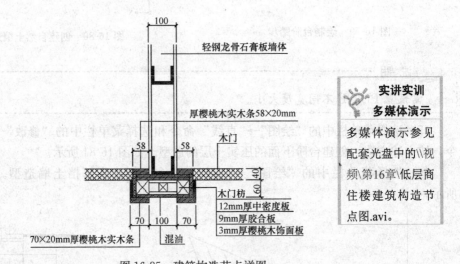

图 16-85 建筑构造节点详图

> **实讲实训**
> **多媒体演示**
> 多媒体演示参见配套光盘中的\\视频\第16章\低层商住楼建筑构造节点图.avi。

（1）选择菜单栏中的"绘图"→"直线"命令和选择菜单栏中的"修改"→"偏移"命令，绘制中间的墙体轮廓。如图 16-86 所示。

（2）选择菜单栏中的"绘图"→"多段线"命令和选择菜单栏中的"修改"→"复制"命令，绘制龙骨轮廓。如图 16-87 所示。

（3）选择菜单栏中的"绘图"→"直线"命令，绘制内侧细部构造做法。如图 16-88 所示。

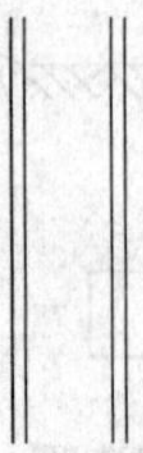

图 16-86 绘制墙体轮廓

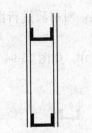 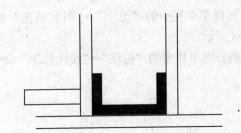

图 16-87　绘制龙骨轮廓　　　　　图 16-88　绘制内侧细部构造做法

 说　明

按构造由内至外进行绘制。

（4）选择菜单栏中的"绘图"→"直线"命令、选择菜单栏中的"修改"→"偏移"命令和"修剪"命令，继续逐层勾画不同部位的构造做法。如图 16-89 所示。

（5）选择菜单栏中的"绘图"→"矩形"命令和"直线"命令，勾画外侧表面构造做法。如图 16-90 所示。

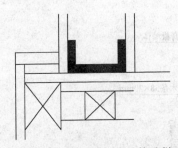 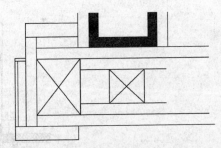

图 16-89　勾画不同部位的构造做法　　　图 16-90　勾画外侧表面构造做法

（6）选择菜单栏中的"绘图"→"直线"命令，绘制门扇平面造型。如图 16-91 所示。

（7）选择菜单栏中的"修改"→"镜像"命令，进行图形镜像得到节点详图。如图 16-92 所示。

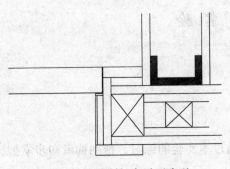 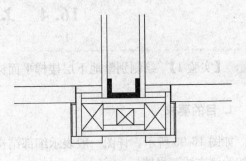

图 16-91　绘制门扇平面造型　　　　图 16-92　镜像图形

 说　明

不宜使用复制功能命令。

(8) 选择菜单栏中的"绘图"→"图案填充"命令，选择图案，对材质进行图案填充。如图 16-93 所示。

(9) 选择菜单栏中的"标注"→"线性标注"命令，标注细部尺寸。如图 16-94 所示。

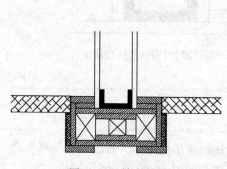

图 16-93 填充材质

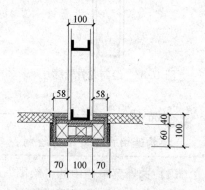

图 16-94 标注细部尺寸

(10) 选择菜单栏中的"绘图"→"多行文字"命令，标注材质说明文字。如图16-95 所示。

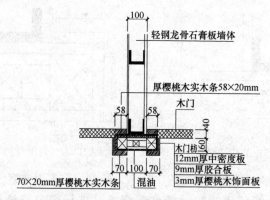

图 16-95 标注材质说明文字

16.4 上机实验

 【实验1】 绘制别墅地下层楼梯平面详图

1. 目的要求

如图 16-96 所示，详图一般表示细部结构。通过本实验的练习，帮助读者初步掌握详图的绘制方法与思路。

2. 操作提示

(1) 从别墅地下层平面图中复制楼梯部分图线。
(2) 文字说明和尺寸标注。

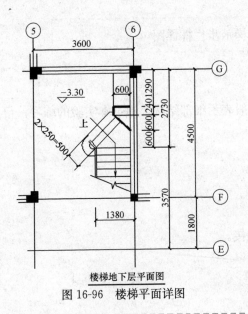

图 16-96 楼梯平面详图

 【实验 2】 绘制别墅楼梯剖面详图

1. 目的要求

如图 16-97 所示,详图一般表示细部结构。通过本实验的练习,帮助读者初步掌握详图的绘制方法与思路。

2. 操作提示

(1) 复制别墅剖面图。
(2) 文字说明和尺寸标注。

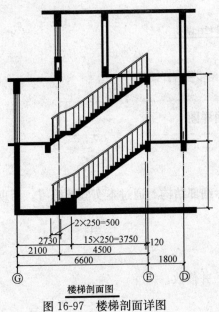

图 16-97 楼梯剖面详图

【实验 3】 绘制别墅楼梯踏步栏杆详图

1. 目的要求

如图 16-98 所示,详图一般表示细部结构。通过本实验的练习,帮助读者初步掌握详图的绘制方法与思路。

2. 操作提示

(1) 绘制楼梯踏步和栏杆。
(2) 绘制楼梯扶手。
(3) 绘制栏杆与踏步的连接。
(4) 绘制锚固件。

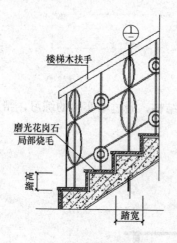

楼梯踏步栏杆详图

图 16-98 楼梯踏步栏杆详图

> **实讲实训 多媒体演示**
> 多媒体演示参见配套光盘中的\\参考视频\第16章\别墅楼梯踏步栏杆详图.avi。

【实验 4】 绘制别墅入口立面详图

1. 目的要求

如图 16-99 所示,详图一般表示细部结构。通过本实验的练习,帮助读者初步掌握详图的绘制方法与思路。

2. 操作提示

(1) 从立面图中复制入口立面,并修改。
(2) 标注入口立面。

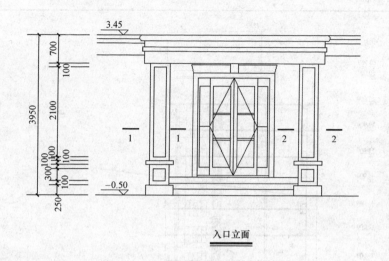

入口立面

图 16-99　别墅入口立面详图

> 实讲实训
> 多媒体演示
>
> 多媒体演示参见配套光盘中的\\参考视频\第16章\别墅入口立面详图.avi。

 【实验 5】　绘制某高层商住楼外墙详图

1. 目的要求

如图 16-100 所示，外墙详图一般表示外墙的具体结构。通过本实验的练习，帮助读者初步掌握详图的绘制方法与思路。

2. 操作提示

（1）外墙详图辅助轴线绘制。
（2）外墙详图剖切详图绘制。
（3）外墙详图尺寸标注及文字说明。

> 实讲实训
> 多媒体演示
>
> 多媒体演示参见配套光盘中的\\参考视频\第16章\高层商住楼外墙详图.avi。

 【实验 6】　绘制某高层商住楼楼梯详图

1. 目的要求

如图 16-101 所示，楼梯详图包括楼梯的平面和剖面详图。通过本实验的练习，帮助读者初步掌握详图的绘制方法与思路。

2. 操作提示

（1）楼梯平面详图绘制。
（2）楼梯剖面详图 1-1 绘制。
（3）尺寸标注及文字说明。

> 实讲实训
> 多媒体演示
>
> 多媒体演示参见配套光盘中的\\参考视频\第16章\高层商住楼楼梯详图.avi。

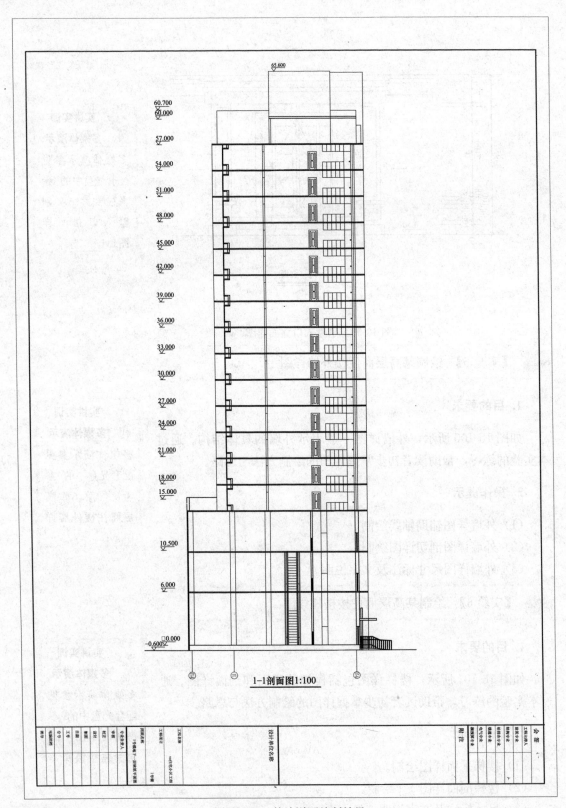

图 16-100 外墙详图绘制效果

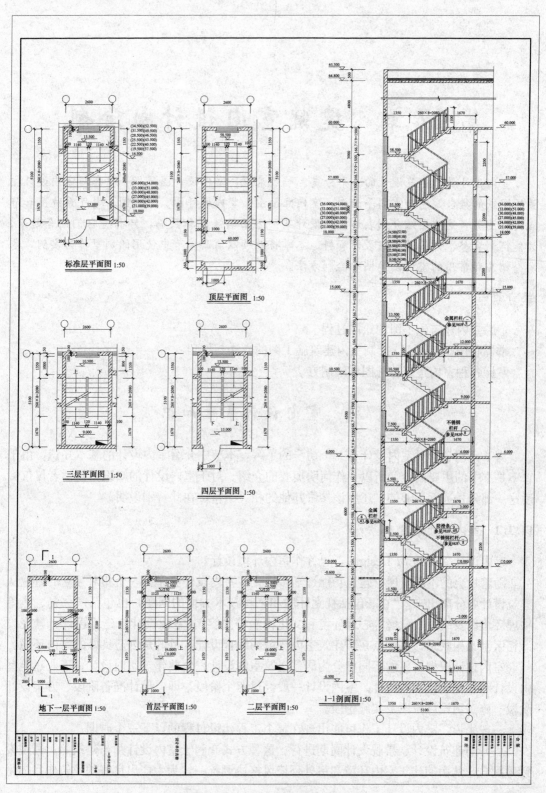

图 16-101 楼梯详图最后效果

第 17 章 建筑室内设计图绘制

室内设计属于建筑设计的一个分支。一般来说，室内设计图是指一整套与室内设计相关的图纸的集合，包括室内平面图、室内立面图、室内地坪图、顶棚图、电气系统图和节点大样图等。这些图纸分别表达室内设计某一方面的情况和数据，只有将它们组合起来，才能得到完整、详尽的室内设计资料。本章将继续以前面章节中使用的别墅作为实例，依次介绍几种常用的室内设计图的绘制方法。

学习要点

了解室内建筑施工图的绘制过程
掌握利用 AutoCAD 绘制室内建筑施工图的方法与技巧
掌握各种室内建筑特殊图样绘制方法

17.1 室内设计基本知识

为了让初学者对室内设计有一个初步的了解，本节中介绍室内设计的基本知识。由于它不是本书的主要内容，所以只作简明扼要的介绍。对于室内设计的知识，初学者仅仅阅读这一部分是远远不够的，还应该参看其他的相关书籍，在此特别说明。

17.1.1 室内设计概述

室内设计（Interior Design），也称作室内环境设计。

随着社会的不断发展，建筑功能逐渐多样化，室内设计已作为一个相对独立的行业从建筑设计中分离出来，"它既包括视觉环境和工程技术方面的问题，也包括声、光、热等物理环境以及气氛、意境等心理环境和文化内涵等内容"。室内设计与建筑设计、景观设计相区别又相联系，其重点在于建筑室内环境的综合设计，目的是创造良好的室内环境。

室内设计根据对象的不同可分为居住建筑室内设计、公共建筑室内设计、工业建筑室内设计和农业建筑室内设计。室内设计一般经过四个阶段，即：设计准备阶段、方案设计阶段、施工图设计阶段及实施阶段。

一般来说，室内设计工作可能出现在整个工程建设过程的以下三个时期：

（1）与建筑设计、景观设计同期进行。这种方式有利于室内设计师与建筑师、景观设计师配合，从而使建筑室内环境和室外环境风格协调统一，为生产出良好的建筑作品提供了条件。

（2）在建筑设计完成后、建筑施工未结束前进行。室内设计师在参照建筑、结构及水暖电等设计图样资料的同时，也需要和各部门、各工程师交流设计思想；同时，如果发现施工中存在难以避免的需要更改的部位，应及时作出相应的调整。

（3）在主体工程施工结束后进行。这种情况，室内设计师对建筑空间的规划设计参与性最小，基本上是在建筑师设计成果的基础上来完成室内环境设计。当然，在一些大跨度、大空间结构体系中，设计师的自由度还是比较大的。

以上说法，是针对普遍意义上的室内设计而言。对于个别小型工程，工作没有这么复杂，但设计师认真的态度是必需的。由于室内设计工作涉及艺术修养、工程技术、政治、经济、文化等诸多方面，所以室内设计师在掌握专业知识和技能的基础上，还应具有良好的综合素质。

17.1.2 室内设计中的几个要素

1. 设计前的准备工作

设计前的准备工作，一般涉及以下几个方面：

（1）明确设计任务及要求：功能要求、工程规模、装修等级标准、总造价、设计期限及进度、室内风格特征及室内氛围趋向、文化内涵等。

（2）现场踏勘，收集实际第一手资料，收集必要的相关工程图样，查阅同类工程的设计资料或现场参观学习同类工程，获取设计素材。

（3）熟悉相关标准、规范和法规的要求，熟悉定额、标准，熟悉市场的设计收费惯例。

（4）与业主签订设计合同，明确双方责任、权利及义务。

（5）考虑与各工种协调配合的问题。

2. 两个出发点和一个归宿

室内设计力图满足使用者各种物质上的需求和精神上的需求。在进行室内设计时，应注意两个出发点：一个出发点是室内环境的使用者；另一个出发点是既有的建筑条件，包括建筑空间情况、配套的设备条件（水、暖、电、通信等）及建筑周边环境特征。一个归宿是创造良好的室内环境。

第一个出发点是基于以人为本的设计理念提出的。对于装修工程，小到个人、家庭，大到一个集团的全体职员，都是设计师服务的对象。有的设计师比较倾向于表现个人艺术风格，而忽略了这一点。从使用者的角度考察，我们应注意以下几个方面：

（1）人体尺度。考察人体尺度，可以获得人在室内空间里完成各种活动时所需的动作范围，作为确定构成室内空间的各部分尺度的依据。在很多设计手册里都有各种人体尺度的参数，读者在需要时可以查阅。然而，仅仅满足人体活动的空间是不够，确定空间尺度时还需考虑人的心理需求空间，它的范围比活动空间大。此外，在特意塑造某种空间意象时（例如高大、空旷、肃穆等），空间尺度还要作相应的调整。

（2）室内功能要求、装修等级标准、室内风格特征及室内氛围趋向、文化内涵要求等。一方面设计师可以直接从业主那里获得这些信息，另一方面设计师也可以就这些问题给业主提出建议或者跟业主协商解决。

（3）造价控制及设计进度。室内设计要考虑客户的经济承受能力，否则无法实施。如今生活工作的节奏比较快，把握设计期限和进度，有利于按时完成设计任务、保证设计质量。

第二个出发点在于仔细把握现有的建筑客观条件，充分利用它的有利因素，局部纠正或规避不利因素。

所谓"两个出发点和一个归宿"是为了引起读者重视。如何设计出好的室内作品，这中间还有一个设计过程，需要考虑空间布局、室内色彩、装饰材料、室内物理环境、室内家具陈设、室内绿化因素、设计方法和表现技能等。

3. 空间布局

人们在室内空间里进行生活、学习、工作等各种活动时，每一种相对独立的活动都需要一个相对独立的空间，如会议室、商店、卧室等；一个相对独立的活动过渡到另一个相对独立的活动，这中间就需要一个交通空间，例如走道。人的室内行为模式和规范影响着空间的布置；反过来，空间的布置又有利于引导和规范人的行为模式。此外，人在室内活动时，对空间除了物质上的需求，还有精神上的需求。物质需求包括空间大小及性状、家具陈设、人流交通、消防安全、声光热物理环境等；精神需求是指空间形式和特征能否反映业主的情趣和美的享受、能否对人的心理情绪进行良性的诱导。从这个角度来看，不难理解各种室内空间的形成、功能及布置特点。

在进行空间布局时，一般要注意动静分区、洁污分区、公私分区等问题。动静分区就是指相对安静的空间和相对嘈杂的空间应有一定程度的分离，以免互相干扰。例如：在住宅里，餐厅、厨房、客厅与卧室相互分离；在宾馆里，客房部与餐饮部相互分离等。洁污分区，也叫干湿分区，指的是诸如卫生间、厨房这种潮湿环境应该跟其他清洁、干燥的空间分离。公私分区是针对空间的私密性问题提出来的，空间要体现私密、半私密、公开的层次特征。另外，还有主要空间和辅助空间之分。主要空间应争取布置在具有多个有利因素的位置上，辅助空间布置在次要位置上。这些是对空间布置上的普遍看法，在实际操作中则应具体问题具体分析，做到有理有据、灵活处理。

室内设计师直接参与建筑空间的布局和划分的机会较小。大多情况下，室内设计师面对的是已经布局好了的空间。比如在一套住宅里，起居厅、卧室、厨房等空间和它们之间的连接方式基本上已经确定；再如写字楼里，办公区、卫生间、电梯间等空间及相对位置也已确定了。于是，室内设计师在把握建筑师空间布局特征的基础上，需要亲自处理的是更微观的空间布局。比如住宅里，应如何布置沙发、茶几、家庭影视设备，如何处理地面、墙面、顶棚等构成要素以完善室内空间；再如将一个建筑空间布置成快餐店，应考虑哪个区域布置就餐区、哪个区域布置服务台、哪个区域布置厨房、如何引导流线等。

4. 室内色彩和材料

视觉感受到的颜色来源于可见光波。可见光的波长范围为380～780nm，依波长由大到小呈现出红、橙、黄、绿、青、蓝、紫等颜色及中间颜色。当可见光照射到物体上时，一部分波长的光线被吸收，而另一部分波长的光线被反射，反射光线在人的视网膜上呈现的颜色，就被认为是物体的颜色。颜色具有三个要素，即色相、明度和彩度。色相，指一种颜色与其他颜色相区别的特征，如红与绿相区别，它由光的波长决定；明度，指颜色的明暗程度，它取决于光波的振幅；彩度，指某一纯色在颜色中所占的比例，有的也将它称为纯度或饱和度。进行室内色彩设计时，应注意以下几个方面：

(1) 室内环境的色彩主要反映为空间各部件的表面颜色，以及各种颜色相互影响后的视觉感受，它们还受光源（天然光、人工光）的照度、光色和显色性等因素的影响。

(2) 仔细结合材质、光线研究色彩的选用和搭配，使之协调、统一，有情趣、有特色，能突出主题。

(3) 考虑室内环境使用者的心理需求、文化倾向和要求等因素。

材料的选择，需注意材料的质地、性能、色彩、经济性、健康环保等问题。

5. 室内物理环境

室内物理环境是室内光环境、声环境、热工环境的总称。这三个方面直接影响着人的学习、工作效率、人的生活质量、身心健康等方面，是提高室内环境的质量不可忽视的因素。

(1) 室内光环境

室内的光线，来源于两个方面，一方面是天然光，另一方面是人工光。天然光由直射太阳光和阳光穿过地球大气层时扩散而成的天空光组成。人工光主要是指各种电光源发出的光线。

尽量争取利用自然光满足室内的照度要求，在不能满足照度要求的地方辅助人工照明。我国大部分地区处在北半球，一般情况下，一定量的直射阳光照射到室内，有利于室内杀菌和人的身体健康，特别是在冬天；在夏天，炙热的阳光射到室内会使室内迅速升温，长时间会使室内陈设物品褪色、变质等，所以应注意遮阳、隔热问题。

现代用的照明电光源可分为两大类：一类是白炽灯，一类是气体放电灯。白炽灯是靠灯丝通电加热到高温而放出热辐射光，如普通白炽灯、卤钨灯等；气体放电灯是靠气体激发而发光，属冷光源，如荧光灯、高压钠灯、低压钠灯、高压汞灯等。

照明设计应注意以下几个因素：①合适的照度；②适当的亮度对比；③宜人的光色；④良好的显色性；⑤避免眩光；⑥正确的投光方向。除此之外，在选择灯具时，应注意其发光效率、寿命及是否便于安装等因素。目前，国家出台的相关照明设计标准中规定有各种室内空间的平均照度标准值，许多设计手册中也提供了各种灯具的性能参数，读者可以参阅。

(2) 室内声环境

室内声环境的处理，主要包括两个方面。一方面是室内音质的设计，如音乐厅、电影院、录音室等，目的是提高室内音质，满足应有的听觉效果；另一方面是隔声与降噪，旨在隔绝和降低各种噪声对室内环境的干扰。

(3)' 室内热工环境

室内热工环境由室内热辐射、室内温度、湿度、空气流速等因素综合影响。为了满足人们舒适、健康的要求，在进行室内设计时，应结合空间布局、材料构造、家具陈设、色彩、绿化等方面综合考虑。

6. 室内家具陈设

家具是室内环境的重要组成部分,也是室内设计需要处理的重点之一。室内家具多半是到市场、工厂购买或定做,也有少部分家具由室内设计师直接进行设计。在选购和设计家具时,应该注意以下几个方面:

(1) 家具的功能、尺度、材料及做工等。
(2) 形式美的要求,宜与室内风格、主题协调。
(3) 业主的经济承受能力。
(4) 充分利用室内空间。

室内陈设一般包括各种家用电器、运动器材、器皿、书籍、化妆品、艺术品及其他个人收藏等。处理这些陈设物品,宜适度、得体,避免庸俗化。

此外,室内的各种织物的功能、色彩、材质的选择和搭配也是不容忽视的。

7. 室内绿化

绿色植物常常是生机盎然的象征,把绿化引进室内,有助于塑造室内环境。常见的室内绿化有盆栽、盆景、插花等形式,一些公共室内空间和一些居住空间也综合运用花木、山石、水景等园林手法来达到绿化目的,例如宾馆的中庭设计等。

绿化能够改善和美化室内环境,功能灵活多样。可以在一定程度上改善空气质量、改善人的心情,也可以利用它来分隔空间、引导空间、突出或遮掩局部位置。

进行室内绿化时,应该注意以下因素:

(1) 植物是否对人体有害。注意植物散发的气味是否对身体有害,或者使用者对植物的气味是否过敏,有刺的植物不应让儿童接近等。
(2) 植物的生长习性。注意植物喜阴还是喜阳、喜潮湿还是喜干燥、常绿还是落叶等习性,以及土壤需求、花期、生长速度等。
(3) 植物的形状、大小和叶子的形状、大小、颜色等。注意选择合适的植物和合适的搭配。
(4) 与环境协调,突出主题。
(5) 精心设计、精心施工。

8. 室内设计制图

不管多么优秀的设计思想,都要通过图样来传达。准确、清晰、美观的制图是室内设计不可缺少的部分,对能否中标和指导施工起着重要的作用,是设计师必备的技能。

17.2 客厅平面图的绘制

首先利用已绘制的首层平面图生成客厅平面图轮廓,然后在客厅平面中添加各种家具图形;最后对所绘制的客厅平面图进行尺寸标注;如有必要,还要添加室内方向索引符号进行方向标识。下面按照这个思路绘制别墅客厅的平面图(如图17-1所示)。

17.2 客厅平面图的绘制

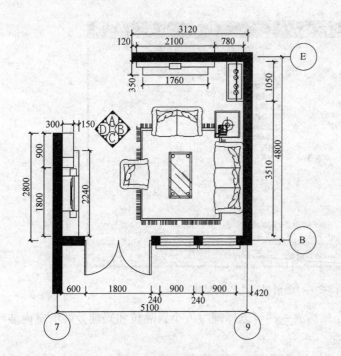

> **实讲实训**
> **多媒体演示**
>
> 多媒体演示参见配套光盘中的\\视频\第 17 章\别墅客厅平面图.avi。

图 17-1 别墅客厅平面图

17.2.1 设置绘图环境

1. 创建图形文件

由于本章所绘的客厅平面图是首层平面图中的一部分，因此不必使用 AutoCAD 软件中的"新建"命令来创建新的图形文件，可以利用已经绘制好的首层平面图直接进行创建。

具体做法为：

打开已绘制的"别墅首层平面图.dwg"文件，选择菜单栏中的"文件"→"另存为"命令，打开"图形另存为"对话框。在"文件名"下拉列表框中输入新的图形文件名称为"客厅平面图.dwg"，如图 17-2 所示。单击"保存"按钮，建立图形文件。

2. 清理图形元素

（1）单击"修改"工具栏中的"删除"按钮 ，删除平面图中多余图形元素，仅保留客厅四周的墙线及门窗；

（2）单击"绘图"工具栏中的"图案填充"按钮 ，在打开的"图案填充和渐变色"对话框中，选择填充图案为"SOLID"，填充客厅墙体，填充结果如图 17-3 所示。

17.2.2 绘制家具

客厅是别墅主人会客和休闲娱乐的场所。在客厅中，应设置的家具有：沙发、茶几、

• 561 •

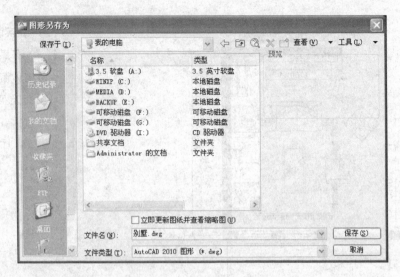

图 17-2 "图形另存为"对话框

电视柜等。除此之外,还可以设计和摆放一些可以体现主人个人品位和兴趣爱好的室内装饰物品,如图 17-4 所示。

平面家具的绘制方法在前面章节中已经介绍过了,尤其在讲述首层平面家具绘制方法时,客厅是作为典型范例来进行说明的,因此在这里,就不重复介绍了。具体绘制方法请参看本书"14.1.6 绘制家具/1. 绘制客厅家具"一节中的内容。

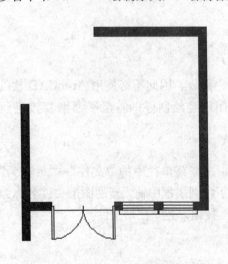

图 17-3 填充客厅墙体

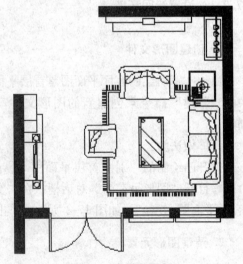

图 17-4 绘制客厅家具

17.2.3 室内平面标注

1. 轴线标识

单击"图层"工具栏中的"图层特性管理器"按钮,打开"图层特性管理器"对话框,选择"轴线"和"轴线编号"图层,并将它们打开,除保留客厅相关轴线与轴号外,删除所有多余的轴线和轴号图形。

2. 尺寸标注

(1) 将"标注"图层置为当前图层。

(2) 单击"标注"工具栏中的"标注样式"按钮,打开"标注样式管理器"对话框,创建新的标注样式,并将其命名为"室内标注"。

单击"继续"按钮,打开"新建标注样式:室内标注"对话框,进行以下设置:

选择"符号和箭头"选项卡,在"箭头"选项组中的"第一项"和"第二个"下拉列表中均选择"建筑标记",在"引线"下拉列表中选择"点",在"箭头大小"微调框中输入50;选择"文字"选项卡,在"文字外观"选项组中的"文字高度"微调框中输入150。

完成设置后,将新建的"室内标注"设为当前标注样式。

(3) 单击"标注"工具栏中的"线性"按钮,对客厅平面中的墙体尺寸、门窗位置和主要家具的平面尺寸进行标注。

标注结果如图17-5所示。

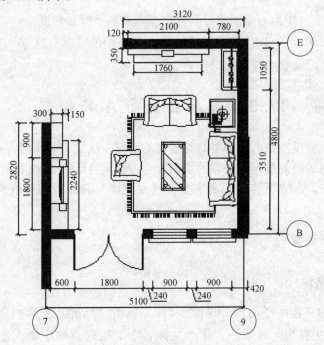

图17-5 添加轴线标识和尺寸标注

3. 方向索引

在绘制一组室内设计图纸时,为了统一室内方向标识,通常要在平面图中添加方向索引符号。

具体绘制方法为:

(1) 将"标注"图层置为当前图层;

（2）单击"绘图"工具栏中的"矩形"按钮，绘制一个边长为300mm的正方形；接着，单击"绘图"工具栏中的"直线"按钮，绘制正方形对角线；然后，单击"修改"工具栏中的"旋转"按钮，将所绘制的正方形旋转45°；

（3）单击"绘图"工具栏中的"圆"按钮，以正方形对角线交点为圆心，绘制半径为150mm的圆，该圆与正方形内切；

（4）单击"修改"工具栏中的"分解"按钮，将正方形进行分解，并删除正方形下半部的两条边和垂直方向的对角线，剩余图形为等腰直角三角形与圆；然后，单击"修改"工具栏中的"修剪"按钮，结合已知圆，修剪正方形水平对角线；

（5）单击"绘图"工具栏中的"图案填充"按钮，在打开的"图案填充和渐变色"对话框中，选择填充图案为"SOLID"，对等腰三角形中未与圆重叠的部分进行填充，得到如图17-6所示的索引符号；

图17-6 绘制方向索引符号

（6）单击"绘图"工具栏中的"创建块"按钮，将所绘索引符号定义为图块，命名为"室内索引符号"；

（7）单击"插入点"工具栏中的"插入块"按钮，在平面图中插入索引符号，并根据需要调整符号角度；

（8）单击"绘图"工具栏中的"多行文字"按钮，在索引符号的圆内添加字母或数字进行标识。

17.3 客厅立面图A的绘制

室内立面图主要反映室内墙面装修与装饰的情况。从这一节开始，本书拟用两节的篇幅介绍室内立面图的绘制过程，选取的实例分别为别墅客厅中A和B两个方向的立面。

在别墅客厅中，A立面装饰元素主要包括文化墙、装饰柜以及柜子上方的装饰画和射灯。

17.3.1 设置绘图环境

1. 创建图形文件

打开已绘制的"客厅平面图.dwg"文件，单击"标准"工具栏中的"保存"按钮，打开"图形另存为"对话框。在"文件名"下拉列表框中输入新的图形文件名称"客厅立面图A.dwg"，如图17-7所示。单击"保存"按钮，建立图形文件。

2. 清理图形元素

（1）单击"图层"工具栏中的"图层特性管理器"按钮，打开"图层管理器"对话框，关闭与绘制对象相关不大的图层，如"轴线"、"轴线编号"图层等；

（2）单击"修改"工具栏中的"删除"按钮和"修剪"按钮，清理平面图中多余的家具和墙体线条。

17.3 客厅立面图A的绘制

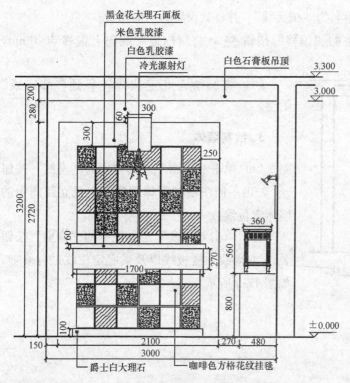

图 17-7 客厅立面图 A

> **实讲实训**
> **多媒体演示**
>
> 多媒体演示参见配套光盘中的\\视频\第17章\别墅客厅立面图 A.avi。

清理后,所得平面图形如图 17-8 所示。

17.3.2 绘制地面、楼板与墙体

在室内立面图中,被剖切的墙线和楼板线都用粗实线表示。

1. 绘制室内地坪

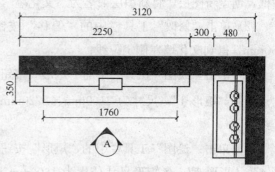

图 17-8 清理后的平面图形

(1) 单击"图层"工具栏中的"图层特性管理器"按钮,打开"图层管理器"对话框,创建新图层,将新图层命名为"粗实线",设置该图层线宽为 0.30mm;并将其设置为当前图层;

(2) 单击"绘图"工具栏中的"直线"按钮,在平面图上方绘制长度为 4000mm 的室内地坪线,其标高为±0.000。

2. 绘制楼板线和梁线

(1) 单击"修改"工具栏中的"偏移"按钮,将室内地坪线连续向上偏移两次,偏移量依次为 3200mm 和 100mm,得到楼板定位线;

(2) 单击"图层"工具栏中的"图层特性管理器"按钮,打开"图层管理器"对

话框，创建新图层，将新图层命名为"细实线"，并将其设置为当前图层；

（3）单击"修改"工具栏中的"偏移"按钮 ，将室内地坪线向上偏移 3000mm，得到梁底面位置；

（4）将所绘梁底定位线转移到"细实线"图层。

3. 绘制墙体

（1）单击"绘图"工具栏中的"直线"按钮 ，由平面图中的墙体位置，生成立面图中的墙体定位线；

（2）单击"修改"工具栏中的"修剪"按钮 ，对墙线、楼板线以及梁底定位线进行修剪，如图 17-9 所示。

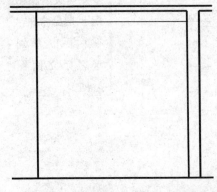

图 17-9　绘制地面、楼板与墙体

17.3.3　绘制文化墙

1. 绘制墙体

（1）单击"图层"工具栏中的"图层特性管理器"按钮 ，打开"图层管理器"对话框，创建新图层，将新图层命名为"文化墙"，并将其设置为当前图层；

（2）单击"修改"工具栏中的"偏移"按钮 ，将左侧墙线向右偏移，偏移量为 150mm，得到文化墙左侧定位线；

（3）单击"绘图"工具栏中的"矩形"按钮 ，以定位线与室内地坪线交点为左下角点绘制"矩形 1"，尺寸为 2100mm×2720mm；然后，选择"删除"命令 ，删除定位线；

（4）单击"绘图"工具栏中的"矩形"按钮 ，依次绘制"矩形 2"、"矩形 3"、"矩形 4"、"矩形 5"，各矩形尺寸依次为 1600mm×2420mm、1700mm×100mm、300mm×420mm、1760mm×60mm 和 1700mm×270mm；使得各矩形底边中点均与"矩形 1"底边中点重合；

（5）单击"修改"工具栏中的"移动"按钮 ，依次向上移动"矩形 4"、"矩形 5"和"矩形 6"，移动距离分别为 2360mm、1120mm 和 850mm；

（6）单击"修改"工具栏中的"修剪"按钮 ，修剪多余线条，如图 17-10 所示。

2. 绘制装饰挂毯

（1）单击"标准"工具栏中的"打开"按钮 ，在打开的"选择文件"对话框中，选择"光盘：\图库"路径，找到"CAD 图库.dwg"文件并将其打开；

（2）在名称为"装饰"的一栏中，选择"挂毯"图形模块进行复制，如图 17-11 所示；返回"客厅立面图"的绘图界面，将复制的图形模块粘贴到立面图右侧空白区域；

（3）由于"挂毯"模块尺寸为 1140mm×840mm，小于铺放挂毯的矩形区域（1600mm×2320mm），因此，有必要对挂毯模块进行重新编辑：

单击"修改"工具栏中的"分解"按钮，将"挂毯"图形模块进行分解；

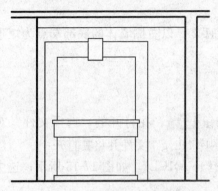

图 17-10 绘制文化墙墙体

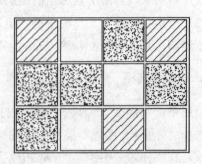

图 17-11 挂毯模块

单击"修改"工具栏中的"复制"按钮，以挂毯中的方格图形为单元，复制并拼贴成新的挂毯图形；

将编辑后的挂毯图形填充到文化墙中央矩形区域，绘制结果如图 17-12 所示。

3. 绘制筒灯

（1）单击"标准"工具栏中的"打开"按钮，在打开的"选择文件"对话框中，选择"光盘：\图库"路径，找到"CAD 图库.dwg"文件并将其打开；

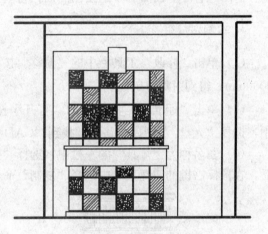

图 17-12 绘制装饰挂毯

（2）在名称为"灯具和电器"的一栏中，选择"筒灯立面"，如图 17-13 所示；选中该图形后，单击鼠标右键，在快捷菜单中点击"带基点复制"命令，点取筒灯图形上端顶点作为基点；

（3）返回"客厅立面图"的绘图界面，将复制的"筒灯立面"模块，粘贴到文化墙中"矩形 4"的下方，如图 17-14 所示。

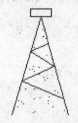

图 17-13 筒灯立面

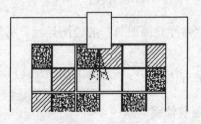

图 17-14 绘制筒灯

17.3.4 绘制家具

1. 绘制柜子底座

(1) 将"家具"图层置为当前图层;

(2) 单击"绘图"工具栏中的"矩形"按钮 ▭,以右侧墙体的底部端点为矩形右下角点,绘制尺寸为 480mm×800mm 的矩形。

2. 绘制装饰柜

(1) 单击"标准"工具栏中的"打开"按钮 📂,在打开的"选择文件"对话框中,选择"光盘:\图库"路径,找到"CAD图库.dwg"文件并将其打开;

(2) 在名称为"柜子"的一栏中,选择"柜子—01CL",如图 17-15 所示;选中该图形,将其复制;

返回"客厅立面图 A"的绘图界面,将复制的图形粘贴到已绘制的柜子底座上方。

3. 绘制射灯组

(1) 单击"修改"工具栏中的"偏移"按钮 ⊙,将室内地坪线向上偏移,偏移量为2000mm,得到射灯组定位线;

(2) 单击"标准"工具栏中的"打开"按钮 📂,在打开的"选择文件"对话框中,选择"光盘:\图库"路径,找到"CAD图库.dwg"文件并将其打开;

(3) 在名称为"灯具"的一栏中,选择"射灯组 CL",如图 17-16 所示;选中该图形后,在鼠标右键的快捷菜单中选择"复制"命令;

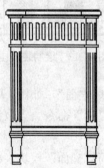
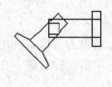

图 17-15 "柜子—01CL"图形模块　　　　图 17-16 "射灯组 CL"图形模块

返回"客厅立面图 A"的绘图界面,将复制的"射灯组 CL"模块,粘贴到已绘制的定位线处;

(4) 单击"修改"工具栏中的"删除"按钮 ✐,删除定位线。

4. 绘制装饰画

在装饰柜与射灯组之间的墙面上,挂有裱框装饰画一幅。从图 17-17 中,只看到画框侧面，其立面可用相应大小的矩形表示。

具体绘制方法为：

（1）单击"修改"工具栏中的"偏移"按钮，将室内地坪线向上偏移，偏移量为1500mm，得到画框底边定位线；

（2）单击"绘图"工具栏中的"矩形"按钮，以定位线与墙线交点作为矩形右下角点，绘制尺寸为30mm×420mm的画框侧面；

（3）单击"修改"工具栏中的"删除"按钮，删除定位线。

图17-17所示为以装饰柜为中心的家具组合立面。

17.3.5 室内立面标注

1. 室内立面标高

（1）将"标注"图层置为当前图层；

（2）单击"绘图"工具栏中的"插入块"按钮，在立面图中地坪、楼板和梁的位置插入标高符号；

（3）单击"绘图"工具栏中的"多行文字"按钮，在标高符号的长直线上方添加标高数值。

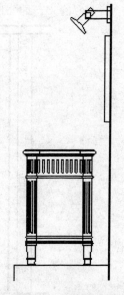

图17-17 以装饰柜为中心的家具组合

2. 尺寸标注

在室内立面图中，对家具的尺寸和空间位置关系都要使用"线性标注"命令进行标注。

（1）将"标注"图层置为当前图层；

（2）单击"样式"工具栏中的"标注样式"按钮，打开"标注样式管理器"对话框，选择"室内标注"作为当前标注样式；

（3）单击"标注"工具栏中的"线性"按钮，对家具的尺寸和空间位置关系进行标注。

3. 文字说明

在室内立面图中，通常用文字说明来表达各部位表面的装饰材料和装修做法。

（1）将"文字"图层置为当前图层；

（2）在命令行中输入"QLERDER"命令，绘制标注多重引线；

（3）单击"绘图"工具栏中的"多行文字"按钮，设置字体为"仿宋GB 2312"，文字高度为100，在多重引线一端添加文字说明。

标注的结果如图17-18所示。

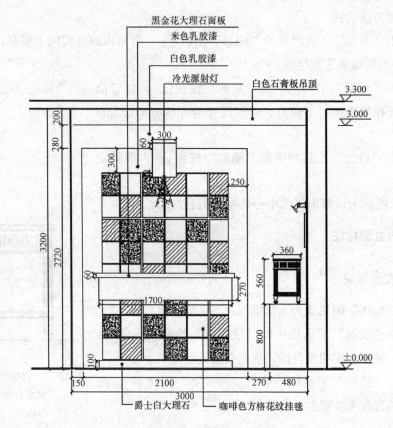

图 17-18　室内立面标注

17.4　客厅立面图 B 的绘制

本节介绍的仍然是别墅室内立面图的绘制方法，本节选用实例为别墅客厅 B 立面。在客厅立面图 B 中，室内设计上以沙发、茶几和墙面装饰为主；在绘制方法上，如何利用已有图库插入家具模块仍然是绘制的重点。

首先，利用已绘制的客厅平面图生成墙体和楼板；然后，利用图库中的图形模块绘制各种家具和墙面装饰；最后，对所绘制的客厅平面图进行尺寸标注和文字说明。下面按照这个思路绘制别墅客厅的立面图 B（如图 17-19 所示）。

17.4.1　设置绘图环境

1. 创建图形文件

打开已绘制的"客厅平面图.dwg"文件，单击"标准"工具栏中的"保存"按钮，打开"图形另存为"对话框。在"文件名"下拉列表框中输入新的图形文件名称为"客厅立面图 B.dwg"，如图 17-20 所示。单击"保存"按钮，建立图形文件。

17.4 客厅立面图 B 的绘制

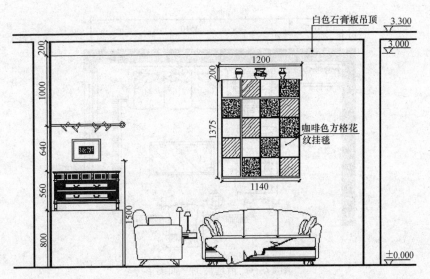

图 17-19 客厅立面图 B

2. 清理图形元素

(1) 单击"图层"工具栏中的"图层特性管理器"按钮，打开"图层管理器"对话框，关闭与绘制对象相关不大的图层，如"轴线"、"轴线编号"图层等；

(2) 单击"修改"工具栏中的"旋转"按钮，将平面图进行旋转，旋转角度为 90°；

(3) 单击"修改"工具栏中的"删除"按钮和"修剪"按钮，清理平面图中多余的家具和墙体线条。

清理后，所得平面图形如图 17-21 所示。

> **实讲实训
> 多媒体演示**
>
> 多媒体演示参见配套光盘中的\\视频\第 17 章\别墅客厅立面图 B.avi。

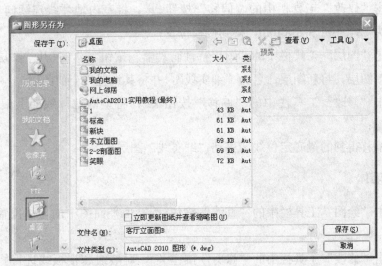

图 17-20 "图形另存为"对话框

第17章 建筑室内设计图绘制

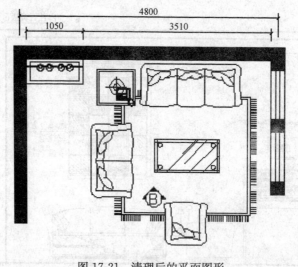

图 17-21 清理后的平面图形

17.4.2 绘制地坪、楼板与墙体

1. 绘制室内地坪

(1) 单击"图层"工具栏中的"图层特性管理器"按钮 ，打开"图层管理器"对话框，创建新图层，图层名称为"粗实线"，设置图层线宽为 0.30mm；并将其设置为当前图层；

(2) 单击"绘图"工具栏中的"直线"按钮 ，在平面图上方绘制长度为 6000mm 的客厅室内地坪线，标高为±0.000；

2. 绘制楼板

(1) 单击"修改"工具栏中的"偏移"按钮 ，将室内地坪线连续向上偏移两次，偏移量依次为 3200mm 和 100mm，得到楼板位置；

(2) 单击"图层"工具栏中的"图层特性管理器"按钮 ，打开"图层管理器"对话框，创建新图层，将新图层命名为"细实线"，并将其设置为当前图层；

(3) 单击"修改"工具栏中的"偏移"按钮 ，将室内地坪线向上偏移 3000mm，得到梁底位置；

(4) 将偏移得到的梁底定位线转移到"细实线"图层。

3. 绘制墙体

(1) 单击"绘图"工具栏中的"直线"按钮 ，由平面图中的墙体位置，生成立面墙体定位线；

(2) 单击"修改"工具栏中的"修剪"按钮 ，对墙线和楼板线进行修剪，得到墙体、楼板和梁的轮廓线，如图 17-22 所示。

17.4.3 绘制家具

在立面图 B 中,需要着重绘制的是两个家具装饰组合。第一个是以沙发为中心的家具组合,包括三人沙发、双人沙发、长茶几和位于沙发侧面用来摆放电话和台灯的小茶几;另外一个是位于左侧的,以装饰柜为中心的家具组合,包括装饰柜及其底座、裱框装饰画和射灯组。

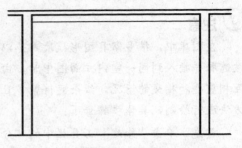

图 17-22 绘制地面、楼板与墙体轮廓

下面就分别来介绍这些家具及组合的绘制方法。

1. 绘制沙发与茶几

(1) 将"家具"图层置为当前图层;

(2) 单击"标准"工具栏中的"打开"按钮 ![open], 在打开的"选择文件"对话框中,选择"光盘:\图库"路径,找到"CAD图库.dwg"文件并将其打开;

在名称为"沙发和茶几"的一栏中,选择"沙发—002B"、"沙发—002C"和"茶几—03L"和"小茶几与台灯"这四个图形模块,分别对它们进行复制;

返回"客厅立面图 B"的绘图界面,按照平面图中提供的各家具之间的位置关系,将复制的家具模块依次粘贴到立面图中相应位置,如图 17-23 所示。

(3) 由于各图形模块在此方向上的立面投影有交叉重合现象,因此有必要对这些家具进行重新组合。具体方法为:

首先,将图中的沙发和茶几图形模块分别进行分解;

然后,根据平面图中反映的各家具间的位置关系,删去家具模块中被遮挡的线条,仅保留立面投影中可见的部分;

最后,将编辑后的图形组合定义为块。

如图 17-24 所示为绘制完成的以沙发为中心的家具组合。

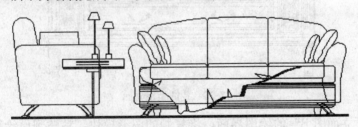

图 17-23 粘贴沙发和茶几图形模块

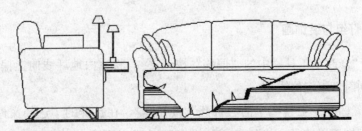

图 17-24 重新组合家具图形模块

> **注意**
>
> 在图库中,很多家具图形模块都是以个体为单元进行绘制的,因此,当多个家具模块被选取并插入到同一室内立面图中时,由于投影位置的重叠,不同家具模块间难免会出现互相重叠和相交的情况,线条变得繁多且杂乱。对于这种情况,可以采用重新编辑模块的方法进行绘制,具体步骤如下:
>
> 首先,单击"修改"工具栏中的"分解"按钮,将相交或重叠的家具模块分别进行分解;
>
> 然后,单击"修改"工具栏中的"删除"按钮和"修剪"按钮,根据家具立面图投影的前后次序,清除图形中被遮挡的线条,仅保留家具立面投影的可见部分;
>
> 最后,将编辑后得到的图形定义为块,避免因分解后的线条过于繁杂而影响图形的绘制。

2. 绘制装饰柜

(1) 单击"绘图"工具栏中的"矩形"按钮,以左侧墙体的底部端点为矩形左下角点,绘制尺寸为 1050mm×800mm 的矩形底座;

(2) 单击"标准"工具栏中的"打开"按钮,在打开的"选择文件"对话框中,选择"光盘:\图库"路径,找到"CAD图库.dwg"文件并将其打开;

在名称为"装饰"的一栏中,选择"柜子—01ZL",如图 17-25 所示,选中该图形模块进行复制;

图 17-25 装饰柜正立面

返回"客厅立面图 B"的绘图界面,将复制的图形模块,粘贴到已绘制的柜子底座上方。

3. 绘制射灯组与装饰画

(1) 单击"修改"工具栏中的"偏移"按钮,将室内地坪线向上偏移,偏移量为 2000mm,得到射灯组定位线;

(2) 单击"标准"工具栏中的"打开"按钮,在打开的"选择文件"对话框中,选择"光盘:\图库"路径,找到"CAD图库.dwg"文件并将其打开;

在名称为"灯具和电器"的一栏中,选择"射灯组 ZL",如图 17-26 所示,选中该图形模块进行复制;

返回"客厅立面图 B"的绘图界面,将复制的模块粘贴到已绘制的定位线处;单击"修改"工具栏中的"删除"按钮 ,删除定位线;

(3) 再次打开图库文件,在名称为"装饰"的一栏中,选择"装饰画 01",如图 17-27 所示;对该模块进行"带基点复制",复制基点为画框底边中点;

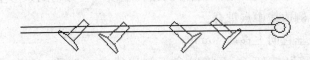

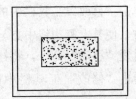

图 17-26　射灯组正立面　　　图 17-27　装饰画正立面

(4) 返回"客厅立面图 B"的绘图界面,以装饰柜底座的底边中点为插入点,将复制的模块粘贴到立面图中;

(5) 单击"修改"工具栏中的"移动"按钮 ,将装饰画模块垂直向上移动,移动距离为 1500mm。

图 17-28 所示为绘制完成的以装饰柜为中心的家具组合。

17.4.4　绘制墙面装饰

1. 绘制条形壁龛

(1) 单击"图层"工具栏中的"图层特性管理器"按钮 ,打开"图层管理器"对话框,创建新图层,将新图层命名为"墙面装饰",并将其设置为当前图层;

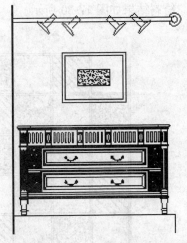

图 17-28　以装饰柜为中心的家具组合

(2) 单击"修改"工具栏中的"偏移"按钮 ,将梁底面投影线向下偏移 180mm,得到"辅助线 1";重复"偏移"命令,将右侧墙线向左偏移 900mm,得到"辅助线 2";

(3) 单击"绘图"工具栏中的"矩形"按钮 ,以"辅助线 1"与"辅助线 2"的交点为矩形右上角点,绘制尺寸为 1200mm×200mm 的矩形壁龛;

(4) 单击"修改"工具栏中的"删除"按钮 ,删除两条辅助线。

2. 绘制挂毯

在壁龛下方,垂挂一条咖啡色挂毯作为墙面装饰。此处挂毯与立面图 A 中文化墙内的挂毯均为同一花纹样式,不同的是此处挂毯面积较小。因此,可以继续利用前面章节中介绍过的挂毯图形模块进行绘制。

具体绘制方法为:

(1) 重新编辑挂毯模块:将挂毯模块进行分解,然后以挂毯表面花纹方格为单元,重新编辑模块,得到规格为 4×6 的方格花纹挂毯模块(4、6 分别指方格的列数与行数),如图 17-29 所示;

(2) 绘制挂毯垂挂效果:挂毯的垂挂方式是将挂毯上端伸入壁龛,用壁龛内侧的细木条将挂毯上端压实固定,并使其下端垂挂在壁龛下方墙面上;

单击"修改"工具栏中的"移动"按钮 ,将绘制好的新挂毯模块,移动到条形壁龛下方,使其上侧边线中点与壁龛下侧边线中点重合;

重复"移动"命令,将挂毯模块垂直向上移动 40mm;

单击"修改"工具栏中的"偏移"按钮 ,将壁龛下侧边线向上偏移,偏移量为 10mm;

单击"修改"工具栏中的"分解"按钮 ,将新挂毯模块进行分解,单击"修改"工具栏中的"删除"按钮 和"修剪"按钮 ,以偏移线为边界,修剪并删除挂毯上端多余部分。

绘制结果如图 17-30 所示。

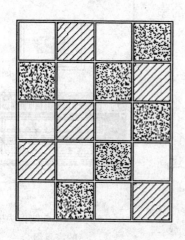

图 17-29 重新编辑挂毯模块

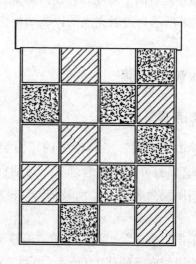

图 17-30 垂挂的挂毯

3. 绘制瓷器

(1) 将"墙面装饰"图层置为当前图层;

(2) 单击"标准"工具栏中的"打开"按钮 ,在打开的"选择文件"对话框中,选择"光盘:\图库"路径,找到"CAD 图库.dwg"文件并将其打开;

在名称为"装饰"的一栏中,选择"陈列品 6"、"陈列品 7"和"陈列品 8"模块,对选中的图形模块进行复制,并将其粘贴到立面图 B 中;

(3) 根据壁龛的高度,分别对每个图形模块的尺寸比例进行适当调整,然后将它们依次插入壁龛中,如图 17-31 所示。

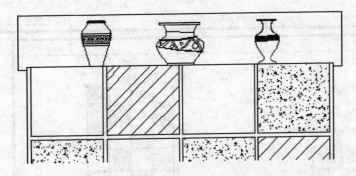

图 17-31　绘制壁龛中的瓷器

17.4.5　立面标注

1. 室内立面标高

（1）将"标注"图层置为当前图层；

（2）单击"绘图"工具栏中的"插入块"按钮，在立面图中地坪、楼板和梁的位置插入标高符号；

（3）单击"绘图"工具栏中的"多行文字"按钮，在标高符号的长直线上方添加标高数值。

2. 尺寸标注

在室内立面图中，对家具的尺寸和空间位置关系都要使用"线性标注"命令进行标注。

（1）将"标注"图层置为当前图层；

（2）单击"样式"工具栏中"标注样式"按钮，打开"标注样式管理器"对话框，选择"室内标注"作为当前标注样式；

（3）单击"标注"工具栏中的"线性"按钮，对家具的尺寸和空间位置关系进行标注。

3. 文字说明

在室内立面图中，通常用文字说明来表达各部位表面的装饰材料和装修做法。

（1）将"文字"图层置为当前图层；

（2）在命令行中输入"QLEADER"命令，绘制标注多重引线；

（3）单击"绘图"工具栏中的"多行文字"按钮，设置字体为"仿宋GB 2312"，文字高度为100，在多重引线一端添加文字说明。

标注结果如图17-32所示。

本节和上一节分别以别墅客厅A、B两个方向的室内立面图为例，详细介绍了建筑室

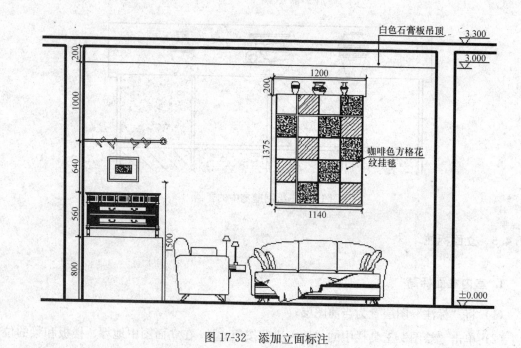

图 17-32 添加立面标注

内立面图的绘制方法,使读者对室内立面图的绘制步骤和要点都有了较深刻的了解。通过学习这两节的内容,读者应该掌握绘制室内立面图的基本方法,并能够独立完成普通难度的室内立面图的绘制。

图 17-33 和图 17-34 为别墅客厅立面图 C、D。读者可参考前面介绍的室内立面图画法,绘制这两个方向的室内立面图。

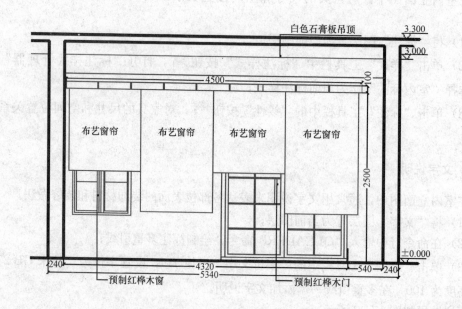

图 17-33 别墅客厅立面图 C

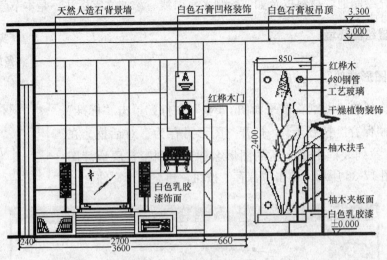

图 17-34　别墅客厅立面图 D

17.5　别墅首层地坪图的绘制

首先，由已知的首层平面图生成平面墙体轮廓；接着，各门窗洞口位置绘制投影线；然后，根据各房间地面材料类型，选取适当的填充图案对各房间地面进行填充；最后，添加尺寸和文字标注。下面就按照这个思路绘制别墅的首层地坪图（如图 17-35 所示）。如

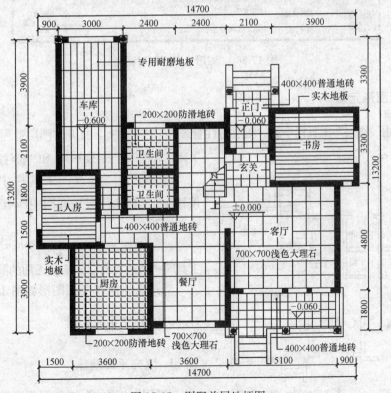

图 17-35　别墅首层地坪图

何用图案填充绘制地坪材料以及如何绘制多重引线、添加文字标注，是本节学习的重点。

17.5.1 设置绘图环境

1. 创建图形文件

实讲实训
多媒体演示

多媒体演示参见配套光盘中的\\视频\第 17 章\别墅首层地坪图.avi。

打开已绘制的"别墅首层平面图.dwg"文件，单击"标准"工具栏中的"保存"按钮，打开"图形另存为"对话框。在"文件名"下拉列表框中输入新的图形名称为"别墅首层地坪图.dwg"，如图 17-36 所示。单击"保存"按钮，建立图形文件。

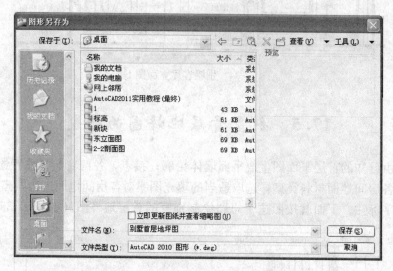

图 17-36 "图形另存为"对话框

2. 清理图形元素

（1）单击"图层"工具栏中的"图层特性管理器"按钮，打开"图层管理器"对话框，关闭"轴线"、"轴线编号"和"标注"图层；

（2）单击"修改"工具栏中的"删除"按钮，删除首层平面图中所有的家具和门窗图形；

（3）选择菜单栏中的"文件"→"绘图实用工具"→"清理"命令，清理无用的图形元素。

清理后，所得平面图形如图 17-37 所示。

17.5.2 补充平面元素

1. 填充平面墙体

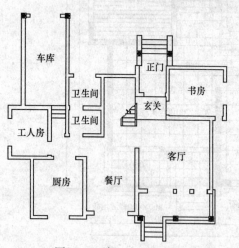

图 17-37 清理后的平面图

（1）将"墙体"图层置为当前图层；

· 580 ·

（2）单击"图层"工具栏中的"图层特性管理器"按钮，打开"图案填充和渐变色"对话框，在对话框中选择填充图案为"SOLID"，在绘图区域中拾取墙体内部点，选择墙体作为填充对象进行填充。

> **注意**
> 室内地坪图是表达建筑物内部各房间地面材料铺装情况的图纸。由于各房间地面用材因房间功能的差异而有所不同，因此在图纸中通常选用不同的填充图案结合文字来表达。

2. 绘制门窗投影线

（1）将"门窗"图层置为当前图层；

（2）单击"绘图"工具栏中的"直线"按钮，在门窗洞口处，绘制洞口平面投影线，如图 17-38 所示。

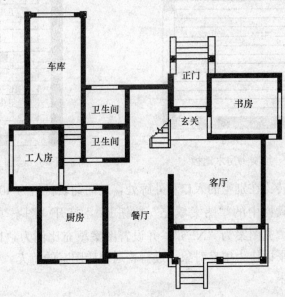

图 17-38 补充平面元素

17.5.3 绘制地板

1. 绘制木地板

在首层平面中，铺装木地板的房间包括工人房和书房。

（1）单击"图层"工具栏中的"图层特性管理器"按钮，打开"图层特性管理器"对话框，创建新图层，将新图层命名为"地坪"，并将其设置为当前图层；

（2）单击"绘图"工具栏中的"图案填充"按钮，打开"图案填充和渐变色"对话框，在对话框中选择填充图案为"LINE"并设置图案填充比例为"60"；在绘图区域中依次选择工人房和书房平面作为填充对象，进行地板图案填充。如图 17-39 所示，为书房地板绘制效果。

2. 绘制地砖

在本例中，使用的地砖种类主要有两种，即卫生间、厨房使用的防滑地砖和入口、阳台等处地面使用普通地砖。

（1）绘制防滑地砖：在卫生间和厨房里，地面的铺装材料为 200×200 防滑地砖。

单击"绘图"工具栏中的"图案填充"按钮，打开"图案填充和渐变色"对话框，在对话框中选择填充图案为"ANGEL"，并设置图案填充比例为"30"；

在绘图区域中依次选择卫生间和厨房平面作为填充对象，进行防滑地砖图案的填充。如图 17-40 所示，为卫生间地板绘制效果。

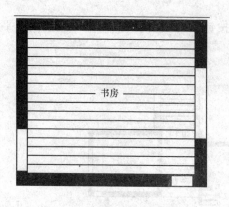
图 17-39　绘制书房木地板

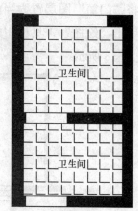
图 17-40　绘制卫生间防滑地砖

（2）绘制普通地砖：在别墅的入口和外廊处，地面铺装材料为 400×400 普通地砖。

单击"绘图"工具栏中的"图案填充"按钮，打开"图案填充和渐变色"对话框，在对话框中选择填充图案为"NET"，并设置图案填充比例为"120"；在绘图区域中依次选择入口和外廊平面作为填充对象，进行普通地砖图案的填充。如图 17-41 所示，为主入口处地板绘制效果。

3. 绘制大理石地面

通常客厅和餐厅的地面材料可以有很多种选择，如普通地砖、耐磨木地板等。在本例中，设计者选择在客厅、餐厅和走廊地面铺装浅色大理石材料，光亮、易清洁并且耐磨损。

单击"绘图"工具栏中的"图案填充"按钮，打开"图案填充和渐变色"对话框，在对话框中选择填充图案为"NET"，并设置图案填充比例为"210"；

在绘图区域中依次选择客厅、餐厅和走廊平面作为填充对象，进行大理石地面图案的填充。如图 17-42 所示，为客厅地板绘制效果。

4. 绘制车库地板

本例中车库地板材料采用的是车库专用耐磨地板。

单击"绘图"工具栏中的"图案填充"按钮，打开"图案填充和渐变色"对话

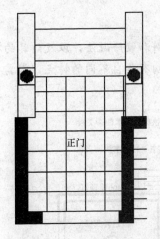
图 17-41 绘制入口地砖

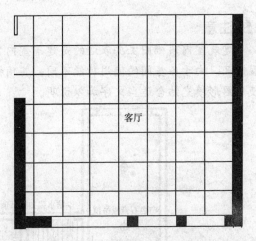
图 17-42 绘制客厅大理石地板

框,在对话框中选择填充图案为"GRATE"、并设置图案填充角度为 90°、比例为"400";

在绘图区域中选择车库平面作为填充对象,进行车库地面图案的填充,如图 17-43 所示。

17.5.4 尺寸标注与文字说明

1. 尺寸标注与标高

在图 17-35 中,尺寸标注和平面标高的内容及要求与平面图基本相同。由于图 17-35 是基于已有首层平面图基础上绘制生成的,因此,图中的尺寸标注可以直接沿用首层平面图的标注结果。

2. 文字说明

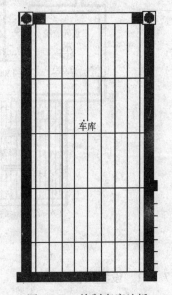
图 17-43 绘制车库地板

(1) 将"文字"图层置为当前图层;

(2) 在命令行中输入"QLEADER"命令,并设置多重引线的箭头形式为"点",箭头大小为 60;

(3) 单击"绘图"工具栏中的"多行文字"按钮 **A**,设置字体为"仿宋 GB 2312",文字高度为 300,在多重引线一端添加文字说明,标明该房间地面的铺装材料和做法。

17.6 别墅首层顶棚平面图的绘制

绘制基本思路为:首先,清理首层平面图,留下墙体轮廓,并在各门窗洞口位置绘制投影线;然后,绘制吊顶并根据各房间选用的照明方式绘制灯具;最后,进行文字说明和尺寸标注。如何使用多重引线和多行文字命令添加文字标注,仍是绘制过程中的重点。下面按照这个思路绘制别墅首层顶棚平面图(如图 17-44 所示)。

第17章 建筑室内设计图绘制

> **注意**
> 建筑室内顶棚图主要表达的是建筑室内各房间顶棚的材料和装修做法,以及灯具的布置情况。由于各房间的使用功能不同,其顶棚的材料和做法均有各自不同的特点,常需要使用图形填充结合适当文字加以说明。

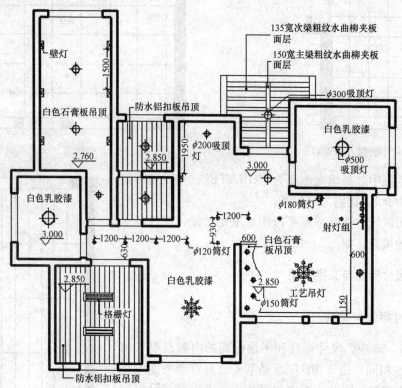

图 17-44 别墅首层顶棚平面图

17.6.1 设置绘图环境

1. 创建图形文件

打开已绘制的"别墅首层平面图.dwg"文件,单击"标准"工具栏中的"保存"按钮 ,打开"图形另存为"对话框。在"文件名"下拉列表框中输入新的图形文件名称为"别墅首层顶棚平面图.dwg",如图17-45所示。单击"保存"按钮,建立图形文件。

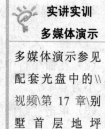

实讲实训
多媒体演示

多媒体演示参见配套光盘中的\\视频\第17章\别墅首层地坪图.avi。

2. 清理图形元素

(1) 单击"图层"工具栏中的"图层特性管理器"按钮 ,打开"图层管理器"对话框,关闭"轴线"、"轴线编号"和"标注"图层;

(2) 单击"修改"工具栏中的"删除"按钮 ,删除首层平面图中的家具、门窗图

17.6 别墅首层顶棚平面图的绘制

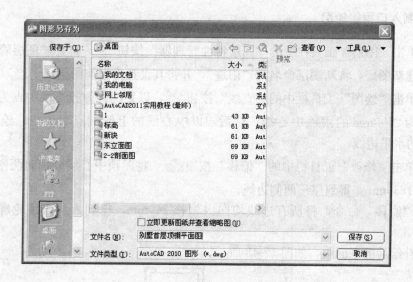

图 17-45 "图形另存为"对话框

形以及所有文字；

(3) 选择菜单栏中的"文件"→"绘图实用程序"→"清理"命令，清理无用的图层和其他图形元素。清理后，所得平面图形如图 17-46 所示。

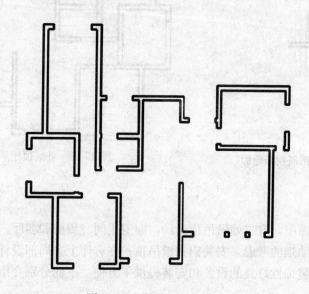

图 17-46 清理后的平面图

17.6.2 补绘平面轮廓

1. 绘制门窗投影线

(1) 将"门窗"图层置为当前图层；

(2) 单击"绘图"工具栏中的"直线"按钮，在门窗洞口处，绘制洞口投影线。

2. 绘制入口雨篷轮廓

（1）单击"图层"工具栏中的"图层特性管理器"按钮，打开"图层管理器"对话框，创建新图层，将新图层命名为"雨篷"，并将其设置为当前图层；

（2）单击"绘图"工具栏中的"直线"按钮，以正门外侧投影线中点为起点向上绘制长度为2700mm的雨篷中心线；然后，以中心线的上侧端点为中点，绘制长度为3660mm的水平边线；

（3）单击"修改"工具栏中的"偏移"按钮，将屋顶中心线分别向两侧偏移，偏移量均为1830mm，得到屋顶两侧边线；

重复"偏移"命令，将所有边线均向内偏移240mm，得到入口雨篷轮廓线，如图17-47所示。

经过补绘后的平面图，如图17-48所示。

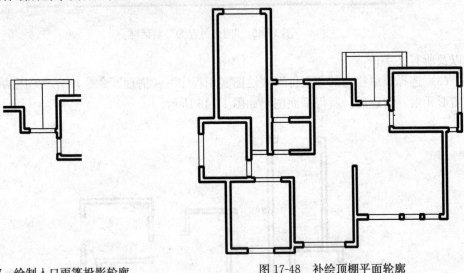

图17-47　绘制入口雨篷投影轮廓　　　　　图17-48　补绘顶棚平面轮廓

17.6.3　绘制吊顶

在别墅首层平面中，有三处做吊顶设计，即卫生间、厨房和客厅。其中，卫生间和厨房是基于防水或防油烟的考虑，安装铝扣板吊顶；在客厅上方局部设计石膏板吊顶，既美观大方，又为各种装饰性灯具的设置和安装提供了方便。下面分别介绍这三处吊顶的绘制方法。

1. 绘制卫生间吊顶

基于卫生间使用过程中的防水要求，在卫生间顶部安装铝扣板吊顶。

（1）单击"图层"工具栏中的"图层特性管理器"按钮，打开"图层管理器"对话框，创建新图层，将新图层命名为"吊顶"，并将其设置为当前图层；

（2）单击"绘图"工具栏中的"图案填充"按钮，打开"图案填充和渐变色"对话框，在对话框中选择填充图案为"LINE"；并设置图案填充角度为"90"、比例为"60"；

在绘图区域中选择卫生间顶棚平面作为填充对象，进行图案填充，如图17-49所示。

2. 绘制厨房吊顶

基于厨房使用过程中的防水和防油的要求，在厨房顶部安装铝扣板吊顶。

(1) 将"吊顶"图层置为当前图层；

(2) 单击"绘图"工具栏中的"图案填充"按钮，打开"图案填充和渐变色"对话框，在对话框中选择填充图案为"LINE"；并设置图案填充角度为"90"、比例为"60"；

在绘图区域中选择厨房顶棚平面作为填充对象，进行图案填充，如图17-50所示。

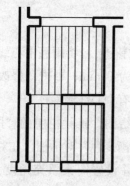　　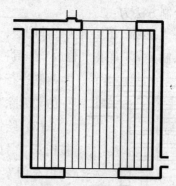

图17-49　绘制卫生间吊顶　　　　图17-50　绘制厨房吊顶

3. 绘制客厅吊顶

客厅吊顶的方式为周边式，不同于前面介绍的卫生间和厨房所采用的完全式吊顶。客厅吊顶的重点部位在西面电视墙的上方。

(1) 单击"修改"工具栏中的"偏移"按钮，将客厅顶棚东、南两个方向轮廓线向内偏移，偏移量分别为600mm和100mm，得到"轮廓线1"和"轮廓线2"；

(2) 单击"绘图"工具栏中的"样条曲线"按钮，以客厅西侧墙线为基准线，绘制样条曲线，如图17-51所示；

(3) 单击"修改"工具栏中的"移动"按钮，将样条曲线水平向右移动，移动距离为600mm；

(4) 单击"绘图"工具栏中的"直线"按钮，连接样条曲线与墙线的端点；

(5) 单击"修改"工具栏中的"修剪"按钮，修剪吊顶轮廓线条，完成客厅吊顶的绘制，如图17-52所示。

17.6.4　绘制入口雨篷顶棚

别墅正门入口雨篷的顶棚由一条水平的主梁和两侧数条对称布置的次梁组成。

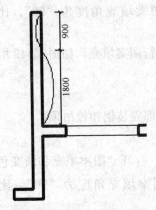
图 17-51 绘制样条曲线

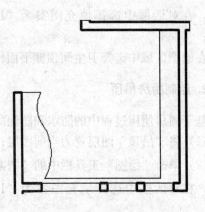
图 17-52 客厅吊顶轮廓

具体绘制方法为：
(1) 将"顶棚"图层置为当前图层；
(2) 绘制主梁：单击"修改"工具栏中的"偏移"按钮 ，将雨篷中心线依次向左右两侧进行偏移，偏移量均为 75mm；单击"修改"工具栏中的"删除"按钮 ，将原有中心线删除；
(3) 绘制次梁：单击"绘图"工具栏中的"图案填充"按钮 ，打开"图案填充和渐变色"对话框，在对话框中选择填充图案为"STEEL"，并设置图案填充角度为"135"、比例为"135"；

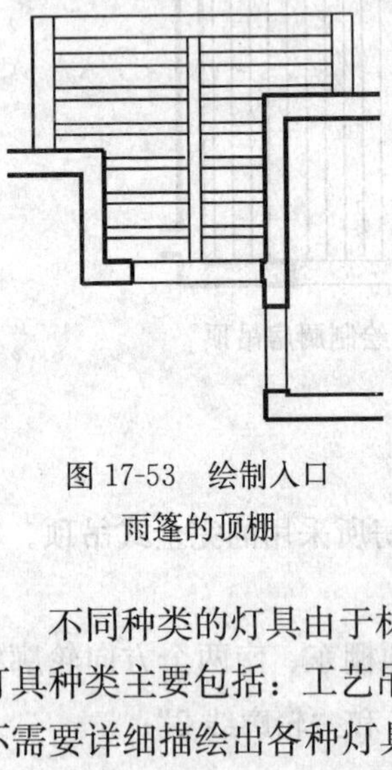

在绘图区域中选择中心线两侧矩形区域作为填充对象，进行图案填充，如图 17-53 所示。

图 17-53 绘制入口雨篷的顶棚

17.6.5 绘制灯具

不同种类的灯具由于材料和形状的差异，其平面图形也大有不同。在本别墅实例中，灯具种类主要包括：工艺吊灯、吸顶灯、筒灯、射灯和壁灯等。在 AutoCAD 图纸中，并不需要详细描绘出各种灯具的具体式样，一般情况下，每种灯具都是用灯具图例来表示的。下面分别介绍几种灯具图例的绘制方法。

1. 绘制工艺吊灯

工艺吊灯仅在客厅和餐厅使用，与其他灯具相比，形状比较复杂。
(1) 单击"图层"工具栏中的"图层特性管理器"按钮 ，打开"图层管理器"对话框，创建新图层，将新图层命名为"灯具"，并将其设置为当前图层；
(2) 单击"绘图"工具栏中的"圆"按钮 ，绘制两个同心圆，它们的半径分别为 150mm 和 200mm；
(3) 单击"绘图"工具栏中的"直线"按钮 ，以圆心为端点，向右绘制一条长度为 400mm 的水平线段；

(4) 单击"绘图"工具栏中的"圆"按钮⊙，以线段右端点为圆心，绘制一个较小的圆，其半径为 50mm；

单击"修改"工具栏中的"移动"按钮✥，水平向左移动小圆，移动距离为 100mm，如图 17-52 所示；

(5) 单击"修改"工具栏中的"阵列"按钮 ，在打开的"阵列"对话框中，选择"环形阵列"，并设置如下参数：

项目总数为"8"、填充角度为"360"；选择同心圆圆心为阵列中心点；选择图 17-54 中的水平线段和右侧小圆为阵列对象；在左下角复选框中勾选"复制时旋转角度"。

设置完成后单击"确定"按钮，生成工艺吊灯图例，如图 17-55 所示。

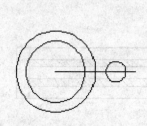
图 17-54　绘制第一个吊灯单元

图 17-55　工艺吊灯图例

2. 绘制吸顶灯

在别墅首层平面中，使用最广泛的灯具要算吸顶灯了。别墅入口、卫生间和卧室的房间都使用吸顶灯来进行照明。

常用的吸顶灯图例有圆形和矩形两种。在这里，主要介绍圆形吸顶灯图例。

具体绘制方法为：

(1) 单击"绘图"工具栏中的"圆"按钮⊙，绘制两个同心圆，它们的半径分别为 90mm 和 120mm；

(2) 单击"绘图"工具栏中的"直线"按钮✎，绘制两条互相垂直的直径；激活已绘直径的两端点，将直径向两侧分别拉伸，每个端点处拉伸量均为 40mm，得到一个正交十字；

(3) 单击"绘图"工具栏中的"图案填充"按钮 ，在打开的"图案填充和渐变色"对话框中，选择填充图案为"SOLID"，对同心圆中的圆环部分进行填充。

如图 17-56 所示为绘制完成的吸顶灯图例。

3. 绘制格栅灯

在别墅中，格栅灯是专用于厨房的照明灯具。

具体绘制方法为：

(1) 单击"绘图"工具栏中的"矩形"按钮▭，绘制尺寸为 1200mm×300 mm 的矩

形格栅灯轮廓;

(2) 单击"修改"工具栏中的"分解"按钮 ，将矩形分解；单击"修改"工具栏中的"偏移"按钮 ，将矩形两条短边分别向内偏移，偏移量均为 80mm；

(3) 单击"绘图"工具栏中的"矩形"按钮 ，绘制两个尺寸为 1040mm×45mm 的矩形灯管，两个灯管平行间距为 70mm；

(4) 单击"绘图"工具栏中的"图案填充"按钮 ，打开"图案填充和渐变色"对话框，在对话框中选择填充图案为"ANSI32"、并设置填充比例为"10"，对两矩形灯管区域进行填充。

如图 17-57 所示为绘制完成的格栅灯图例。

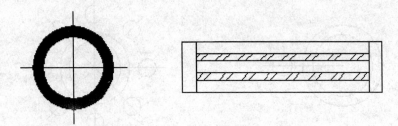

图 17-56　吸顶灯图例　　　　图 17-57　格栅灯图例

4. 绘制筒灯

筒灯体积较小，主要应用于室内装饰照明和走廊照明。

常见筒灯图例由两个同心圆和一个十字组成。

具体绘制方法为：

(1) 单击"绘图"工具栏中的"圆"按钮 ，绘制两个同心圆，它们的半径分别为 45mm 和 60mm；

(2) 单击"绘图"工具栏中的"直线"按钮 ，绘制两条互相垂直的直径；

(3) 激活已绘两条直径的所有端点，将两条直径分别向其两端方向拉伸，每个方向拉伸量均为 20mm，得到正交的十字；

如图 17-58 所示为绘制完成的筒灯图例。

5. 绘制壁灯

在别墅中，车库和楼梯侧墙面都通过设置壁灯来辅助照明。本图中使用的壁灯图例由矩形及其两条对角线组成。

具体绘制方法为：

(1) 单击"绘图"工具栏中的"矩形"按钮 ，绘制尺寸为 300mm×150mm 的矩形；

(2) 单击"绘图"工具栏中的"直线"按钮 ，绘制矩形的两条对角线。

如图 17-59 所示为绘制完成的壁灯图例。

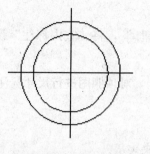
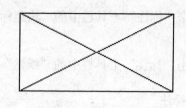

图 17-58 筒灯图例　　　　图 17-59 壁灯图例

6. 绘制射灯组

射灯组的平面图例在绘制客厅平面图时已有介绍，具体绘制方法可参看前面章节内容。

7. 在顶棚图中插入灯具图例

（1）单击"绘图"工具栏中的"创建块"按钮，将所绘制的各种灯具图例分别定义为图块；

（2）单击"绘图"工具栏中的"插入块"按钮，根据各房间或空间的功能，选择适合的灯具图例并根据需要设置图块比例，然后将其插入顶棚中相应位置。

如图 17-60 所示为客厅顶棚灯具布置效果。

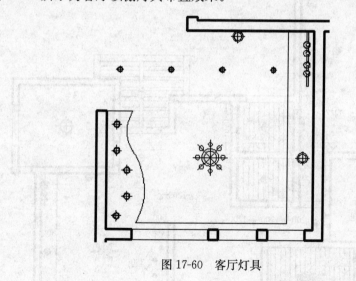

图 17-60　客厅灯具

17.6.6　尺寸标注与文字说明

1. 尺寸标注

在顶棚图中，尺寸标注的内容主要包括灯具和吊顶的尺寸以及它们的水平位置。这里的尺寸标注依然同前面一样，是通过"线性标注"命令来完成的。

(1) 将"标注"图层置为当前图层;

(2) 单击"标注"工具栏中的"快速标注"按钮, 将"室内标注"设置为当前标注样式;

(3) 单击"标注"工具栏中的"线性"按钮, 对顶棚图进行尺寸标注。

2. 标高标注

在顶棚图中, 各房间顶棚的高度需要通过标高来表示。

(1) 单击"绘图"工具栏中的"插入块"按钮, 将标高符号插入到各房间顶棚位置;

(2) 单击"绘图"工具栏中的"多行文字"按钮, 在标高符号的长直线上方添加相应的标高数值。

标注结果如图 17-61 所示。

3. 文字说明

在顶棚图中, 各房间的顶棚材料做法和灯具的类型都要通过文字说明来表达。

(1) 将"文字"图层置为当前图层;

(2) 在命令行中输入"QLEADER"命令, 并设置多重引线箭头大小为 60;

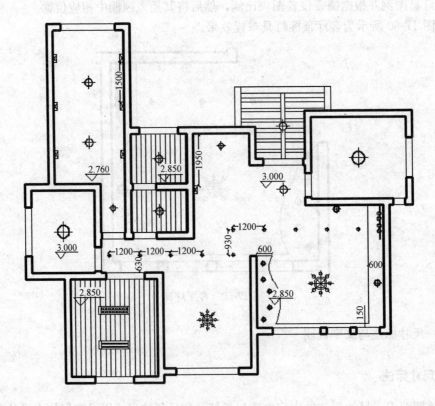

图 17-61　添加尺寸标注与标高

18.4 平面图

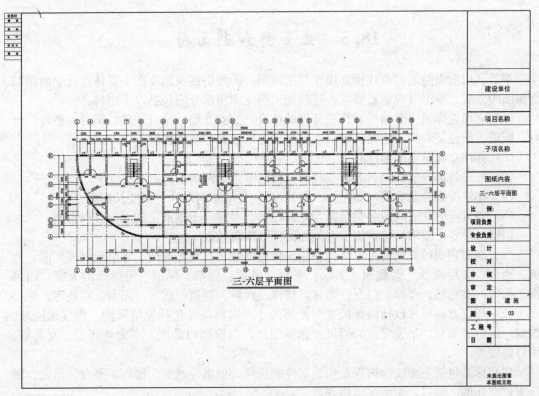

图 18-8　三～六层平面图

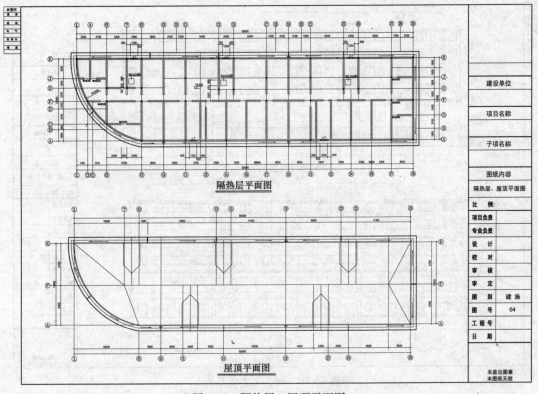

图 18-9　隔热层、屋顶平面图

18.5 立面图和剖面图

本节利用前面绘制的商住楼立面图与剖面图，简要讲述在施工图中具体设计立面图与剖面图的方法。根据《规定》要求，建筑施工图立面图部分应包括以下内容：

(1) 立面轮廓及主要结构、构造部件的位置，如女儿墙、檐口、柱、阳台、栏杆、台阶、坡道、雨篷、勒脚、门窗、洞口、雨水管等以及其他装饰线脚。

(2) 标注立面两端的轴线号。

(3) 标注各部分装饰用料名称或代号，构造节点详图索引。

(4) 标注关键控制标高（如屋面、女儿墙）；外墙留洞尺寸、高度及标高。

(5) 各方向的立面均应绘制全面，差异较小、对称、不难推定的立面可以省略。

根据《规定》要求，建筑施工图剖面图部分应包括以下内容：

(1) 剖切到或可见到的主要结构和建筑构造部件，如室外地面、底层地（楼）面、地坑、地沟、各层楼板、梁截面、夹层、平台、吊顶、屋架、屋顶、出屋面的天窗、挡风板、檐口、女儿墙、爬梯、门窗、墙体、楼梯、台阶、坡道、散水、阳台、雨篷等。

(2) 竖直方向尺寸包括内部尺寸和外部尺寸。内部尺寸包括地坑（沟）深度、隔断、内窗、洞口、平台、吊顶等；外墙尺寸包括层高、门窗洞口高度、室内外高差、女儿墙、檐口高度等。

(3) 标高包括主要结构构件及构造部件的标高，如室外地平、楼面、平台、吊顶、屋面板、女儿墙、檐口、屋面突出物等。

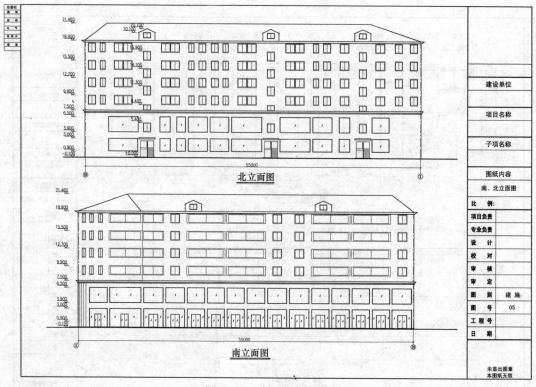

图 18-10 南、北立面图

1. 绘制立面图

本例立面图分为南、北立面图、东、西立面图。绘制立面图时,事先绘制好定位轴线和各楼层定位线,这样便于立面图的绘制,三层以上住宅立面基本相同,可以先绘制出一个标准层,然后向上阵列复制即可,局部差异再做个别修改。这些立面图的详细做法已在前面作了详细的说明。南、北立面图如 18-10 所示,东、西立面图如图 18-11 所示。

2. 绘制剖面图

本例剖面图包括 1—1 剖面图和 2—2 剖面图。1—1 剖切位置为住宅楼楼梯间,2—2 剖切位置为商场楼梯间。在绘制剖面图时,一般选择在结构比较复杂的位置剖切,并且注意内部尺寸、外部尺寸、标高的标注;若楼层较多,有时还需要在楼层位置注明楼层序号,以便查找。本例剖面图的操作步骤已在第 6 章详细说明,结果如图 18-11 所示。

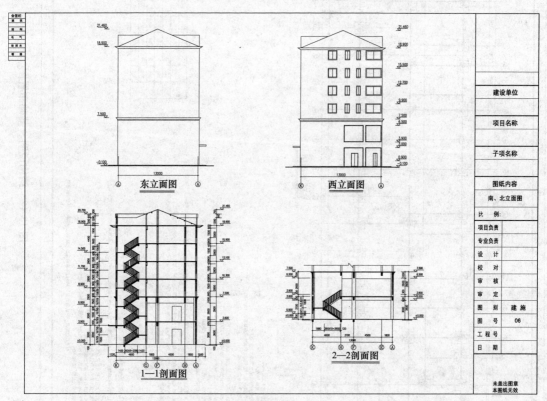

图 18-11　东、西立面图和 1—1、2—2 剖面图

18.6　结构施工图

一个建筑物的落成,要经过建筑设计,然后进行结构设计。结构设计主要任务是确定结构的受力形式、配筋构造、细部构造等。施工时,要根据结构设计施工图进行施工。因此绘制明确详细的施工图,是十分重要的工作。我国规定了结构设计图的具体绘制方法及专业符号。本章将结合相关标准,对建筑结构施工图的绘制方法及基本要求作简单的介绍。

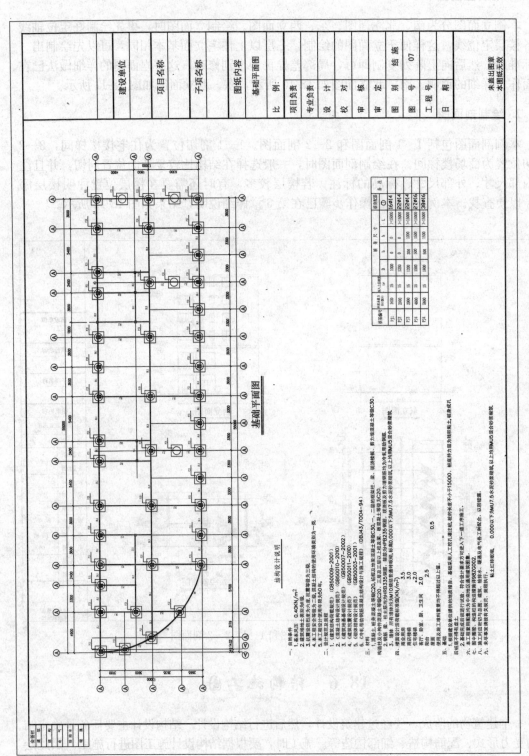

图 18-12 结构说明、基础布置图

(3) 单击"绘图"工具栏中的"多行文字"按钮 ，设置字体为"仿宋 GB 2312"，文字高度为 300，在多重引线的一端添加文字说明。

17.7 上机实验

【实验 1】 绘制别墅室内布置平面图

绘制如图 17-62 所示的别墅室内布置平面图。

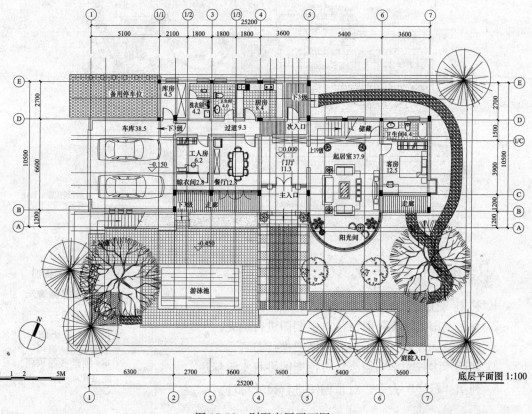

图 17-62 别墅底层平面图

操作提示：

1. 利用"直线"命令，绘制轴线。
2. 利用"图案填充"命令，对平面图进行填充。
3. 利用"插入块"命令，对平面图进行布置。
4. 利用"标注"命令，对平面图进行尺寸标注。

实讲实训
多媒体演示

多媒体演示参见配套光盘中的\\参考视频\第17章\别墅室内布置平面图.avi。

【实验 2】 绘制别墅底层顶棚图

绘制如图 17-63 所示的底层顶棚图。

第 17 章 建筑室内设计图绘制

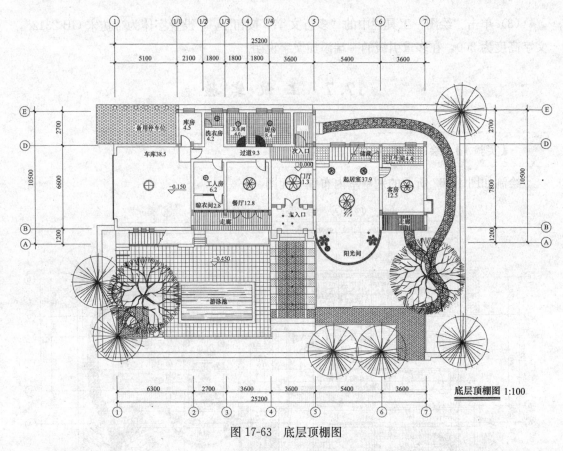

图 17-63 底层顶棚图

操作提示：

1. 利用"直线"命令，绘制轴线。
2. 利用"图案填充"命令，对顶棚图进行填充。
3. 利用"插入块"命令，对顶棚图进行布置。
4. 利用"多行文字"命令，对顶棚图进行文字标注。
5. 利用"标注"命令，对顶棚图进行尺寸标注。

实讲实训 多媒体演示

多媒体演示参见配套光盘中的\\参考视频\第17章\别墅底层顶棚图.avi。

第 18 章 某低层商住楼建筑施工图完整设计实例

在前面的章节中,依次讲解了 AutoCAD 2011 的基础知识和建筑设计各种图样的绘制。然而,就具体工程应用来说,AutoCAD 建筑设计应用的高级阶段是施工图的绘制。在这个阶段,操作的难点已经不再是具体操作命令的使用,而是综合地、熟练地应用 AutoCAD 的各种命令及功能,按照《房屋建筑制图统一标准》(GB/T 50001—2010)、《建筑制图标准》(GB/T 50104—2010)、《总图制图标准》(GB/T 50103—2010)以及住房和城乡建设部颁发的《建筑工程设计文件编制深度规定》(2008 年版)的要求,结合工程设计的实际情况,将施工图编制出来。

为了让读者进一步深化学习这一部分内容,本章在前面学习某低层商住楼各种建筑图样绘制方法的基础上,按照施工图编排顺序逐项说明其具体编制方法及要点。

学习要点

工程及施工图概况
建筑施工图封面、目录的制作
施工图设计说明的制作

18.1 概 述

为进一步深化前面介绍的内容,本章将选取商住楼施工图为例,首先介绍施工图概况,然后按照施工图的编排顺序逐项说明其编制方法及要点。

18.1.1 工程概况

工程概况应主要介绍工程所处的地理位置,工程建设条件(包括地形、水文地质情况、不同深度的土壤分析、冻结期和冻层厚度、冬雨季时间、主导风向等因素)、工程性质、名称、用途、规模以及建筑设计的特点及要求。

本例工程为建设于华北地区某城市的一个住宅小区中的一座商住楼。此商住楼为南北朝向。该楼共六层,其中底部两层为大空间商场,三~六层为住宅,总建筑面积为 8097.6m^2。

该住宅楼设计使用年限为 50 年,屋面防水等级为三级,抗震设防烈度为六度,底层为框架结构。

18.1.2 施工图概况

建筑施工图是在总体规划的前提下，根据建设任务要求和工程技术条件，表达房屋建筑的总体布局、房屋的空间组合设计、内部房间布置情况、外部形状、建筑各部分的构造做法及施工要求等，它是整个设计的先行，处于主导地位，是房屋建筑施工的主要依据，也是结构设计、设备设计的依据，但必须与其他设计工种配合。

建筑施工图包括基本图和详图，其中基本图有总平面图、建筑平面图、立面图和剖面图等，详图有墙身、楼梯、门窗、厕所、檐口以及各种装修构造的详细做法。

建筑施工图的图示特点为：

(1) 施工图主要用正投影法绘制，在图幅大小允许时，可将平面图、立面图、剖面图按投影关系画在同一张图纸上；如图纸过小，可分别画在几张图纸上。

(2) 施工图一般用较小比例绘制，在小比例图中无法表达清楚的结构，需要配以比例较大的详图来表达。

(3) 为使作图简便，国家标准规定了一系列的图形符号来代表建筑构配件、卫生设备、建筑材料等，这些图形符号称为图例。为读图方便，国家标准还规定了许多标注符号。

本施工图包括封面、目录、施工设计说明、设计图纸4个部分。其中施工图设计说明包括文字部分、装修做法表、门窗统计表；设计图纸包括各层平面图3张、立面图和剖面图2张、结构图8张。

18.2 建筑施工图封面、目录的制作

18.2.1 封面

对于图样封面，不同的设计单位有不同的设计风格，但其中必要的内容是不可少的。根据住房和城乡建设部颁发的《建筑工程设计文件编制深度规定》（2008年版，以下简称《规定》）要求，总封面应该包括项目名称、编制单位名称、项目的设计编号、设计阶段、编制单位法定代表人、技术负责人和项目总负责人的姓名及其签字或授权盖章、编制年月（即出图年月）等内容。

本例图样总封面包含了规定的必需内容，如图18-1所示。

18.2.2 目录

目录用来说明图样的编排顺序和所在位置。

建筑专业中，一般图样的编排顺序是：封面、目录、施工设计说明、装修做法表、门窗统计表（总平面图）、各层平面图（由低向高排）、立面图、剖面图、详图（先主要后次要）等。先列新绘制的图样，后列选用的标准图及重复使用的图样。

目录的内容至少要包括序号、图名、图号、页数、图幅、备注等项目，如果目录单独成页，还应包括工程名称、制表、审核、校正、图样编号、日期等标题栏的内容。本例目录如图18-2所示。

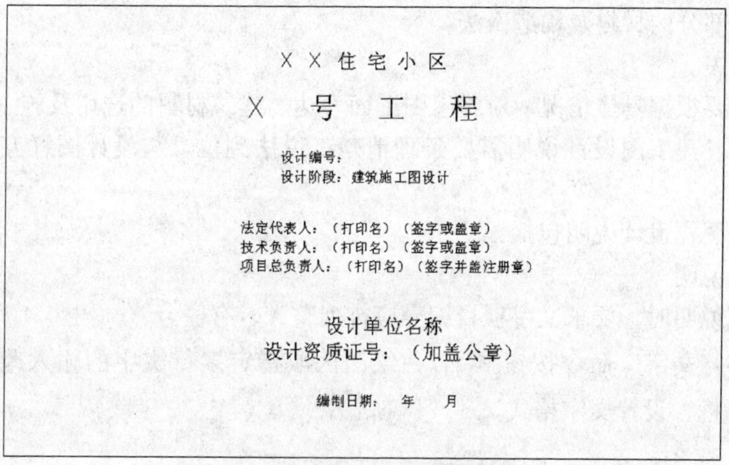
X X 住 宅 小 区
X 号 工 程
设计编号：
设计阶段：建筑施工图设计
法定代表人：（打印名）（签字或盖章）
技术负责人：（打印名）（签字或盖章）
项目总负责人：（打印名）（签字并盖注册章）
设计单位名称
设计资质证号：（加盖公章）
编制日期： 年 月

图 18-1 图样空间（布局）界面

施工图目录

		图 纸 目 录			设计号	
		建设单位			设计阶段	结构施工图
		工程名称			本表共 1 页 第 1 页	
序号	图别 图号	图 纸 名 称	单位	数量	备 注	
01	建施 01	设计说明 门窗表 装修表	页	1		
02	02	一、二层平面图	页	1		
03	03	三、四-六层平面图	页	1		
04	04	隔热层、屋顶平面图	页	1		
05	05	北立面图 1-1剖面图	页	1		
06	06	东、南、西立面图 2-2剖面图	页	1		
07	结施 01	结构说明 基础布置图	页	1		
08	02	平法说明	页	1		
09	03	柱定位及配筋图 二层楼面梁配筋图	页	1		
10	04	三层楼面梁配筋图	页	1		
11	05	二层、三层楼面板配筋图	页	1		
12	06	四、五-六层结构平面图	页	1		
13	07	隔热层、屋顶结构平面图	页	1		
14	08	QL GZ L1-L9	页	1		

图 18-2 图样目录

18.3 施工图设计说明

根据《规定》要求，设计说明应包括以下内容：

（1）本项工程施工图设计的依据文件、批文和相关规范。

（2）项目概况：包括工程名称、建设地点、建设单位、建筑面积、建筑基地面积、建筑层高及层数、防火设计建筑分类及耐火等级、人防工程防护等级、屋面防水等级、抗震设防烈度以及与建筑规模相关的经济技术指标等。

（3）设计标高：说明±0.00 标高与绝对标高的关系及室内外高差。

(4)各部分用料说明和室内外装修：说明地下室、墙体、屋面、外墙、防潮层、散水、台阶等各部分的材料及构造做法。

(5)门窗表。

此外，还要根据具体情况，对施工图图面表达、建筑材料的选用及施工要求等方面进行必要的说明。建工图设计说明需要条理清楚、说法到位，与设计图样互为补充、相互协调。

本例施工图样设计说明包括：

(1)建筑说明

书写建筑说明时，要求文字项目编号应排列整齐、有序。

单击"多行文字"命令按钮 A，在绘图区域指定多行文字的输入范围，弹出如图18-3 所示对话框，设置文字格式。

图 18-3 文本格式对话框

运用"多行文字"命令来书写文字，可以自动换行、设置制表位及进行项目编号，还可以通过图 18-3 的"选项"按钮弹出菜单，方便地插入符号、字段输入文本文件等，同时也便于整段输入和修改。设置好文字格式后，单击"确定"按钮，就可以进行文字输入。建筑说明的文字输入结果如图 18-4 所示。

建筑说明

1.本工程按六度抗震设防，底层框架结构，其中底部两层为大空间商场，三至六层为住宅，建筑面积8097.6m²。
2.本工程采用《中南地区标准图集》，本工程尺寸标注除标高以米为单位外，其余均以毫米为单位。房屋有效使用年限为五十年。屋面防水等级为Ⅲ级。
3.所有墙身于标高-0.060处设防潮层，具体做法为1:2水泥砂浆加3%防水剂，20厚。墙体为240厚实心墙，耐火等级为Ⅱ级，进户门为乙级防火门，未注明墙垛均为120mm。
4.木制门窗均刷浅黄色调合漆三遍，与墙接触及与混凝土接触的木制构件均刷防腐油二遍。
5.阳台栏板98ZJ411，所有梁端部预留阳台立柱筋4-∅12,6@200。
6.楼梯扶手详98ZJ401，刷黑色调合漆二遍。楼梯栏杆详98ZJ401，刷灰色调合漆二遍。底均为防锈漆。
7.楼梯歇台、卫生间、厨房比同层楼面低40。
8.散水、暗沟沿两侧布置，宽900，98ZJ901。
9.未尽事宜请参照有关规范规程执行。

图 18-4 建筑说明

(2)室内装修表

室内装修表一般包括楼层、房间、部位、备注等项目，表格内容为各部位装修做法索引。表格内容要与图样中的做法索引注释相对应。

调用"直线"命令，绘制表格。然后单击"多行文字"命令按钮 A 和"圆"命

令按钮 ⊙，填写表格内容，完成室内装修表，结果如图 18-5 所示。

(3) 门窗表

门窗表旨在统计本项目工程的门窗规格、数量、制作说明等信息，以便备料、定做和施工。该表格一般包括门窗编号、门窗洞口大小、材料与形式、门窗数量、选用标准图集、备注等内容。表格内容要与图样中的门窗编号、门窗详图及有关注释相对应。

室内装修表

	地 面	楼 面		顶 棚	踢脚或墙裙
商场	98ZJ001 (地5/4 12)	98ZJ001	98ZJ001 (楼2/14) 面刷08 三遍 30 (内4/30)	98ZJ001 (顶3/47) 面刷08 三遍 47	98ZJ001 (踢4/22)
客厅		98ZJ001	98ZJ001 (楼2/14) 面刷08 三遍 30 (内4/30)	98ZJ001 (顶3/47) 面刷08 三遍 47	98ZJ001 (踢4/22)
卫生间		98ZJ001	98ZJ001 (楼2/14) (内10/31)	98ZJ001 (顶3/47) 面刷08 三遍 47	98ZJ001 (踢9/38)
阳台		98ZJ001	98ZJ001 (楼2/14) 面刷08 三遍 30 (内4/30)	98ZJ001 (顶3/47) 面刷08 三遍 47	98ZJ001 (踢4/22)
厨房		98ZJ001	98ZJ001 (楼2/14) (内10/31)	98ZJ001 (顶3/47) 面刷08 三遍 47	98ZJ001 (踢9/38)
卧室		98ZJ001	98ZJ001 (楼2/14) 面刷08 三遍 30 (内4/30)	98ZJ001 (顶3/47) 面刷08 三遍 47	98ZJ001 (踢4/22)
餐厅		98ZJ001	98ZJ001 (楼2/14) 面刷08 三遍 30 (内4/30)	98ZJ001 (顶3/47) 面刷08 三遍 47	98ZJ001 (踢4/22)
梯间	98ZJ001 (地5/4 12)	98ZJ001	98ZJ001 (楼2/14) 面刷08 三遍 30 (内4/30)	98ZJ001 (顶3/47) 面刷08 三遍 47	98ZJ001 (踢4/22)

图 18-5 室内装修表

与室内装修表的操作方法相同，首先，单击"直线"命令按钮 ✏，绘制表格；然后，单击"多行文字"命令按钮 A，填写门窗表内容，结果如图 18-6 所示。

在绘制表格时，可以单击"直线"命令绘制，也可以在 Word 或 Excel 中制作，然后进行 OLE 链接。本例通过"直线"命令绘制。

门窗表

门窗编号	图集代号	洞口尺寸		数					隔热层	备 注
		宽	高	一	二	三	四	五	六		
M1	M11-1021	1000	2100		1	1	1	1			
M2	M11-0921	960	2100		4	4	4	4			
M3	M11-0921	900	2100		20	20	20	20			
M4	M11-0821	800	2100		5	5	5	5			
M5	M11-0721	700	2100		10	10	10	10			
M6	M11-2724	2700	2400		1	1	1	1			
C1		6360	1500		4	4	4	4		铝合金窗
C2		3000	1500		4	4	4	4		
C3		1500	1500		12	12	12	12		
C4		1200	1500	2	9	12	12	12		
C5		900	1500		6	6	6	6		
C6		6000	1500		1	1	1	1		
C7		1200	900		3				5	
C8		3360	1500		1	1	1	1		
C9		1800	2600	1	1					

注：一层大玻璃门均为柱间净距宽×3000高，一层大玻璃窗均为柱间净距宽×2700高

注：二层大玻璃窗均为柱间净距宽×2600高

图 18-6 门窗表

18.4 平面图

本节利用 8.3 节绘制的商住楼平面图，简要讲述在施工图中，具体设计平面图的方法。

根据《规定》要求，建筑施工图平面图部分应包括以下内容：
（1）承重墙、柱及其定位轴线、轴线编号；内外门窗编号；房间名或编号。
（2）轴线总尺寸或外包总尺寸、轴线间尺寸、门窗洞口尺寸、分段尺寸等。
（3）墙厚、柱或壁柱截面尺寸及其相对于轴线的定位尺寸。
（4）楼梯及其位置、上下方向指引和编号、索引。
（5）底层室内外地平标高和各层楼面标高。
（6）屋顶平面图应绘制出女儿墙、檐口、天沟、雨水口、分水线、排水方向及坡度以及屋面各种突出部分（如楼梯、水箱、屋面上人孔）的位置、尺寸、标高、做法索引等。

本例平面图划分为一、二层平面图、三～六层平面图、隔热层平面图和屋顶平面图。这些平面图已在第 4 章作了详细的说明，这里就不再重复。需要注意的是，在绘制平面图时，在未进行文字、尺寸、符号标注前，应对剩余空白图面作一个大致安排，避免各种标注混杂在一起，各层平面图如图 18-7～图 18-9 所示。

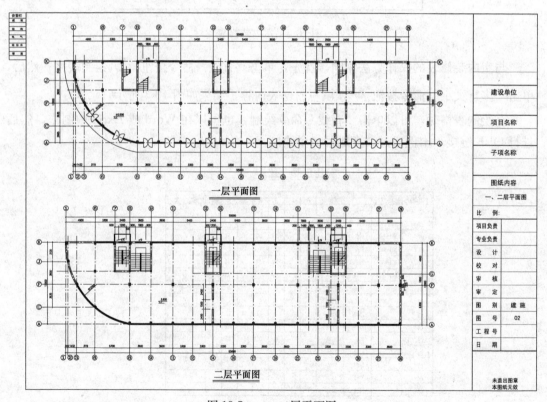

图 18-7　一、二层平面图

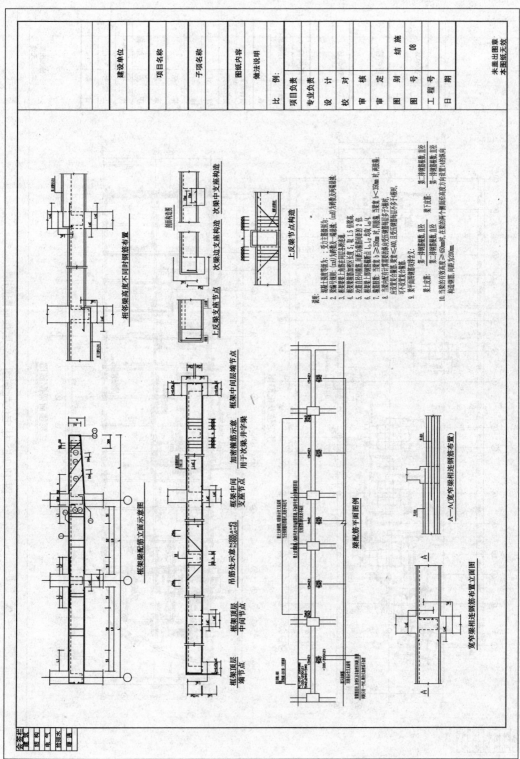

图 18-13 做法说明

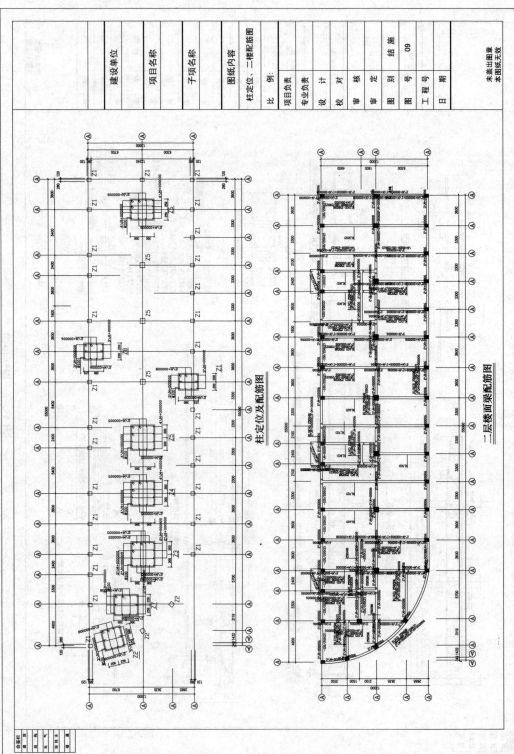

图 18-14 柱定位配筋图、二层楼面配筋图

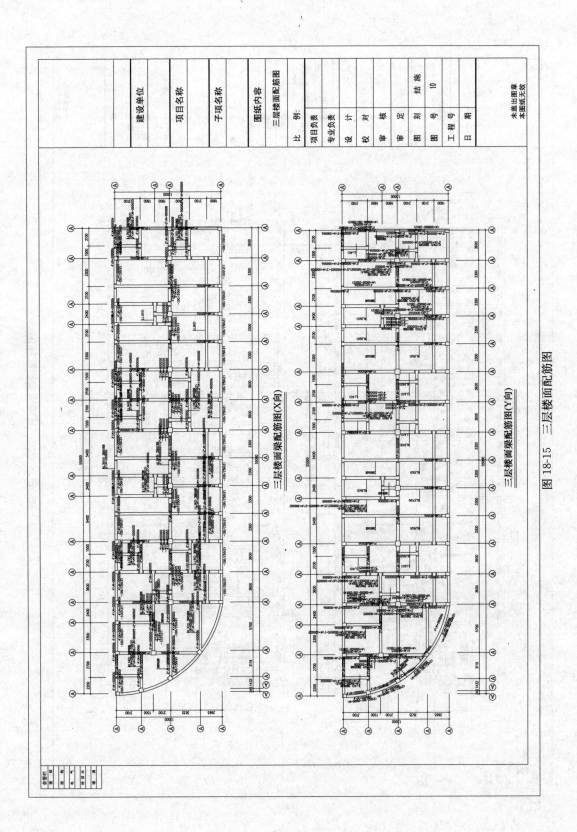

图 18-15 三层楼面配筋图

第18章 某低层商住楼建筑施工图完整设计实例

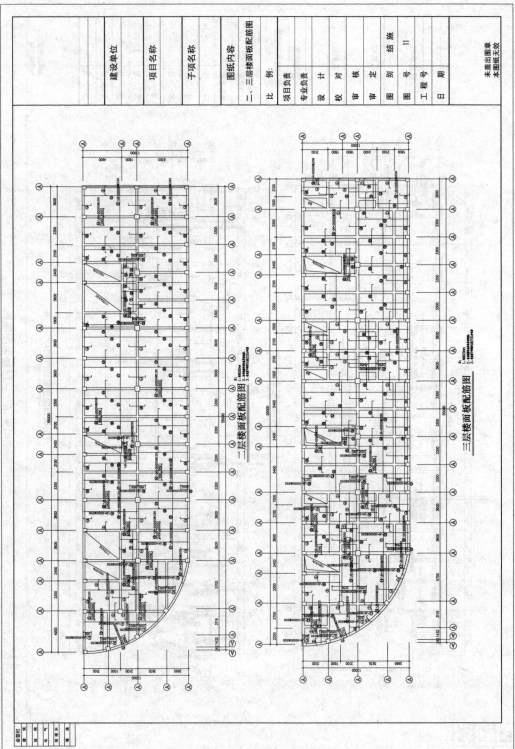

图18-16 二、三层楼面板配筋图

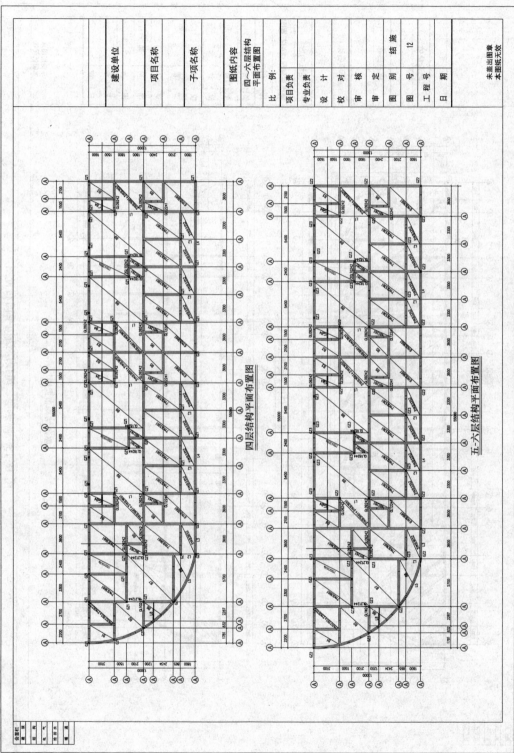

图 18-17 四～六层结构平面布置图

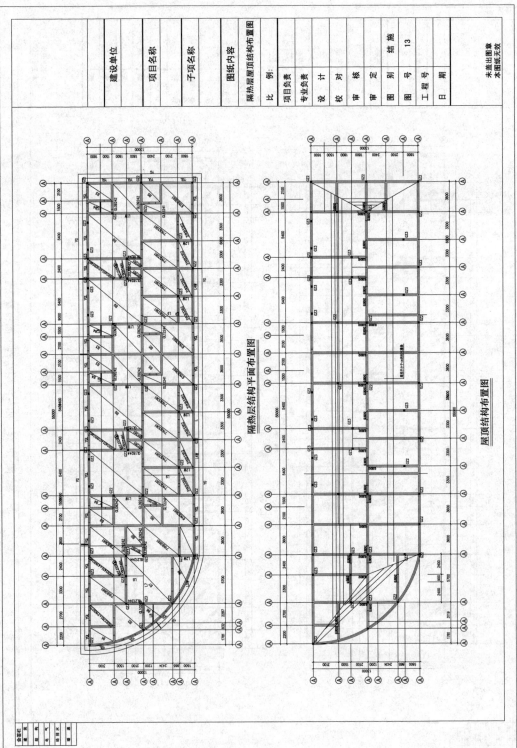

图 18-18 隔热层、屋顶层结构平面布置图

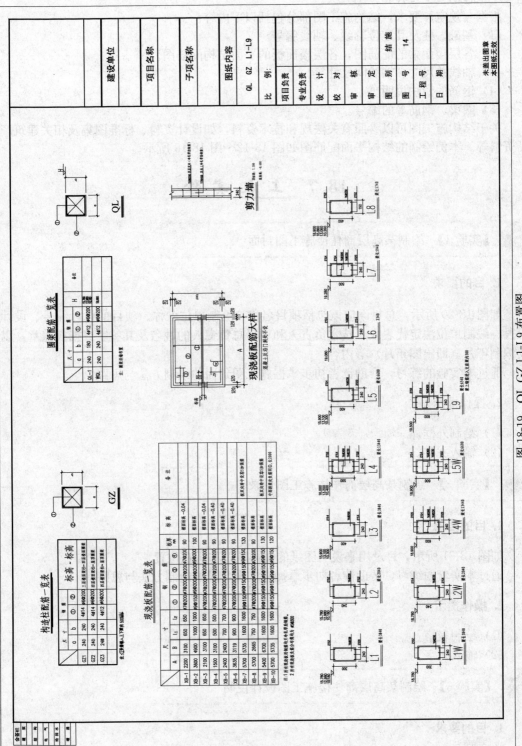

图 18-19 QL GZ L1-L9 布置图

建筑结构施工图是建筑结构施工中的指导依据,决定了工程的施工进度和结构细节,指导了工程的施工过程和施工方法。

根据《规定》要求,结构施工图部分包括以下内容:
(1) 基础、柱及其定位轴线、轴线编号。
(2) 各层楼面梁的配筋图,各层楼面板的平面结构配筋图。
(3) 轴线总尺寸、轴线间尺寸等。
(4) 钢筋的做法说明。
(5) 圈梁、钢筋等的编号。

关于结构施工图可以参照有关法规和技术资料,如设计资料、标准图集及相关建筑产品资料等。本例绘制的结构平面配筋图如图 18-12~图 18-19 所示。

18.7 上机实验

【实验 1】 绘制某高层商住楼施工图封面

1. 目的要求

如图 18-20 所示,总封面应该包括项目名称、编制单位名称、项目的设计编号、设计阶段、编制单位法定代表人、技术负责人和项目总负责人的姓名及其签字或授权盖章,以及编制年月(即出图年月)等内容。

通过本实验的练习,帮助读者初步掌握施工图封面的绘制方法与思路。

2. 操作提示

(1) 绘制外框。
(2) 输入文字。

【实验 2】 绘制某高层商住楼施工图目录

1. 目的要求

如图 18-21 所示,目录用来说明图纸的编排顺序和所在位置。
通过本实验的练习,帮助读者初步掌握施工图目录的绘制方法与思路。

2. 操作提示

(1) 绘制表格。
(2) 输入文字。

【实验 3】 绘制某高层商住楼施工图设计说明

1. 目的要求

如图 18-22、图 18-23、图 18-24、图 18-25、图 18-26 所示,设计说明包括各种必要的说明文件或图纸。

××住宅小区

一号楼工程

设计编号：

设计阶段：建筑施工图设计

法定代表人：(打印名)(签字或盖章)

技术总负责人：(打印名)(签字或盖章)

项目总负责人：(打印名)(签字并盖注册章)

设计单位名称

设计资质证号：(加盖公章)

编制日期：　年　月

图18-20 施工图纸封面

通过本实验的练习，帮助读者初步掌握施工图设计说明的绘制方法与思路。

2. 操作提示

（1）绘制项目概况说明图纸。

（2）绘制用料说明和室内外装修图纸。

（3）绘制门窗表及门窗性能说明图纸。

设计单位名称			××住宅小区			工号		图号	建施-01
			1号楼工程(建筑专业)			分号		页号	
序号	图 纸 名 称			图号	重复使用图纸号		实际张数	折合标准张	备 注
					院内	院外			
01	目录			建施-01			1	0.5	
02	施工图设计说明			建施-02			1	1.00	
03	装修一览表			建施-03			1	1.00	
04	装修做法表			建施-04			1	1.00	
05	门窗统计表			建施-05			1	1.00	
06	地下层平面图			建施-06			1	1.00	
07	首层平面图			建施-07			1	1.00	
08	二～三层平面图			建施-08			1	1.00	
09	四层平面组合图			建施-09			1	1.00	
10	甲单元四层平面图			建施-10			1	2.00	
11	甲单元五-十四层平面图			建施-11			1	2.00	
12	甲单元十五-十六层平面图			建施-12			1	2.00	
13	甲单元十七层平面图			建施-13			1	2.00	
14	甲单元十八层平面图			建施-14			1	2.00	
15	十九平面图			建施-15			1	1.00	
16	屋顶平面图			建施-16			1	1.00	
17	①-⑬轴立面图			建施-17			1	2.00	
18	⑭-⑭轴立面图			建施-18			1	2.00	
19	⑭-①轴立面图			建施-19			1	2.00	
20	⑬-①轴立面图			建施-20			1	2.00	
21	1-1剖面图			建施-21			1	2.00	
22	楼梯详图			建施-22			1	2.00	
23	门窗详图			建施-23			1	1.00	
24	外墙详图（一）			建施-24			1	2.00	
25	外墙详图（二）			建施-25			1	2.00	
26	电梯详图及厕所平面详图			建施-26			1	2.00	
27									
28									
29									
30									
制表			校正		审核		日期		年 月 日

图 18-21　图纸目录

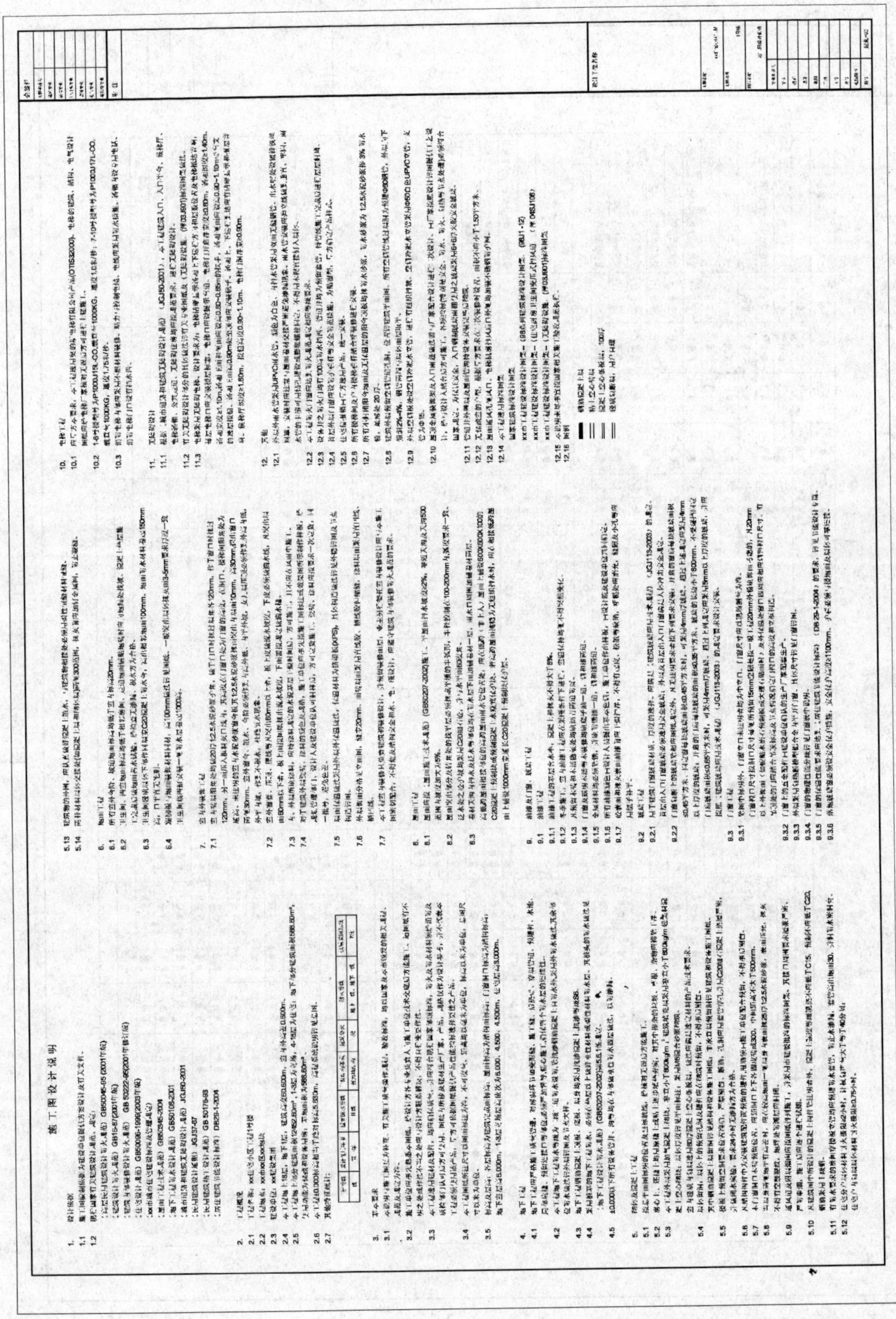

图 18-22 施工图设计说明

装修一览表

层数	房间名称＼部位	楼、地面	踢脚	内墙面	顶棚	窗台	备注
地下一～二层	电梯前室	地面1	踢脚3	内墙4	顶棚2		
	楼梯间	地面1	踢脚3	内墙4	顶棚5		
	走道	地面1	踢脚3	内墙4	顶棚4,5		顶棚4用于地下1层，顶棚5用于地下2层
	储藏室	地面1	踢脚3	内墙4	顶棚4,5		顶棚做法同上
	自行车库	地面1	踢脚3	内墙4	顶棚4,5		顶棚做法同上
	配电间	地面1	踢脚3	内墙4	顶棚4,5		顶棚做法同上
	报警阀室	地面1	踢脚3	内墙4	顶棚4,5		顶棚做法同上
	设备用房	地面1	踢脚3	内墙4	顶棚4,5		顶棚做法同上
首层	管理室	楼面6	踢脚2	内墙3	顶棚1	窗台1	
	消防控制室	楼面6	踢脚2	内墙3	顶棚1	窗台1	
	商场	楼面6	踢脚2	内墙3	顶棚3	窗台1	顶棚做法待二次装修时统一考虑
	商场卫生间	楼面7		内墙2	顶棚2	窗台1	
	入口门厅	楼面1	踢脚1	内墙1	顶棚3		
	电梯前室	楼面1	踢脚1	内墙1	顶棚3		
	楼梯间	楼面2	踢脚1	内墙1	顶棚1	窗台1	
	起居室、家庭厅	楼面3	踢脚2	内墙1	顶棚1	窗台1	面层为用户精装修部位，用户自理
	厨房、餐厅	楼面3	踢脚2	内墙1	顶棚1	窗台1	精装修面层同上
	卧室、衣帽间	楼面3	踢脚2	内墙1	顶棚1	窗台1	精装修面层同上
	卫生间	楼面4		内墙2	顶棚2	窗台1	精装修面层同上
	走道	楼面3	踢脚2	内墙1	顶棚1	窗台1	精装修面层同上
	阳台	楼面3	踢脚2	内墙1	顶棚1		精装修面层同上
二层	管理室	楼面6	踢脚2	内墙3	顶棚1	窗台1	
	消防控制室	楼面6	踢脚2	内墙3	顶棚1	窗台1	
	商场	楼面6	踢脚2	内墙3	顶棚3	窗台1	顶棚做法待二次装修时统一考虑
	商场卫生间	楼面7		内墙2	顶棚2	窗台1	
	电梯前室	楼面1	踢脚1	内墙1	顶棚3		
	楼梯间	楼面2	踢脚1	内墙1	顶棚1	窗台1	
	起居室、家庭厅	楼面3	踢脚2	内墙1	顶棚1	窗台1	面层为用户精装修部位，用户自理
	厨房、餐厅	楼面3	踢脚2	内墙1	顶棚1	窗台1	精装修面层同上
	卧室、衣帽间、储藏	楼面3	踢脚2	内墙1	顶棚1	窗台1	精装修面层同上
	卫生间	楼面4		内墙2	顶棚2	窗台1	精装修面层同上
	走道	楼面3	踢脚2	内墙1	顶棚1	窗台1	精装修面层同上
	阳台	楼面3	踢脚2	内墙1	顶棚1		精装修面层同上
三层	管理室	楼面6	踢脚2	内墙3	顶棚1	窗台1	
	消防控制室	楼面6	踢脚2	内墙3	顶棚1	窗台1	
	商场	楼面6	踢脚2	内墙3	顶棚3	窗台1	顶棚做法待二次装修时统一考虑
	商场卫生间	楼面7		内墙2	顶棚2	窗台1	
	电梯前室	楼面1	踢脚1	内墙1	顶棚3		
	楼梯间	楼面5	踢脚3	内墙3	顶棚5	窗台2	
	起居室、家庭厅	楼面3	踢脚2	内墙1	顶棚1	窗台1	面层为用户精装修部位，用户自理
	厨房、餐厅	楼面3	踢脚2	内墙1	顶棚1	窗台1	精装修面层同上
	卧室、衣帽间、储藏	楼面3	踢脚2	内墙1	顶棚1	窗台1	精装修面层同上
	卫生间	楼面4		内墙2	顶棚2	窗台1	精装修面层同上
	走道	楼面3	踢脚2	内墙1	顶棚1	窗台1	精装修面层同上
	阳台	楼面3	踢脚2	内墙1	顶棚1		精装修面层同上
四～二十九层	电梯前室	楼面1	踢脚1	内墙1	顶棚3		
	楼梯间	楼面5	踢脚3	内墙3	顶棚5	窗台2	
	起居室、家庭厅	楼面3	踢脚2	内墙1	顶棚1	窗台1	面层为用户精装修部位，用户自理
	厨房、餐厅	楼面3	踢脚2	内墙1	顶棚1	窗台1	精装修面层同上
	卧室、衣帽间、储藏	楼面3	踢脚2	内墙1	顶棚1	窗台1	精装修面层同上
	卫生间	楼面4		内墙2	顶棚2	窗台1	精装修面层同上
	走道	楼面3	踢脚2	内墙1	顶棚1	窗台1	精装修面层同上
	阳台	楼面3	踢脚2	内墙1	顶棚1		精装修面层同上
	报警阀室	楼面5	踢脚3	内墙3	顶棚5		
	水箱间	楼面7	踢脚3	内墙3	顶棚5	窗台2	仅用于10号楼
机房层	楼梯间	楼面5	踢脚3	内墙3	顶棚5	窗台2	
	水箱间	楼面7	踢脚3	内墙3	顶棚5	窗台2	仅用于10号楼
	电梯机房	楼面5	踢脚3	内墙3	顶棚5	窗台2	

图 18-23　装修一览表

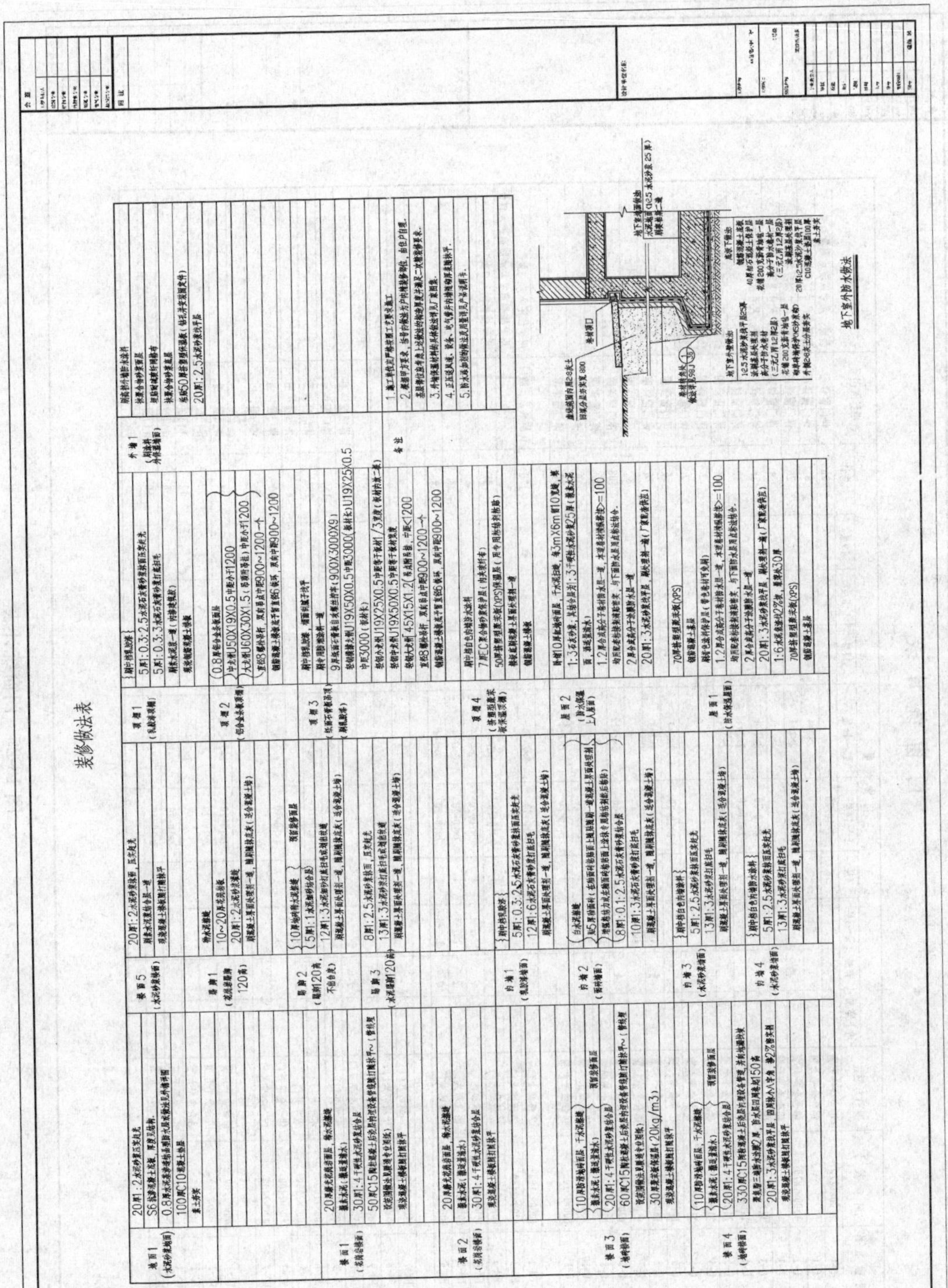

图 18-24 装修做法表

第18章 某低层商住楼建筑施工图完整设计实例

门窗统计表

门窗名称	洞口尺寸	材料与形式	地下室	首层	2~3层	4层	5~14层	15~16层	17层	18层	19层	总计	选用标准图号	备注
C-1	1800×1823	铝合金平开窗				6	2×10=20					26	洋门窗详图	凸窗,尺寸以现场测量复核为准
C-1'	以现场复查为准	铝合金平开窗										8	洋门窗详图	凸窗,尺寸以现场测量复核为准
C-2	1500×1820	铝合金平开窗			2	2	2×10=20	2×2=4				26	洋门窗详图	凸窗,尺寸以现场测量复核为准
C-2'		铝合金平开窗										4	洋门窗详图	凸窗,尺寸以现场测量复核为准
C-3	1100×1520	铝合金平开窗			2	2	2×10=20	2×2=4	2	2		28	洋门窗详图	
C-4	2100×2800	铝合金半开窗			2		2×10=20	2×2=4	2	2		30	洋门窗详图	
C-5	2100×2800	铝合金平开窗			2×2=4	2	2×10=20	2×2=4	2	2		28	洋门窗详图	
C-5'	2100×2800	铝合金平开窗										2	洋门窗详图	
C-6	1000×1520	铝合金平开窗				2	2×10=20	2×2=4	2	2		30	洋门窗详图	
C-7	1500×1520	铝合金推拉窗		4	4×2=8	4	4×2×10=40	4×2=8	4	4		76	洋门窗详图	
C-7'	1200×1520	铝合金推拉窗										8	洋门窗详图	
C-8	1200×500	铝合金推拉窗		4	6×2=12	6	6×10=60	6×2=12	6	6		108	洋门窗详图	
C-10	900×1520	铝合金平开窗			2	2	2×10=20	2×2=4	2	2		30	洋门窗详图	
C-11	600×1520	铝合金平开窗			2	2							洋门窗详图	
FM-1	1000×2100	乙级防火门		1		8	8×10=80	8×2=16	8	8		120	佑成品三防门	
FM-2	1200×2400	乙级防火门		3	2						6	1		用于出入户门
FM-3	1000×2100	甲级防火门		3								41		用于一级楼梯间及消防送风入口处
FM-4	1600×2100	丙级防火门		2	4×2=8	4	4×2×10=40	4×2=8	4	4				用于一级楼梯间
FM-5	600×2100	丙级防火门		2	4	4						38		死于木楼风管井
FM-6	900×2100	丙级防火门		2	4	4						38		死于电管井
M-1	1500×2400	铝合金平开门	2									2	洋门窗详图	设备间层及通道
M-3	900×2100	木平开门		2		10	10×2=20	10×2=20	10	10		156	洋门窗详图	
M-4	800×2100	木平开门			7		18×10=180	9×2=18	9	9		233	洋门窗详图	
M-5	1000×2100	铝合金平开门	4					4×2=8	4			8	洋门窗详图	泵房四室
MC-1	1800×2400	铝合金平开门					4×10=40	2×2=4	4	4		60	洋门窗详图	
MC-2	2400×2400	铝合金平开门		2								2	洋门窗详图	
YC-1	2400×2200	铝合金平开窗					2×10=20	2×2=4	2	2		24	洋门窗详图	
YC-2	2700×1820	铝合金平开窗					2×10=20	2×2=4	2	2		20	洋门窗详图	
YC-2'	2100×1823	铝合金平开窗										12	洋门窗详图	
YC-3	2400×2200	铝合金平开窗				4	2×10=20	2×2=4	2	2		26	洋门窗详图	
YC-4	1750×2200	铝合金平开窗					4×10=40	4×2=8	4	4		60	洋门窗详图	

图 18-25 门窗统计表

18.7

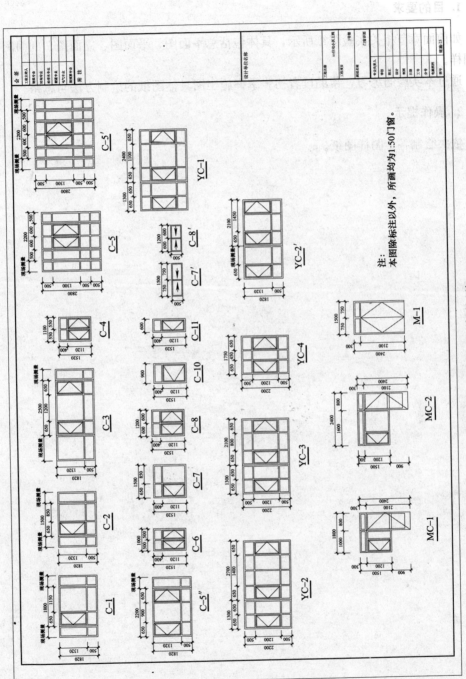

图 18-26 门窗详图汇总

高层商住楼施工图具体图纸

本节相关实验图纸所示，具体包括总平面图、平面图、立面图、剖面图、详图

通过本实验的练习，帮助读者初步掌握施工图具体图纸的绘制方法与思路。

2. 操作提示

依次绘制各个图样图纸。